DEUTSCHE SCHARFSCHÜTZEN-WAFFEN 1914–1945

Peter Senich

Motor
buch
Verlag

Einbandgestaltung: Sven Rauert

Die englischsprachige Originalausgabe erschien 1982 unter dem Titel THE GERMAN SNIPER 1914-1945 bei Paladin Press, P.O. Box 1307, Boulder/Colorado 80306, USA.

Ins Deutsche übertragen von Willi Kaiser.
Deutsche Bearbeitung: Willi Kaiser und Martin Benz.

Anmerkung zu den zitierten Quellen: Da die meisten Dienstvorschriften und Schriftstücke nicht im originalen Wortlaut zur Verfügung standen, mußte ihre Rückübertragung ins Deutsche sinngemäß erfolgen.

ISBN: 978-3-613-04559-0

1. Auflage 2023

Sie finden uns im Internet unter www.motorbuch-verlag.de

Lektorat: Joachim Kuch
Reproduktionen: Gold Rose Publishing Ltd., 70188 Stuttgart
Druck und Bindung: Printed by GPS in Bosnia-Herzegovina

Inhaltsverzeichnis

Vorwort

Gegen Ende des Jahres 1914 erstarrte der Bewegungskrieg an der Westfront zum Grabenkrieg. Die Kämpfenden beider Seiten, die sich nun teilweise auf kürzeste Entfernung gegenüberlagen, mußten feststellen, daß sich ihre Gegner nicht mehr in voller Größe als Ziel präsentierten, sondern sie bekamen lediglich noch hin und wieder einen Kopf zu sehen, der über eine Brustwehr ragte.

Dieser Umschwung und die immer häufiger werdende Notwendigkeit, bei schlechten Lichtverhältnissen in der Morgen- oder Abenddämmerung zu schießen, veranlaßte die deutsche Oberste Heeresleitung dazu, gute Schützen, die mit Zielfernrohr-Gewehren bewaffnet waren, zum Einsatz zu bringen. Ihre Aufgabe bestand darin, gegnerische Kräfte auszuschalten oder durch Störfeuer in ihrer Bewegungsfreiheit einzuschränken.

Der systematische Einsatz spezieller Zielfernrohr-Gewehre hatte sich während des Ersten Weltkrieges als überaus erfolgreich erwiesen. Diese Praxis wurde jedoch völlig aufgegeben, als Mitte der Dreißigerjahre die Wehrmacht errichtet wurde.

Im Zweiten Weltkrieg, während der ersten Monate des Rußlandfeldzuges, forderte der Einsatz bestens ausgebildeter sowjetischer Scharfschützen einen alarmierend hohen Tribut an deutschen Fronttruppen. Das deutsche Oberkommando kam zu der bitteren Erkenntnis, daß es über keinerlei Möglichkeiten verfügte, dieser Taktik, die als besonders verachtungswürdig angesehen wurde, obwohl sie von deutscher Seite als Teil der modernen Kriegsführung erstmals angewandt worden war, etwas entgegenzusetzen. Mit Hochdruck ging man daran, Gegenmaßnahmen zu ersinnen, die geeignet waren, den enormen Vorsprung auszugleichen, über den die Scharfschützen der Roten Armee verfügten.

Ohne Frage waren die Auswirkungen des sowjetischen Scharfschützenwesens von richtungsweisendem Einfluß auf die gesamte Entwicklung des deutschen Scharfschützenprogrammes in der Zeit zwischen Ende 1941 bis zum Kriegsende 1945.

Obwohl die deutschen Präzisionsschützen nach wie vor weltweit bestens bekannt sind, hat der Mangel an historischen Dokumenten mit Informationen über Ausrüstung und Ausbildung dazu geführt, daß der deutsche Scharfschütze – so lautete die offizielle Bezeichnung – zu einer geheimnisumwitterten Gestalt in den Chroniken der deutschen Wehrmacht wurde.

Sowohl nach dem Waffenstillstand im Jahre 1918 als auch nach der Kapitulation im Jahre 1945 wurden Unmengen wichtiger Dokumente und Aufzeichnungen entweder vernichtet oder aber derart verstreut, daß eine umfassende Darstellung dieses faszinierenden Aspektes deutscher Militärgeschichte nur nach ausgedehnten und mühevollen Nachforschungen möglich wurde. Unglücklicherweise hat dieser Verlust von schriftlichen Aufzeichnungen dazu geführt, daß sich im Laufe der Jahre eine Vielzahl von Irrtümem und Mißverständnissen verfestigen konnten.

Das Interesse am militärischen Scharfschützenwesen nimmt beständig zu und die Betrachtung einiger deutscher Scharfschützenwaffen scheint als Qualifikation auszureichen, ein Buch darüber zu schreiben. Zu viele der augenblicklich angebotenen Bücher, die sich mit diesem Thema befassen, sind eher lediglich Beispiele schöpferischer Einbildungskraft, als daß sie eine Darstellung von Ereignissen beinhalten, wie sie sich tatsächlich abgespielt haben.

Das für den vorliegenden Band gesammelte Material wurde bis auf einige wenige Ausnahmen nicht der Sekundärliteratur entnommen. Ungeachtet der ursprünglichen Absicht ist Sekundärliteratur und sind Bücher über Bücher nicht genau, weil sie dazu neigen, Irrtümer der zitierten Autoren zu übernehmen.

Das im Gegensatz zu dieser weit verbreiteten Praxis verfolgte Bestreben, lediglich verifiziertes Material zu verwenden, ist der Grund dafür, daß einige der abgehandelten Abschnitte unvollständig zu sein scheinen. Bei dem hier vorgelegten Material handelt es sich um Informationen aus erster Hand und der vorliegenden Veröffentlichung liegen originale Berichte, Dokumente, Briefe, archivierte Mikrofilme, direkter Augenschein und die Aussagen gut informierter Einzelpersonen zugrunde, die damals unmittelbar mit dem deutschen Waffenwesen zu tun hatten.

Im vorliegenden Band wird das deutsche Scharfschützenwesen des I. und des II. Weltkrieges umfassend dargestellt, wobei die Schwerpunkte in der technischen Entwicklung liegen. Dieser Band zeigt erstmals die chronologische Entwicklung einer überraschenden Vielfalt von Zielfernrohren, Zielfernrohrmontagen und Waffen, die bei deutschen Scharfschützen Verwendung fanden und von 1914 bis 1945 zum Einsatz kamen.

Bei den Vorarbeiten zum vorliegenden Buch war es mir glücklicherweise vergönnt, mit einer Reihe überaus hilfsbereiter

Menschen in Verbindung treten zu können, die mir bereitwillig wichtige sachdienliche Auskünfte zum Thema deutsche Scharfschützen gaben.
Wären die vielen Freunde nicht gewesen, die ich im Verlauf meiner Bemühungen kennenlemen durfte, und ihre Beiträge, die weit über das hinausgingen, was ein Autor mit Recht erwarten darf, wäre das vorliegende Buch nicht entstanden. Diesen Menschen gebührt zu Recht mein Dank dafür, daß sie mir geholfen haben, die Unzahl an Einzelinformationen zusammenzutragen und zu sortieren. Sollten jedoch hierbei irgendwelche Fehler unterlaufen sein, so ist dies einzig und allein mir anzulasten.

Peter Senich

Scharfschützen – die Anfänge

Schon in den Jahren vor Ausbruch des Ersten Weltkrieges war die deutsche optische Industrie bereits so hochentwickelt, daß es ihr möglich war, eine Vielzahl optischer Geräte zu produzieren, die weltweit für ihre überragende Qualität bekannt waren. Dazu gehörten auch *»Zielfernrohre für Gewehre.«*

Das deutsche Militär, ständig um eine Steigerung der Schießleistungen mit dem Gewehr bemüht, hatte Zielfernrohre hinsichtlich der Möglichkeiten einer militärischen Verwendung erprobt.

Obwohl man sich letztendlich gegen eine Verwendung der Zielfernrohre bei den Streitkräften entschieden hatte, war man aufgrund der anfänglichen Erprobungen zu zwei bedeutsamen Schlußfolgerungen gekommen. Die Theorie, daß eine Vergrößerung des Zieles mit optischen Hilfsmitteln zu einer gleichzeitigen Zunahme der Treffer bei Schüssen auf große Entfernungen führen werde, hatte sich als falsch erwiesen; einer optischen Verkürzung der Distanz zum Ziel kam nur geringe Bedeutung zu, wenn dadurch der Weg, den ein Geschoß zurücklegen mußte, so lang wurde, daß jeglicher Treffer nur Zufall sein konnte. Man erkannte jedoch, daß die Zielfernrohre, die zur damaligen Zeit bei der Jagdausübung verwendet wurden, die Eigenschaft besaßen, das vorhandene Licht zu bündeln, wodurch es möglich war, Ziele auf unterschiedliche Entfernungen zu erfassen – und das auch noch unter Lichtverhältnissen, die eine Zielauffassung über eine offene Visierung nicht mehr zuließen.

Beim Vorstoß der deutschen Truppen durch Belgien tief nach Frankreich hinein im schicksalsschweren August 1914 gehörten Zielfernrohr-Gewehre nicht zur Bewaffnung der Infanterie. Im Winter 1914/1915 nahmen die Kämpfe einen neuen Charakter an. Der Bewegungskrieg der offenen Feldschlachten kam zu einem jähen Ende, während beide Seiten ihre Stellungen ausbauten und die Front aus einer Kette sich gegenüberliegender Feldbefestigungen sich nahezu 800 Kilometer von der Nordsee bis an die Schweizer Grenze erstreckte.

Ein eindrückliches Resümee des Grabenkrieges findet sich in John Ellis zeitgenössischem Buch *Eye-Deep in Hell:*

Beide Seiten waren gezwungen, sich einzugraben und sich darauf zu konzentrieren, jeglichen Angriff des Gegners im Keime zu ersticken. Die Armeen blieben während der nächsten vier Jahre in ihren Löchern, Millionen von Männern in einem desolaten Gelände streifen, dazu verurteilt, in dieser Einöde mit ihren Gräben, Unterständen, Kratern, zerschossenen Dörfern und Wäldern lebloser Baumstümpfe zu leben und zu sterben – einer Wüste inmitten der Zivilisation, die mit jedem Tag eintöniger wurde.

Der Stellungskrieg war zwar nicht neu, nach Einstellung der Feindseligkeiten waren jedoch die Ungeheuerlickeit und die Nutzlosigkeit zutage getreten und hatten das Bild des modernen Menschen ins Wanken gebracht und sein wahres Wesen bloßgestellt.

Die deutsche Oberste Heeresleitung hatte diese Entwicklung während des Krieges in ihrer Bedeutung erkannt und mit typisch deutschem Nachdruck begonnen, sich auf den Stellungskrieg vorzubereiten.

Die Erfahrung, daß es in zunehmendem Maße erforderlich wurde, Schüsse in der Morgen- oder in der Abenddämmerung abzugeben, beschleunigte die systematische Beschaffung, Verteilung und den gefechtsmäßigen Einsatz von Waffen mit Zielfernrohren durch Schützen, die als Jäger oder als Angehörige schießsportlicher Vereinigungen im Gebrauch von Waffen mit optischen Zielhilfen geübt waren.

Der Vorteil lag auf der Hand: Die Zielfernrohre erlaubten eine wirkungsvolle gezielte Schußabgabe bei ungünstigen Lichtverhältnissen, die ein Zielen über die herkömmlichen offenen Visiereinrichtungen nicht mehr zuließen. Der Hauptgrund für die Einführung von Zielfernrohren durch die deutschen Heere zu dieser Zeit lag also darin, daß sie den Waffeneinsatz in der Dämmerung gestatteten.

Noch lange nachdem die Deutschen ihre Scharfschützen an der Westfront zum Einsatz brachten, wurde die erschreckende Zunahme der Verluste auf alliierter Seite *verirrten Geschossen* zugeschrieben. Schließlich stellten Franzosen und Briten mit großer Empörung fest, daß die ungewöhnlich hohe Zahl an Kopf- und Herzschüssen auf das Konto von Zielfernrohr-Schützen ging.

Bisher hatten sich die meisten der an den Kämpfen Beteiligten in einen Mantel der Unpersönlichkeit und Anonymität gehüllt, der ein vermeintliches Gefühl der Sicherheit und des Schutzes verlieh, vergleichbar dem Gefühl, als befänden sie sich inmitten einer Menschenmenge. Der Gedanke, daß jeder Einzelne in einem Augenblick der Unachtsamkeit aufs Korn genommen und erschossen werden konnte, erwies sich als ausgesprochen entnervend.

Die Auswirkungen auf die Moral der alliierten Truppen waren verheerend.

Ein britischer Offizier schilderte anfangs des Jahres 1915 diese gräßliche Lage und äußerte: *»Nur wer einmal in einem*

Ein deutscher Scharfschütze der Westfront mit einem requirierten Jagdgewehr mit aufgesetztem Zielfernrohr. Man beachte das umgehängte Fernglas sowie die Fernglastasche am Koppel.

Graben den Scharfschützen der Hunnen gegenübergelegen hat, die die Oberhand hatten, weiß, wie einem das Leben unter solchen Bedingungen zur Hölle werden kann.«*

Die französischen und belgischen Truppen, die bereits die Wucht der anfänglichen deutschen Vorstöße zu spüren bekommen hatten, waren bestürzt über die Gründlichkeit der ihnen gegenüberliegenden deutschen Scharfschützen und brachten selbst Scharfschützen zum Einsatz. Zu keiner Zeit jedoch war deren Organisation und Effizienz auch nur im entferntesten mit den Erfolgen und den Anstrengungen vergleichbar, die auf deutscher Seite diesbezüglich unternommen wurden.

Die von den britischen und den kanadischen Expeditionsstreitkräften zum Einsatz gebrachten Scharfschützen (wobei sich die letzteren eng an die von den Briten geübten Praktiken anlehnten) entwickelten sich im Gegensatz zu denen der übrigen Alliierten zu den Hauptkontrahenten der deutschen Scharfschützen bis hin zu einem Maße, daß sie bei Kriegsende als richtungsweisend betrachtet wurden.

Als Ende 1914 die Bedrohung offenkundig wurde, die von den deutschen Scharfschützen ausging, konnten die Briten auf keinen Lagerbestand an geeigneter Scharfschützenausrüstung zurückgreifen und waren zur Improvisation gezwungen, bis geeignete Waffen beschafft werden konnten. Genau wie die Deutschen, die ihre ersten Scharfschützenwaffen aus zivilen Quellen beschafft hatten, trugen sie eiligst Jagd- und Sportgewehre zusammen und gaben sie aus. Wenn es gelang, was selten genug vorkam, deutsche Scharfschützenwaffen zu erbeuten, wurden auch diese zum Einsatz gebracht.

Wegen der Vielfalt an zivilen Waffen und der sich daraus ergebenden Schwierigkeiten, an der Front die geeignete Munition zu beschaffen, war ihr Einsatz – der sich positiv auf die Moral der britischen Soldaten auswirkte – eher psychologischer Natur, als daß er nennenswerten Schaden bei den gegenüberliegenden deutschen Truppen angerichtet hätte.

Erst nachdem das Kriegsministerium zu der Überzeugung gelangt war, daß die einzige Maßnahme zur Minderung der Bedrohung darin bestand, selbst ein überlegenes Scharfschützenwesen aufzubauen, führten die Bemühungen der Briten zu greifbaren Ergebnissen. Nach konzentrierten Anstrengungen an der Heimatfront gelangte das mit Zielfernrohr ausgestattete britische Ordonnanzgewehr *Short Magazine Lee Enfield Mark III (SMLE)* im Frühjahr 1915 in die Schützengräben. Die Briten mußten allerdings feststellen, daß zu einem effizienten Einsatz von Scharfschützen beträchtlich mehr gehörte, als einfach Waffen an die Front zu liefern. Da man sich auf britischer Seite darauf beschränkte, lediglich hier und da einige Scharfschützen in den Gräben zu postieren und die Scharfschützengewehre wahllos auszugeben, ließ man es zu, daß die Überlegenheit der deutschen Scharfschützen bis über das Jahr 1915 hinaus ungefährdet blieb. Ohne offizielle Richtlinien hinsichtlich einer systematischen Verteilung betrachteten die Briten ihre Scharfschützengewehre als Ersatzwaffen, die in den Gräben nach Gutdünken von Versorgungs-Unteroffizieren ausgegeben wurden, die deren Bedeutung oder Leistungsfähigkeit wenig oder gar keine Bedeutung beimaßen.

Darüber hinaus wurden Präzisionswaffen an Schützen ausgegeben, von denen nur wenige im Umgang mit Zielfermohrgewehren geübt oder wenigstens gute Schützen waren. Von offizieller Seite wurde später festgestellt, daß von zehn Scharfschützengewehren, die so ausgegeben worden waren, sechs nach kürzester Zeit unbrauchbar wurden. Eingehende Meldungen machten deutlich, daß bei Bataillonen, die ungeschulte Scharfschützen zum Einsatz brachten, die Verluste durch deutsche Scharfschützen in besorgniserregendem Umfang Zunahmen. An der Erkenntnis, daß der planlose Einsatz von Scharfschützen so gut wie keine Wirkung gezeigt hatte, war nicht zu rütteln.

Gegen Ende des Jahres 1915 wurden aufgrund der unablässigen Bemühungen einiger weniger britischer Offiziere und Mannschaften, die erkannt hatten, wie ungeheuer wichtig der Einsatz ausgebildeter Scharfschützen war, Lehrgänge für Scharfschützen, Beobachter und Späher *(S. O. S. – Sniping, Observation and Scouting)* eingeführt. Ein Erfolg begann sich erst allmählich abzuzeichnen, zunächst aber ging die Zahl der durch deutsche Scharfschützen direkt verursachten Ausfälle deutlich zurück und in bestimmten Abschnitten waren sie gleich Null. Ab Mitte des Jahres 1917 wurden in den gesamten britischen Streitkräften Lehrgänge für Scharfschützen abgehalten.

Zunächst zielten die Bestrebungen darauf ab, den enormen Vorsprung der Deutschen wettzumachen und waren anfangs auf die Bekämpfung der deutschen Scharfschützen ausgerichtet. In Ermangelung gültiger Richtlinien, auf die man hätte zurückgreifen können, war man auf britischer Seite gezwungen, die deutschen Techniken und Taktiken zu kopieren.

Hätten die Briten die Vorgehensweise der deutschen Scharfschützen sowie ihre eigenen mehr oder weniger erfolgreichen Methoden und Neuerungen nicht schriftlich festgehalten, wären wichtige Details hinsichtlich des Einsatzes der deutschen

* Spitzname der Alliierten für die deutschen Soldaten; A.d.Ü.

Deutsche Scharfschützenwaffen und deren Zubehör, die nicht an Ort und Stelle instandgesetzt werden konnten, wurden von waffentechnischem Personal in Werkstätten wie der hier abgebildeten repariert.

Scharfschützen mit Sicherheit nicht ans Licht gekommen. Anders als ihre britischen Gegner hatte sich die deutsche Oberste Heeresleitung klugerweise darauf beschränkt, Zielfernrohrgewehre ausschließlich an qualifizierte Schützen auszugeben, die bereits über Erfahrung mit Zielfernrohren verfügten. Diese Entscheidung war der Hauptgrund für deren Erfolge an der Westfront bereits von Anfang an.

Auch als der Krieg sich hinzog und der Bedarf an zusätzlichen Scharfschützen ständig zunahm, wurden nur die besten Gewehrschützen ausgewählt, die sorgfältig an ihren speziellen Waffen und Geräten und in der hohen Kunst des Überlebens bei der Ausübung ihres besonderen Handwerks ausgebildet wurden. Es wurde als eine Ehre erachtet, ein Scharfschütze zu sein. Verschiedenen Berichten zufolge erlangten viele erfolgreiche Scharfschützen unter ihren Kameraden einen erstaunlichen Bekanntheitsgrad. Anders als mit den Fliegern, die von der deutschen Presse hochgelobt wurden, fühlten sich die gewöhnlichen Frontsoldaten eng verbunden mit »ihren« Scharfschützen, die mit ihnen das Los des Grabenkrieges teilten.

Während in einigen Abschnitten fast ein Überfluß an Waffen und Gerät für Scharfschützen herrschte, fehlten diese in anderen Abschnitten völlig. Die Ausgabe von Scharfschützengewehren mit Zielfernrohr erfolgte bei den Armeekorps der einzelnen deutschen Staaten Preußen, Sachsen, Bayern und Württemberg nach jeweils eigenem Ermessen.

Gewöhnlich wurden Scharfschützengewehre auf Kompanieebene ausgegeben, wobei einzig und allein der einzelne Scharfschütze für die Pflege und Instandhaltung; das waffentechnische Instandsetzungspersonal lediglich für die wichtigen Wartungs- und Reparaturarbeiten verantwortlich war. Abgesehen von wenigen Ausnahmen waren die ausgebildeten Scharfschützen von Sonderdiensten befreit und hatten die Genehmigung, sich innerhalb ihres Abschnittes frei zu bewegen, um geeignete Ziele aufzuspüren. Obwohl es den einzelnen Scharfschützen überlassen blieb, welche Ziele sie vorzugsweise bekämpften, galten dennoch zwei Grundregeln: niemals mehr als einen oder zwei Schüsse aus derselben Stellung abzugeben und, sofern es die Lage zuließ, so beweglich als irgend möglich zu bleiben. Neben der Tatsache, daß sie hervorragende Schützen waren, waren die deutschen Scharfschützen überaus geschickt darin, sich selbst und ihre Feuerstellungen unsichtbar zu machen. Es kam selten vor, daß sie entdeckt wurden, insbesondere in den Anfangsmonaten des Krieges, als sie auf dem Gebiet des Scharfschützenwesens eindeutig im Vorteil waren.

Deutsche Scharfschützen waren dafür bekannt, daß sie alleine arbeiteten, oder, sofern es die Lage erforderte, zusammen mit

VORSCHRIFT FÜR DEN EINSATZ VON S.m.K PATRONEN UND GEWEHREN MIT ZIELFERNROHR 1915

Da die Fertigung des K-Geschosses schwierig und teuer ist, ist diese Patrone nur für gezielte Einzelschüsse zu verwenden, wenn es auf große Durchschlagsleistung ankommt. Die S. m. K. Patrone wird nur an Schützen ausgegeben, die mit dem Gewehr Modell 98 mit Zielfernrohr ausgerüstet sind. Von diesen sind die Patronen in vernünftigem Maße zu verwenden und dürfen nicht weitergegegeben werden.

Falls notwendig können diese Patronen aus dem Maschinengewehr verschossen und zum Beschuß von befestigten Unterständen, Panzerkuppeln und gepanzerten Flugzeugen eingesetzt werden.

Es stehen zwei Arten von Gewehren mit Zielfernrohr zur Verfügung:
a) Das Ordonnanzgewehr Modell 98 mit nachträglich montiertem Zielfernrohr. Der erste Auftrag (Ende 1914) beläuft sich auf 15 000 Gewehre.
b) Jagdgewehre mit Zielfernrohr. Sämtliche derartigen Waffen in Deutschland sind requiriert worden. Diese Waffen sind schwächer als das Gewehr 98 und eignen sich ausschließlich zum Verschießen der Patrone 88.

Die Waffen mit Zielfernrohr sind bis zu einer Entfernung von 300 Metern sehr genau. Sie sind ausschließlich an Schützen auszugeben, die in der Lage sind, beim Schießen von Graben zu Graben sichere Treffer zu erzielen, insbesondere in der Dämmerung oder in hellen Nächten, wenn gewöhnliche Waffen nicht ausreichen.

Der Scharfschütze hat nach eigenem Ermessen zu schießen, dabei sind die Gewehre nicht zur Abgabe von Salutschüssen oder von Störfeuer zu verwenden. Der Einsatz des Scharfschützen ist nicht auf den Abschnitt seiner Einheit beschränkt und er hat das Recht, sich dort aufzuhalten, wo er die Möglichkeit hat, ein wichtiges Ziel auszumachen. Posten haben die Pflicht, den Scharfschützen auf Ziele hinzuweisen, die sie selbst für wichtig halten.
Der Scharfschütze hat sein Zielfernrohr zur Beobachtung der gegnerischen Front einzusetzen. Seine Beobachtungen und seinen Patronenverbrauch sowie etwaige Treffer hat er schriftlich festzuhalten.

Scharfschützen sind von zusätzlichen Diensten befreit.

Sie haben ihr Abzeichen in Form von zwei gekreuzten Eichenblättem oberhalb des Mützenabzeichens zu tragen.

einem Beobachter, dessen Aufgabe es war, geeignete Ziele auszumachen und erzielte Treffer zu melden. Eine für die deutsehen Scharfschützen besonders typische Vorgehensweise bestand darin, sich vor Tagesanbruch in das Niemandsland vor zuarbeiten und dort für den Verlauf eines Tages eine getarnte Stellung zu beziehen. Zwar erachteten einige dieses Gebiet als weitaus weniger gefährlich als die Schützengräben, es konnte dennoch niemand daran zweifeln, daß es ein großes Wagnis bedeutete, sich in eine derart prekäre Lage zu begeben. Nichtsdestotrotz erwies sich diese Praktik als wirkungsvoll genug, um die ihr innewohnenden Gefahren wettzumachen. Der wesentlichste Nachteil bestand darin, daß der Scharfschütze gezwungen war, während eines gesamten Tages buchstäblich reglos zu liegen, während alliierte Gewehrschützen und Maschinengewehr-Bedienungen das Gelände nach Scharfschützen absuchten. Aus vorliegenden Berichten geht allerdings eindeutig hervor, daß die überwiegende Mehrzahl der deutschen Scharfschützen es vorzog, Vorsicht walten zu lassen und bei der Ausübung ihrer Tätigkeit in der relativen Sicherheit der eigenen Linien zu bleiben.

Obwohl die feldgraue Farbe der deutschen Uniform an sich der Umgebung im Bereich der Westfront hervorragend angepaßt war, gehörte auch das geschickte Tarnen zu den Fähigkeiten, über die ein erfolgreicher Scharfschütze verfügen mußte. Dies galt insbesondere in den späteren Phasen des Krieges, als die Scharfschützen mehr und mehr im offenen Gelände operierten und der einzige Schutz vor Entdeckung und unverzüglicher Ausschaltung in einer möglichst perfekten Tarnung bestand. Die deutschen Scharfschützen wendeten zwei Verfahren an. Das eine bezog sich auf die Körpertarnung und wurde hauptsächlich von Scharfschützen und Beobachtern gewählt, das andere bezog sich auf Stellungen und Gerät. Standard- Tarnuniformen wurden nicht ausgegeben, jedoch wurden den Scharfschützen speziell angefertigte Anzüge oder Umhänge aus Segeltuch oder Sackleinen zur Verfügung gestellt. Diese Bekleidungsstücke, die erwiesenermaßen unentbehrlich waren, wenn es darauf ankam, die Umrisse einer menschlichen Gestalt aufzulösen, wurden in den im Operationsgebiet vorherrschenden Farben bemalt. Zwar erfüllten sie ihren Zweck, waren aber nicht sonderlich beliebt, da sie ziemlich lästig und während der wärmeren Jahreszeiten überaus unbequem waren.

Für den Einsatz in den Schützengräben wurden gelegentlich provisorische Kapuzen und Gesichtsschleier aus Gaze oder Sackleinen angefertigt, um die Umrisse des Kopfes zu verwischen. Das Scharfschützengewehr wurde entweder in einem unregelmäßigen Tarnmuster bemalt oder mit Stoff- oder Jute-Streifen umwickelt, die in den Farben der jeweiligen unmittelbaren Umgebung eingefärbt wurden.

Zu Beginn des Krieges hatten die Briten mit äußerster Geringschätzung in verschiedenen Abschnitten die deutschen Grabenstellungen betrachtet und sich verächtlich über die »unmilitärische Art und Weise« geäußert, in welcher Rollen aus verdrehtem Stacheldraht, Wellblechtafeln, Bretter sowie Gerümpel jeglicher Art wahllos vor diesen aufgehäuft worden waren. Hinter diesem scheinbar unsinnigen Verhalten der Deutschen steckte System; in vielen Abschnitten wurde großer Wert auf die Berücksichtigung der besonderen Belange der Scharfschützen gelegt. Inmitten des ganzen Schuttes waren raffinierterweise kleine Schießscharten freigelassen worden, aus denen heraus praktisch unbehelligt mit einem Scharfschützengewehr gefeuert werden konnte. Eine weitere List bestand darin, einige dieser Öffnungen so anzulegen, daß sie leicht erkennbar waren, sie dann aber kaum zu benutzen. Dann, wenn es am wenigsten erwartet wurde, fand eine schnelle Kugel ihr ahnungsloses Opfer. Der Gebrauch von Schießscharten in Feldbefestigungen war zwar keine Erfindung der Deutschen, aber sie in dieser Weise zu nutzen entsprang zur damaligen Zeit deutschem Scharfsinn.

Berichten zufolge waren es auch die Deutschen, die erstmals *Grabenpanzer* oder *Scharfschützenschilde,* wie sie verschiedentlich bezeichnet wurden, zum Einsatz brachten, zu deren Herstellung Stahlplatten von unterschiedlicher Stärke verwendet wurden. An einer günstigen Stelle eines Schützengrabens angebracht und geschickt getarnt, boten diese schweren Stahlplatten, aus denen eine Schießscharte herausgeschnitten worden war, einem Mann angemessenen Schutz vor gegnerischem Gewehrfeuer, denn um Wirkung zu erzielen hätte ein Geschoß direkt durch die Scharte gehen müssen.

Es ist kaum verwunderlich, daß die Gewehrschützen der Alliierten, die zu diesem Zeitpunkt lediglich mit Gewehren mit offener Visierung bewaffnet waren, selbst auf kurze Distanzen kaum in der Lage waren, mit gutgezielten Schüssen diese Schießscharten zu treffen. Zwar gab es einige Adleraugen, die in der Lage waren, diese kleinen Öffnungen zu treffen, aber ihre Zahl war so gering, daß ihr Einsatz kaum Erfolge zeitigte. Da sie zu Beginn des Krieges nicht über zufriedenstellende panzerbrechende Munition für ihre Infanteriewaffen verfügten, brachten die einfallsreichen Briten spezielle großkaliberige Gewehre zum Einsatz, aus denen Hochleistungspatronen verschossen wurden, die eigentlich für die Jagd auf Büffel und Elefanten vorgesehen waren. Damit war es möglich, die deutschen Grabenschilde zu durchschlagen, oder – wie damals gemeldet wurde – zu »zerdeppem«. Der Hinweis,

In den ersten Kriegsmonaten wurden von Scharfschützen und Grabenposten Schutzschilde mitgeführt und auf Brustwehren angebracht.

Im weiteren Verlauf des Krieges ging man dazu über, die Stahlplatten in Befestigungen oberhalb der Kante des Schützengrabens einzubauen.

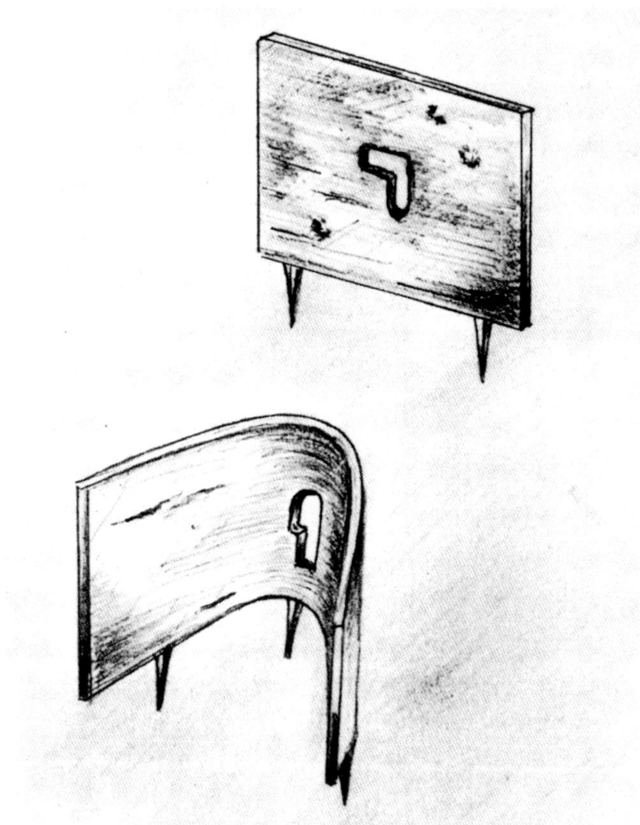

Typische Grabenpanzer (Schutzschilde), wie sie während des 1. Weltkrieges auf beiden Seiten zum Einsatz kamen. Die Öffnungen waren teilweise so geformt, daß sie die Verwendung eines Gewehres mit seitlich versetzt montiertem Zielfernrohr gestatteten.

daß dort, wo diese Gewehre zum Einsatz kamen, das relativ unbehelligte Dasein der deutschen Scharfschützen bis zu einem gewissen Grade bedroht war, mag an dieser Stelle genügen.Die Deutschen hingegen hatten zu Beginn des Jahres 1915 panzerbrechende Munition an Scharfschützen ausgegeben und es ist bekannt, daß im weiteren Verlauf des Krieges das *Tank-Gewehr* mit Mauser-System im Kaliber 13 mm zum Einsatz kam. Mit diesem Gewehr, das ursprünglich zur Bekämpfung der alliierten Tanks entwickelt worden war, wurden befestigte Stellungen der Briten unter Feuer genommen. Maschinengewehre der Alliierten und deren Bedienungsmannschaften galten als wichtigstes Ziel, und sobald eine Maschinengewehrstellung ausgemacht war, konnte ein einzelner Scharfschütze durch einen präzisen Treffer die Waffe oder die Bedienungsmannschaft ausschalten und das Maschinengewehr zum Schweigen bringen.

Im weiteren Verlauf des Krieges gelangte man zu der Feststellung, daß gut vorbereitete, sorgfältig getarnte Stellungen im offenen Gelände hinter den vordersten Linien für Beobachter und Scharfschützen am ehesten geeignet waren. Um das Risiko, entdeckt zu werden, möglichst gering zu halten, wurden diese Stellungen häufig aufgegeben und an anderer Stelle wieder eingerichtet – denn im Falle einer Entdeckung konnten sie durch einen kurzen Feuerüberfall mit Artillerie oder Granatwerfern mühelos ausgeschaltet werden.

Von Zeit zu Zeit belegten die Alliierten jede Ruine und jedes zerschossene Gebäude nahe der Front mit Artillerie- oder Maschinengewehrfeuer, um die Deutschen davon abzuhalten, darin eine Scharfschützen- oder Beobachterstellung einzurichten.

Verglichen mit den Kämpfen in Frankreich und Belgien sah der Krieg an der Ostfront völlig anders aus. Ein gut ausgebildetes deutsches Heer stand entlang einer mehr als 1500 Kilometer langen Front von der Ostsee bis zum Schwarzen Meer russischen Streitkräften gegenüber, die – grob gesagt – mehr

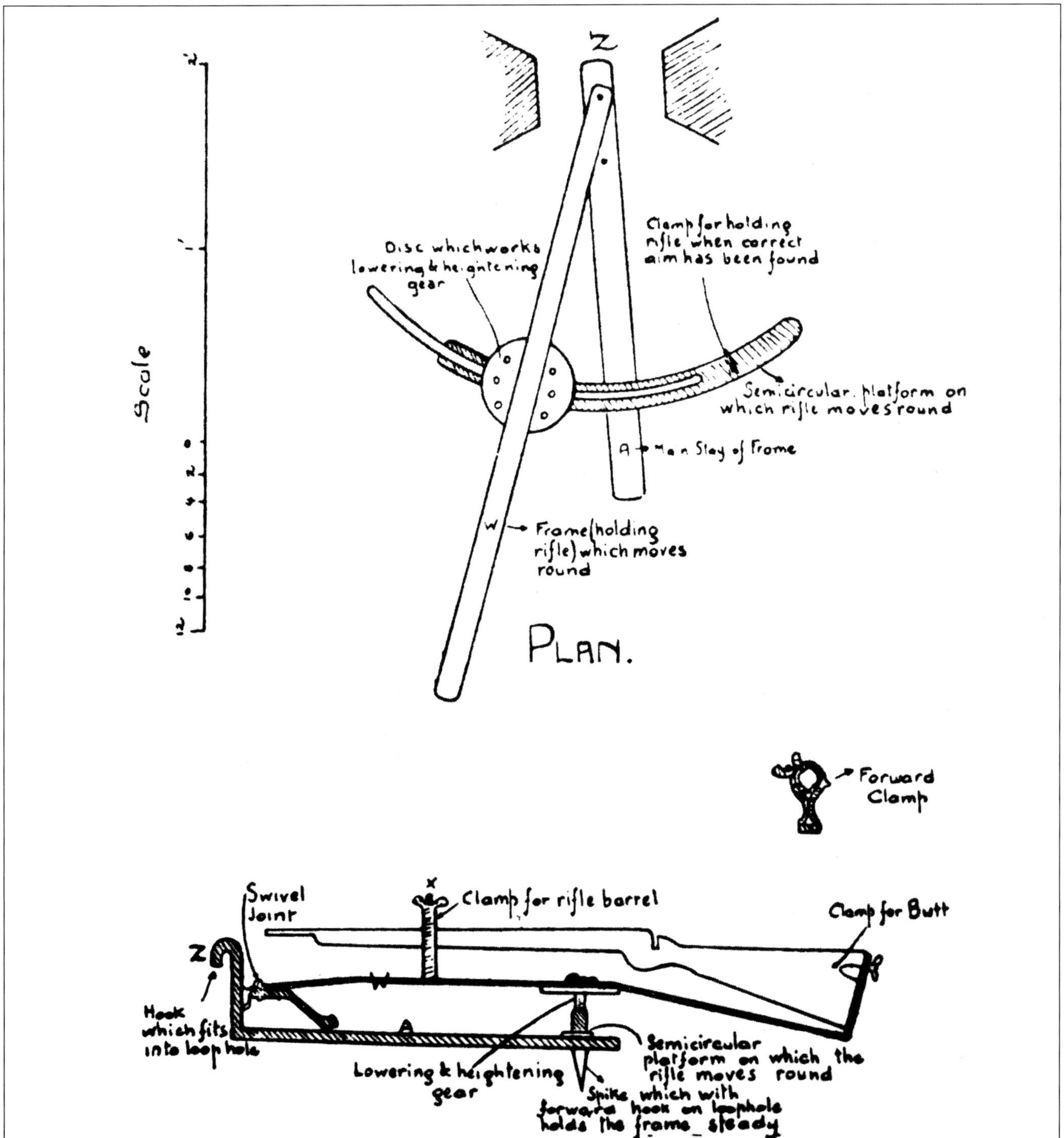

Dieser Auszug aus einer amerikanischen Ausbildungsvorschrift aus der Zeit des I. Weltkrieges zeigt die detaillierte Abbildung einer erbeuteten deutschen Gewehrauflage »zum Schießen durch Schießscharten«.

Wert auf Masse denn auf Klasse setzten. Obwohl die Russen den Deutschen zahlenmäßig weit überlegen waren, hatten sie diesen – zumindest was die Ausbildung des einzelnen Mannes und die Beweglichkeit der Führung anging – wenig entgegenzusetzen. Bei einem Großteil der schlecht ausgerüsteten russischen Soldaten handelte es sich um arme Bauern, die nicht den Wunsch verspürten, für ihren Zaren zu sterben. Bei der unentwickelten Industrie zur Versorgung mit Ausrüstung und einem völlig unzureichenden Nachschubsystem mangelte es dem russischen Heer ständig nahezu an allem was benötigt wurde, um einen Krieg mit Aussicht auf Erfolg führen zu können.

Berichten zufolge kamen zahlreiche deutsche Scharfschützen an der Ostfront zum Einsatz, aber nur wenige Dokumente bezüglich ihrer Aktivitäten und Leistungen sind erhalten geblieben. Da das russische Heer weder über eigene Scharfschützen verfügte noch über die Mittel, die deutschen Scharfschützen zu bekämpfen, kann lediglich angenommen werden, daß der Scharfschützeneinsatz von deutscher Seite aus zu einigen Erfolgen geführt hat. Die Alliierten hatten sehr wohl aus den Erfahrungen gelernt, aber in den Jahren nach dem I. Weltkrieg verfielen die Militärs sämtlicher Großmächte in einen Zustand der Lethargie und vergaßen die Bedeutung und den unstrittigen Wert des militärischen Scharfschützeneinsatzes – mit einer Ausnahme: der Roten Armee. Als die deutsche Wehrmacht im Jahre 1941 in Rußland einmarschierte, gingen ungezählte gefallene deutsche Offiziere und Soldaten auf das Konto sowjetischer Scharfschützen.

Ironischerweise sah sich das deutsche Heer in derselben Notlage, in welche es im Jahre 1914 seine Gegner versetzt hatte – dem gutgezielten Feuer aus Zielfernrohr-Gewehren ausgesetzt zu sein, ohne entsprechend reagieren zu können.

Diese Photographie aus dem Jahre 1916 einer Dienststube mit weiblichen Hilfskräften zeigt Angehörige des Infanterie-Regimentes 88, Mainz, mit einem Scharfschützen-Gewehr 98.

Ein deutscher Scharfschütze und ein Beobachter im Einsatz in einem Schützengraben. Die Aufgabe des mit einem Fernglas ausgerüsteten Beobachters bestand in der Hauptsache darin, geeignete Ziele auszumachen.

Eine außergewöhnliche taktische Lage mußte schon vorliegen, wenn gleich drei Scharfschützen so dicht zusammen operierten wie diese, die hinter einem Mauerrest in Stellung gegangen sind.

Die Gegenseite: Auch die Franzosen brachten während des I. Weltkrieges eine Anzahl von Scharfschützen zum Einsatz. Sie stellten jedoch keine ernsthafte Bedrohung für die deutschen Streitkräfte dar. Zu beachten ist der hinter dem französischen Schützen im Vordergrund angebrachte Tarnschirm, der verhindern sollte, daß sich der Kopf des Schützen über dem Grabenrand abzeichnete.

Ein britischer Scharfschütze und ein Beobachter im Einsatz an der Westfront 1915.

Britische Scharfschützen während einer Gefechtspause. Auf das Gewehr, ein *SMLE Mk III* mit ausgesuchter Schußleistung, ist seitlich versetzt ein Zielfernrohr der *Periscope Prism Company* mit dreieinhalbfacher Vergrößerung montiert. Der Scharfschütze im Vordergrund trägt den Lederköcher und die Okularschutzdeckel für das Zielfernrohr.

Obwohl sie überaus unbequem waren, kamen Tarnanzüge aus eingefärbtem Segeltuch an der Westfront häufig zum Einsatz. In der stählernen Nachbildung eines Baumstumpfes konnte sich ein Scharfschütze verbergen und war gleichzeitig gegen Beschuß geschützt.

Der britische Tarnanzug läßt erkennen, daß sich die von den Scharfschützen beider Seiten verwendeten Tarnanzüge sehr ähnlich waren.

Diese Nachbildung eines deutschen Grabenabschnittes diente der Ausbildung britischer Scharfschützen im Ausmachen getarnter Schießscharten.

Attrappen gefallener Soldaten, die zur Täuschung des Gegners im Niemandsland plaziert wurden, kamen von beiden kriegführenden Seiten zum Einsatz.

Von britischer Seite wurden sorgfältig aus Papiermaché, modellierte Köpfe dazu benutzt, Stellungen deutscher Scharfschützen zu lokalisieren. Hierzu wurde ein Kopf an einer Stange befestigt und langsam über die Brustwehr gehoben, um ihr Feuer herauszulocken.

Französische Arbeiterinnen bei der Herstellung der erwähnten Kopf-Attrappen. Zu erkennen sind die Modellierformen.

Eine List bestand darin, Zeltplanen so zu präparieren, daß sie aussahen wie Pferdekadaver. Aus diesem Versteck nahm dann der Scharfschütze sein Ziel unter Feuer.

Aus Sperrholz hergestellte Figuren wie diese wurden von den Briten wenige Minuten vor Beginn eines Angriffes mit Hilfe von Kabelzügen aufgerichtet, um das Feuer deutscher Scharfschützen oder Maschinengewehre herauszulocken, damit deren Stellungen lokalisiert werden konnten.

Oft richteten sich Scharfschützen und Beobachter in Ruinen ein, da sie eine bessere Einsicht in feindliche Stellungen boten als Gräben oder Trichter. Freilich belegte der Gegner solch herausragende Punkte von Zeit zu Zeit mit Artillerie- und Maschinengewehrfeuer.

In solchen Baumattrappen, die hinter den vordersten Linien aufgestellt wurden, bezogen hauptsächlich Beobachter Stellung.

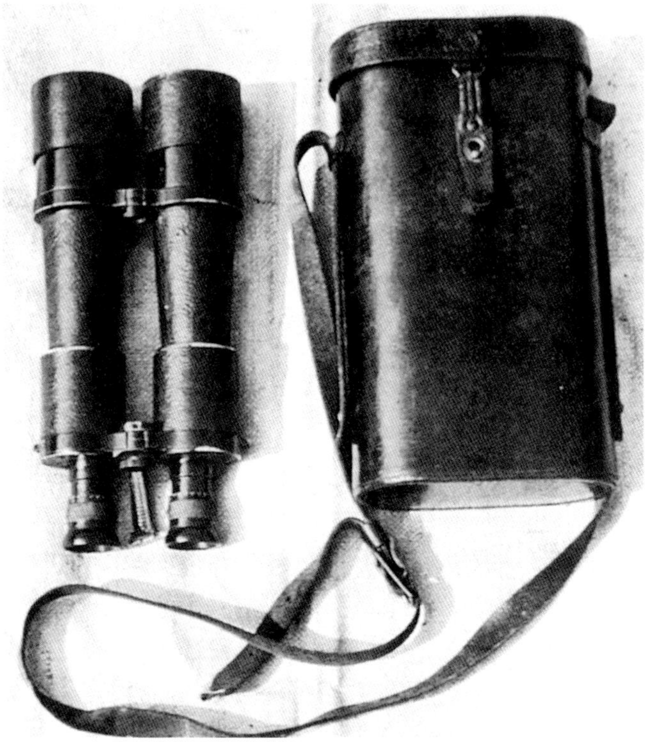

Obwohl die von Zeiss, Goerz und anderen Herstellern gefertigten Ferngläser zur Standardausrüstung der deutschen Heere gehörten, waren sie ein wesentliches Ausrüstungsstück der deutschen Scharfschützen und deren Beobachter. Dieses *Fernglas 08* (6 X 30) von Goerz wurde mit der Jahreszahl 1916 gestempelt.

Ein 10 X 50 Fernglas aus dem Jahre 1917, hergestellt von der Firma Carl Zeiss, das typisch war für die Ferngläser, die von deutschen Beobachtern und Scharfschützen während des I. Weltkrieges benutzt wurden.

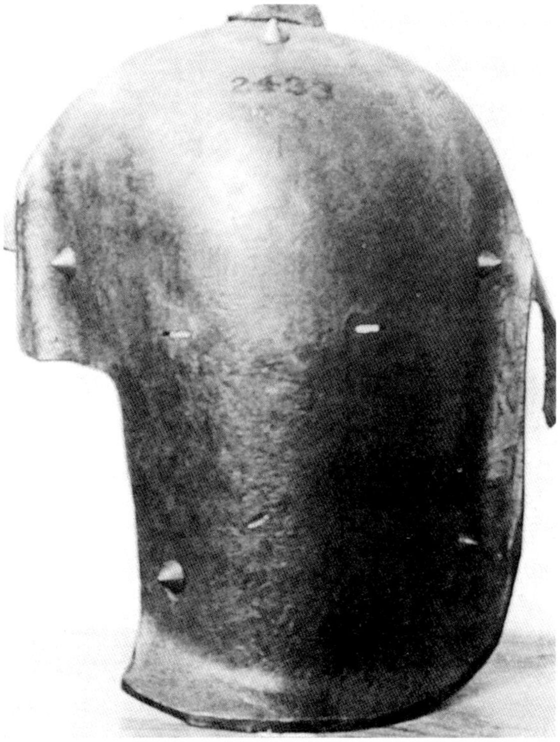

Links: Deutscher Kopf- oder Gesichtspanzer. Zwar wird verschiedentlich berichtet, dieser sei von Scharfschützen verwendet worden, aber es ist nur schwer vorstellbar, daß ein Scharfschütze, der überaus beweglich sein mußte, sich mit einem derart unhandlichen Gegenstand belastete.

Rechts: Seitenansicht des deutschen Kopfpanzers. Zu erken nen sind die Polsterung und die Reste der Beriemung.

Ein britischer Schütze demonstriert den Einsatz eines erbeuteten deutschen Kopfpanzers.

Ein deutscher Scharfschütze mit Gewehr 98 im Einsatz. Zu erkennen sind die aufgesteckten ledernen Zielfernrohrblenden und der Köcher für das Zielfernrohr am Koppel neben dem Grabendolch.

Das Gewehr 98 als Scharfschützenwaffe

Als gegen Ende 1914 dem Einsatz von Scharfschützen immer mehr Bedeutung zukam, wurden im Rahmen der anfänglichen Bemühungen zur Beschaffung geeigneten Scharfschützengeräts auch private Jagdwaffen requiriert.

Die deutschen Militärdienststellen gaben sich hinsichtlich der Dauerhaftigkeit handelsüblicher Jagdwaffen auf dem Gefechtsfeld keinerlei Illusionen hin. Zu diesem Zeitpunkt jedoch lief der Zweck einzig und allein darauf hinaus, auf dem Gebiet des präzise gerichteten Gewehrfeuers in kürzest mögli cher Zeit einen Vorteil zu erlangen.

In Anbetracht der Vielzahl an Jagdpatronen-Kalibem der Vorkriegsfertigung wurde verfügt, daß nur Waffen mit Mauser-System, die zum Verschießen entweder der *Patrone 88* oder der *S-Patrone* eingerichtet waren, für den Fronteinsatz angenommen werden sollten. Diese Maßnahme zielte darauf ab, die Zuteilung der passenden Munition für mit Jagdgewehren ausgerüstete Scharfschützen zu vereinfachen.

Zwar war zu erwarten, daß viele der zur Verfügung gestellten Waffen zum Verschießen der *Patrone 88* eingerichtet sein würden, was deren weitere Verwendung nahegelegt hätte, jedoch galt diese Patrone bereits vor 1914 als veraltet. Sowohl die *Patrone 88* als auch die *S-Patrone* (Spitzgeschoss-Patrone), die Standard-Patrone für die deutschen Infanteriewaffen des I. Weltkrieges, wiesen das Geschoß-Kaliber 7,92 mm auf. Allerdings unterschieden sich die beiden Patronen in wesentlichen Abmessungen von einem der, so daß es riskant war, die verbesserte *S-Patrone* aus Waffen für die veraltete *Patrone 88* zu verschießen.

Der einfach anmutende Auftrag zur Requirierung von Jagdwaffen erwies sich zunächst weitgehend als fruchtlos, da die meisten Bürger sich zwar verständnisvoll zeigten, es jedoch vorzogen, ihre teuren Büchsen zu behalten. Infolgedessen blieb die Zahl der auf diese Weise beschafften Gewehre bei weitem hinter den Erwartungen zurück. Die deutschen Dienststellen sahen sich daher genötigt, an zivile Jagdwaffenhersteller entsprechende Aufträge zu erteilen.

Zwar sind viele Einzelheiten über die aus dieser Notlage heraus beschafften Scharfschützenwaffen nach wie vor unbekannt, aber bei vielen Jagdbüchsen handelte es sich um Repetierer aus dem Lieferprogramm der Waffenfabrik Mauser in Oberndorf am Neckar. Inwieweit diese Waffen von patriotischen Bürgern gestiftet oder aufgrund direkt mit der angesehenen Firma Mauser geschlossener Verträge geliefert wurden, was nach Ansicht verschiedener Experten zumindest bei einem Teil der Fall gewesen sein dürfte, ist nach wie vor ungeklärt.

Um das Unfallrisiko an der Front auszuschließen, wurde ein kleines Schild, auf welchem der Umriß einer Patrone 88 mit dem auffälligen, langen Rundkopf-Geschoß abgebildet war und das den Wamhinweis trug: *NUR FÜR PATRONE 88, KEINE S-MUNITION VERWENDEN,* links am Schaft angebracht. Interessant sind auch die *Notgewehre,* die eine kleine Plakette aus Stahl oder Messing trugen, die bestätigte, daß die

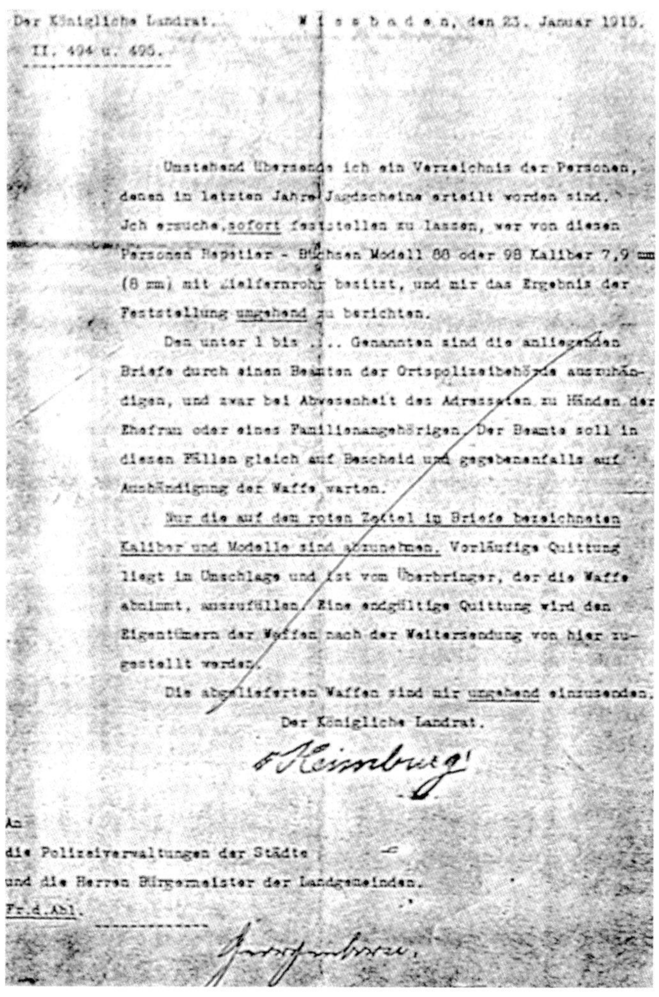
Der Königliche Landrat. Wiesbaden, den 23. Januar 1915.
II. 494 u. 495.

Umstehend übersende ich ein Verzeichnis der Personen, denen im letzten Jahre Jagdscheine erteilt worden sind. Jch ersuche, sofort feststellen zu lassen, wer von diesen Personen Repetier - Büchsen Modell 88 oder 98 Kaliber 7,9 mm (8 mm) mit Zielfernrohr besitzt, und mir das Ergebnis der Feststellung umgehend zu berichten.

Den unter 1 bis ... Genannten sind die anliegenden Briefe durch einen Beamten der Ortspolizeibehörde auszuhändigen, und zwar bei Abwesenheit des Adressaten zu Händen der Ehefrau oder eines Familienangehörigen. Der Beamte soll in diesen Fällen gleich auf Bescheid und gegebenenfalls auf Aushändigung der Waffe warten.

Nur die auf dem roten Zettel im Briefe bezeichneten Kaliber und Modelle sind abzunehmen. Vorläufige Quittung liegt im Umschlage und ist vom Überbringer, der die Waffe abnimmt, auszufüllen. Eine endgültige Quittung wird den Eigentümern der Waffen nach der Weitersendung von hier zugestellt werden.

Die abgelieferten Waffen sind mir umgehend einzusenden.

Der Königliche Landrat.

An
die Polizeiverwaltungen der Städte
und die Herren Bürgermeister der Landgemeinden.
Fr.d.Abl.

Ein Schreiben des Landrates von Wiesbaden vom 23. Januar 1915, in dem Polizeiverwaltungen und Bürgermeister aufgefordert werden, Repetierbüchsen Modell 88 und Modell 98 einzuziehen. Eine Liste der Jagdscheininhaber war der Einfachheit halber gleich beigefügt.

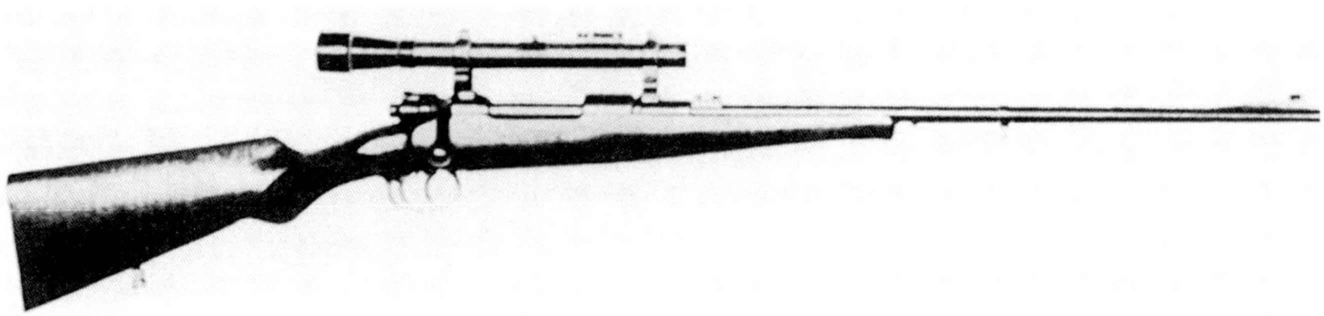

Eine von Mauser vor dem I. Weltkrieg hergestellte jagdliche Repetierbüchse mit aufgesetztem Zielfernrohr, wie sie als Scharfschützenwaffe zum Einsatz kam. Typisch ist der Doppelzüngel-Stecher, auch Deutscher Stecher genannt.

Waffe dem Vaterland gestiftet worden war. Diese Plaketten wurden sowohl auf der linken als auch auf der rechten Seite des Schaftes angebracht.

Zwar waren Jagdwaffen nur als Notbehelf gedacht, aber im Einsatz erbrachten sie zunächst die Leistungen, die erwartet werden konnten. Sie waren keinesfalls für eine längere Frontverwendung vorgesehen. Nach kurzer Zeit des Einsatzes in den Schützengräben ließen Berichte erkennen, daß sogar Jagdwaffen bester Qualität offensichtlich zu anfällig waren und nicht über die erforderliche Präzision verfügten.

Größte Sorge bereiteten anscheinend Berichte über unbrauchbar gewordene Läufe infolge der Verwendung panzerbrechender *S. m.* -Patronen (Spitzgeschoß mit [Stahl-] Kem), die Anfang 1915 ausgegeben wurden. In vielen Fällen erwiesen sich die dünnwandigen Büchsenläufe dieser Beanspruchung nicht gewachsen.

Die Gesamtzahl an handelsüblichen Repetierbüchsen, die für den militärischen Einsatz herangezogen wurden, kann lediglich geschätzt werden. Insgesamt war die Menge offensichtlich ausreichend, um im Winter 1914/1915 für gehörige Bestürzung auf Seiten der Alliierten zu sorgen.

Gleichzeitig mit der eiligen Beschaffung von Jagdwaffen erfolgte die Montage von Zielfernrohren auf Standard- Infanteriegewehre Modell 98. Dies übernahmen zivile Firmen nach Maßgaben des Militärs. Höchstwahrscheinlich gelangten jedoch nur wenige Scharfschützengewehre – gleichgültig ob Ordonnanzwaffen oder aus ziviler Fertigung – bis Ende 1914 an die Front. Anders als die zivil gefertigten Waffen erwies sich das in aller Eile improvisierte Zielfernrohr-Gewehr 98 als fronttauglich, wie sich rasch herausstellte. Nachdem in der Folge Standard-Ordonnanzgewehre den Grundstock für Scharfschützenwaffen bildeten, gelangten ab Frühjahr 1915 mehr und mehr modifizierte Gewehre 98 an die Front. Um die Nachfrage decken zu können, wurden aus den Lieferungen der Gewehrfabriken, bzw. schon im Werk, geeignete Waffen ausgesondert. Es liegen aber auch Berichte vor über Waffen, die eigens von kleinen Jagd Waffenherstellern und Büchsenmachern auf Grundlage des Modells 98 gefertigt wurden. Die überwiegende Mehrzahl kam jedoch aus den staatlichen Waffenfabriken (Arsenalen) Spandau, Danzig, Erfurt und Amberg und wurde zwischen 1915 und 1918 gefertigt.

Auf diese sorgfältig ausgesuchten Waffen, die offiziell als *Scharfschützen-Gewehr 98* bezeichnet wurden, kamen hochwertige handelsübliche Zielfernrohre mit dreifacher oder vierfacher Vergrößerung. Die Gewehre erhielten gebogene Kammerstengel, um die Handhabung zu vereinfachen. Oftmals erhielt die rechte Schaftseite eine Aussparung oberhalb des Abzugsbügels, um das Erfassen des gebogenen Kammerstengels zu erleichtern.

Obwohl die Zielfernrohre und die zugehörigen Gesteckteile (Ringe, Füße, Fußplatten, Sockel) oft erheblich voneinander abwichen, wie die Abbildungen in diesem Kapitel veranschaulichen, wurden die Zielfernrohre stets entweder a) direkt über dem System und in direkter Verlängerung der Laufseelenachse oder aber b) seitlich nach links versetzt montiert. Im letzteren Fall konnte die Waffe bei aufgesetztem Zielfernrohr mit Ladestreifen aufmunitioniert werden. Die vor dem Krieg von zivilen Jagdwaffenherstellem entwickelte *Einhak-Montage* wurde bei Scharfschützengewehren dieser Zeit zwar überaus häufig, aber keineswegs ausschließlich verwendet. Diese Montage gewährleistete zum einen den absolut sicheren Sitz des Zielfernrohres, andererseits konnte dieses ohne Werkzeug von der Waffe abgenommen werden *(...und nach dem erneuten Aufsetzen kam es zu keiner Veränderung der Treffpunktlage; A.d.Ü.)*

Nach der Gewehr-Auswahl in den verschiedenen Arsenalen wurden die Zielfernrohre von zivilen Büchsenmachern oder von besonders geschulten Waffenmeistern sorgfältig montiert.

Der hintere Sockel eines Gesteckes zur seitlich versetzten Zielfernrohr-Montage auf das Gewehr 98 (Waffenfabrik Mauser).

Obwohl die Front auf die Waffen drängte, waren die Verfahren zur Zielfernrohrmontage auch nach heutigen Standards überaus aufwendig und umständlich *(...aber begreiflich, wenn man bedenkt, daß bei einer Einhak-Montage mehr als zehn Auflageflächen anzupassen waren, um das Zielfernrohr spielfrei zu montieren. Ein Spiel von nur U10 mm konnte leicht eine Trefferabweichung von 20 cm auf 100 m bewirken; A.d.Ü.).*

Da die verschiedenen Gesteckteile in Handarbeit eingepaßt wurden, war jedes Scharfschützengewehr ein Einzelstück. Es trug die Handschrift eines bestimmten Büchsenmachers oder Waffenmeisters und gab über dessen handwerkliches Geschick Auskunft. Folglich ließen sich Zielfernrohre verschiedener Waffen nicht austauschen, selbst wenn die Montage aus baugleichen Gesteckteilen bestand und von derselben Person angepaßt worden war. Nachdem ein Zielfernrohr montiert war, wurde deshalb die Seriennummer des entsprechenden Gewehrs eingraviert oder eingeschlagen. Diese Maßnahme sollte sicher stellen, daß immer nur das richtige – zugehörige – Zielfernrohr aufgesetzt wurde.

Die Vielzahl unterschiedlicher Montagegestecke auf erhalten gebliebenen Waffen belegt, daß die Streitkräfte der Einführung eines einheitlichen, universell verwendbaren Montage gesteckes offensichtlich wenig Bedeutung beimaßen. Die Bemühungen waren vorrangig darauf gerichtet, den mengenmäßigen Bedarf der Front zu decken. Man kann davon ausgehen, daß die Verfahren, Zielfernrohre entweder direkt über dem System oder seitlich versetzt zu montieren, gegen Ende 1914 zunächst von den Heereswaffenämtem Bayerns beziehungsweise Preußens eingeführt wurden. Es wäre allerdings verwegen, ein Scharfschützengewehr lediglich aufgrund der Anordnung des Zielfernrohres als bayerisch oder als preußisch einzuordnen.

Zwar werden deutsche Scharfschützengewehre des I. Weltkriegs in Sammlerkreisen als »absolute Raritäten« angeboten, Tatsache bleibt allerdings, daß sich weltweit verhältnismäßig viele Originalstücke in Museen und privaten Waffensammlungen finden. Trotzdem – ebenso wie die anfänglich als Notbehelf in Dienst gestellten Jagdwaffen – stufen Kenner Scharfschützengewehre 98 mit originalen, nummemgleichen Zielfernrohren und den dazugehörigen Köchern als Glanzstücke jeder Sammlung ein.

Obwohl das Scharfschützengewehr 98 seinen Dienst in den Schützengräben mit Bravour versah, machte der deutsche Scharfschütze schon bald die Erfahrung, daß seine Waffe, unabhängig davon, wie sorgfältig sie ausgesucht und das Zielfernrohr montiert worden war, besonderer Pflege und Sorgfalt bedurfte, um einsatzfähig zu bleiben.

Dementsprechend hieß es damals: *Die Lebensdauer des Laufes hängt eher von der richtigen Reinigung als von der häufigen Benutzung ab. Für den erstklassigen Schützen ist das Gewehr und insbesondere der Lauf ein Lebewesen. (Man kennt den Ausdruck »Soldatenbraut«; A.d.Ü)*

Abgesehen davon, daß der Scharfschütze selbstverständlich für die obligatorische Pflege und Instandhaltung seiner Waffe samt Zubehör verantwortlich war, wurde er ermahnt, sich – mit Ausnahme der im täglichen Einsatz erforderlich werdenden Korrekturen – keinesfalls am Zielfernrohr zu schaffen zu

Die hintere Fußplatte in der Draufsicht (Gewehr 98). Zu erkennen sind die Befestigungsschrauben. Der Schraubenkopf (5) der mittleren Schraube sichert die übrigen vier Schrauben gegen unbeabsichtigtes Lösen. Der bei abgenommenem Zielfernrohr durch Federdruck in waagerechter Stellung gehaltene Schwenkriegel wurde zur Fixierung des aufgesetzten Zielfernrohres nach unten geschwenkt.

Die vordere Fußplatte in der Draufsicht (Gewehr 98). In diesem Fall wurden die Schraubenköpfe versenkt und mit Weichlot versäubert. Auch diese Fußplatte gehörte zu einem Gesteck, mit dem das Zielfernrohr seitlich versetzt montiert wurde.

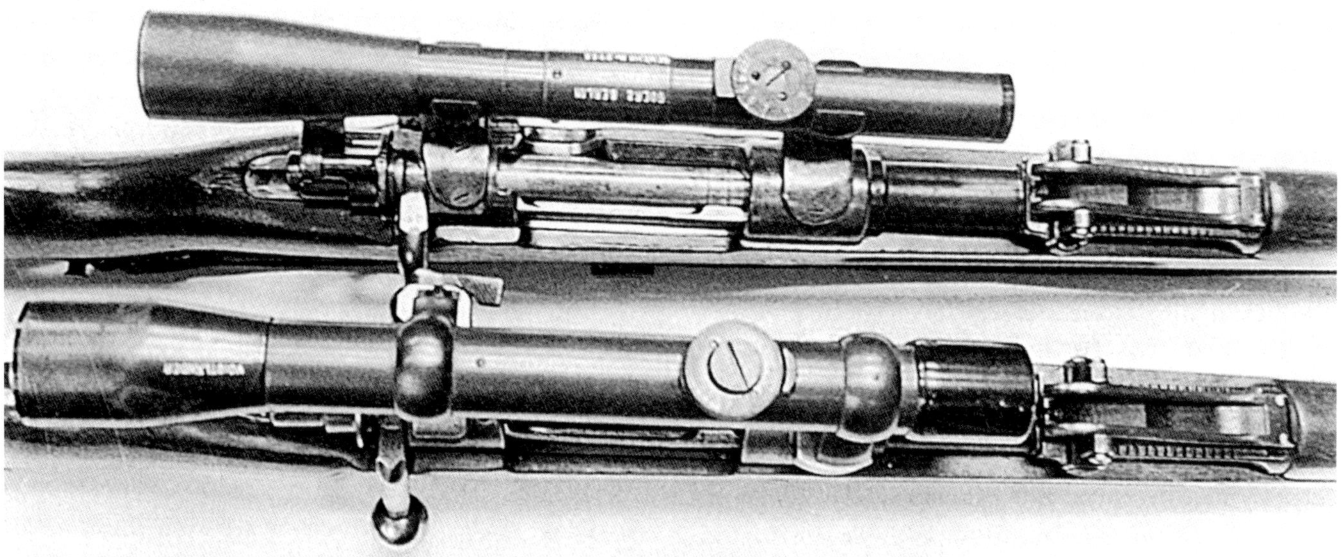

Ein direkt über dem System montiertes Zielfernrohr von Voigtländer (unten) und ein seitlich versetzt montiertes Zielfernrohr von Goerz (oben).

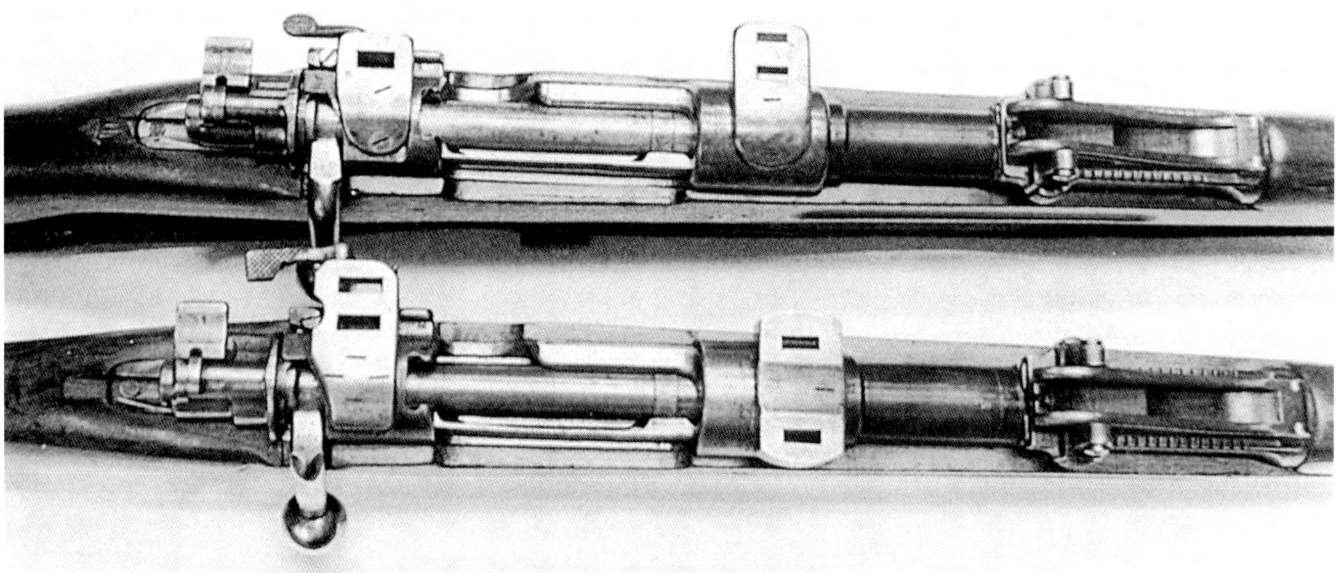

Zwei Montagen für das Gewehr 98 in der Draufsicht. Bei der oben abgebildeten war das Zielfernrohr nach links versetzt, bei der unten befand sich das Zielfernrohr direkt über dem System. Die Klemmhebel zur Fixierung des Zielfernrohres sind in beiden Fällen gelöst und befinden sich in der hinteren Stellung.

machen. Die Vorschriften legten fest, daß nur geschultes Fachpersonal Waffen mit Zielfernrohr anschießen und Zielfernrohre justieren durfte. Damit sollte verhindert werden, daß Zielfernrohre unnötigerweise unbrauchbar wurden.
Die Verwendung unterschiedlicher Munition und eine damit einhergehende veränderte Treffpunktlage der Waffe machten es unbedingt erforderlich, das Zielfernrohr gelegentlich nachzujustieren, um die optimale Schußleistung sicherzustellen. Angesichts der in den Schützengräben herrschenden Bedingungen wurden die Vorschriften hinsichtlich des Justierens von Zielfernrohren – auch bei den vorgesetzten Dienststellen – freilich stillschweigend beiseite gelegt.
Obwohl Zielfernrohre und Montagen, dem damaligen Stand der Technik entsprechend, im allgemeinen recht stabil waren, mußte ein Scharfschütze ein hohes Maß an Sorgfalt walten lassen, um seine Waffe vorschriftsmäßig in Ordnung zu halten. Oftmals bis zur Hüfte im Wasser stehend oder beim Kriechen durch schlammige Trichterfelder hatte der Scharfschütze die größte Mühe, die Optik sauber und trocken zu halten. Wenn es regnete, war ein Zielfernrohr praktisch wertlos, und schon bei leichtem Nebel oder Dunst schlugen sich Wassertröpfchen auf den Linsen nieder. Darüber hinaus konnten selbst winzige Steinsplitter die Optik zerkratzen und weitgehend unbrauchbar machen.
Außerdem mußte ständig Sorge getragen werden, daß sich das Sonnenlicht nicht in den Objektivlinsen spiegelte. Findige Schützen und Waffenmeister improvisierten Blenden aus starkem Karton oder aus Blech, die über den Tubus des Zielfernrohrs geschoben wurden.
Scharfschützen mußten sich über die Empfindlichkeit ihres ZFs im klaren sein, denn schon nach einem Stoß oder Schlag war mit einer möglichen Veränderung der Treffpunktlage zu rechnen. Unter Einsatzbedingungen bestand in den seltensten Fällen Gelegenheit, Korrekturen oder Nachjustierungen vorzunehmen. Ein Fehlschuß oder auch nur die geringste Abweichung konnte jedoch den eigenen Tod bedeuten.
Im Verlaufe des Krieges wurden alle Arten und Typen von Zielfernrohren der unterschiedlichsten Hersteller seitlich versetzt oder direkt über dem System auf das Gewehr 98 montiert und eingesetzt.
Auch den Amerikanern blieb die hervorragende Qualität deutscher Zielfernrohre nicht verborgen. Schon 1908 sahen sich die Vereinigten Staaten von Amerika als erste Großmacht zur Einführung von Scharfschützenausrüstung veranlaßt. Das Heer erhielt den Auftrag, Versuche mit einem dreifach vergrößernden Zielfernrohr der deutschen Firma Goerz durchzuführen.

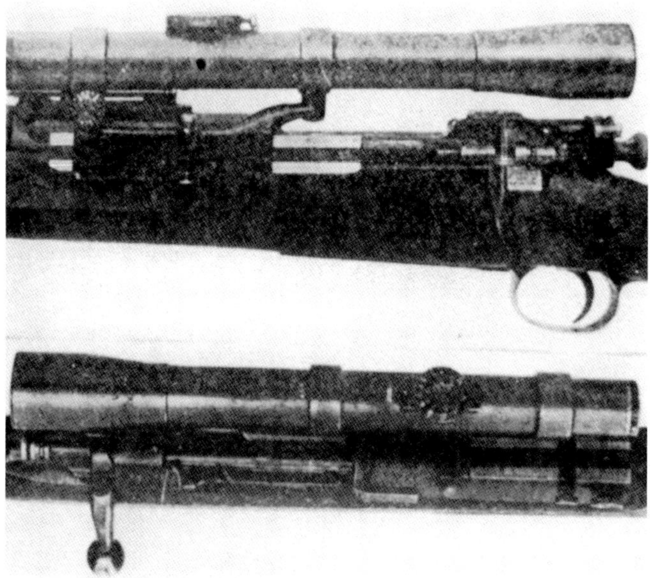

Ein von der Firma C. P. Goerz vor dem I. Weltkrieg für den zivilen Markt hergestelltes Zielfernrohr, das 1915 beim amerikanischen Heer zu Versuchszwecken mit einem speziellen Gesteck seitlich versetzt auf ein Springfield Gewehr Modell 1903 montiert wurde.

Einzelheiten der Ergebnisse dieser Versuche sind dargelegt in einem Bericht des US-Waffenamtes vom 18. Dezember 1915. Darin heißt es:

C. P. Goerz Zieloptik für Gewehre
Diese Zieleinrichtung, montiert auf ein Gewehr Modell 1903, wurde im August 1913 bei der in Berlin ansässigen Firma C. P. Goerz beschafft und nach einer vorläufigen Erprobung ummontiert und zwecks Vergleich mit sämtlichen verfügbaren Zielfernrohren zur Durchführung einer Versuchsreihe an die Infanterie-Schießschule weiter geleitet.

Schlußbericht der Infanterie-Schießschule
Aus dem Bericht der Infanterie-Schießschule geht hervor, daß nach vorherrschender Auffassung die besagte Zieleinrichtung (C. P. Goerz) sämtliche Anforderungen erfüllt, die an ein derartiges Gerät gestellt werden müssen, insbesondere was Vergrößerung, Bildschärfe, Gesichtsfeld, einfache Verstellmöglichkeit, Einfachheit, Robustheit, sowie unkomplizierte Handhabung betrifft, und daß sie für den militärischen Einsatz besser geeignet ist, als die Muster der Firma Warner & Swasey.

Empfehlungen
Von der Infanterie-Schießschule wurden die folgenden Empfehlungen geäußert: (A) Einführung des Zielfernrohres von Goerz anstelle der Zieleinrichtung von Warner & Swasey; (B) Zuteilung von zwei der genannten Zielfernrohre an jede mit dem Gewehr bewaffnete Einheit des Feldheeres.

Aufgrund dieser Empfehlungen nahm der Leiter des Waffenamtes im Februar 1916 mit Vertretern der Firma C. P. Goerz Verbindung auf, um die Bedingungen zur Fertigung des Zielfernrohres in den USA auszuhandeln. Der Eingang der schriftlichen Anfrage wurde auch bestätigt, eine konkrete Antwort ging jedoch nicht ein. In Anbetracht der herrschenden Umstände – die (noch) neutralen USA liebäugelten mit England und Frankreich – waren die amerikanischen Militärs nicht sonderlich überrascht.
Ein weiterer Beweis dafür, wie hoch die deutschen Zielfernrohre eingeschätzt wurden, war die Einführung des Zielfernrohres *Pattern 18* (Muster von 1918) gegen Ende des Krieges durch die Briten. Es ähnelte in seiner gesamten Bauweise – das Einhak-Gesteck eingeschlossen – dem typischen deutschen Zielfernrohr.
Von allen Zieloptiken, die in Verbindung mit dem Gewehr 98 zum Einsatz kamen, waren Zielfernrohre mit Prismensystem sicherlich die ausgefallensten. In Unterlagen des amerikanischen Waffenamtes finden sich neben der Begutachtung eines erbeuteten Prismenzielfernrohrs der Firma Zeiss einige wenige greifbare Hinweise auf den – bestenfalls in beschränktem Umfang – erfolgten Fronteinsatz dieser einzigartigen Zieleinrichtungen auf deutscher Seite. Die von Zeiss, Goerz und Hensoldt vor dem I. Weltkrieg auf den Markt gebrachten Prismenzielfernrohre mit zweifacher oder dreifacher Vergrößerung waren bekannt für ihr hervorragendes Auflösungsvermögen und das weite Gesichtsfeld.
Von Anfang an hatte der steigende Bedarf an Scharfschützenausrüstung die Einführung eines Standard-Zielfernrohres verhindert. Die Folge war eine überaus große Typenvielfalt an Zielfernrohren, die bei den unterschiedlichsten Herstellern für den militärischen Einsatz beschafft wurden. Es gab nicht einmal Ansätze für eine Massenfertigung und die Zielfernrohre wurden in aufwendiger Handarbeit hergestellt, so daß ein einzelner Hersteller gar nicht in der Lage sein konnte, den gesamten Bedarf des Militärs zu decken.
Zwar kamen Zielfernrohre größerer Firmen in großen Stückzahlen zum Einsatz, eine beträchtliche Zahl wurde jedoch von kleineren Firmen beschafft, die während der chaotischen Wirtschaftsverhältnisse, die nach 1918 in Deutschland herrschten, zugrunde gingen. Auf die ersten Zielfernrohr-Gewehre 98, die gegen Ende 1914 zum Einsatz kamen, waren nachweislich jagdliche Zielfernrohre mit dreifacher oder vierfacher Vergrößerung montiert worden, gefertigt von den Firmen Gerard, Goerz und Zeiss. Auch anderweitig kamen die ursprünglich für den zivilen Markt gefertigten Zielfernrohre zum Einsatz, so lange, bis der Bestand an Zielfernrohren aus

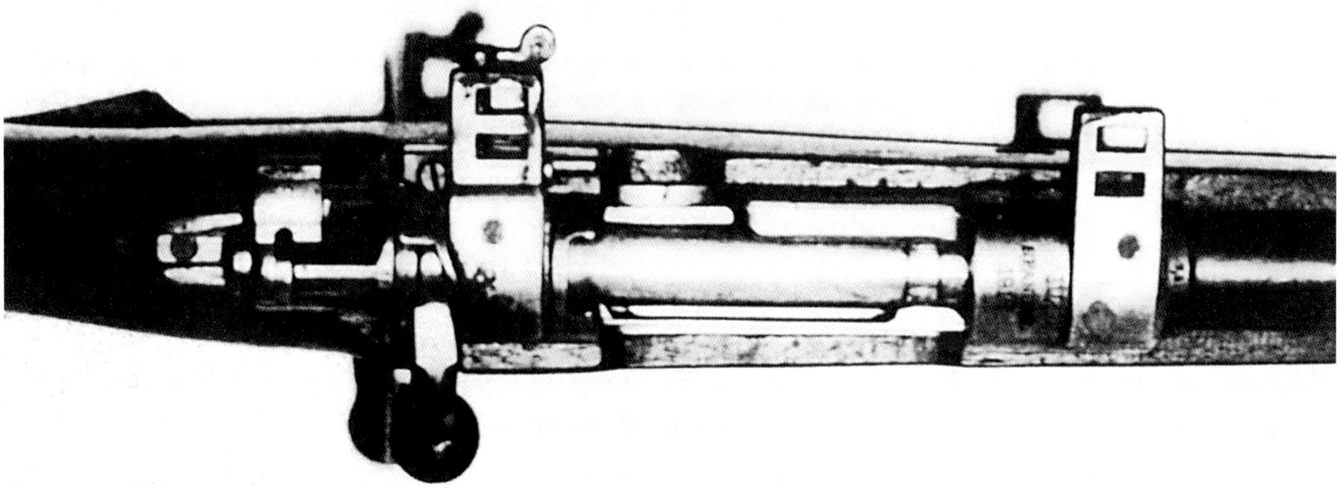

Gewehr 98 (Spandau, 1918) mit Fußplatten zur seitlich versetzten ZF-Montage.

Gewehr 98 mit seitlich versetztem Zielfernrohr mit dreifacher Vergrößerung, hergestellt von Gerard.

Vorkriegsfertigung aufgebraucht war. Obwohl detaillierte Angaben hinsichtlich der Beschaffung von Zielfernrohren fehlen, so ist doch bekannt, daß die deutschen Militärs verschiedene Hersteller optischer Geräte vertraglich zur Fertigung von *»Zielfernrohren, die für den militärischen Einsatz tauglich sind«* verpflichteten.

Es ist nahezu unmöglich, ein älteres, ausschließlich für den zivilen Markt hergestelltes Zielfernrohr von den Modell varianten zu unterscheiden, die während des Krieges speziell zur Montage auf das Scharfschützen-Gewehr 98 gefertigt wurden. Im Unterschied zur überwiegenden Mehrheit an handelsüblichen Zielfernrohren mit brünierter Oberfläche, die den Krieg mitmachten, lassen sich die für das Militär gefertigten Varianten am ehesten an der angerauhten Oberfläche des Tubus und einem olivgrünen Anstrich erkennen. Abgesehen von einer Vielzahl an weniger bekannten Zielfernrohr-Typen, die von unbedeutenden kleinen Firmen hergestellt wurden, wurden die am häufigsten verwendeten Zielfernrohre von den Firmen *Gerard, OIGEE, Goerz, Zeiss, Fuess, Busch, Hensoldt,* und *Voigtländer* geliefert. Obwohl sie sich in wesentlichen Merkmalen – wie Außenmaße, Absehen, oder Fokussiereinrichtung voneinander unterschieden, war allen deutschen Zielfernrohren die im Tubus untergebrachte Vorrichtung zur Höhenverstellung gemein. Durch einfaches Verdrehen einer unterteilten Scheibe auf der Oberseite des Zielfernrohr-Tubus konnte die gewünschte – einer bestimmten Entfernung entsprechende – Erhöhung eingestellt werden. Die eingestellte Entfernung war an einer fest angebrachten Markierung abzulesen. Die Höhenverstellscheiben weisen Unterteilungen auf von 1 bis 3,1 bis 4,1 bis 8,1 bis 9,1 bis 10 und 1 bis 12, jeweils in Abstufungen, die einer Entfernung von 100 Meter entsprechen; manche zeigten die Unterteilung *200-400-600.*

Zur Seitenverstellung nach rechts oder links war es erforderlich, den Tubus des Zielfernrohres zu verschieben. Dies erfolgte mit Hilfe eines kleinen Vierkantschlüssels, wie er in ähnlicher Form zum Befestigen von Schlittschuhen verwendet wurde. Mit diesem Schlüssel ließ sich eine in den

Rechte Seitenansicht eines Gewehres 98 mit seitlich versetzt montiertem Zielfernrohr von Gerard. Die Schäfte der Scharfschützenwaffen besaßen teilweise weder Fingermulden (Griffmulden) noch Vertiefungen für den Kopf des abgebogenen Kammerstengels.

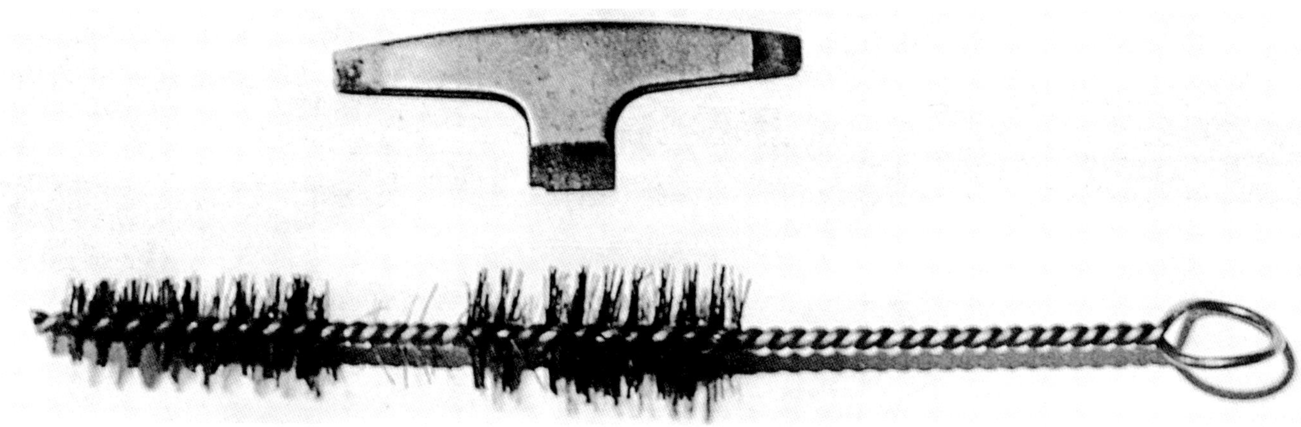

Reinigungsbürste und Schraubendreher für die Fokussierschraube eines Goerz-Zielfernrohrs.

Die Aufnahme zeigt, wie der Schraubendreher in der Innenseite des ledernen Deckels des Köchers aufbewahrt wurde. Der Köcher für das Goerz-Zielfernrohr bestand aus Metall, das mit Segeltuch überzogen war.

Deckel des Köchers für das Zielfernrohr der Firma Goerz.

Ein Zielfernrohr der Firma Gerard mit aufgesteckter Streulichtblende.

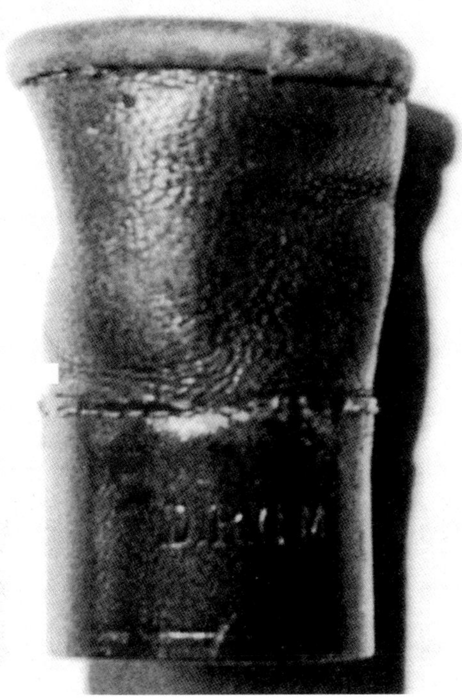

Eine Streulichtblende (Seitenlichtblende) aus Leder, wie sie üblicherweis mit deutschen Zielfernrohren ausgegeben wurde.

hinteren Montagefuß (Support) eingelassene Schraube verdrehen, wodurch sich der – in einer schwalbenschwanzförmigen Ausfräsung geführte – hintere Montagering und damit der Tubus des Zielfernrohres nach links oder nach rechts verschieben ließ. Da das Zielfernrohr über den vorderen Montagering und den eingerasteten vorderen Montagefuß, der sich im Montagesockel nicht drehen ließ, starr mit der Waffe verbunden war, mußte die Seitenkorrektur mit äußerster Vorsicht vorgenommen werden, um zu vermeiden, daß im Zielfernrohr Verspannungen auftraten. Die Absehen oder – wie sie damals bezeichnet wurden – *Fadenkreuze* waren offensichtlich nicht standardisiert. Es war eine Vielzahl verschiedener Absehen gebräuchlich, vor allem während der Anfangsphase des Krieges, als überwiegend jagdliche Zielfernrohre eingesetzt wurden. Das gebräuchlichste Absehen bestand aus einem senkrechten Zielstachel und einem waagerechten Querbalken, der auf Höhe der Spitze des Zielstachels unterbrochen war. Der Zwischenraum entsprach bei einer Entfernung von X Metern einem bestimmten Wert von X Zentimetern (z. B. 70 cm auf 100 m), wodurch eine wirksame Methode zum Schätzen der Entfernung gegeben war. Auf den ersten Blick scheint es zwar, als seien diese Werte identisch gewesen, sie variierten jedoch in den Zielfernrohren der verschiedenen Hersteller.

Auch mit anderen Absehen war ein Schätzen der Entfernung zwar möglich, aus verschiedenen Unterlagen geht jedoch hervor, daß sich das Normalabsehen (Absehen 1) bei ungünstigen Lichtverhältnissen am besten bewährte – ein Faktor, der ohne Frage der Grund für die überwiegende Verwendung dieses Absehens war. In Deutschland waren vor dem I. Weltkrieg bereits zahlreiche andere Absehen gebräuchlich. Das Absehen 1 wurde nicht – wie fälschlicherweise behauptet – eigens für den Scharfschützeneinsatz entwickelt.

Neben den Zubehörteilen wie Trageriemen, Mündungsschoner und Reinigungsgerät, die zusammen mit dem Gewehr 98 ausgegeben wurden, gehörte zu einem Scharfschützengewehr 98 zusätzlich ein Transportbehälter (Köcher) zur Aufbewahrung des von der Waffe abgenommenen Zielfernrohres, in dem auch das notwendige Zubehör zur Reinigung der Linsen und zur Seitenkorrektur des Zielfernrohres untergebracht war (Reinigungspinsel, Verstellschlüssel).

Gewöhnlich wurde Leder zur Herstellung der Zielfernrohr-Köcher verwendet, sie wurden aber auch aus gestanzten Blechteilen gefertigt sowie aus *Micarta** und aus Pappe unterschiedlicher Stärke, die mit Segeltuch oder einem anderen haltbaren Stoff überzogen war. Gelegentlich wurden die Köcher an Umhängeriemen getragen, gewöhnlich wurden sie aber mit Gürtelschlaufen am Koppel befestigt. Der Deckel des Köchers trug eingestempelt oder eingeprägt den Namen der Herstellerfirma und den Firmensitz, die Vergrößerung des Zielfernrohres, sowie die Seriennummer des zugehörigen Gewehres.
Neben den Lederschutzdeckeln, mit denen Objektiv (Ausblicköffnung) und Okular (Einblicköffnung) zum Schutz gegen Verschmutzung abgedeckt werden konnten (wenn das Zielfernrohr abgenommen war), wurden mit vielen Zielfernrohren auch lederne Seitenlicht- oder Streulichtblenden ausgegeben.
Stülpmanschetten aus weichem Gummi dienten dem Schutz des Zielfernrohr-Tubus beim Aufsetzen oder beim Abnehmen des Zielfernrohres und wurden über die *Ausblicköffnung* gestülpt. Sie hatten *nicht* die Aufgabe, die Augenpartie des Schützen vor Verletzungen zu bewahren.
Nachdem die Scharfschützen im Verlauf der ersten Kriegsmonate unter Einsatz innovativer Technologie ihren hohen Leistungsstandard unter Beweis gestellt hatten, unternahm die deutsche Seite erhebliche Anstrengungen, um auch einen nächtlichen Einsatz von Scharfschützen zu ermöglichen. An einigen Frontabschnitten gab es tatsächlich Spezialisten, die ihren Gegnern während der Nachtzeit gefährlicher werden konnten als am Tage, wenn sie mit herkömmlichen Zielfernrohren und den speziell für das Gewehr 98 entwickelten Leuchtvisieren ausgerüstet waren – sehr zum Ärgernis der alliierten Soldaten, die sich nicht einmal mehr während der Dunkelheit einigermaßen sicher fühlen konnten.
Da sich die herkömmliche offene Gewehrvisierung während der Dunkelheit als wertlos erwies, führten Bestrebungen zur Behebung dieses Mangels schon bald zu Versuchen: Auf Korn und Visier wurde eine Leuchtmasse aufgetragen oder auf der Oberseite des Handschutzes (über dessen gesamte Länge) ein schmales weißes Band oder ein schmaler weißer Papierstreifen angebracht. Zwar wurden schließlich speziell für das Gewehr 98 entwickelte Visiereinrichtungen mit Leuchtelementen ausgegeben, jedoch sprechen alle Anzeichen dafür, daß diese nicht sonderlich beliebt waren, da der in den Schützengräben allgegenwärtige Schlamm schnell zur

Visiereinrichtung für den Einsatz während der Dämmerung. Das Hilfskorn mit einem kreisrunden Leuchtelement wurde mit dem Klemmring unmittelbar hinter dem Korn, das Hilfsvisier mit horizontal angeordneten Leuchtelementen beiderseits des Kimmeneinschnittes am Visier des Gewehr 98 befestigt.

Das Leuchtkorn konnte nach unten geklappt werden, wenn über die offene Visierung gezielt wurde.

* Spitzname der Alliierten für die deutschen Soldaten; A.d.Ü.

Ein von den Streitkräften Österreich-Ungarns als Scharfschützenwaffe eingesetztes Mannlicher Gewehr Modell 1895 mit aufgesetztem Zielfernrohr.

Linke Seitenansicht des Mannlicher M 1895.

Verschmutzung der Leuchtelemente führte und sie damit unbrauchbar machte.

Neben den üblichen Zielfernrohren mit mittlerer Vergrößerung, die sich insbesondere in klaren Nächten bewährten, wurde eine ungewöhnliche Zieleinrichtung primär für den Einsatz bei ungünstigen Lichtverhältnissen entwickelt. Sie bestand aus einem kurzen Tubus mit einer bifokalen Linse – ähnlich einem Zweistärkenglas in einer Brille der heutigen Zeit. Diese als *Dämmerungsvisiereinrichtung* bezeichnete Zieleinrichtung mit zweieinhalbfacher Vergrößerung konnte ohne weiteres auf das Visier eines jeden gebräuchlichen Gewehres 98 aufgesetzt werden. Weiterer Bestandteil dieser Zieleinrichtung war ein besonderes Hilfskorn mit einem weißen Dreieck auf der dem Auge des Schützen zugewandten Seite, das auf das gewöhnliche Korn aufgesteckt wurde.

Der Schütze konnte das Ziel durch das Fernrohr auffassen und mußte lediglich die Spitze des auf dem Hilfskorn angebrachten Dreiecks auf den Haltepunkt richten. Der große Vorteil dieser Visiereinrichtung bestand in seiner vergleichsweise unkomplizierten Handhabung. Jedem einigermaßen daran ausgebildeten Schützen war es möglich, befriedigende Ergebnisse zu erzielen. Diese bei der Firma Carl Zeiss in Jena hergestellten Vorrichtungen wurden in kleinen rechteckigen Lederbehältem ausgegeben, die außer dem Transport auch zur Aufbewahrung dienten.

Von allen Scharfschützenwaffen des I. Weltkrieges geben die österreich-ungarischen Mannlicher Gewehre Modell 1895 mit Zielfernrohr die meisten Rätsel auf.

Österreich-Ungarn gehörte zu den wichtigsten kriegführenden Mächten des I. Weltkrieges, zumal der Vielvölkerstaat mit dem deutschen Reich verbündet war. Leider gerieten mit dem Verfall des K.u.K-Heeres im November 1918 viele Unterlagen, die Waffen-Entwicklung und -Einsatz betrafen, verloren. Eine Untersuchung der österreich-ungarischen Scharfschützenwaffen muß sich deshalb auf die wenigen Waffen beschränken, welche die Zeit überdauert haben.

Als Scharfschützenwaffe dienten die Repetierer Modell 1895 mit Geradzug-Verschluß. Verschiedene, in Deutschland hergestellte Zielfernrohre mit dreifacher oder vierfacher Vergrößerung wurden auf das Gewehr M 95 und den Karabiner M 95 montiert. Sie wurden seitlich nach links versetzt montiert, so daß ein Zielen über die offene Visierung und das Laden der

Patrone 8 mm X 50 R mittels Ladestreifen möglich war. Beim Aufsetzen des Zielfernrohres wurde eine Kralle am Vorderfuß des Gesteckes in die Sockelplatte des vorderen Montagesockels eingehakt. Danach wurde das Zielfernrohr nach unten geschwenkt, bis ein Lagerzapfen am Hinterfuß in den hinteren Montagesockel eintrat und von einem federnd gelagerten Kipphebel an der Unterseite des Zielfernrohrtubus, der an den Hinterfuß angelenkt war, fixiert wurde. Anders als bei den deutschen Montagegestecken, bei denen eine Seitenkorrektur mittels Supportschrauben im Hinterfuß vorgenommen werden konnte, wurde bei den österreichischen Gestecken die (in eine schwalbenschwanzförmige Ausfräsung im vorderen Sockel eingepaßte) Fußplatte seitlich verschoben. Zwar bringt die Umrüstung eines gewöhnlichen Ordonnanzgewehres zur Scharfschützenwaffe ohne Zweifel Vorteile mit sich, jedoch muß ernstlich angezweifelt werden, daß eine Umrüstung kurzläufiger Karabiner (Lauflänge 482 mm) wegen des extremen Mündungsfeuers von größerem praktischen Nutzen war. Wie sich anhand einiger weniger erhalten gebliebener ZF-Karabiner M 95 belegen läßt, bestand zumindest zeitweise ein Bedarf an derartigen Scharfschützenwaffen. Interessant sind in diesem Zusammenhang auch Hinweise, die vermuten lassen, daß auch der deutsche Karabiner 98a, bei dem es sich – bei einer Lauflänge von 599 mm – eher um ein kurzes Gewehr handelte, mit Zielfernrohr zum Einsatz kam. In welchen Stückzahlen Karabiner umgerüstet wurden, bleibt nach wie vor umstritten. Es existiert allerdings ein Karabiner 98a, auf den ein Gerard-Zielfernrohr mit dreifacher Vergrößerung sowie ein Mündungsfeuerdämpfer montiert wurden (...und von dem guten Glaubens angenommen werden kann, daß es sich um ein authentisches Exemplar handelt).

Nachdem 1918 die Kampfhandlungen eingestellt worden waren, sollte der Versailler Vertrag Deutschland methodisch daran hindern, jemals wieder einen Angriffskrieg führen zu können.

Das stehende Heer der Reichswehr durfte nicht mehr als 100 000 Mann umfassen. Die Bewaffnung war beschränkt auf ganz bestimmte, zur Verteidigung erforderliche Waffen. Vorliegenden Berichten zufolge wurde die gesamte Anzahl von Scharfschützenwaffen ausgegeben, die auf dem Karabiner 98b – einer verbesserten Ausführung des Gewehres 98 – beruhen. Während der letzten Tage an der Front, als das Kriegsende unmittelbar bevorstand, hielten es zahllose deutsche Scharfschützen für angebracht, ihr Scharfschützengewehr 98 vorsichtshalber wegzuwerfen oder zu vernichten. Der Verbleib der meisten deutschen Scharfschützengewehre, die nach dem Waffenstillstand 1918 den Alliierten in die Hände fielen, ist nach wie vor unbekannt.

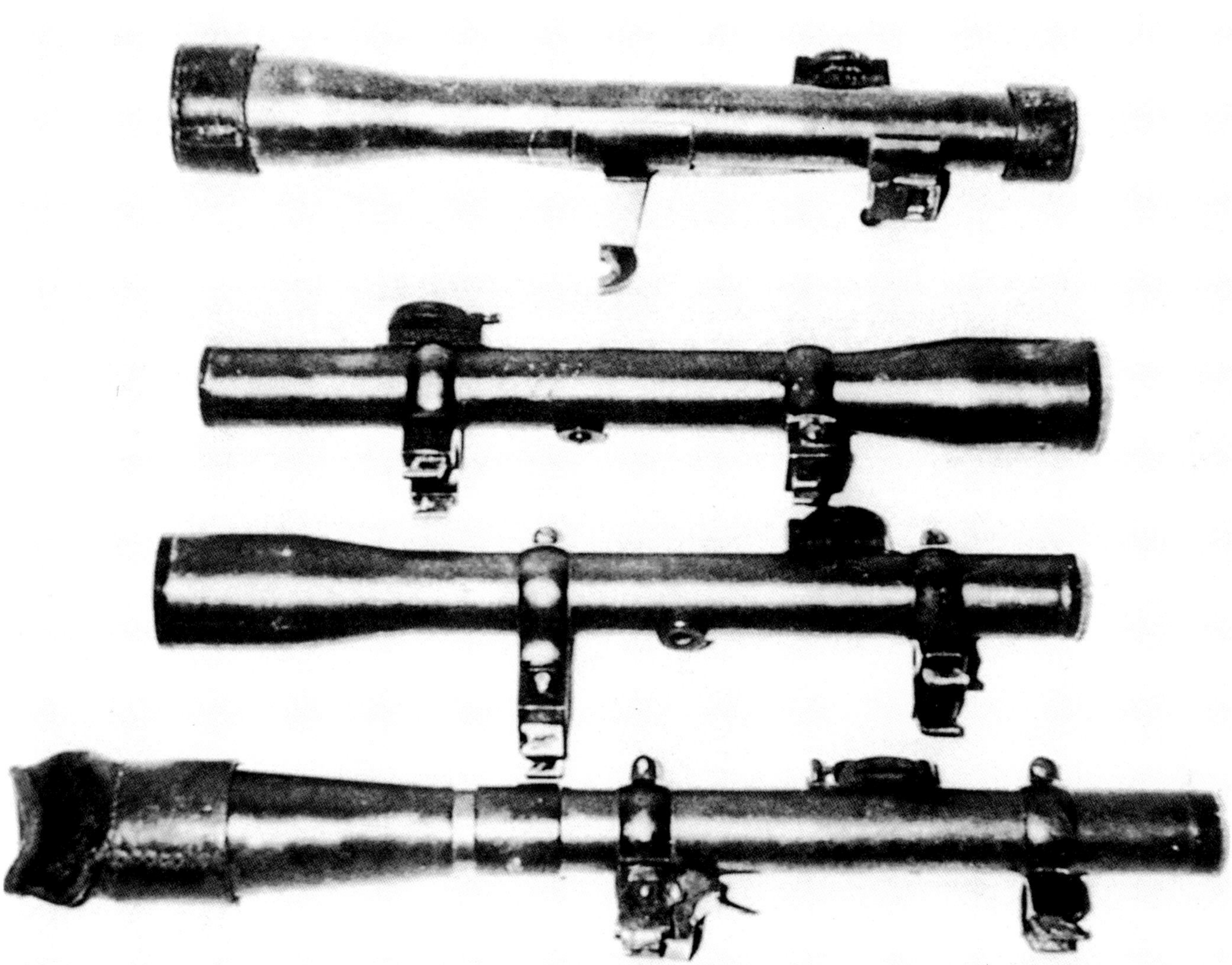

Diese Abbildung mehrerer deutscher Zielfernrohre des I. Weltkriegs verdeutlicht die Verschiedenartigkeit der einzelnen Modelle und der verwendeten Gestecke.

Vordere und hintere Fußplatte eines Zweifuß-Einhakgesteckes zur seitlich versetzten Montage. Zu beachten ist, wie die Fußplatte in den vorderen Montagesockel eingepaßt und mit Schrauben gesichert wurde. Der in der hinteren Fußplatte (Schlößchen) federnd gelagerte Bolzen fixierte das Zielfernrohr und mußte nach vorn gedrückt werden, um es abnehmen zu können.

Vordere und hintere Fußplatte eines Zweifuß-Einhakgesteckes, ebenfalls zur seitlich versetzten ZF-Montage. Der Schwenkriegel an der hinteren Fußplatte mußte nach hinten gelegt werden, um das Zielfernrohr abnehmen zu können. Die beiden abgebildeten Montagesockel wurden auf die Waffe gelötet und verschraubt.

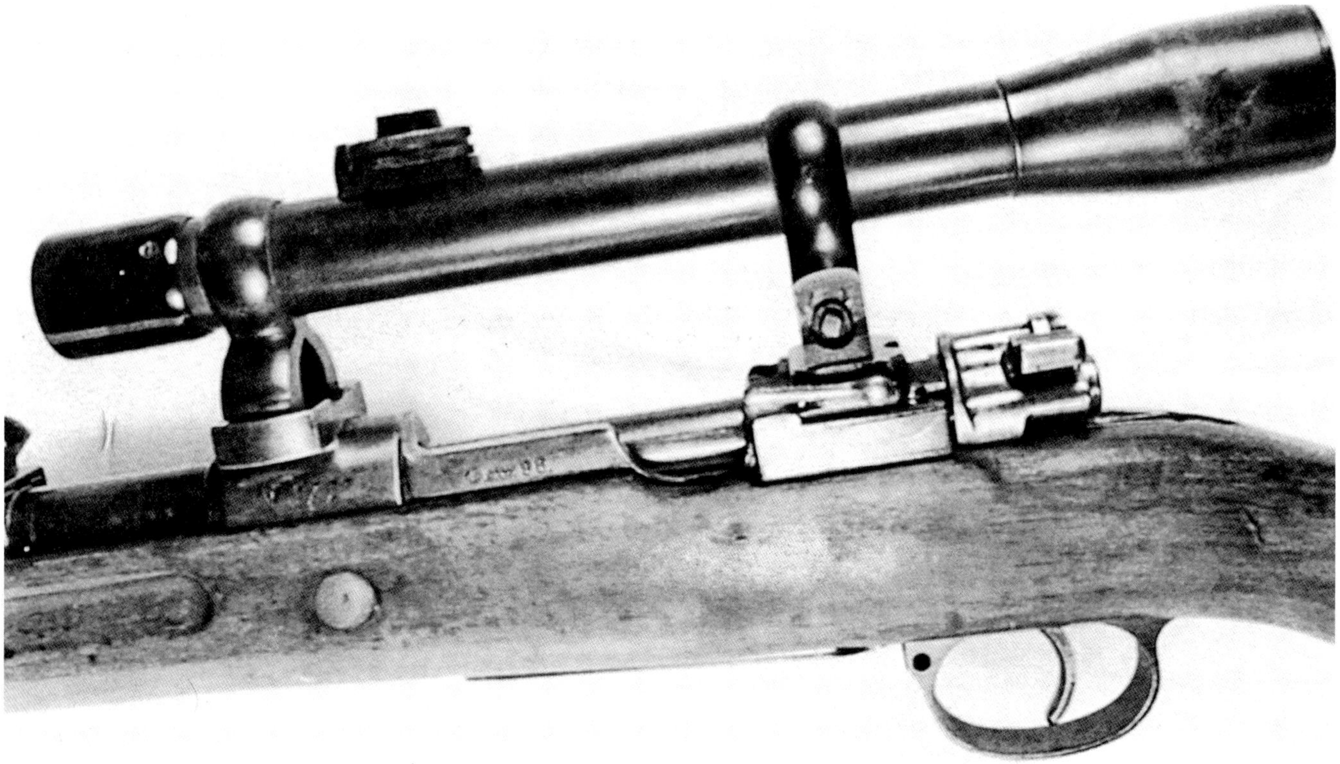

Gewehr 98 mit einem über dem System montierten Zielfernrohr mit dreifacher Vergrößerung, hergestellt von Voigtländer.

Obwohl dieses Zielfernrohr in direkter Verlängerung der Laufseelenachse über dem System montiert war, erlaubte das verwendete Gesteck ein Zielen über die offene Visierung bei aufgesetztem Zielfernrohr.

Nahaufnahme der vorderen Fußplatte eines Gesteckes, das zur Montage eines Zielfernrohres über dem System gebräuchlich war. Gut zu erkennen ist die Öffnung, die ein Zielen über die offene Visierung bei aufgesetztem ZF ermöglichte.

Die hintere Fußplatte (Schlößchen) eines Zweifuß-Einhakgesteckes. Gut zu erkennen sind die beiden Fußkrallen am Support (Hinterfuß) und die Supportschraube zur Seitenkorrektur des Zielfernrohres.

Ein von Voigtländer gefertigtes Zielfernrohr mit dreifacher Vergrößerung mit den Füßen eines Gesteckes zur Montage über dem System.

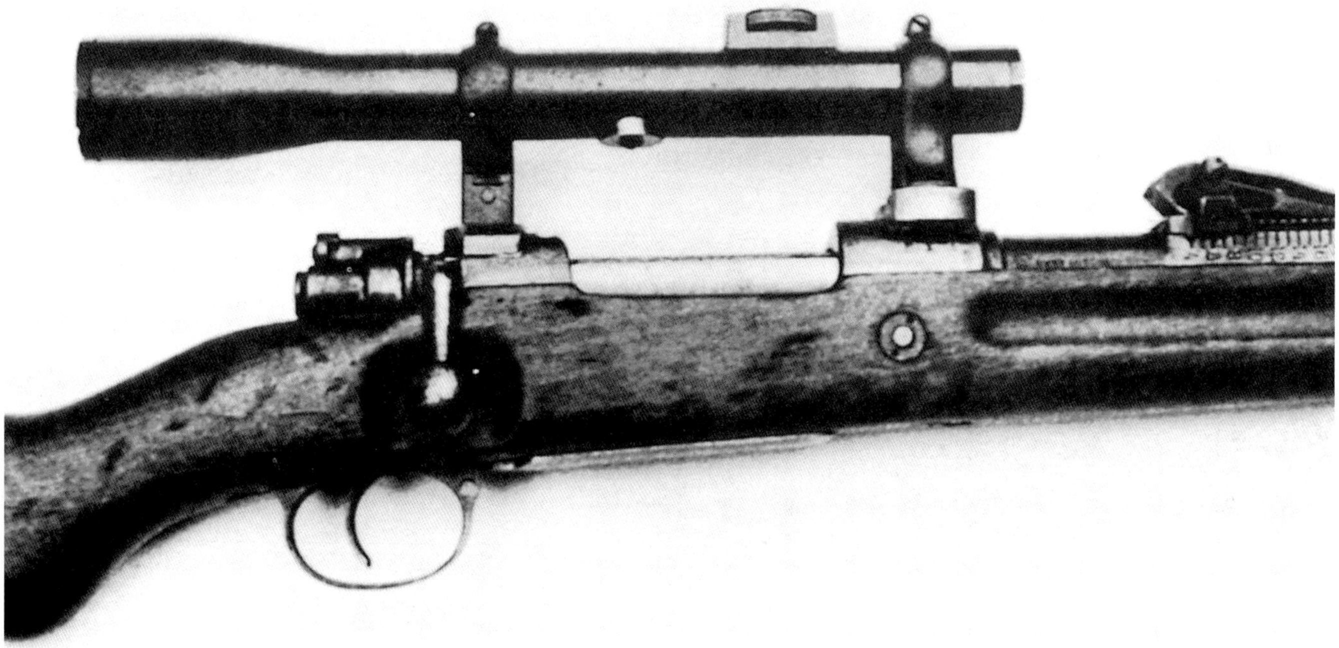

Gewehr 98 mit einem über dem System montierten Zielfernrohr von OIGEE. Man vergleiche die unterschiedlichen Höhenverstellscheiben der einzelnen Zielfernrohre.

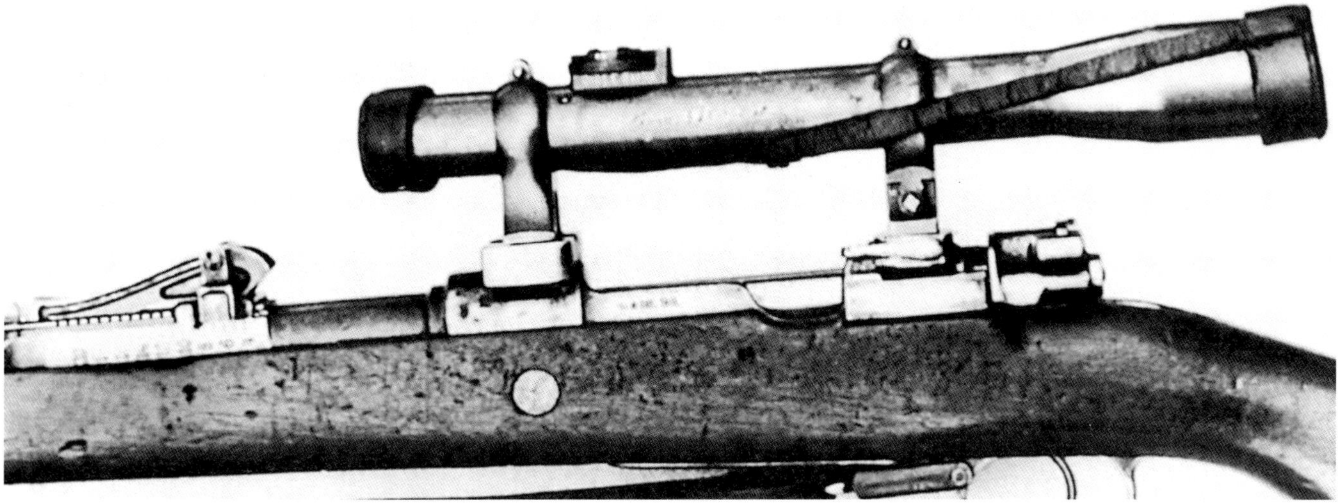

Ein Gewehr 98 mit einem ebenfalls über dem System montierten Zielfernrohr mit dreifacher Vergrößerung, hergestellt von OIGEE. Bei genauer Betrachtung der Abbildungen dieses Kapitels sind die Unterschiede bei den Zielfernrohren und insbesondere bei der Ausführung der verwendeten Montagen zu erkennen. Man vergleiche beispielsweise die Anbringung der vorderen Fußplatten auf dem Hülsenkopf.

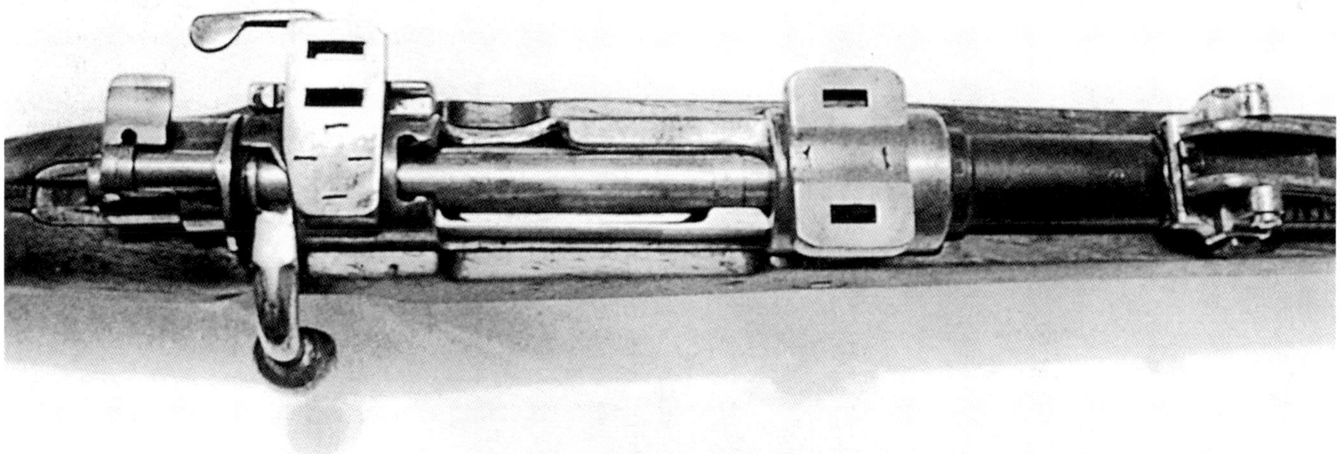

Vordere und hintere Fußplatte eines Einhakgesteckes zur Montage des Zielfernrohres über dem System eines Gewehres 98. Üblicherweise waren die Montagen sehr sorgfältig ausgeführt. In diesem Fall sind die Schlitze der Befestigungsschrauben »auf Strich gestellt«.

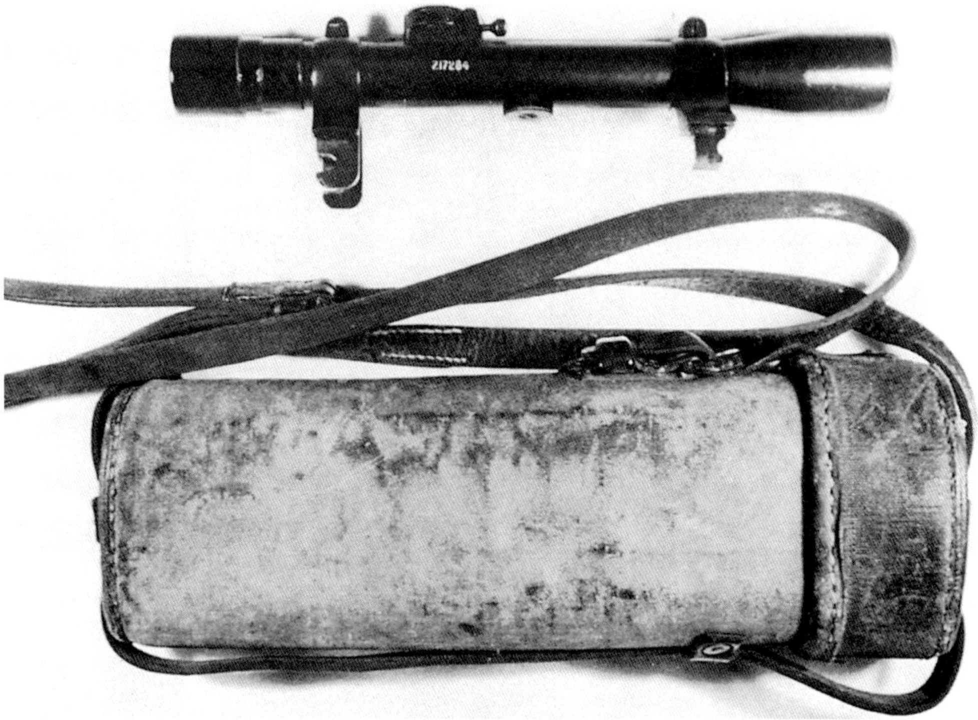

Das Gesteck dieses britischen Zielfernrohres, das im April 1918 offiziell bei den britischen Streitkräften eingeführt wurde, ist nahezu völlig identisch mit den auf deutscher Seite während des I. Weltkrieges verwendeten Gestecken. Auch auf britischer Seite kamen neben dem abgebildeten eine Vielzahl anderer Scharfschützenzielfernrohre zum Einsatz.

Nahaufnahme eines bei der Firma Dr. Walter Gerard gefertigten Zielfernrohres mit dreifacher Vergrößerung. Eine hinter der Höhenverstellscheibe sichtbare Fokussierschraube diente zur Bildschärfenregulierung. Zu beachten sind auch die in diesem Fall verwendeten Klemmringe eines Zweifuß-Einhakgesteckes zur Montage des Zielfernrohres über dem System.

Dieses bei der Firma OIGEE in Berlin hergestellte Zielfernrohr mit dreifacher Vergrößerung ist charakteristisch für die für das Scharfschützengewehr 98 gefertigten Optiken.

Rechte Seitenansicht des oben abgebildeten Zielfernrohres von OIGEE, das ursprünglich über dem System eines Scharfschützengewehres 98 montiert war. Deutlich zu erkennen sind die beiden Krallen am Vorderfuß des Einhakgesteckes.

Das OIGEE-Zielfernrohr von unten. Zu erkennen sind die Anordnungen von Vorder- und Hinterfuß sowie der Fokussierschraube.

Ein für den militärischen Einsatz gefertigtes Zielfernrohr der Firma R. Fuess mit mattgrünem Anstrich, mit dem während des I. Weltkrieges auch verschiedene andere optische Geräte – beispielsweise Ferngläser – versehen wurden. Man beachte die Fokussierschraube hinter der Höhenverstellscheibe.

Auf dieser Aufnahme des Fuess-Zielfernrohres sind der vordere Fuß mit den beiden Krallen, die in die Fußplatte des vorderen Montagesockels eingehakt wurden, und der Support mit einem Lagerzapfen, der in die hintere Fußplatte eingesetzt wurde, deutlich zu erkennen.

Ein über dem System montiertes Zielfernrohr mit 2 3/4-facher Vergrößerung, hergestellt von der Firma Busch. Ungewöhnlich ist der auf dem Hülsenkopf angebrachte Sockel für die vordere Fußplatte. Bei der Streulichtblende aus Gummi handelt es sich um kein originales Zubehörteil.

Das System mit den Fußplatten bei abgenommenem Zielfernrohr. Der Druckbolzen ragt aus der hinteren Fußplatte.

Ein von der Firma Gerard hergestelltes Zielfernrohr mit linear angeordneten Füßen eines Zweifuß-Einhakgesteckes. Es war zwar üblich, Zielfernrohre in direkter Verlängerung der Laufseelenachse über dem Systemkasten zu montieren, die Verwendung derartiger Gestecke war jedoch selten.

Die Schrägansicht zeigt die lineare Anordnung der beiden Füße des Einhakgesteckes, mit dem dieses Gerard-Zielfernrohr mit dreifacher Vergrößerung in direkter Verlängerung der Laufseelenachse über dem System montiert wurde. Die Aufnahme verdeutlicht, daß ein Zielen über die offene Visierung der Waffe bei aufgesetztem Zielfernrohr nicht möglich war. Beide Füße tragen die Seriennummer des zugehörigen Gewehres.

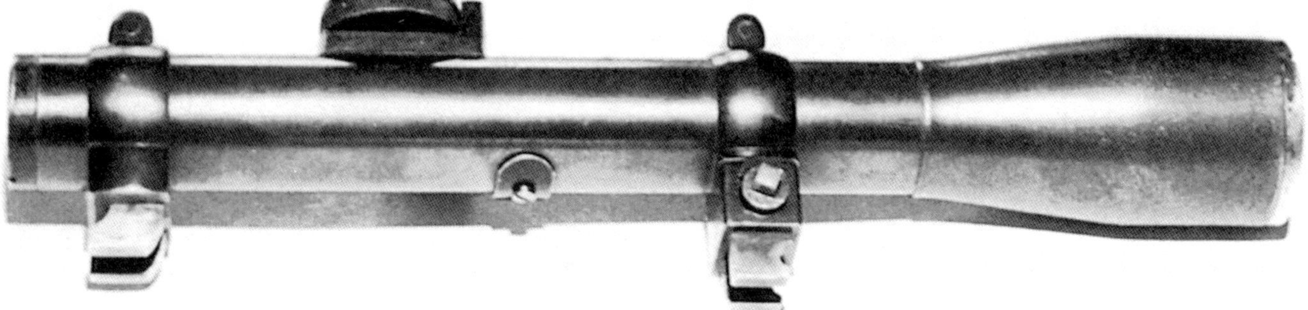

Ein weiteres von der Firma Gerard hergestelltes Zielfernrohr, ebenfalls mit linear angeordneten Füßen eines Zweifuß-Einhakgesteckes.

Seitenansicht eines Gerard-Zielfernrohres mit einem geriffelten Fokussierring hinter dem Türmchen mit der Höhenverstellscheibe. Darunter Okular- und Objektivschutzkappen aus Leder.

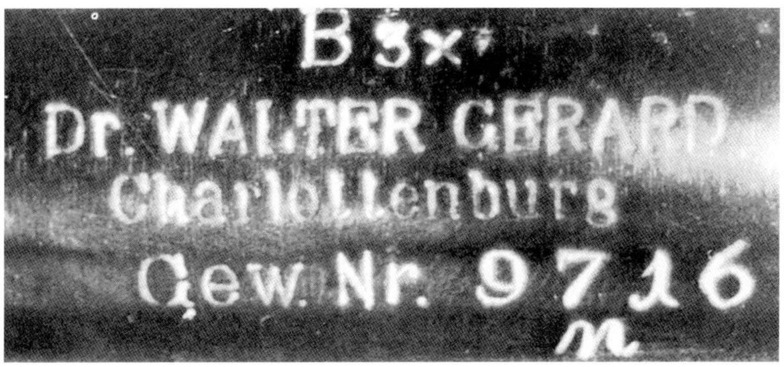

Die Hersteller-Beschriftung des unten abgebildeten Zielfernrohres.

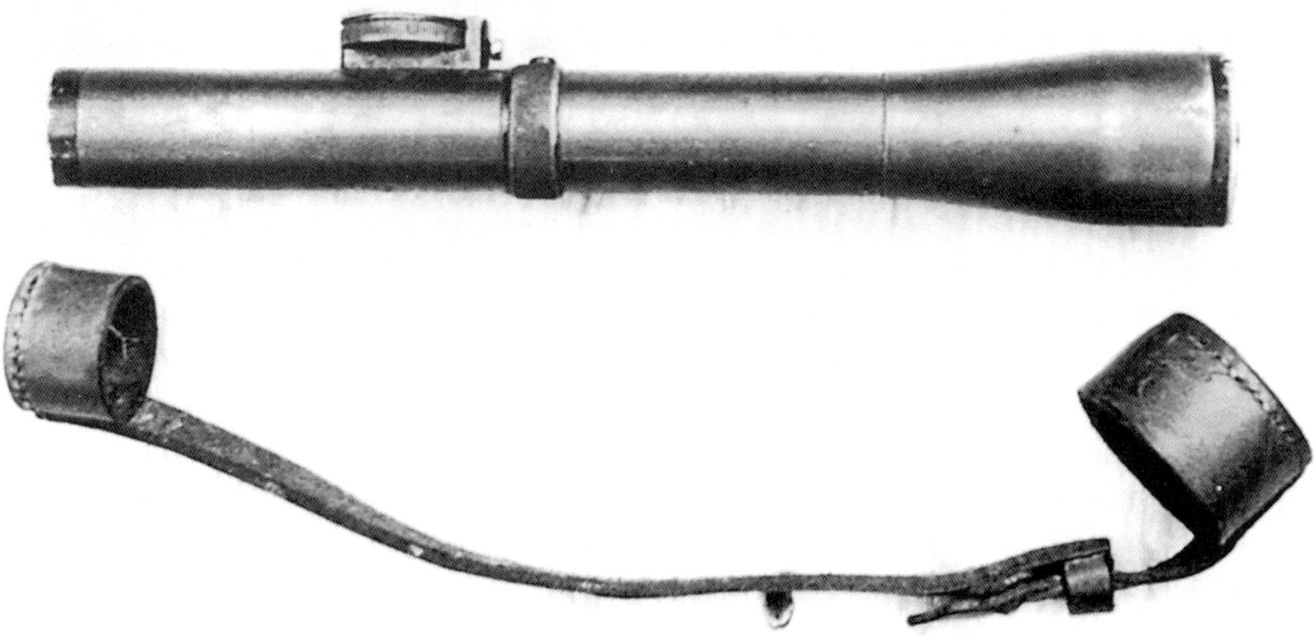

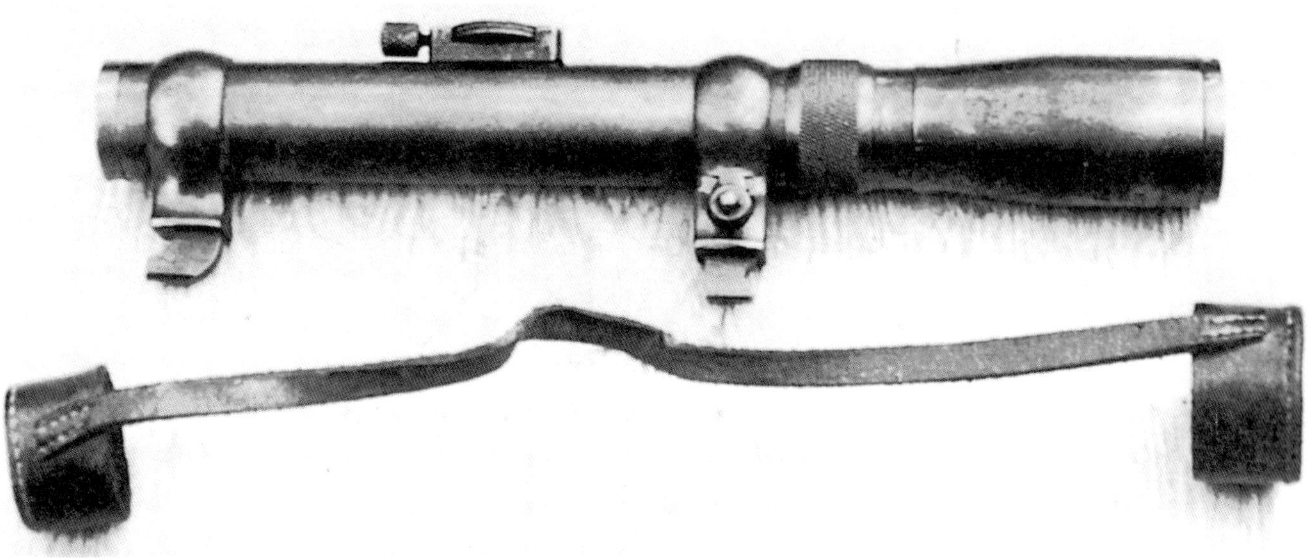

Ein von der Firma Otto Bock hergestelltes Zielfernrohr mit linear angeordneten Füßen eines Zweifuß- Einhakgesteckes mit jeweils nur einer Fußkralle an Vorder- und Hinterfuß. Zu beachten ist der Fokussierring nahe des hinteren Montagerings.

Das zur Montage dieses Goerz-Zielfernrohres verwendete Gesteck ist vergleichsweise selten und scheint ein Versuch gewesen zu sein, gegen Ende des I. Weltkrieges eine Standard-Montage für das Gewehr 98 zu schaffen (vgl. Seite 57).

Seitenansicht eines Zielfernrohres mit vierfacher Vergrößerung, das C. P. Goerz gegen Ende des I. Weltkriegs herstellte. Deutlich erkennbar sind die linear angeordneten Füße des Gesteckes. Der Vorderfuß wurde in eine entsprechende Aussparung der vorderen Fußplatte eingesetzt. Dazu mußte das Zielfernrohr um die im Vorderfuß sichtbare horizontale Achse nach oben geschwenkt sein. Wurde das Zielfernrohr abwärts geschwenkt, trat der Lagerzapfen am Hinterfuß in die hintere Fußplatte ein und wurde von einer Kralle des federnd gelagerten Kipphebels, der an den Hinterfuß angelenkt war, fixiert. Um das Zielfernrohr abnehmen zu können, mußte der parallel zur Längsachse unter dem Tubus des Zielfernrohres liegende Teil des Kipphebels gegen den Druck der Feder nach oben gegen den Zielfernrohrtubus gedrückt werden, wodurch der Lagerzapfen am hinteren Montagefuß freigegeben wurde. Das Zielfernrohr konnte dann nach oben geschwenkt und abgenommen werden.

Draufsicht: Gut zu erkennen sind die Schutzbacken für die Höhenverstellscheibe, ein Merkmal deutscher Zielfernrohre aus dieser Zeit.

Blick von unten: Deutlich zu erkennen sind die großen Auflageflächen, insbesondere des vorderen Fußes. Der Wulst um die über die Objektivglocke geschobenen Blende verhinderte, daß das Zielfernrohr beschädigt wurde, wenn es beim Aufsetzen oder beim Abnehmen gekippt wurde.

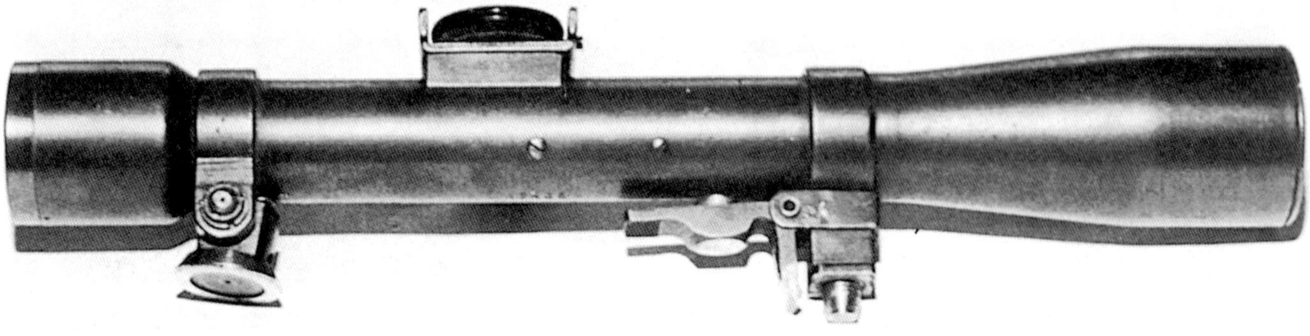

Seitenansicht eines ebenfalls von der Firma C. P. Goerz gegen Ende des I. Weltkrieges hergestellten Zielfernrohres mit Ringen und Füßen des vorher beschriebenen Gesteckes. Es fehlt eine Möglichkeit zur Seitenkorrektur am Hinterfuß – diese erfolgte durch Verschieben der hinteren Fußplatte.

Objektivblende und Streulichtblende aus Leder, wie sie mit dem Vierfach-Goerz-Zielfernrohr ausgegeben wurden.

Das vierfache Goerz-ZF, aufgesetzt auf ein Scharfschützengewehr 98.

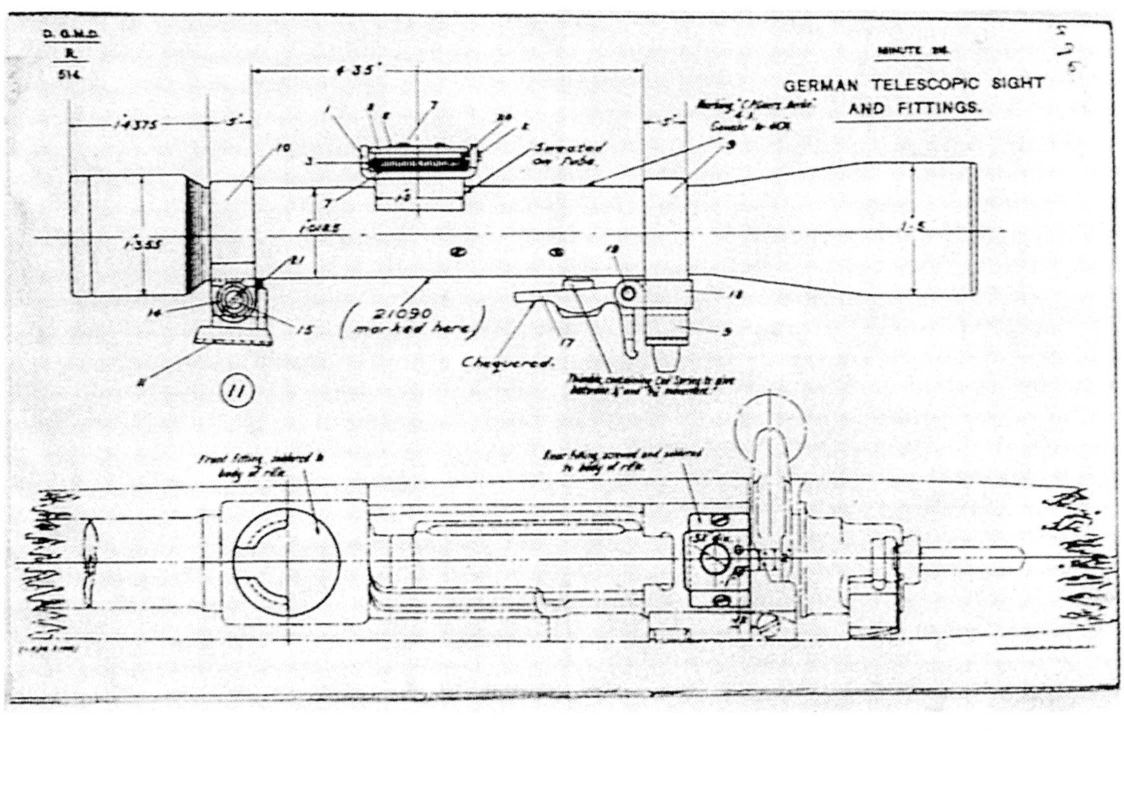

Das beschriebene Zielfernrohr mit Gesteck auf einer beim britischen Waffenamt angefertigten Zeichnung aus dem Jahre 1919.

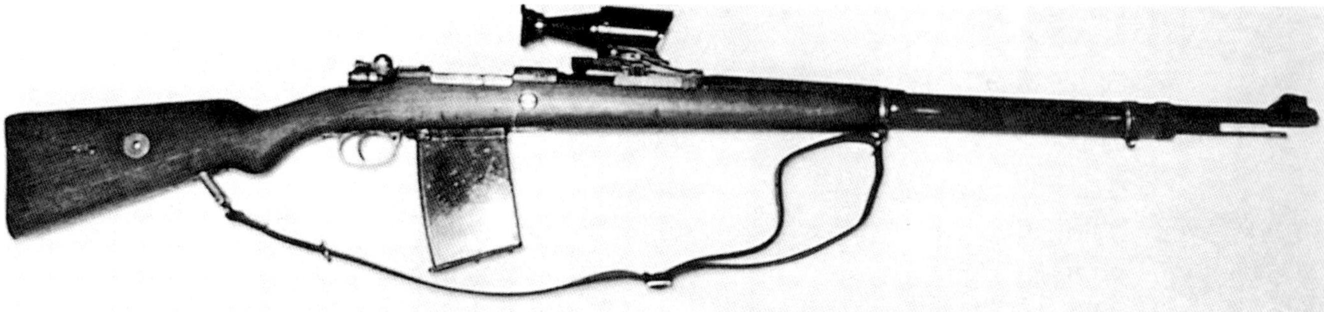

Ein Gewehr 98 mit verlängertem Magazinkasten (Fassungsvermögen 25 Patronen). Diese Einrichtung erschwerte die Handhabung des Gewehres und war bei den Soldaten an der Front nicht sonderlich beliebt. Das Gewehr ist ausgestattet mit einem ungewöhnlichen bifokalen Zielfernrohr der Firma Zeiss, das speziell für den Einsatz während der Dämmerung gedacht war.

Das bifokale Zielfernrohr konnte mittels einer Klemmvorrichtung ohne Werkzeug auf das Visier eines Gewehres 98 aufgesetzt werden. Die Funktionsweise ermöglichte jedem einigermaßen ausgebildeten Schützen, zufriedenstellende Trefferleistungen zu erbringen.

Bifokale Zielfernrohre unterschieden sich in der Regel nur unwesentlich voneinander. Einige Exemplare waren mit einer Schutzschicht – ähnlich einem Klarlack – überzogen, um zu verhindern, daß sich auf der brünierten Oberfläche Rost festsetzen konnte. Zu beachten ist die Streulichtblende aus Leder, die von einem schmalen Klemmring festgehalten wird.

Das zum Zielen durch das bifokale *Dämmerungszielfernrohr* erforderliche Hilfskorn wurde auf das Korn des Gewehres aufgesteckt.

Im Gegensatz zu den üblichen Zielfernrohren verfügte das *Dämmerungszielfernrohr* über kein Absehen. Der Schütze visierte das Ziel über das weiße Dreieck des Hilfskornes an.

Das bifokale *Dämmerungszielfernrohr* von *Zeiss* in der Draufsicht. Gut zu erkennen ist die typische Beschriftung. Anders als die übrigen Zielfernrohre, die während dieser Zeit von deutschen Scharfschützen eingesetzt wurden, waren die Dämmerungszielfernrohre keiner bestimmten Waffe angepaßt und trugen deshalb auch keine entsprechende Waffennummer.

Die Klemmvorrichtung erlaubte das einfache Aufsetzen und Abnehmen des Dämmerungszielfernrohres. Die Streulichtblende – die sowohl aus Leder, als auch aus Preßmaterial bestehen konnte – fehlt.

Ein kastenförmiger Lederbehälter diente zur Aufbewahrung der vollständigen Dämmerungsvisiereinrichtung, wenn sie nicht in Gebrauch war.

Blick in das Innere des Lederbehälters.

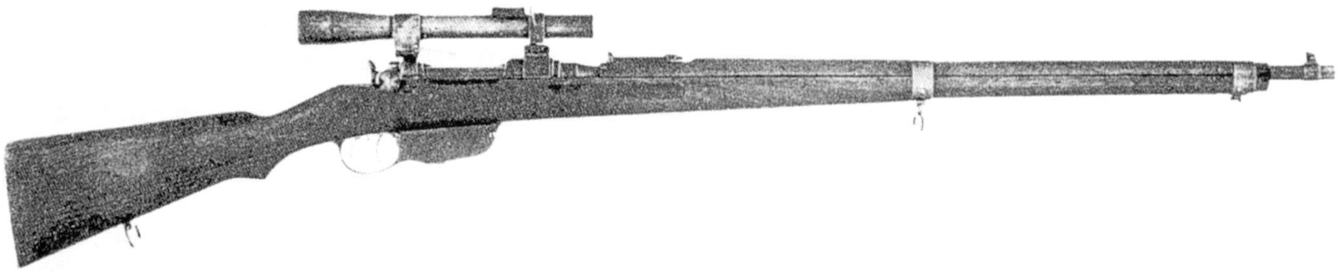

Ein außerordentlich seltenes Exemplar des österreichischen Mannlicher-Gewehres Modell 1895, das als Scharfschützenwaffe zum Einsatz kam. Bemerkenswert ist der werksseitig eingebaute Doppelzüngelstecher.

Die Nahaufnahme zeigt das von der Firma Oigee hergestellte Zielfernrohr Modell Luxor mit dreifacher Vergrößerung sowie das Gesteck, mit dem das Zielfernrohr auf ein Gewehr M 1895 montiert wurde. Wie bei den deutschen Scharfschützengewehren trug das Zielfernrohr die Waffennummer des entsprechenden Gewehres.

Diese Aufnahme zeigt das Zielfernrohr mit den Füßen des verwendeten Gesteckes. Die Kralle am Vorderfuß wurde von oben in die vordere Fußplatte eingehakt, der Lagerzapfen am Hinterfuß trat in die hintere Fußplatte ein und wurde von dem am Hinterfuß angelenkten Hebel fixiert.

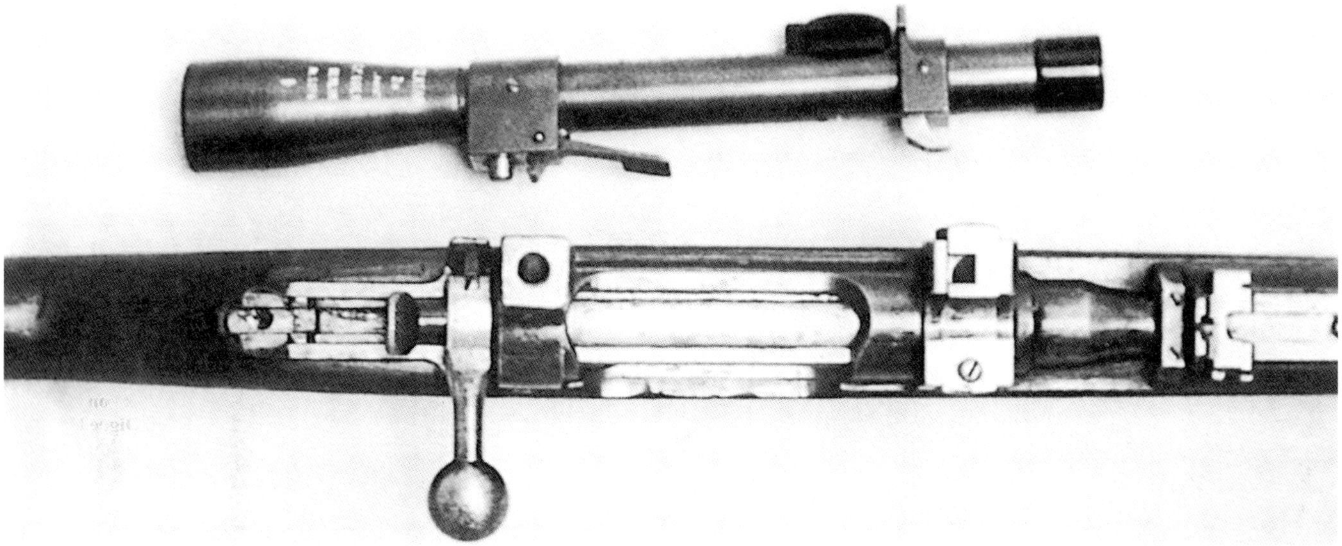

Gewehr M 1895 mit einem Goerz-Zielfernrohr in der Draufsicht. Zu beachten ist der andersartige Kipphebel am hinteren Fuß des Zielfernrohres. Eine Seitenkorrektur des Zielfernrohres wurde nach Lösen der im Bild sichtbaren Schraube durch Verschieben der Fußplatte im vorderen Montagesockel vorgenommen.

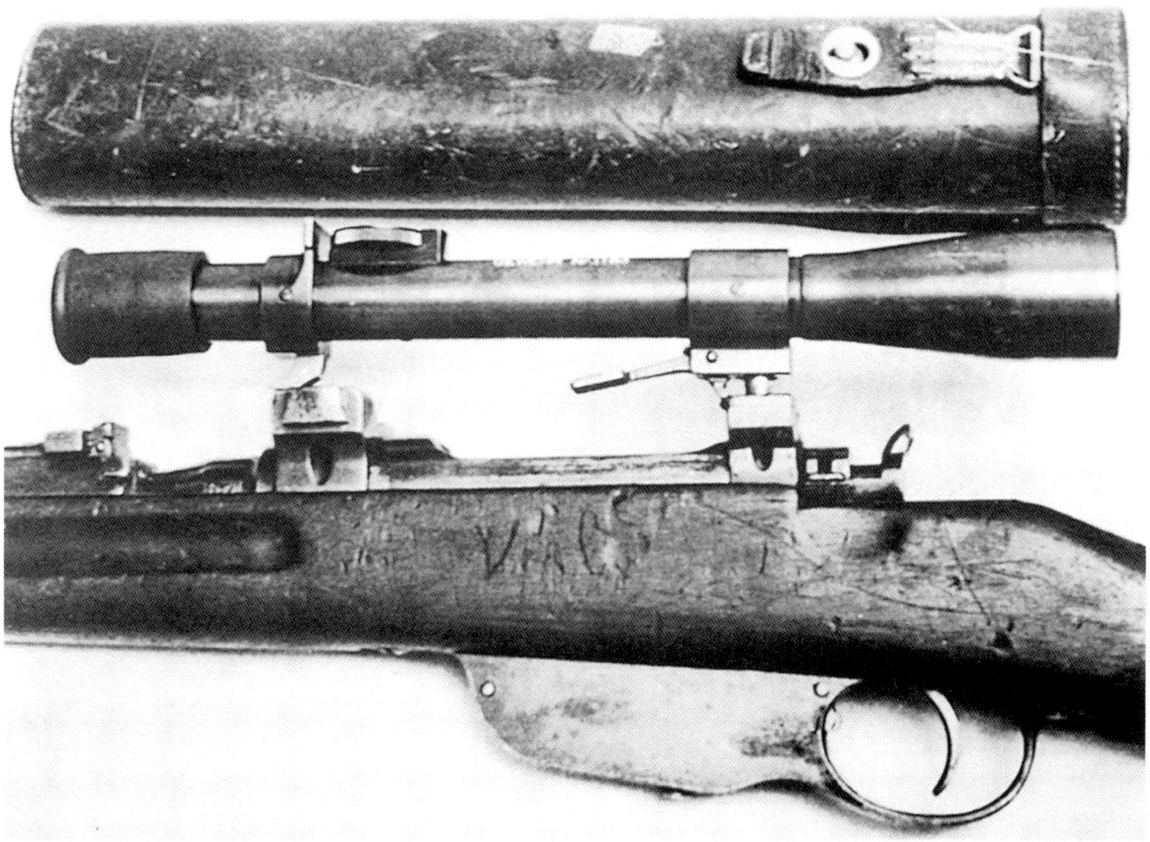

Zielfernrohr, Waffe und Gesteck in der Seitenansicht, sowie ein Köcher für das von der Firma Goerz hergestellte Zielfernrohr. Die Objektivblende aus Gummi verhinderte, daß der Tubus beim Aufsetzen oder beim Abnehmen des Zielfernrohres beschädigt wurde.

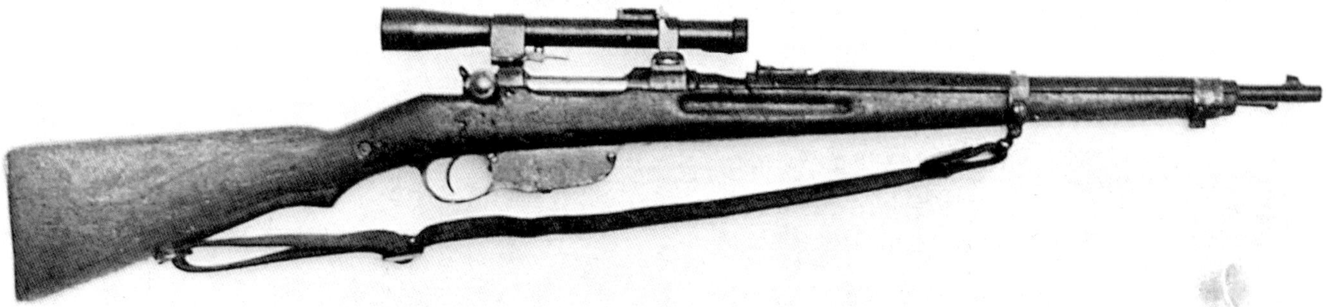

Während des I. Weltkrieges kamen nur wenige kurzläufige Karabiner als Scharfschützenwaffen zum Einsatz. Die Aufnahme zeigt einen Mannlicher- Karabiner M 1895 mit Zielfernrohr.

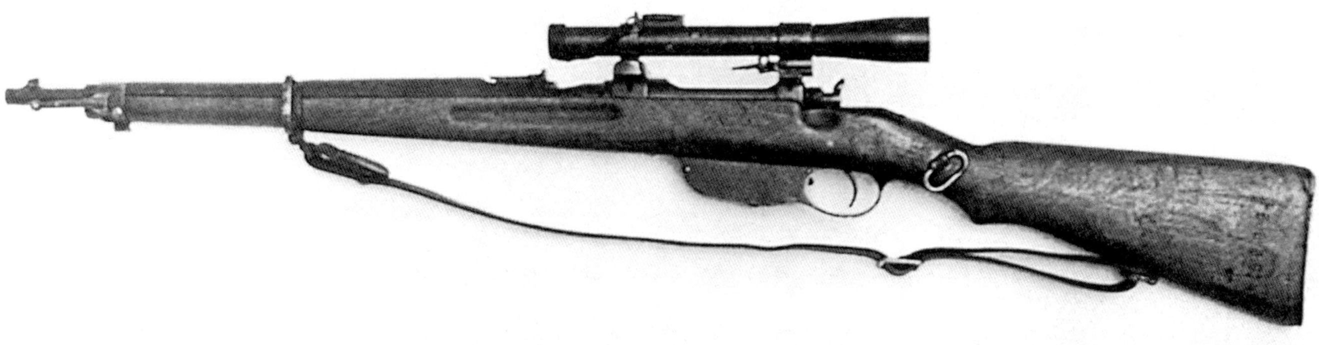

Linke Seitenansicht des Mannlicher-Karabiners mit aufgesetztem Zielfernrohr.

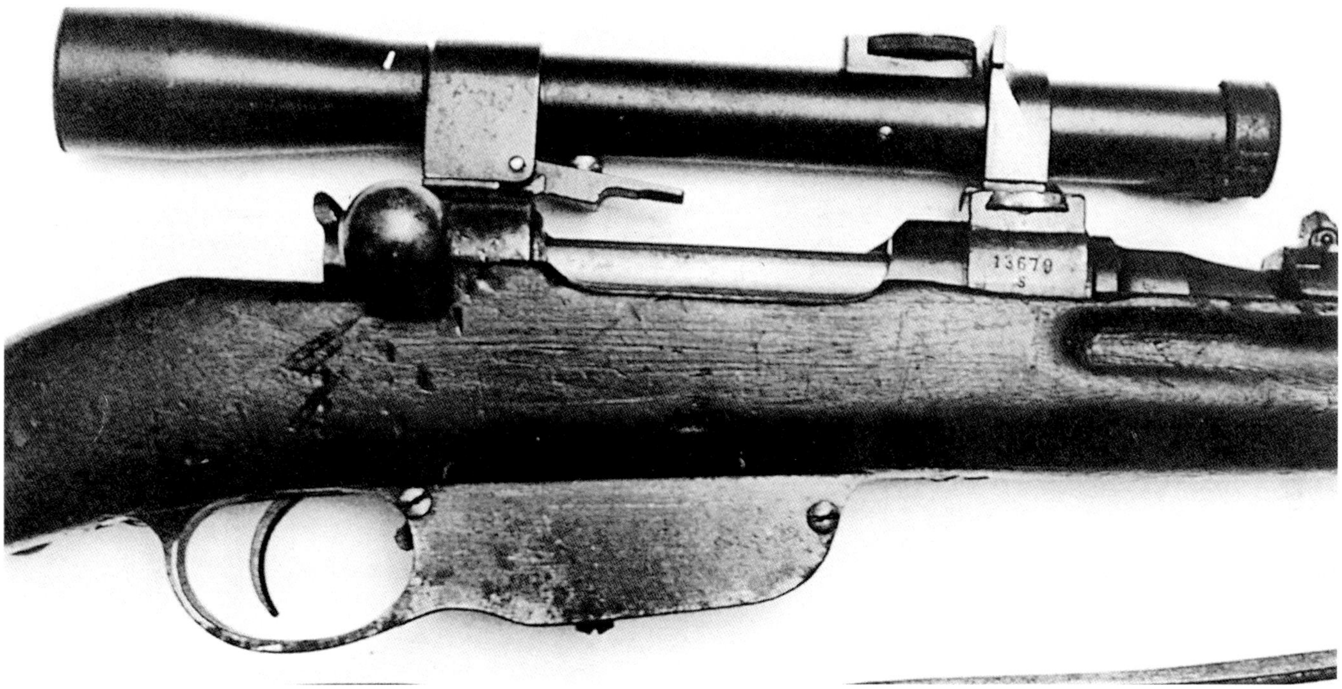

Ein von der Firma C. P. Goerz hergestelltes Zielfernrohr mit dreifacher Vergrößerung, montiert auf einen Mannlicher-Karabiner Modell 1895. Zu beachten ist der – im Vergleich zu dem beim Mannlicher-Gewehr verwendeten Gesteck – andersartige Kipphebel am Hinterfuß. Deutlich zu erkennen ist, daß die vordere Fußplatte in die schwalbenschwanzförmige Ausfräsung eines Montagesockels eingepaßt war.

Die linke Seitenansicht der oben abgebildeten Waffe läßt eine Ringbefestigung erkennen, die verhindern sollte, daß der lederne Objektivschutzdeckel in Verlust geriet.

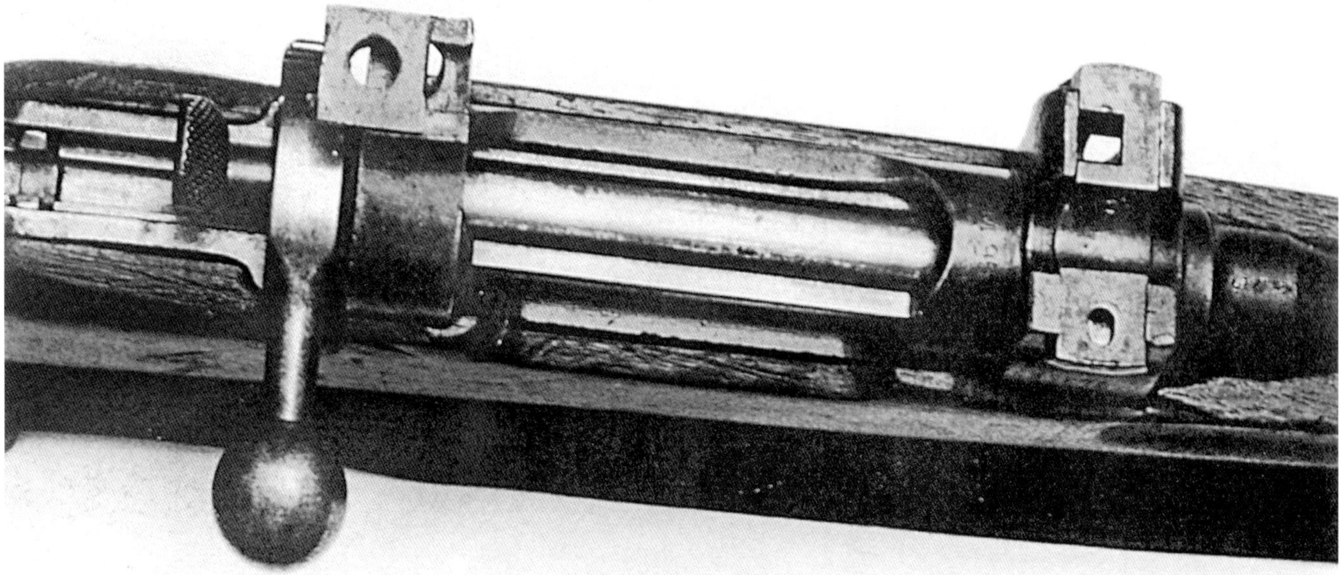

Ein Mannlicher-Karabiner M 1895 in der Draufsicht. Gut zu erkennen sind die beiden Montagesockel. Beide Fußplatten sind gelöst und die hintere ist leicht nach rückwärts verschoben.

Ein Goerz-Zielfernrohr mit Füßen eines Gesteckes zur Montage auf einen Mannlicher-Karabiner M 1895. Abgesehen von einigen geringfügigen Unterschieden waren die Gestecke, die während des I. Weltkrieges zur Montage der Zielfernrohre auf die österreichisch-ungarischen Scharfschützenwaffen verwendet wurden, identisch.

Drei Köcher für den Transport und die Aufbewahrung von deutschen Zielfernrohren des I. Weltkrieges. In der Regel waren sie in Fächer – meist im Deckel – unterteilt, in denen Justier-Werkzeug sowie Reinigungsgerät aufbewahrt werden konnte. Das von der Firma Busch hergestellte Zielfernrohr war mit dem rechts abgebildeten Behälter aus Metall ausgegeben worden.

Diese Aufnahme veranschaulicht die verschiedenen Arten der Beschriftung, die auf der Oberseite der Deckel der Köcher angebracht wurden. Die Verschlüsse waren unterschiedlicher Art. In der Regel erhielten die Köcher Koppelschlaufen.

Die Beschriftung des Deckels eines Köchers für ein Zielfernrohr der Firma Goerz. Zu beachten ist die eingeprägte Waffennummer.

Die Deckel-Beschriftung eines Köchers für ein von Voigtländer & Sohn hergestelltes Zielfernrohr.

Ungewöhnliche Beschriftung auf dem ledernen Deckel eines Zielfernrohrköchers. Es ist keine Herstellerfirma, sondern lediglich eine Waffennummer eingeprägt.

Das Fach zur Aufnahme des Zielfernrohr-Zubehörs. Der Köcher bestand aus mit Segeltuch überzogener Pappe; der Deckel aus Leder.

Ein mit Segeltuch überzogener Köcher aus Metall mit Lederdeckel für ein Zielfernrohr der Firma Gerard.

Die Aufnahme verdeutlicht, wie das Zielfernrohr-Zubehör aufbewahrt wurde.

Ein Vierkantschlüssel, wie er mit verschiedenen deutschen Zielfernrohren zum Verstellen der Supportschraube (Seitenkorrektur) ausgegeben wurde.

Vierkantschlüssel zur Seitenkorrektur in einer anderen Form.

Ein mit Stoff überzogener Zielfernrohrköcher. Die Köcher wurden teilweise aus Leder, aber auch aus Blech, *Micarta* (Laminat aus Kunstharz und Hanf) sowie aus starkem Karton hergestellt.

Ein deutsches Maxim-Maschinengewehr 08 mit Zieleinrichtung ZF 12, die zwar nicht für den Scharfschützeneinsatz gedacht war, aber in diesem Zusammenhang dennoch von Interesse sein dürfte. Angaben zufolge waren mit Hilfe dieser Zieleinrichtung präzise Treffer bis zu einer Entfernung von 900 Metern möglich.

Ein *Zielfernrohr 12,* das mit dem Maschinengewehr 08 in beträchtlichen Stückzahlen zum Einsatz kam. Die schwache, etwa zweifache Vergrößerung bot ein weites Gesichtsfeld und erlaubte eine rasche Zielauffassung. Zu beachten ist die Seitenlichtblende aus Leder und der aufgeschraubte Objektivschutzdeckel.

Linke Seitenansicht des *ZF 12.* Zu erkennen ist die gerauhte Oberfläche, die mit einem grünen Anstrich versehen war, wie er während des I. Weltkrieges auch bei deutschen Zielfernrohren und Ferngläsern verwendet wurde.

Transport- und Aufbewahrungsbehälter für das *ZF 12.* Zu beachten sind die im Deckel untergebrachten Staubschutzfilter.

Diese in den Anfangstagen des II. Weltkrieges entstandene Aufnahme zeigt einen deutschen Infanteristen, bewaffnet mit einem *Karabiner 98b* mit aufgesetztem Zielfernrohr, wie er an die Reichswehr ausgegeben worden war. Der Köcher für das Zielfernrohr ist am Koppel des Schützen befestigt.

Scharfschützenwaffen der Wehrmacht

Bei der Wehrmacht waren der serienmäßige Karabiner *K 98k* und das serienmäßige Selbstladegewehr *G 43* als Standard-Scharfschützenwaffen in Gebrauch. Mit den Zielfernrohr-Ausführungen dieser Waffen verfügten die deutschen Scharfschützen über das Rüstzeug, mit dem sie während des Weltkriegs wirkungsvoll in das Kampfgeschehen eingreifen konnten.

Die wahren Experten unter den Scharfschützen gaben dem Karabiner 98k bei weitem den Vorzug – selbst nachdem Anfang 1943 das Selbstladegewehr 43 eingeführt wurde, dessen Entwicklung bereits unmittelbar vor oder kurz nach Kriegsbeginn begonnen hatte. Es deuten keine Anzeichen darauf hin, daß die zum Einsatz gelangten Scharfschützenwaffen K 98k und G 43 in Handarbeit nach genau festgelegten Toleranzen unter Verwendung nicht serienmäßiger Bauteile gefertigt wurden. Es sind lediglich einige Scharfschützen- Versionen des Karabiners 98k mit verstellbarem Abzug bekannt.

Aus verständlichen Gründen herrschte beim Militär stets eine Abneigung gegen speziell angefertigte Scharfschützenwaffen. Es lag auf der Hand, daß es unter Einsatzbedingungen zu Schwierigkeiten kommen mußte, wenn zur Instandsetzung keine serienmäßigen, nicht standardisierten Ersatzteile verfügbar waren. Stattdessen wurden die als Scharfschützenwaffen vorgesehenen Gewehre einer Serie der laufenden Produktion entnommen. Nachdem sie auf die geforderte Schußleistung überprüft worden und zur Truppe gelangt waren, unterlagen sie der besonderen Obhut der Waffenmeister. Laut geltender Vorschriften war zwingend vorgeschrieben, die Schußleistung zu überprüfen. Denn zuerst mußten die vom Heereswaffenamt festgesetzten Anforderungen ab Werk erfüllt werden, bevor das Gewehr zur Verwendung als Scharfschützenwaffe freigegeben wurde. Die Ermittlung der Schußleistung erfolgte sowohl über die offene Visierung als auch über das Zielfernrohr.

Anhand der bisher angewandten Verfahrensweise wurde festgestellt:

Unter Vernachlässigung der Zielfehler des Schützen ist die Schußleistung einer mit einem Zielfernrohr ausgestatteten Waffe insgesamt abhängig von der Leistungsfähigkeit der jeweiligen Waffe, des jeweiligen Zielfernrohres sowie der verwendeten Munition.

Waffe ohne Zielfernrohr:

Ein einwandfreies Schußbild ist Voraussetzung für die Montage eines Zielfernrohres auf die Waffe. Die Erstellung des Schußbildes erfolgt durch das Anschießen der Waffe.

Zunächst erfolgt ein erstes Anschießen auf eine Entfernung

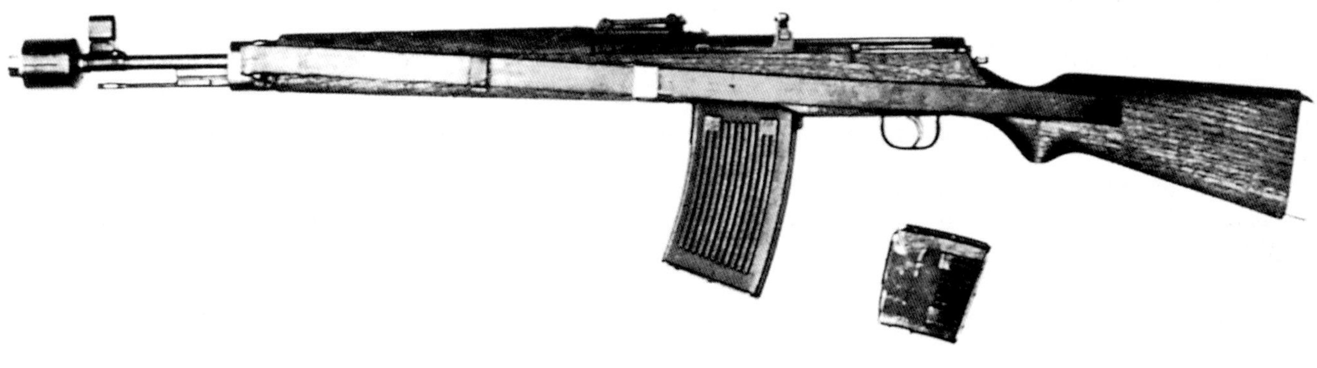

Diese am 17. November 1942 entstandene Originalaufnahme des Heereswaffenamtes ist eine der ersten bekannten Abbildungen des Selbstladegewehres G 43. Sie zeigt eine vorläufige Ausführung mit dem Gehäuse des Selbstladegewehres G 41. An der Mündung ist ein topfähnlicher Mündungsfeuer- Dämpfer aufgeschraubt. Bemerkenswert sind a) die Anordnung des Spannschieber-Knopfes auf der rechten Seite des Gehäuses, b) der oberhalb des Abzugsbügels an der Oberkante des Schaftes sichtbare Umschalthebel zur wahlweisen Abgabe von Einzel- oder Dauerfeuer und c) das angesteckte Magazin für 25 Patronen. Neben der Waffe liegt ein solches Magazin des leichten *Dreyse-Maschinengewehres MG 13*, abgeändert für zehn Patronen.

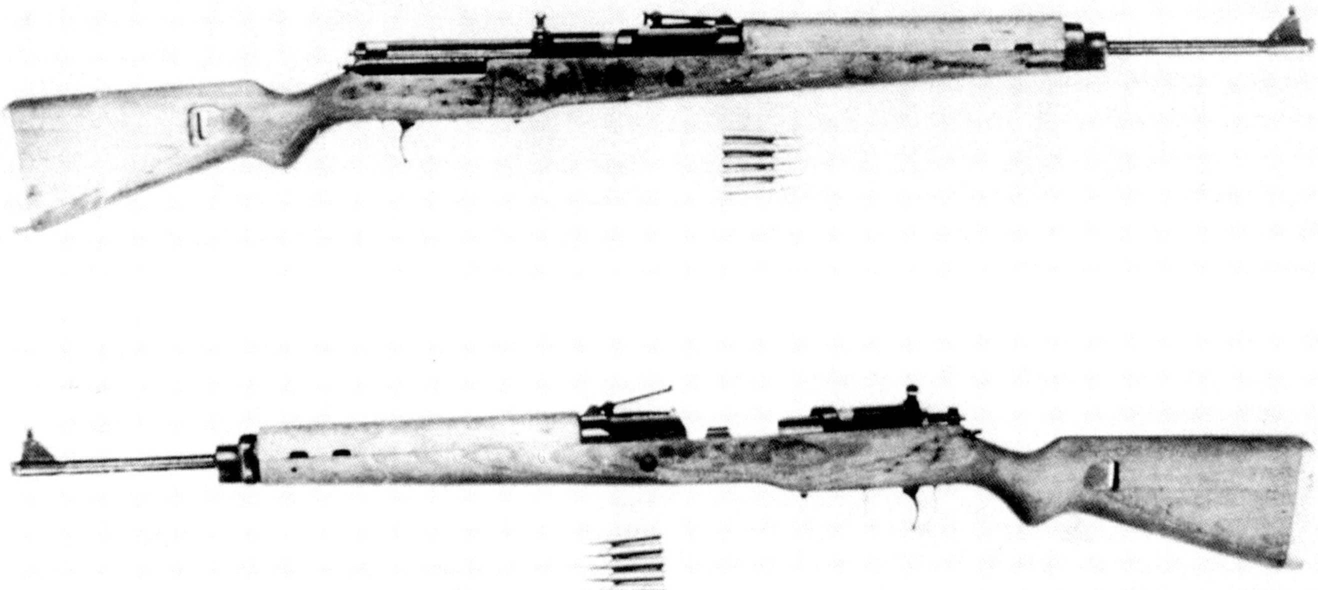

Standardausführung des G 43 (ohne Magazin) aus einer der ersten Fertigungsserien.

von 100 Metern. Dabei sind drei Schüsse abzugeben. Die Bedingungen sind erfüllt, wenn der mittlere Treffpunkt der aus einem Karabiner 98 oder einem Gewehr 43 abgegebenen Schüsse innerhalb eines Rechteckes von 80 mm X 140 mm liegt und alle drei abgegebenen Schüsse innerhalb eines Kreises von
120 mm Durchmesser liegen. (Die Bedingung gilt auch als erfüllt, wenn der Kreis angerissen ist). Ein Nachschießen bei Ausreißern ist nicht gestattet.

Sind diese Bedingungen nicht erfüllt worden, so erfolgt ein zweites Anschießen, wobei fünf Schüsse abzugeben sind. Die Bedingungen sind erfüllt, wenn drei der insgesamt fünf aus einem Karabiner 98 oder einem Gewehr 43 abgegebenen Schüsse oder der mittlere Treffpunkt (gemäß Heeresvorschrift 242) innerhalb eines Rechteckes von 80 mm X 140 mm und alle fünf abgegebenen Schüsse innerhalb eines Kreises von 120 mm Durchmesser liegen. (Die Bedingung gilt auch als erfüllt, wenn das Rechteck beziehungsweise der Kreis angerissen ist).
Der mit der Abnahme betrauten Dienststelle ist es gestattet, eine Waffe zuzulassen, deren Schußbild nicht in vollem Umfang die Abnahmebedingungen erfüllt, ansonsten aber den obengenannten Anforderungen entspricht. Vor allem kann bei der Begutachtung der Schußbilder ein Ausreißer, der unzweifelhaft als solcher zu erkennen ist, bei der Bewertung des Schußbildes unberücksichtigt bleiben, wenn dieses in bezug auf Streuung und Treffpunktlage ansonsten den festgelegten Anforderungen entspricht.
In jedem Fall ist die mit der Abnahme betraute Dienststelle verpflichtet, eine Waffe, deren Schußbild den Abnahmebedingungen entspricht, deren mittlere Treffpunktlage sich im Rahmen eines Anschießens aber nicht einwandfrei ermitteln läßt, wegen des Verdachts auf Vorliegen eines Defektes zur Instandsetzung weiterzuleiten.

Anmerkung:
Die Bestimmungen in bezug auf die Schußleistung einer Waffe beim Anschießen sind nicht gelockert worden. Aus Gründen der Munitionsersparnis erfolgt das erste Anschießen künftig mit drei, anstatt wie bisher mit fünf Patronen.
Von den angeschossenen Waffen sind diejenigen mit der besten Schußleistung, also lediglich solche mit besonders geringer Streuung und günstiger Treffpunktlage, zur weiteren Verwendung als Zielfernrohr-Waffe auszusondern.
Ist eine Waffe nach dem Anschießen als geeignete Zielfernrohr-Waffe ausgesondert worden, so ist deren Abzugsmechanismus zu überprüfen und gegebenenfalls zu überarbeiten, bis

der Abzugswiderstand zwischen 1,5 kg und 2,5 kg beträgt. Nach der Montage des Zielfernrohres ist die Lagerung (Bettung) des Laufes erneut zu überprüfen; es ist darauf zu achten, daß der Lauf an keiner Stelle am Schaft anliegt und bei der Schußabgabe frei schwingen kann. Dies ist beim Karabiner 98k von besonderer Wichtigkeit.
Beide Überprüfungen sind von den für die Abnahme verantwortlichen Dienststellen des Heeres vorzunehmen.

Waffe mit Zielfernrohr:
Das Anschießen der Waffe erfolgt auf eine Entfernung von 100 Metern. Dabei sind drei Schüsse abzugeben.
Vor dem Anschießen überprüft der Schütze die Treffpunktlage der Waffe durch die Abgabe von Einzelschüssen, deren Lage mit Hilfe eines Fernrohres mit starker Vergrößerung beobachtet wird, und korrigiert gegebenenfalls die Einstellung des Zielfernrohres, bis Haltepunkt und Treffpunkt bei einer Entfernung von 100 Metern übereinstimmen.
Während des Anschießens hat eine Beobachtung der Trefferlage wie zuvor beschrieben zu unterbleiben.
Die Bedingungen sind erfüllt, wenn mindestens drei der fünf aus einem Karabiner 98 mit Zielfernrohr oder aus einem Gewehr 43 mit Zielfernrohr abgegebenen Schüsse innerhalb eines Kreises von 70 mm Durchmesser, und alle fünf abgegebenen Schüsse innerhalb eines Kreises von 105 mm Durchmesser um einen gemeinsamen Mittelpunkt liegen. Der gemeinsame Mittelpunkt muß sich innerhalb eines Kreises von 120 mm Durchmesser um das Scheibenzentrum befinden. (Die Bedingungen gelten auch als erfüllt, wenn der Kreis angerissen ist). Die Forderungen in bezug auf die Schußleistung einer Waffe mit Zielfernrohr sind ihrer Verwendung entsprechend streng ausgelegt. Es ist deshalb unter keinen Umständen zulässig, eine Waffe unter anderen als den vorgeschriebenen Bedingungen anzuschießen und abzunehmen. Das Anschießen einer Waffe mit nicht einwandfreier Schußleistung darf, sofern zwischenzeitlich eine Behebung des Fehlers nicht erfolgt ist,lediglich einmal, in Ausnahmefällen zweimal wiederholt werden. Wenn eine Waffe den gestellten Anforderungen nicht genügt, darf sie nicht als Zielfernrohr-Waffe zum Einsatz gebracht werden.
Ein Ausreißer, der unzweifelhaft als solcher zu erkennen ist, kann bei der Bewertung der Trefferleistung unberücksichtigt bleiben, wenn vier Schüsse innerhalb eines Kreises mit einem Durchmesser von 70 mm liegen (die Bedingung ist erfüllt, wenn der Kreis angerissen ist) und der fünfte Schuß so weit außerhalb liegt, daß eine mögliche Waffenstreuung als Ursache ausgeschlossen werden kann.

Was die Qualität der Erzeugnisse anbelangt, scheinen sich die deutschen Waffenhersteller ebenbürtig gewesen zu sein. Scharfschützen-Versionen des Karabiners 98k beruhten auf Waffen, die zum größten Teil von Mauser gefertigt wurden; außerdem von Steyr, Sauer, Gustloff und weiteren namhaften Herstellern.
Bei der überwiegenden Mehrzahl der Scharfschützen-K 98k handelte es sich um Umbauten aus der laufenden Produktion. Eine nicht genau bestimmbare, jedoch beträchtliche Anzahl an Karabinern 98k, die nach Bedarf zu Scharfschützenwaffen umgebaut wurden, stammte aus Lagerbeständen verschiedener Zeughäuser, in denen Waffen verschiedener Hersteller und Fertigungsserien eingelagert waren.
Darüber hinaus deckten in vielen Fällen die Waffenmeister im Felde den dringend benötigten Bedarf an Waffen und Zubehör für Scharfschützen, indem sie mit dem ihnen eigenen Einfallsreichtum beschafften, was im jeweiligen Einsatzgebiet an für den zivilen Markt gefertigten Zielfernrohren und Montagegestecken verfügbar war. Es ist bemerkenswert, daß trotz der zahlreichen, vom Waffenamt für den militärischen Einsatz

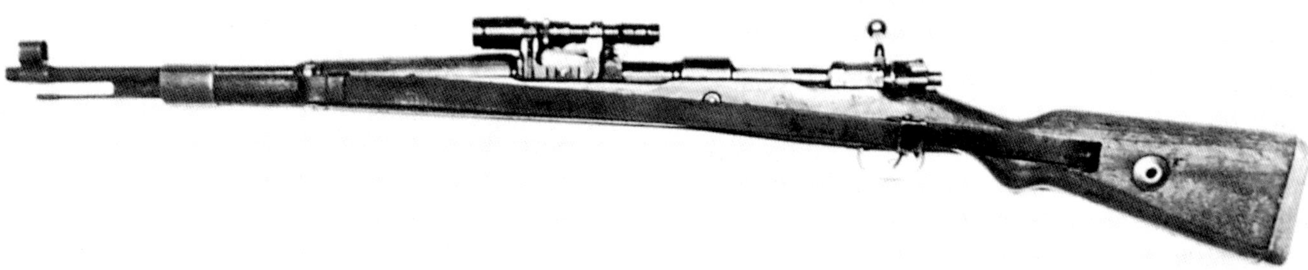

Karabiner 98k mit aufgesetztem Zielfernrohr 41 (ZF 41).

Die unfreundliche Seite eines K 98k mit Zielfernrohr 41. Karabiner mit ZF 41 wurden an alle Teilstreitkräfte ausgegeben und kamen während des II. Weltkrieges in großer Zahl zum Einsatz.

entwickelten Zielfernrohre und Montagegestecke während der gesamten Dauer des Krieges Karabiner 98k unter Verwendung von zivil gefertigten Komponenten zu Scharfschützenwaffen umgebaut und eingesetzt wurden. Die Frage, ob Scharfschützen-Karabiner 98k bei den verschiedenen Firmen aus ausgesuchten Teilen montiert wurden oder ob es sich um Serienwaffen handelte, die das Militär auswählte und abnahm, konnte nicht abschließend geklärt werden.
Nach Aussage der Firma Steyr-Daimler-Puch, deren Steyr-Werke (Hersteller-Code *bnz)* sich während des Krieges an der Fertigung von K 98k mit Einhakmontage beteiligten, wurden besonders gut schießende Waffen vom Militär ausgesucht und für den Einsatz als Scharfschützenwaffen mit Zielfernrohren versehen. Eine entsprechende Deklarierung der Waffen seitens des Herstellers erfolgte deshalb nicht. Vereinzelt waren jedoch ZF-Karabiner 98k, beispielsweise mit Zielfernrohr 41 (ZF 41), nach strengen Maßgaben und unter Kontrolle des Waffenamtes in den Mauser-Werken (Hersteller-Code *ar* und *byf)* sowie in den Berlin-Lübecker Maschinenfabriken (Hersteller-Code *duv)* ausgewählt und zu Scharfschützenwaffen umgerüstet worden. Einzelheiten darüber, ob und inwieweit dieses Verfahren generell Mode war, sind bislang nicht bekannt.

Neben zahllosen Zielfernrohren mit vierfacher und sechsfacher Vergrößerung, die ursprünglich für den zivilen Markt und jagdliche Zwecke gefertigt worden waren, wurden folgende Optiken auf den K 98k montiert:
– *Zielfernrohr 41 (ZF 41)* und
– *Zielfernrohr 4111 (ZF 41U);* beide mit 1,5-facher Vergrößerung;
– handelsübliche Zielfernrohr-Typen mit vierfacher Ver-

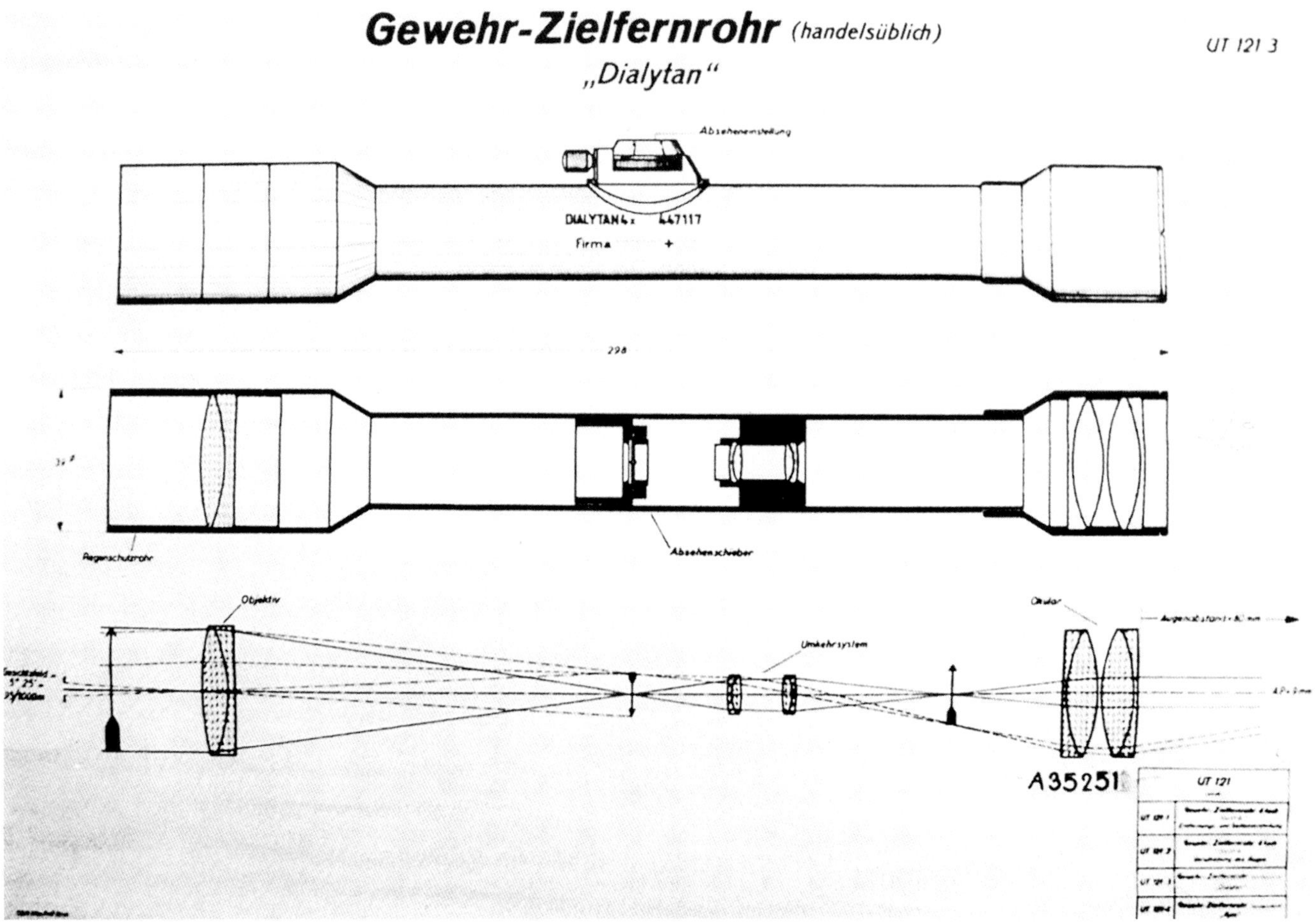

Technische Zeichnung des Waffenamtes mit Angaben zu einem handelsüblichen Zielfernrohr mit vierfacher Vergrößerung, das zur Montage auf den Karabiner 98k vorgesehen war. Die meisten zivilen Optiken stellte die Firma Hensoldt her. Trotz einiger Unterschiede hatten sämtliche Zielfernrohre (vierfach) eine Länge von 298 mm, einen Objektiv- und Okular-Durchmesser von 39 mm sowie einen Mittelrohr-Durchmesser von 26 mm.

größerung, die vom Militär in Auftrag gegeben wurden, – *Gewehr-Zielfernrohr 4-fach (GwZF 4-fach)* in geringem Umfang während der Endphase des Krieges, sowie das *Zielfernrohr 43/1 (ZF 43/1).*

Über die Schußleistung eines ausgesuchten Karabiners 98k muß wohl nichts gesagt werden. Er erwies sich als präzise und selbst in der Scharfschützenausführung – robuste und funktionssichere Infanteriewaffe. Der altbewährte K 98k war während des gesamten Krieges nicht nur die Standard- Ordonnanzwaffe des deutschen Infanteristen, sondern auch die hauptsächlich eingesetzte Scharfschützenwaffe.

Zwar war man auf höchster Ebene bestrebt, den Karabiner 98k auszusondem, seine Produktion zu verringern und ihn während der letzten Kriegsjahre bzw. -monate durch das Selbstladegewehr 43 oder das Sturmgewehr 44 zu ersetzen. Trotzdem wurde der alte Landsknecht weiterhin in beträchtlichen Stückzahlen gefertigt und selbst noch unmittelbar vor Kriegsende zur Scharfschützenwaffe umgerüstet.

Interessant sind in diesem Zusammenhang mehrere Schriftstücke des Heereswaffenamtes. Sie belegen die Anstrengungen, die unternommen wurden, um die Schußleistung der ZF-Ausführungen des G 43 (später des K 43) auf die Stufe des K 98k mit Zielfernrohr zu heben. Wie sich zeigte, ließ sich dies u.a. aufgrund von Funktionsstörungen, mit denen diese halbautomatischen Waffen behaftet waren, nicht verwirklichen.

Während des I. Weltkrieges sahen sich die deutschen Gewehr- Hersteller unvermittelt einer akuten Verknappung an

Schaftrohlingen gegenüber. Aus dieser Notlage heraus stellten sie Schäfte aus Schichtholz her, wie sie dann während des II. Weltkriegs zur Fertigung der meisten deutschen Handwaffen eingesetzt wurden. Das Schichtholz bestand aus etwa 1,5 mm starken Platten aus Buchenholz, die unter Druck mit Phenolharz verklebt wurden. Aus Schichtholz ließ sich ein ungewöhnlich widerstandsfähiger und haltbarer Schaft herstellen, der für den militärischen Einsatz geradezu ideal war. Aufgrund der Unempfindlichkeit gegen Feuchtigkeit oder Temperaturschwankungen traten keine – oder nur unerhebliche – Verspannungen auf, was insbesondere bei Präzisionswaffen von entscheidender Bedeutung war. Auch Versuche zur Herstellung von Schäften aus (faserverstärktem) Kunststoff – einem Material ähnlich dem sogenannten Fiberglas – stellte das Waffenamt an.

Einige Selbstladegewehre G 41 und G 43 waren mit einem Handschutz aus widerstandsfähigen Kunststoff mit dem Warenzeichen *Durofol* ausgestattet, vermutlich von der Firma *Durofol KG. O. Brangs & Co.,* die Kunststoffteile im Spritzguß- und Druckguß-Verfahren herstellte. Ob Scharfschützen-Versionen des K 98k oder des G 43 mit vollständigen Schäften aus diesem Material versehen wurden, ist allerdings nicht bekannt. Derartige Schäfte haben den Krieg überdauert, es ist jedoch zweifelhaft, ob die Fertigung über das Versuchsstadium hinausging.

Das lange Gewehr 98 mit abgebogenem Kammerstengel und handelsüblichem Zielfernrohr mit dreifacher oder vierfacher Vergrößerung (wie es während des I. Weltkrieges als Scharfschützengewehr zum Einsatz gekommen war) wurde während des II. Weltkrieges erneut ausgegeben. Der von der Reichswehr eingeführte Zielfernrohr-Karabiner 98b mit einem handelsüblichen Zeiss-Zielfernrohr (oder anderer Hersteller) kam zu Beginn des II. Weltkrieges ebenfalls zum Einsatz, als die deutschen Scharfschützen jede Zielfernrohr-Waffe als ausgesprochene Kostbarkeit betrachteten.

Bemühungen, die Schwächen des Halbautomaten G 41 auszuräumen, führten schließlich im Januar 1943 zur Einführung des Selbstladegewehrs G 43, das verschiedene Merkmale des G 41 und des sowjetischen *Tokarew*-Selbstladers (M 38 und M 40) vereinigte. Das von Walther in Zella-Mehlis zur Serienreife entwickelte Gewehr 43 wurde nach der Einführung von offizieller Seite als optimale Infanteriewaffe bezeichnet. Es hatte stets erhebliche Schwierigkeiten bereitet, die unterschiedlichen Zielfernrohre anhand der zahlreichen verschiedenartigen Gestecke auf das Gewehr 41 und den Karabiner 98k zu montieren. Schließlich verfiel man auf eine recht innovative Lösung, indem eine Montageschiene in das Gehäuse des G 43 integriert wurde. Abgesehen von einem verstellbaren Abzug entsprachen Scharfschützenversionen dieser Waffe ansonsten der Standardausführung.

Als die Wehrmacht 1942 aufgrund der Vielzahl an Zielfernrohren eine Standardisierung anstrebte, erteilte das Oberkommando des Heeres (OKH) dem Heereswaffenamt und dessen nachgeordneten Dienststellen den Auftrag, ein Zielfernrohr zu entwickeln, das sich zur Montage auf sämtliche Ordonnanzwaffen eignete. Das Waffenamt, das für die Entwicklung, Beschaffung und technische Abnahme von Waffen unmittelbar verantwortlich war, kam zu dem Schluß, daß das neue Zielfernrohr nach Möglichkeit unter Verwendung von Blechprägeteilen gefertigt werden solle, um eine Massenproduktion zu ermöglichen. Nach der Montage des Zielfernrohrs auf die unterschiedlichen Waffen sollte dann lediglich noch eine Justierung und das Einschießen vonnöten sein. Dank der Unterstützung durch die Industrie gelang es, gegen Ende 1943 das

Versuchsweise für das Gewehr 43 beziehungsweise den Karabiner 43 entwickelter Schaft aus Kunststoff. Schäfte dieser Art sollten nach und nach die üblichen Holzschäfte ablösen, gelangten aber nicht zur Serienreife. Bei der abgebildeten Waffe, einem von der Firma Carl Walther in Zella-Mehlis (Hersteller-Code *ac 45*) hergestellten Karabiner K 43, wurde die üblicherweise seitlich rechts am Gehäusedeckel befindliche Prismenschiene zur Aufnahme der Spannmontage abgefräst. Die Holzschäfte für die Scharfschützen- und die Standardversion des G 43 (K 43) waren identisch. Einige wenige Schäfte mit erhöhter Kolbennase versehen.

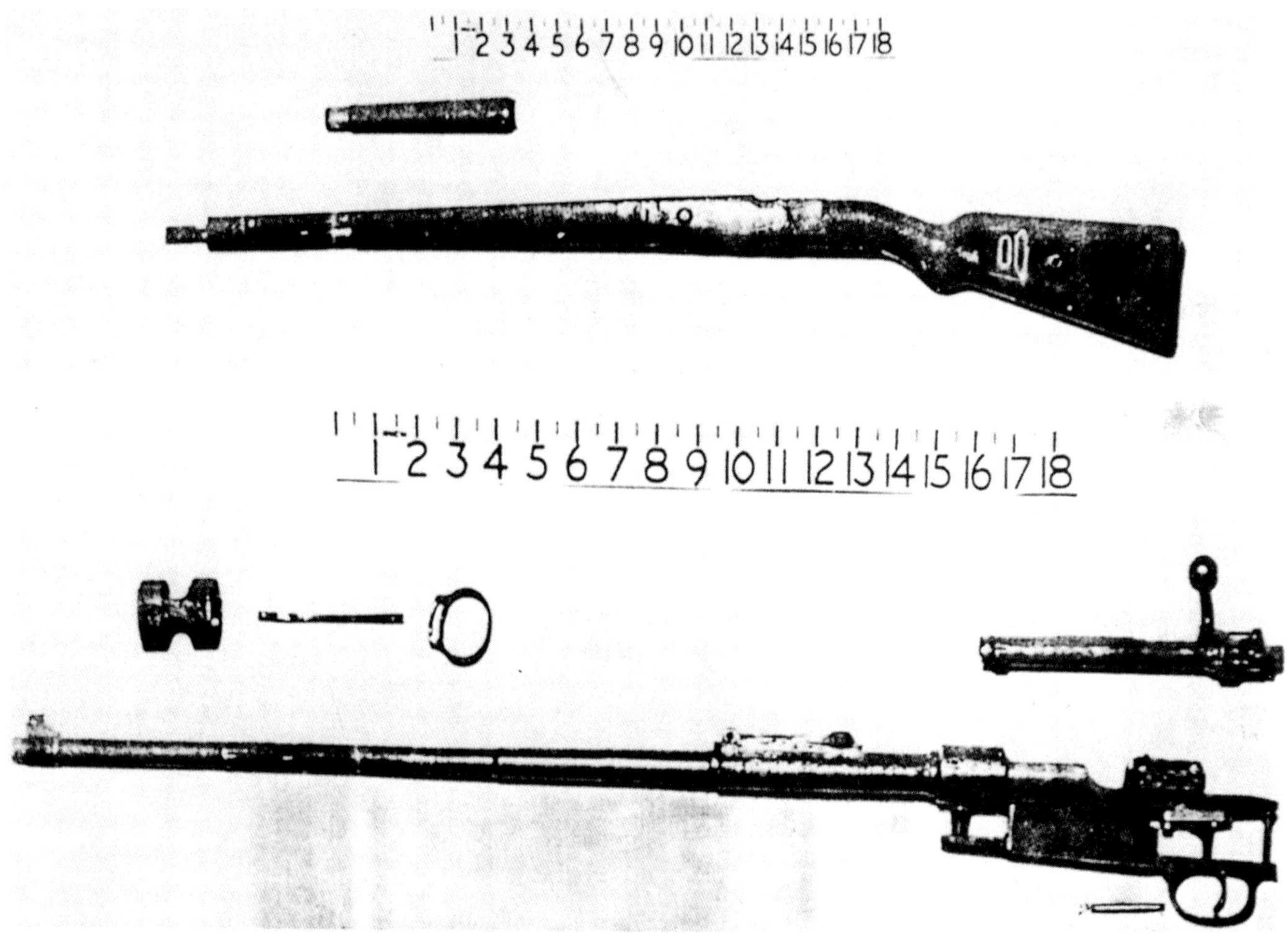

Dieses Photo, aufgenommen von Technikern des amerikanischen Heeres-Nachrichtendienstes am 17. Januar 1945, zeigt den Schaft eines Karabiners 98k aus einer – wie es im zugehörigen Bericht heißt – Kunststoff-Zusammensetzung. Dem Bericht zufolge waren die Abmessungen dieses Schaftes identisch mit jenen des Holzschaftes. Es ist weiter vermerkt: ***Die Waffe war in erheblichem Maße Witterungseinflüssen, insbesondere Feuchtigkeit, ausgesetzt. Die Oberflächen der freiliegenden Metallteile waren von Rost befallen und wiesen tiefe Rostnarben auf. Sämtliche vom Schaft umschlossenen Oberflächen waren bestens erhalten. Trotz der übermäßigen Beanspruchung wies der Schaft weit weniger Kratzer und Einbeulungen auf wie sie ein hölzerner Schaft unter diesen Umständen aufweisen würde.***

Gewehr Zielfernrohr 4-fach (GwZF 4-fach) zur Serienreife zu entwickeln. Obwohl das serienmäßige Gewehr 43 mit einer Vorrichtung zur Montage eines Zielfernrohres ausgestattet war und sich die Zielfernrohre mit eineinhalbfacher Vergrößerung bereits bei Versuchen mit Vorserien-Mustem des G 41 (bzw. G 43) als untauglich erwiesen hatten, wurden zwischen Februar und Dezember 1943 vermutlich nur ganz wenige G 43 mit Zielfernrohr fertiggestellt. Truppenversuche mit einigen G 43 und montiertem *GwZF 4-fach* bleiben hier unberücksichtigt. Mitte 1943 forderte Hitler, die Arbeiten zur Entwicklung eines Zielfernrohres für das Gewehr 43 erneut aufzunehmen. Der genaue Zeitpunkt läßt sich zwar nicht exakt bestimmen, aber die Entwicklung des *ZF 4* (GwZF 4-fach) war bereits abgeschlossen, lange bevor die Führerweisung erging. Dies läßt sich anhand von Unterlagen des Waffenamtes aus der Zeit vor Hitlers Weisung belegen. Sie weisen nach, daß zu diesem Zeitpunkt bereits Exemplare des G 43 mit dem *ZF 4* ausgestattet waren.

Dies läßt sich teilweise damit erklären, daß Neuentwicklungen des Waffenamtes vielfach so lange unter Verschluß blieben, bis die Erprobungen erfolgreich abgeschlossen waren; andernfalls ließ man die Pläne stillschweigend fallen, um

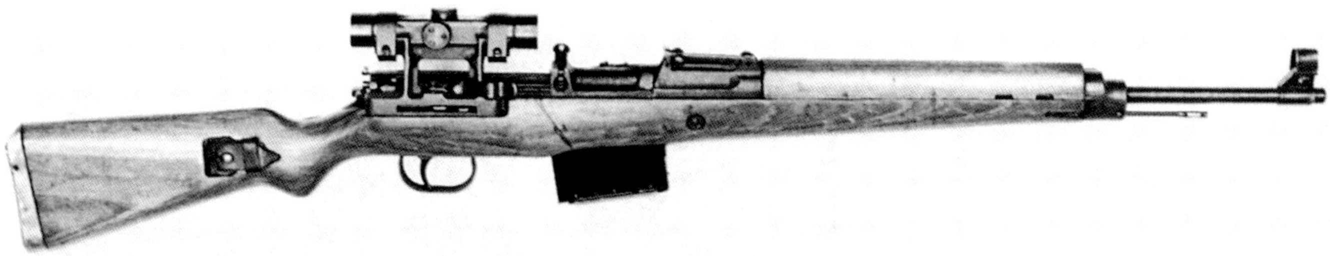

Scharfschützenversion des *G 43 (Gewehr 43)* mit Zielfernrohr *GwZF 4-fach*, das mit einer speziellen Spannmontage aufgesetzt werden konnte.

Gewehr-43-Schütze mit aufgesetztem *GwZF 4-fach* während eines Truppen Versuchs im Oktober 1943.

nicht Hitlers Zorn heraufzubeschwören oder die Laune des Oberkommandos zu verderben.

Die Firma Voigtländer (Hersteller-Code *ddx)* leistete die Hauptarbeit bei der Entwicklung und in der anfänglichen Fertigung des ZF 4. Sie trug auch die Hauptlast bei der Beseitigung der in Folge auftretenden Probleme. Zur Ehrenrettung des Unternehmens sei angeführt, daß die Schwierigkeiten nicht auf Mängel am Zielfernrohr selbst beruhten, sondern auf die von höchster Stelle unablässig geforderte Produktionssteigerung.

Zahlreiche Schriftstücke belegen, daß bis Ende 1943 immerhin 12 000 ZF 4 gefertigt wurden. Nach Unterlagen der Heeres-Inspektion 2 (In 2) vom Mai 1943 war beabsichtigt, im Oktober 1943 erneut eine ZF-4-Serie aufzulegen, zunächst in einer Stückzahl von 500. Nachfolgend sollten in den Monaten November und Dezember 1000 Zielfernrohre gefertigt werden, wonach sich die Produktion monatlich um 1000 Exemplare steigern sollte, bis eine reibungslose Serienfertigung sichergestellt war. Es wurde darauf hingewiesen: *Eine weitere Steigerung der Produktion kann vorläufig nicht in Angriff genommen werden, da zunächst lediglich 50 000 Einheiten angefordert worden sind und der Gesamtbedarf von AHA/In* 2 (Allgemeines Heeresamt/Inspektion 2) *auf 150 000 Stück beziffert worden ist.* Aus weiteren Schriftstücken geht hervor, daß bis März 1944 lediglich 9000 ZF 4 ausgeliefert wurden.

Adolf Hitler schwebte zeitweise eine massenweise Ausgabe von Zielfernrohr-Versionen des G 43 vor. Allerdings traten selbst noch 1944 bei der Fertigung sowohl des G 43 als auch des ZF 4 Schwierigkeiten auf, durch die sich der Einsatz der Scharfschützen-Version verzögerte.

Für den Personenkreis innerhalb des Waffenamtes, der die Voraussetzungen zur Fertigstellung einer leistungsfähigen Scharfschützenwaffe genau kannte, bestand der wesentlichste Vorteil des G 43 darin, daß die Hersteller in erheblich kürzerer Zeit Scharfschützen Versionen bereitstellen konnten, als für die gleiche Anzahl an K 98k mit ZF erforderlich war.

Gewehr 43 in der Standardversion mit einem Umschalthebel zur wahlweisen Abgabe von Einzel- oder Dauerfeuer. Bemerkenswert sind der Rückschlag-Minderer an der Kolbenkappe, das auf ein Fassungsvermögen von zehn Patronen abgeänderte Magazin des MG 13 sowie die durchgehende Auflagefläche der seitlichen Prismenschiene zur Aufnahme der Zielfernrohr-Montage.

Der Streit zwischen den Befürwortern der Weiterverwendung des Karabiners 98k mit ZF und den Anhängern eines halbautomatischen Scharfschützengewehrs zog sich bis Kriegsende hin. Zum einen waren Zuverlässigkeit und Schußleistung eines ausgesuchten Karabiners 98k mit Zielfernrohr gewichtige Argumente. Andererseits konnten die Befürworter des Selbstladegewehrs mehrere stichhaltige Argumente anführen:

A. Mit dem Selbstladegewehr konnte rasch ein zweiter Schuß abgegeben werden, sollte sich das Ziel bewegt oder der Scharfschütze einen Fehler gemacht haben.

B. Die Möglichkeit der Bekämpfung mehrerer Ziele.

C. Ein Selbstlader machte erkennbare [Lade-] Bewegungen des Schützen überflüssig, wodurch die Möglichkeit seiner Entdeckung verringert wurde.

D. Die Feuerkraft eines Selbstladegewehres erlaubte es dem Scharfschützen, die Waffe je nach Lage sowohl im Abwehrkampf als auch im Angriff einzusetzen.

Von Januar 1944 bis April 1945 traten in zwei Bereichen Schwierigkeiten auf, die sowohl das ZF 4 als auch das G 43 (beziehungsweise den K 43) betrafen: die Verarbeitung des Zielfernrohrs und die Schußleistung der Waffe. Bei den Bemühungen, die neu entwickelten Geräte zu einer brauchbaren Waffe zu verschmelzen, hatte das waffentechnische Personal mit nahezu unüberwindlichen Schwierigkeiten zu kämpfen.

Versuche des Waffenamtes – durchgeführt im Februar 1944 bei der Firma Walther mit zehn Gewehren, die willkürlich der laufenden Fertigungsserie entnommen und mit ZF 4 versehen wurden – ergaben eine *übermäßige Streuung* bereits auf eine Entfernung von lediglich 100 Metern. Zusätzlich zu der alles andere als optimal zu bezeichnenden Schußleistung des G 43 – sowohl mit Zielfernrohr als auch mit offener Visierung – wurde an sämtlichen verwendeten Zielfernrohren ZF 4 der Firma Voigtländer einer oder mehrere der folgenden Mängel festgestellt:

– Ungleichmäßige Abstände der Querbalken vom Zielstachel
– Querbalken nicht auf gleicher Höhe
– Zielstachel nach links oder nach rechts gekrümmt
– Getrübte Linsen.

Besonderen Kummer bereitete, daß die Waffen und die Zielfernrohre, die für den Test herangezogen worden waren, aus der laufenden Produktion stammten.

Am 25. März 1944 wurden in Zella-Mehlis unter der Schirmherrschaft des Heeres (In 2) Erprobungen mit dem G 43 und ZF 4 durchgeführt. Für das Anschießen der Waffen waren eigens erfahrene Scharfschützen der Waffen-SS abkommandiert worden.

Wie bei den vorangegangenen Erprobungen wurde erstklassige Munition verwendet, aber die Ergebnisse waren gleichermaßen enttäuschend. Auf eine Entfernung von 100 Meter wurden Trefferabweichungen von bis zu 15,5 cm, auf 300 Meter von 41 cm festgestellt.

Zu Vergleichszwecken wurden mit einem Gewehr (Seriennummer 023; Walther-Fertigung), in das ein Versuchslauf (Lauflänge 740 mm) eingelegt worden war, unter den gleichen Bedingungen Schußbilder auf Entfernungen von 100 Meter und 300 Meter geschossen. Die auf 100 Meter erzielten Ergebnisse fielen etwas besser aus (Höhenstreuung 8 cm, Breitenstreuung 6,5 cm), waren auf die 300 Meter-Distanz aber enttäuschend (Höhenstreuung 28 cm, Breitenstreuung 29,5 cm).

An der Erkenntnis, daß das Gewehr 43 im gegenwärtigen Stadium der Fertigung als Scharfschützenwaffe für den Fronteinsatz bei weitem nicht geeignet war, gab es nichts zu rütteln. Von jetzt an wurde die Forderung erhoben: *»...daß ein Ziel von der Größe eines Kopfes auf 300 Meter getroffen wird, das heißt, der Durchmesser des Streukreises darf auf 100 Meter nicht größer sein als 7 cm.«*

Gemäß dieser Forderung erging die Anweisung:

Prüf 2 und Prüf 8 werden aufgefordert, durch entsprechende Abnahme einwandfreier Teile Richtwerte für die Fertigung von Waffen und Zielfernrohren festzusetzen und durch eine Verbesserung der Herstellungsverfahren und der Fertigungsabläufe sicherzustellen, daß das angestrebte Ziel einer Streuung von 7 cm auf 100 Meter erreicht wird...

Von jetzt an sind nur noch die besten Zielfernrohre abzunehmen und zur Montage auf einwandfrei schießende Gewehre G 43 zu verwenden.

Die Ursachen für die Schwierigkeiten mit dem halbautomatischen Scharfschützengewehr reichen zurück bis zum Januar 1944, als das Rüstungsministerium eine wesentliche Steigerung der Produktion des ZF 4 für das neue Infanteriegewehr forderte (25 000 Stück pro Monat), ohne zu berücksichtigen, daß dieses Zielfernrohr noch nicht erprobt war. Weisungsgemäß reagierte der Hauptausschuß für Präzisionsinstrumente und optische Geräte, um der neuerlichen Forderung nachzukommen:

Der Hauptausschuß für Präzisionsinstrumente und optische Geräte hat die Planungsarbeit zur Erfüllung der neuerlichen Forderung bereits aufgenommen. Der Kreis der Lieferfirmen mußte entsprechend ausgeweitet werden und die Vorarbeiten zur unverzüglichen Aufnahme der Produktion sind abgeschlossen.

Angesichts der enttäuschenden Ergebnisse, welche die mit der Scharfschützenversion des G 43 durchgeführten Vorversuche erbracht hatten, beharrte die In 2 unerbittlich auf ihrem Standpunkt.

Erneut ist ein monatlicher Ausstoß an Zielfernrohren mit vierfacher Vergrößerung geplant, der nach Ansicht des Heeres nur auf Kosten einer qualitativ hochwertigen Verarbeitung erreicht werden kann. Das Heer hat seine ablehnende Haltung demgegenüber bereits bekundet und legt erneut Wert auf die Feststellung, daß ein erfolgreicher Einsatz von Scharfschützen ein einwandfreies Zielfernrohr und eine entsprechend präzise Waffe erfordert. Die gegenwärtig gelieferten Zielfernrohre aus der Serienproduktion entsprechen nicht dieser Anforderung. Es ist zu erwarten, daß die Qualität weiter abnimmt, wenn zur Steigerung der Produktion verschiedene Hersteller zusammengeschlossen werden. Für die Erstausstattung an Zielfernrohren mit vierfacher Vergrößerung wird eine Menge in der Größenordnung von 150 000 Stück als ausreichend erachtet. Die Auflage weiterer Serien vor einer Einsatzerprobung des Zielfernrohres mit vierfacher Vergrößerung an der Front muß abgelehnt werden.

Um die Forderung nach einer Steigerung der Produktion zu unterstreichen, erging an das Allgemeine Heeresamt, Inspektion 2 (AHA/In 2), die Weisung:

Die geplante Fertigung von 25 000 Zielfernrohren mit vierfacher Vergrößerung innerhalb eines Monats beruht auf einem ausdrücklichen Befehl des Führers. Laut einer Entscheidung des Oberkommandos der Wehrmacht sind die Verträge gemäß Führerbefehl unverzüglich zu erfüllen. Um die Verträge an die Hersteller-Firmen vergeben zu können, wird hiermit um eine rasche Muster-Lieferung über 300 000 [!] Zielfernrohre mit vierfacher Vergrößerung ersucht.

Was die Meinungen hinsichtlich der Tauglichkeit der Scharfschützenversion des Selbstladegewehres 43 betrifft, waren damit die Fronten abgesteckt. Die im vorliegenden Kapitel abgedruckten Auszüge aus Schriftstücken von Anfang 1944 geben die Form wieder, in der diese Kontroverse bis in den Mai 1945 fortgeführt wurde.

Es gab auf höchster Ebene ein paar kleine Gruppen, die eher sachlich darum bemüht waren, zufriedenstellende Scharfschützenwaffen zum Einsatz zu bringen, als Adolf Hitler bei Laune zu halten. Das geht aus dem nachstehenden Schreiben des Chefs der Heeresrüstung und Befehlshaber des Ersatzheeres (Chef H.Rüst. u. B.d.E.) vom 5. Mai 1944 hervor:

Das Heer ist angewiesen worden, die Anforderung einer Muster-Lieferung über 300 000 Zielfernrohre mit vierfacher Vergrößerung zu bewilligen. Das bedeutet, daß zusammen mit den bereits in Auftrag gegebenen 150 000 Zielfernrohren mit vierfacher Vergrößerung insgesamt 450 000 Zielfernrohre eines völlig neuen Baumusters, über das noch keinerlei Einsatzerfahrungen vorliegen, zur Fertigung freigegeben werden müssen. Eine zusätzliche Belastung der ohnehin stark beanspruchten optischen Industrie in diesem Umfang unter Beibehaltung des hohen Maßes an Qualität aufgrund der getroffenen Entscheidung wird kaum begreiflich zu machen sein. Es ist eine Entscheidung zu treffen hinsichtlich der Gesamt-

menge der zu fertigenden Zielfernrohre mit vierfacher Vergrößerung unter Berücksichtigung der folgenden Gesichtspunkte:
Bis zum jetzigen Zeitpunkt liegen über das Zielfernrohr mit vierfacher Vergrößerung noch keine Erfahrungsberichte der Truppe vor. Die ersten 500 einsatztauglichen Zielfernrohre gingen am 1. Mai an die Scharfschützen-Ausbildungskompanien und werden von den ausgebildeten Scharfschützen, die zu Anfang Juni an die Front versetzt werden, zum Einsatz gebracht.
Die Ergebnisse der bisher durchgeführten Versuche zeigen, daß lediglich Zielfernrohre, die unter strengster Kontrolle gefertigt und nach eingehender Prüfung abgenommen werden, den Anforderungen wenigstens bis zu dem Grade entsprechen, daß sie auf eine präzise schießende Waffe montiert werden können. Es muß gewährleistet sein, daß mit dem Zielfernrohr-Gewehr ein Ziel von der Größe eines Kopfes auf eine Entfernung von mindestens 300 Meter getroffen werden kann. Falls monatlich 25 000 Zielfernrohr-Gewehre gefertigt werden sollten, wird das hierzu erforderliche Maß an Qualität nicht zu erreichen sein.
Das Heer ist der festen Überzeugung, daß die Resultate mit einer geringeren, aber in einem Höchstmaß an Qualität gefertigten Stückzahl von 10000 Zielfernrohren mit vierfacher Vergrößerung pro Monat weit besser sein werden als mit den größeren Mengen, deren Fertigung laut Plan beabsichtigt ist.
Wegen der deutlichen Zunahme der Scharfschützentätigkeit auf deutscher Seite wurde in aller Eile der *Karabiner 43 (K 43)* seit April 1944 die Bezeichnung für das Gewehr 43 – in begrenztem Umfang als Scharfschützenwaffe zum Einsatz gebracht. Die Standard-Ausführung dieser halbautomatischen Waffe erwies sich als bei weitem nicht so störanfällig wie die Scharfschützenversion mit Zielfernrohr; jedenfalls war es erforderlich, sowohl Waffe als auch Zielfernrohr sorgfältig auf Funktion zu überprüfen um die Fronttauglichkeit sicherzustellen.
Den deutschen Scharfschützen hatte seit Beginn des Krieges erstklassige Munition im Kaliber 7,92 mm X 57 zur Verfügung gestanden, die für ihren Auftrag von (über-)lebenswichtiger Bedeutung war. Drei der fünf Standardtypen dieser Patrone wurden hauptsächlich ausgegeben:
*Patrone mit schwerem Spitzgeschoß – PatrsS (*Vollmantelgeschoß mit tombakplattiertem Stahlmantel und Bleikern), *Patrone mit Spitzgeschoß mit Kern – PatrS mK* (panzerbrechend, Stahlkerngeschoß mit Bleihemd und tombakplattiertem Stahlmantel), *Patrone mit Spitzgeschoß mit Kern und Leuchtspur – PatrSmK Ll spur* (panzerbrechend mit Leuchtspur, ein kurzes Stahlkerngeschoß mit einem Leuchtsatz im Boden, Bleihemd und tombakplattiertem Stahlmantel).
Patronen aus ein und demselben Fertigungslos waren heiß begehrt, da einheitliche Patronen, die eine gleichbleibende Schußleistung garantierten, für die Scharfschützen von größter Wichtigkeit waren. In einem Bericht vom Juli 1944 heißt es: *Die Schußleistung der Waffe ist zu einem großen Teil abhängig von der Qualität der verwendeten Patrone. Trotz der einzigartigen Schußleistungen des K 43 mit Zielfernrohr 4-fach und des K 98k mit handelsüblichem Zielfernrohr ist es mit der normalen Patrone SmE* nicht möglich, auf Entfernungen von mehr als 300 bis 400 Metern präzise Treffer zu erzielen, wie sie von einem Scharfschützen auf diese und auf größere Distanzen verlangt werden müssen. Bis zum jetzigen Zeitpunkt war eine Versorgung des Scharfschützen mit ausgesuchten Patronen sS möglich, die augenblicklich nur in kleinen Mengen oder überhaupt nicht zur Verfügung stehen. Der General der Infanterie (beim Chef des Generalstabes des Heeres) ersucht deshalb um die Fertigung einer für Scharfschützen geeigneten Patrone in einer Größenordnung von 20 Millionen Patronen pro Monat.*
1945 stand eine Patrone zur Verfügung, die zur Verwendung durch Scharfschützen vorgesehen war.
Von den Scharfschützen ist die Gewehr-Anschieß-Patrone sS zu verwenden. Es ist ausdrücklich zu betonen, daß diese Patrone nicht aus herkömmlicher Fertigung stammt, da es nicht möglich ist, lediglich durch Entnahme von Patronen aus der laufenden Fertigung eine Munition zu finden, welche den an sie gestellten Anforderungen entspricht. Die Abnahme der Gewehr-Anschieß-Patrone sS erfolgt unter Berücksichtigung von Streuung und Treffpunktlage (die Abnahme der regulär gefertigten Gewehrpatrone lediglich unter Berücksichtigung der Streuung).
Wenig bekannt, jedoch von großer Bedeutung, war der begrenzte Einsatz der *Patrone mit Beobachtungsgeschoß*** gegen menschliche Ziele.
Aufgrund des Umfanges, in welchem die russische Infanterie in zunehmendem Maße Explosivgeschosse einsetzt, hat der Führer die B-Patrone zur Verwendung durch Scharfschützen im Bereich der Ostfront freigegeben. Der Reichsführer SS hat den unverzüglichen Einsatz befohlen...Die Mitnahme von B-Patronen an andere Fronten ist untersagt. Die Scharfschützen

* Im September 1940 war die Patrone mit schwerem Spitzgeschoß – PatrsS – durch die Patrone mit SmE-Geschoß ersetzt worden, einem Geschoß mit Flußeisenkern mit Bleihemd und tombakplattiertem Stahlmantel; A.d.Ü.)
** B-Patrone: ein Geschoß mit weißem Phosphor in der Geschoß-Spitze diente der Beobachtung des Geschoßeinschlages; A.d.Ü.

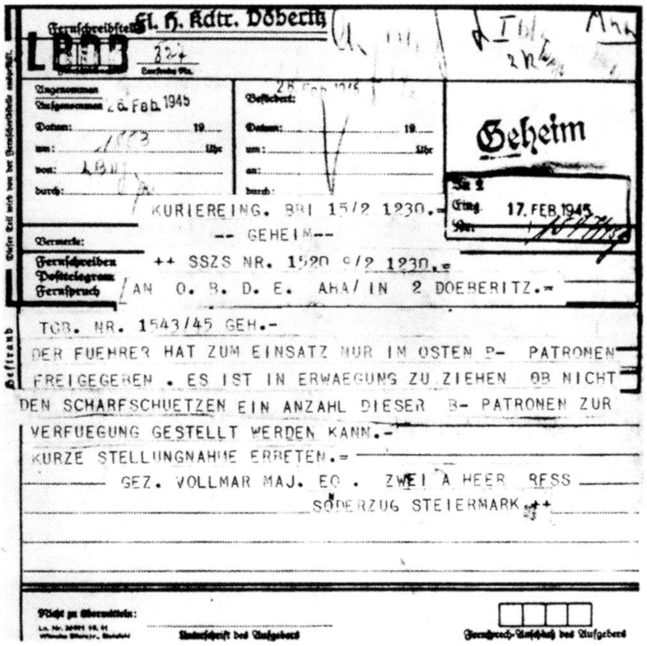

Fernschreibstelle Fl. H. Kdtr. Döberitz

Angenommen / Aufgenommen 26. Feb. 1945

Geheim

Eing. 17. FEB. 1945

KURIEREING. BRI 15/2 1230.-
-- GEHEIM--
++ SSZS NR. 1520 9/2 1230.=
AN O. B. D. E. AHA/ IN 2 DOEBERITZ.-

TGB. NR. 1543/45 GEH.-
DER FUEHRER HAT ZUM EINSATZ NUR IM OSTEN B- PATRONEN
FREIGEGEBEN . ES IST IN ERWAEGUNG ZU ZIEHEN OB NICHT
DEN SCHARFSCHUETZEN EIN ANZAHL DIESER B- PATRONEN ZUR
VERFUEGUNG GESTELLT WERDEN KANN.-
KURZE STELLUNGNAHME ERBETEN.=
GEZ. VOLLMAR MAJ. EO . ZWEI A HEER BESS
SONDERZUG STEIERMARK ++

Unterschrift des Aufgebers

Fernsprech-Anschluß des Aufgebers

Dieses als geheim eingestufte Fernschreiben vom Februar 1945 an den Oberbefehlshaber des Ersatzheeres, Allgemeines Heeresamt, Inspektion 2, in Döberitz bezieht sich auf die Verwendung der *7,92 mm Patrone mit Beobachtungsgeschoß (B-Patr.)* durch deutsche Scharfschützen an der Ostfront.

sind anzuweisen, bei einer Versetzung an andere Fronten die in ihrem Besitz befindlichen B-Patronen abzugeben.
25. Februar 1945

Der Karabiner 98k funktionierte mit Munition, die gegen Ende des Krieges qualitativ immer schlechter wurde, zwar noch verhältnismäßig gut, nicht jedoch der (halbautomatische) K 43, der bei Verwendung unzulänglicher Munition vermehrt zu Funktionsstörungen neigte. Um Ladehemmungen vorzubeugen, führten die Scharfschützen deshalb jeweils immer nur eine Patrone von Hand in das Patronenlager der Waffe ein.

Es ist durchaus verständlich, daß jeder eingefleischte Scharfschütze mißtrauisch war gegenüber jeder Waffe, die mehr bewegliche Teile hatte, als zur reibungslosen Funktion unbedingt erforderlich waren. Vor die Wahl gestellt, zogen erfahrene Scharfschützen nach wie vor den Karabiner 98k jeder anderen Waffe vor. Trotz der nach und nach am Zielfernrohr ZF 4 und am K 43 vorgenommenen Verbesserungen, die zu einer teilweisen Behebung der Probleme führten, war die halbautomatische Scharfschützenwaffe Ende 1944 noch immer mit Funktionsmängeln behaftet.

Es ist eine weitere Vereinfachung der Fertigung anzustreben. Daneben ist die Frage des K 43 mit vierfachem Zielfernrohr als Ausrüstung für den Scharfschützen überaus brennend. Die bisherige Schußleistung muß als völlig unzulänglich bezeichnet werden. Lediglich einige wenige Waffen erreichen auch nur annähernd die Schußleistung des K 98k mit handelsüblichem Zielfernrohr. Es wird dringend darum ersucht, am K 43 und am vierfachen Zielfernrohr unverzüglich die erforderlichen Verbesserungen vorzunehmen, damit die Frage einer Verwendung als Scharfschützenwaffe abschließend geklärt werden kann.

Die konzentrierten Anstrengungen, die darauf abzielten, das ZF 4 und die Schußleistung des K 43 zu verbessern, führten zur Einführung des Zielfernrohres *ZFK 43H* mit vierfacher Vergrößerung, das bei der Firma Carl Zeiss in Jena zur Serienreife entwickelt worden war. Zeitgleich mit den Bemühungen um eine Verbesserung der Schußleistung wurden bei der Firma Walther eine Reihe langwieriger Versuche durchgeführt, die zu folgendem Bericht führten:

Nach allem was hinterhalb des Stoßbodens geschehen ist, um die Schußleistung des K 43 zu verbessern, besteht, was die Waffe anbelangt, nur noch die Möglichkeit der Verbesserung durch Änderungen an den Läufen. Vorausgesetzt, daß vom Laufrohling bis zum fertigen Lauf sämtliche Fertigungsvorgänge ordnungsgemäß ausgeführt werden, bestehen Möglichkeiten zu einer Verbesserung lediglich noch in Form einer Verlängerung der Läufe oder einer Verstärkung derselben. Bei jeder dieser Maßnahmen muß ein höheres Waffengewicht in Kauf genommen werden. Bei den bisher durchgeführten Versuchen in diese Richtung wurden keine nennenswerten Verbesserungen der Schußleistung erzielt, weder mit Läufen in Längen von 620 mm bis 680 mm (im Gegensatz zu 550 mm beim normalen K 43), die in bezug auf ihr Schwingungsverhalten für am besten geeignet erachtet wurden, noch mit etwas verstärkten Läufen.

Die Versuche mit stärkeren Läufen führten zu keiner Verbesserung der Schußleistung auf kurze Entfernung (100 Meter), jedoch ist ab einer Entfernung von 200 Meter eine deutliche Verbesserung zu erwarten.

So erbrachte ein K 43 mit einem 32 mm starken und etwa 100 mm längeren Lauf auf eine Entfernung von 175 Meter eine Breitenstreuung von 10 cm und eine Höhenstreuung von 7 cm. Das Gewicht dieser Waffe beträgt etwa 5,3 kg (Gesamtlänge der Waffe etwa 1220 mm). Die Versuche mit stärkeren Läufen werden fortgesetzt.

Obwohl es einige K 43 mit schweren Läufen gibt, muß betont werden, daß diese Ausführung nicht in Serie ging. Selbst zu

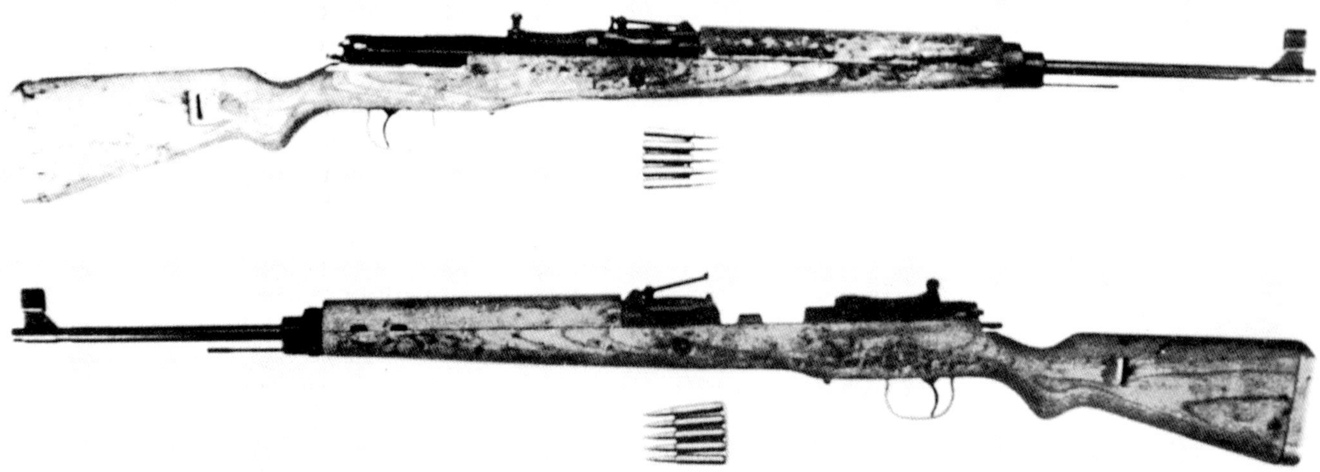

Im Zuge der langwierigen Bemühungen um eine Verbesserung der Schußleistung des G 43 wurden auch Versuche mit Läufen unterschiedlicher Länge (Lauflängen bis zu 740 mm) sowie mit starkwandigen Läufen (Durchmesser bis zu 32 mm) durchgeführt. Dieses G 43 erhielt einen 622 mm langen Lauf.

Erprobungszwecken kamen nur sehr wenige an der Front zum Einsatz.

Die Ausbildung am K 43 mit ZF 4 wurde zu einem festen Bestandteil der Scharfschützenausbildung, aber Mängel an der halbautomatischen Waffe hatten in einigen Fällen den Fortgang der Ausbildung derart behindert, daß viele K 43 nicht wiederverwendet oder – sofern verfügbar – durch Karabiner 98k ersetzt wurden.

Ein Schreiben der *Lehrgruppe Gepanzerte Truppen, Inspektion 6/Waffen und Gerät (In 6/WuG)* an die *Inspektion 2!Allgemeines Heeresamt (AHA/ln2)* vom 28. Februar 1945 veranschaulicht die Probleme:

Die Scharfschützenschulen beschweren sich in zunehmendem Maße über die unzulängliche Schußleistung des Zielfernrohr-Karabiners 43. Die Schießleistungen sind derart abgesunken, daß eine Vereinfachung der Schießübungen in Betracht gezogen werden muß. Dadurch wird der Einsatzwert des Scharfschützen geschmälert und das ausdrücklich geforderte Ausbildungsziel »jeder Schuß ein Treffer« ist nicht zu erreichen... Auf eine Entfernung von 100 Metern ist die Schußleistung im Allgemeinen gut, ab 200 Meter fällt sie jedoch in einem nicht mehr hinnehmbaren Maße ab...Als eine der hauptsächlichen Fehlerquellen wird die mechanische Verstellvorrichtung des Zielfernrohres erachtet. Bei den meisten Zielfernrohren führt die Verstellung des Höhen- und des Seitenwertes nicht zu der entsprechenden Verlagerung des Treffpunktes. Darüber hinaus ist das Zielfernrohr nach einer Korrektur anfällig gegen Erschütterungen und damit völlig unbrauchbar... Die Schießübungen der Scharfschützenschule der Panzertruppen sind mit dem Zielfernrohr-Karabiner 43 nicht zu erfüllen.

Während alle erdenklichen Maßnahmen getroffen wurden, um die Funktion der Zielfernrohre ZF 4 und die Schußleistung des Karabiners 43 zu verbessern, wurden die aufgrund dieser Bemühungen gemachten Fortschritte durch die unablässigen Forderungen nach erhöhter Produktion während der Endphase des Krieges wieder zunichte gemacht. Sobald Fabrikationsfehler festgestellt und ordnungsgemäß ausgemerzt worden waren, kam es infolge der hektischen Fertigung zu Problemen, die zuvor nicht aufgetreten waren.

Von allen bislang bekannten, erhalten gebliebenen schriftlichen Unterlagen des Waffenamtes betreffs Scharfschützenbewaffnung, ist ein Bericht der Infanterieschule an den *Oberbefehlshaber AH AI In 2* vom 21. März 1945 eine der bemerkenswertesten. Die Schule war mit der Durchführung von Vergleichsschießen mit dem *Zielfernrohr-Karabiner K 43* und dem *Karabiner 98k mit Zielfernrohr* beauftragt worden. Die Schießversuche wurden nur an windstillen Tagen auf Entfernungen von 800, 1000 und 1200 Meter durchgeführt, wobei ausgesuchte Munition verwendet wurde. In Anbetracht ihrer Aussagefähigkeit angesichts der ungewöhnlich weiten Entfernungen und der genauen Auflistung der verwendeten Waffen und Zielfernrohre sollen die Ergebnisse hier auszugsweise wiedergegeben werden.

Gegen Ende 1944 kam man zu dem Schluß, daß lediglich eigens angefertigte Gewehre und die Verwendung ausgesuchter Munition eine gleichbleibende Trefferleistung auf Entfernungen bis zu 1000 m gewährleisten konnten. Aus entsprechenden Unterlagen des Waffenamtes von Anfang 1945 geht hervor, daß die Entwicklung eines speziellen, in Handarbeit gefertigten halbautomatischen Gewehres anscheinend Gegenstand ernsthafter Erwägungen war. In Anbetracht der damals herrschenden Umstände ist anzunehmen, daß allenfalls in sehr begrenztem Umfang daran gearbeitet wurde.

Vergleichsschießen 800 Meter:
12 Schuß

Nr	Waffe	Serien-Nummer	Zfr.	Funktion vor Beschuß	Streuung in cm Höhe	Streuung in cm Breite
1	K 43	1658	Voigtländer	gut	121	60
2	K 43	1322	Voigtländer	durchschn.	82	60
3	K 98b	3385	Kahles, 4-fach	gut	66	66
4	K 98k	37325	Ajack 4X90	gut	94	79
5	K 98k	9232	Dialytan 4X81	durchschn.	198	70
6	Zfr.-Gewehr	51937	Ajack 4 X 90	gut	83	96

Vergleichsschießen 1000 und 1200 Meter
12 Schuß

				Streuung in cm			
				1000 Meter		1200 Meter	
				Höhe	Breite	Höhe	Breite
1	K 43	1658	Voigtländer	90	109	187	134
2	K 43	1322	Voigtländer	124	111	174	119
3	K 98b	3385	Kahles, 4-fach	65	103	—	—
4	K 98k	37325	Ajack 4 X 90	85	131	89	120
5	K 98k	9232	Dialytan 4X81	167	85	270	68
6	Zfr.-Gewehr	51937	Ajack 4X90	—		—	—

Ein bislang kaum erhellter Sachverhalt ist die Verwendung von Schalldämpfern durch deutsche Scharfschützen. Insbesondere während der letzten Phasen des II. Weltkrieges kamen nachweislich mehrere Arten mit dem Karabiner 98k zum Einsatz. Im Zuge der hektischen Anstrengungen, einen wirkungsvollen Schalldämpfer zum Einsatz zu bringen, baute die deutsche Seite ein Muster nach, das die Sowjets mit ihrem *Mosin-Nagant-Gewehr* einsetzen. Sehr wahrscheinlich wollte die deutsche Seite einen wirkungsvollen Schalldämpfer entwickeln, der hauptsächlich mit dem Karabiner 98k verwendet werden sollte.

Als die Vorteile der Gewehr-Schalldämpfer klar erkannt worden waren, gab Hitler die Anweisung, deren Entwicklung in aller Eile voranzutreiben. Als ihm ein neuartiger Schalldämpfer vorgeführt wurde, der sich im Truppenversuch befand, war Hitler so beeindruckt, daß er dem Erfinder, Unteroffizier Walter Wolff, als Anerkennung für die geleistete Arbeit spontan eine Prämie von 10 000 Reichsmark zukommen ließ.
Konstruktionspläne wirkungsvoller Schalldämpfer für Handfeuerwaffen gehen bis in den I. Weltkrieg zurück, als beide Seiten sich der Vorteile dieser Vorrichtungen im Stellungskrieg bewußt wurden. Zwar ist der Einsatz von Schalldämpfern auf alliierter Seite dokumentiert und es ist bekannt, daß die deutschen Scharfschützen über ähnliche Vorrichtungen verfügten, inwieweit jedoch die deutsche Seite an der Westfront Schalldämpfer einsetzte, blieb bislang im Dunkeln. Kenner der Materie behaupten, daß eine unbekannte Anzahl Gewehre 98 mit Schalldämpfer mit beachtlichem Erfolg an der Ostfront zum Einsatz gekommen sei. Darüber hinaus behaupten sie, der Einsatz von Gewehren mit Zielfernrohr und – in einem weitaus geringeren Umfang – von Handfeuerwaffen mit Schalldämpfern habe bei den russischen Militärs einen derart nachhaltigen Eindruck hinterlassen, daß sie die Entwicklung leistungsfähiger Scharfschützenwaffen und Schalldämpfer in der späteren *Roten Armee* vorantrieben. Bereits lange vor Beginn des II. Weltkrieges sei diese Entwicklung in Russland abgeschlossen worden.
Die während des II. Weltkrieges unternommenen deutschen Anstrengungen brachten die erfolgreiche Entwicklung der *7,92 mm Gewehr-Nahpatrone* zur Verwendung in schallgedämpften Schulterwaffen mit sich. Diese Patrone verfügte über die erforderlichen Eigenschaften, die eine Verwendung in den gebräuchlichen Ordonnanzwaffen gestattete, wobei sie gleichzeitig dem Geschoß die gewünschte geringe Geschwindigkeit verlieh. Die gewöhnliche 7,92 mm Gewehr-Patrone sS verlieh dem Geschoß eine Mündungsgeschwindigkeit von etwa 850 Meter pro Sekunde, während die Mündungsgeschwindigkeit eines Geschosses der Nahpatrone aus einer schallgedämpften Waffe lediglich an die 300 Meter pro Sekunde betrug. Dies schränkte zwar den Wirkungsbereich einer Scharfschützenwaffe ein, da jedoch der verräterische Mündungsknall unterdrückt wurde und der Geschoßknall ausblieb (das Projektil flog mit Unterschallgeschwindigkeit), wurde dieser Nachteil wieder ausgeglichen.
Als in der zweiten Hälfte des Krieges – hauptsächlich im Verlauf der Rückzugsgefechte im Osten – Scharfschützen meist nur noch in der Verteidigung eingesetzt werden konnten, forderten die deutschen Scharfschützen nachweislich in aller

Diese Illustration aus den *Kennblättern fremden Geräts* (D 50/1) des Heereswaffenamtes zeigt den russischen Schalldämpfer (deutsche Bezeichnung: *Schalldämpfer 254 r)* für das *Mosin-Nagant-Gewehr* M 1891/30.

Kennblätter fremden Geräts — D 50/1 Rußland

dtsch Kennummer **254** 01 (r) 2

russ Ben:
Abk:

dtsch Ben: (wo nötig erläutern mit) — **Schalldämpfer 254 (r)** — russ —

Abk:

Bild 1

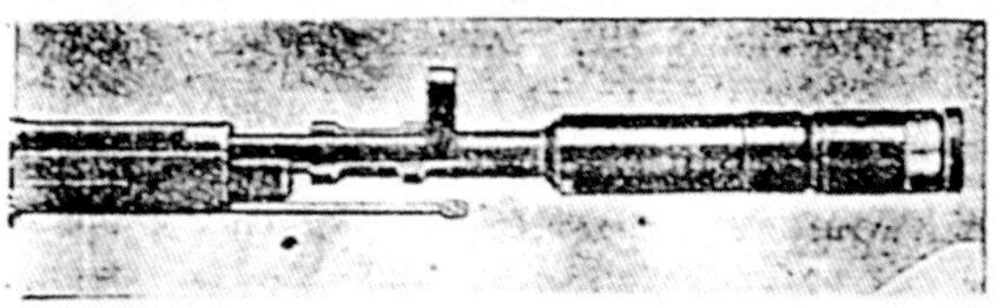

Einzelteile	Aufsteckhülse Einsatzhülse Zwischenhülse (Linksgewinde) Abschlußschraube (Linksgewinde) 2 15 mm dicke Gummiplatten
Gewicht	etwa 0,5 kg
Maße:	
Länge	235 mm
Außen⌀	32 mm
Verwendung	Gewehr 254 (r). Der Schalldämpfer wird wie ein Bajonett aufgesetzt und mit der Zwischenhülse (Linksgewinde) festgelegt.
Patronen	Zum Schießen mit dem Schalldämpfer **dürfen nur besondere Patronen verwendet werden,** bei denen die **ganzen Geschosse** und die Hülsenböden **grün** gefärbt sind; die Pulverladung ist kleiner und besteht aus 0,45 g Pistolenpulver.
Visier	Auf der Aufsteckhülse ist eine Tabelle für die veränderte Visierstellung eingetragt.

Anmerkung: Die Gummiplatten halten etwa 100 Schuß aus. Die Waffe und der Schalldämpfer müssen dann gründlich gereinigt und die Gummiplatten erneuert werden.

Bild 2

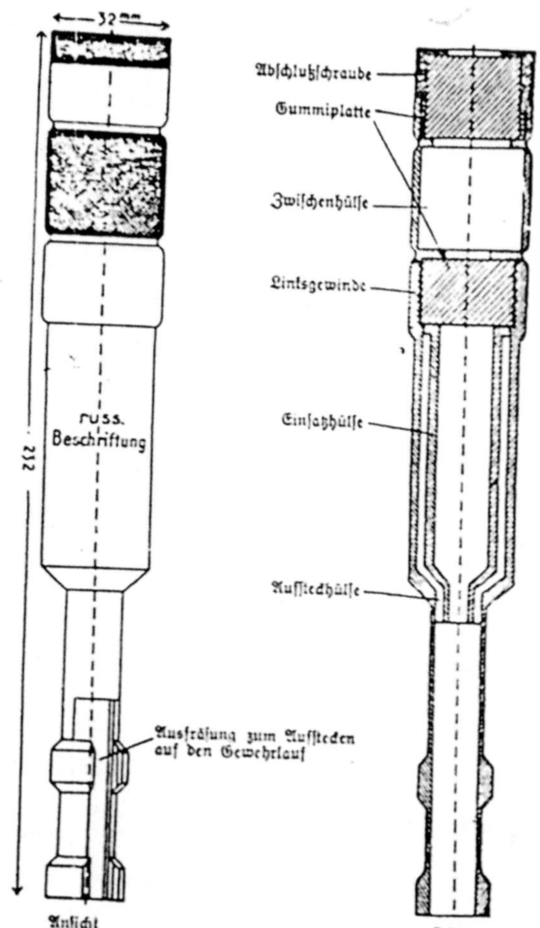

Schalldämpfer 254 (r)

Technische Beschreibung des russischen Schalldämpfers, der Berichten zufolge recht brauchbar war. Auf deutscher Seite kamen nicht nur schallgedämpfte russische Beutewaffen zum Einsatz, auch das Funktionsprinzip der russischen Schalldämpfer wurde den deutschen Entwicklungen zugrunde gelegt.

Eine sehr seltene originale deutsche *7,92 mm Gewehr-Nahpatrone,* hergestellt 1943 von der Finower Industrie GmbH, Finow, Mark Brandenburg (Hersteller-Stempel *cg).* Diese Patrone wurde mit dem alten Vollmantelgeschoß mit Bleikern versehen, das zur Unterscheidung eine Zinkkappe erhielt. Eine verringerte Pulverladung, die dem Geschoß eine Mündungsgeschwindigkeit von lediglich 300 Metern pro Sekunde verlieh, erlaubte eine Verwendung aus Gewehren mit aufgesetzten Schalldämpfern. Die Stahlhülse der abgebildeten Patrone war grün lackiert, das Zündhütchen mit einem grünen Lackring gekennzeichnet.

Dringlichkeit die Ausgabe sämtlicher einsatztauglicher Schalldämpfer. Die deutschen Konstruktionen erlaubten ein einfaches Aufsetzen des Schalldämpfers auf die Waffe. Dann mußte nur noch die Nahpatrone geladen werden.

Da die Nahpatrone ihren Wirkungsbereich auf Entfernungen bis maximal 600 Meter begrenzte, verhielten sich die meisten Scharfschützen der Wehrmacht überaus vorsichtig. Sie erachteten es als nicht sonderlich klug, Schüsse aus kurzer Distanz abzugeben – selbst in Anbetracht der Vorteile, die eine schallgedämpfte Waffe bot. Wie die Praxis zeigte, konnten gefangene Scharfschützen ohnehin kaum mit dem Verständnis des Gegners rechnen – und jene mit schallgedämpften Waffen schon garnicht. Trotz des erfolgversprechenden Einsatzes von Schalldämpfern für den Karabiner 98k und das Selbstladegewehr G 43 hielt sich die Verwendung in Grenzen. Neben den Arado Flugzeugwerken waren die Gustloff-Werke sowie Firmen wie Walther, Mauser und andere nachweislich an der Entwicklung und der Fertigung von Schalldämpfern beteiligt. Der umstrittene Karabiner 43 war selbst noch während der letzten Tage des Krieges, als den meisten deutschen Militärs das Ende klar vor Augen stand, Gegenstand interner Debatten, wie aus dem Wortlaut des nachstehenden Schriftstückes hervorgeht.

Verschiedene Schalldämpfer für den Karabiner 98k. Trotz der beträchtlichen Bemühungen auf deutscher Seite, einsatztaugliche Schalldämpfer für den K 98k und für das G 43 (K 43) zu entwickeln, wurden diese dann nur äußerst begrenzt eingesetzt.

Ein seltener, aufschraubbarer Schalldämpfer für das Gewehr 43. Er trägt die Beschriftung: *Schalldämpfer 7X WaA 449 zs.*

An
AHA/Stab I b *2. April 1945*

Betreff: Lieferumfang bei Scharfschützenwaffen

In 2 *[Inspektion 2] vertritt die Auffassung, daß mit 15 000 präzise schießenden Zielfernrohr-Karabinern pro Monat wesentlich mehr Erfolge zu erzielen sind, als mit 25 000 Zielfernrohr-Karabinern mittelmäßiger Qualität. Sechs gut schießende Scharfschützen im Abschnitt einer Kompanie erzielen mehr Abschüsse als zehn schießwütige Gesellen mit Maschinenwaffen. Sobald eine Kugel im Ziel liegt, verschwindet das Ziel des Scharfschützen aus dem Gesichtsfeld. Ein Treffer ist nur mit dem ersten Schuß zu erzielen. Angesichts der derzeit gegebenen Schußleistung wäre damit nicht jeder verschwundene Kopf als Abschuß zu werten. Die gefürchtete Zielsicherheit des deutschen Scharfschützen steht damit auf dem Spiel. Gemäß K. St. N. Div. 45* [Kriegsstärkennachweis für Divisionen 1945] *stehen jeder Division 156 Scharfschützen-Karabiner zu. Für Pionierbataillone und Feldersatzbataillone sind diese nicht vorgesehen, da die Ausstattung dieser Einheiten mit Zielfernrohr-Waffen wenig Erfolg verspricht und nicht als vorrangig erforderlich erachtet wird. Geht man davon aus, daß etwa 275 Divisionen aller Waffengattungen für einen Einsatz von Scharfschützen in Frage kommen, so errechnet sich ein Gesamtbedarf von rund 43 000 Zielfernrohr-Karabinern. Dieser Bedarf ist schätzungsweise zu 25 Prozent gedeckt. Somit bleibt ein Fehlbestand von 32 000 Zielfernrohr-Karabinern, der bei Berücksichtigung einer Ausfallrate durch Feindeinwirkung in Höhe von 30 Prozent bei einer monatlichen Produktion von 15 000 einwandfreien Zielfernrohr-Karabinern innerhalb von drei Monaten abgedeckt werden kann. Bei einer monatlichen Produktion von 25 000 Stück könnte die Ausrüstung innerhalb von zwei Monaten abgeschlossen sein. Der Einsatzwert der mit diesen Waffen ausgerüsteten Scharfschützen ist dabei mit kaum 50 Prozent zu veranschlagen. Darüber hinaus wird mit steigenden Verlusten unter den Scharfschützen zu rechnen sein, womit der augenscheinliche Vorteil dieser Maßnahme wieder aufgehoben wird.*
Im Augenblick bestehen ungefähr 30 Ausbildungskompanien, die bestenfalls jeweils 200 Scharfschützen pro Monat ausbilden können. Dabei sind einer Steigerung der Anzahl von Lehrgangsteilnehmern Grenzen gesetzt, da es für die Einheiten bereits zum jetzigen Zeitpunkt schwierig ist, geeignete Schützen in der genannten Zahl freizustellen. Die Ausgabe an schlechte Schützen, die Weitergabe an ungeübte Schützen oder die Ausstattung der kämpfenden Truppe mit mittelmäßigen Zielfernrohr-Waffen muß zum Fehlschlag führen. Die Scharfschützenausbildung wird sich damit rasch in dieselbe Richtung entwickeln wie 1918 und nach 1928, als die Ausbildung im Schießen mit Zielfernrohren vernachlässigt wurde, weil die mit offenen Visierungen erzielten Ergebnisse nachweislich zumindest gleich gut waren. Die Deckung der Ver-

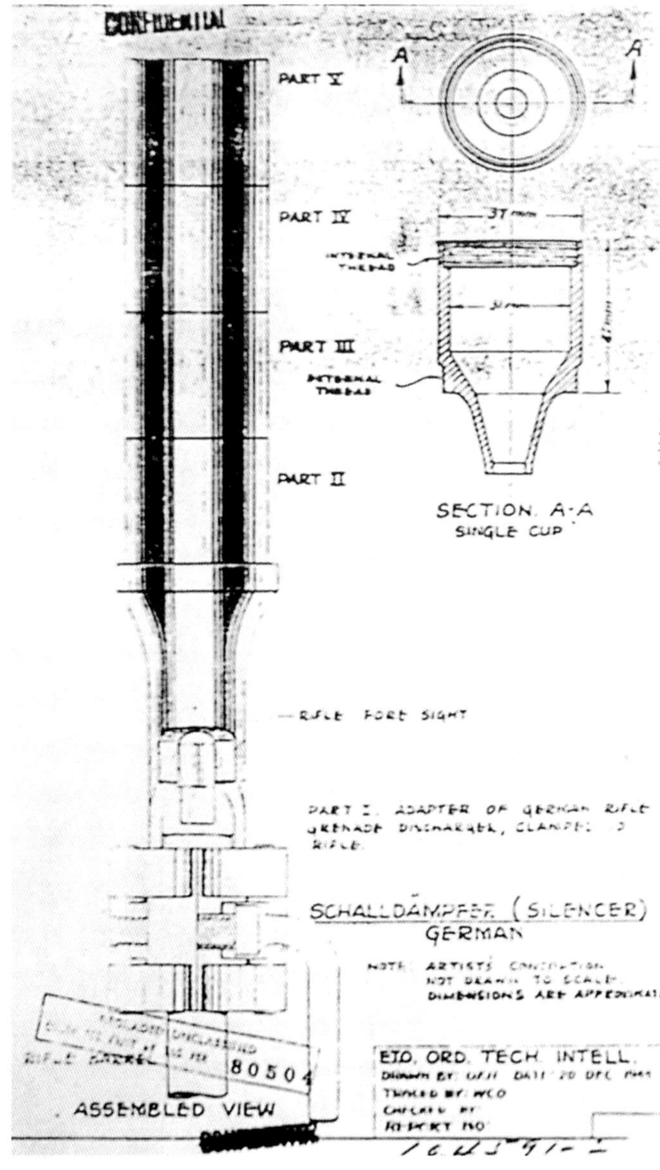

Diese technische Zeichnung des amerikanischen Waffenamtes zeigt einen Schalldämpfer, wie ihn ein in amerikanische Gefangenschaft geratener deutscher Soldat beschrieb, der nahe Berlin Dienst tat und dazu abkommandiert war, aus der Produktion kommende Schalldämpfer zu erproben, bevor sie ausgegeben wurden.

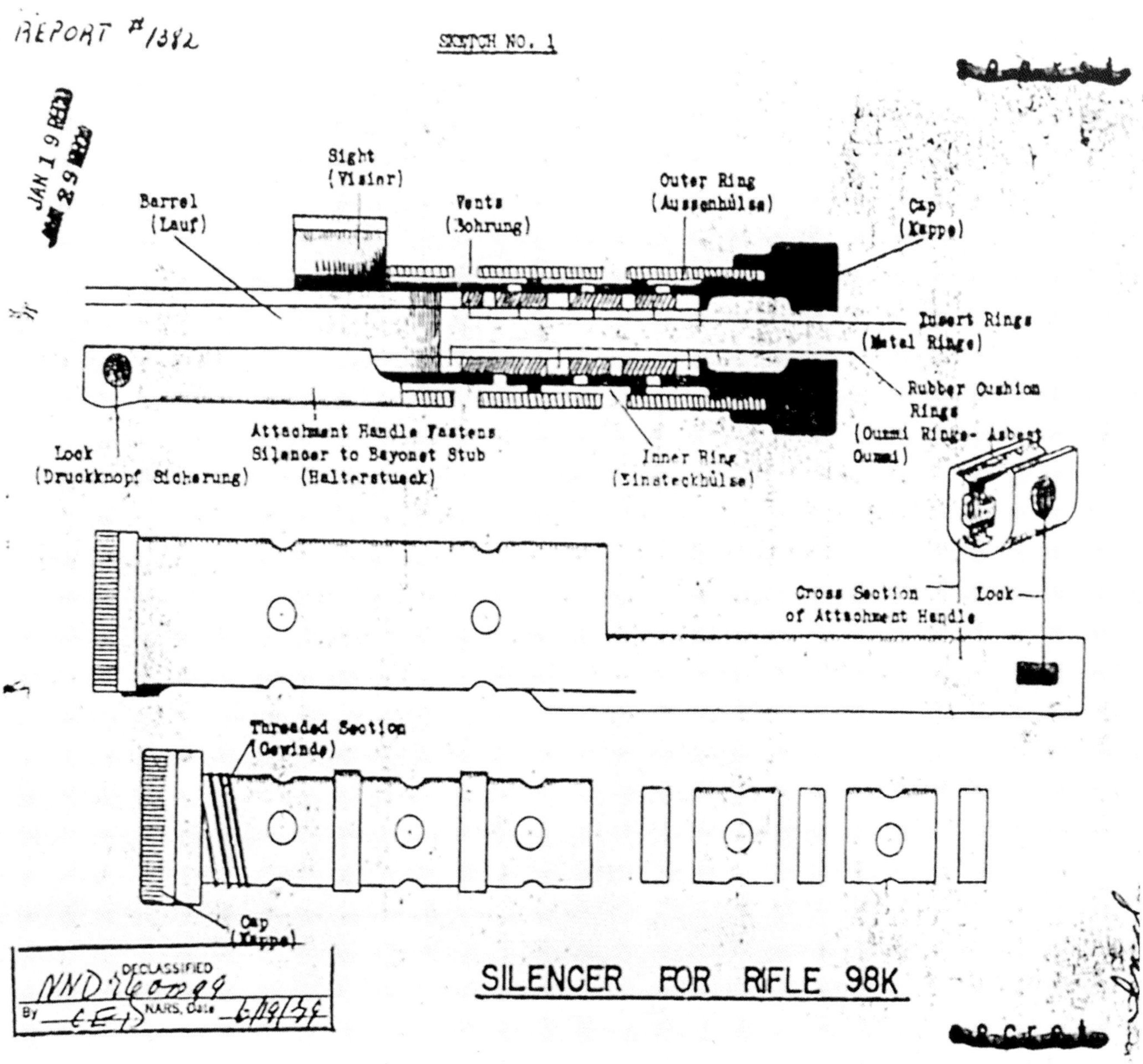

Line für den militärischen Geheimdienst der USA angefertigte technische Zeichnung eines deutschen Schalldämpfers mit Datum vom 20. November 1944. Wie aus einem entprechenden Bericht hervorgeht, kamen diese Schalldämpfer, die auf die Bajonetthalterung des Karabiners 98k aufgesetzt werden konnten, an der Front zum Einsatz. Im Bericht heißt es: *»Das Schußgeräusch ist dem Geräusch ähnlich, das entsteht, wenn ein Korken aus einer Flasche gezogen wird.«*

luste an Zielfernrohr-Karabinern als Folge von Feindeinwirkung ist nach Abzug der zur Ausstattung der Scharfschützen-Ausbildungskompanien erforderlichen 6000 Waffen anhand der verbleibenden 9000 Waffen sofort möglich. Es verbleibt hierbei sogar ein ausreichender Spielraum für einen Ausgleich von Produktionsausfällen, das Auffüllen der Lagerbestände sowie für die Bewaffnung von Volkssturm und Werwolf Aus den obengenannten Gründen ist es erforderlich, die vor-

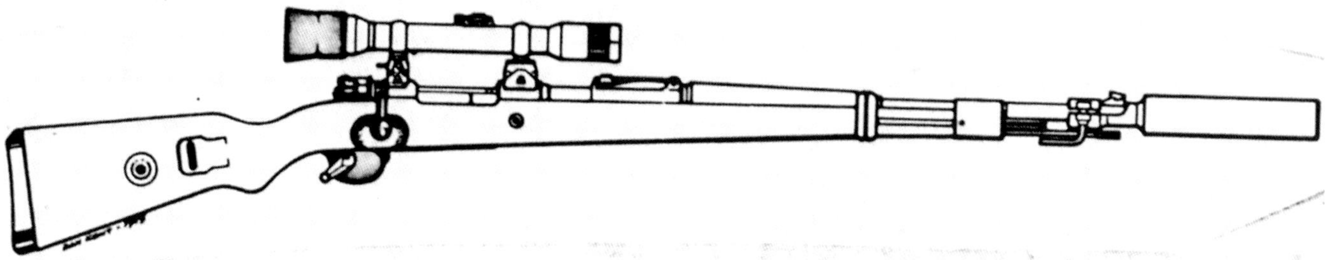

Diese Illustration soll veranschaulichen, wie ein Scharfschützenkarabiner 98k mit aufgesetztem Schalldämpfer ausgesehen haben könnte. Unter Scharfschützen galt eine derartige Vorrichtung als unpraktisch. ***(Copyright Dan Kent)***

liegenden Pläne zur Produktion von Zielfernrohr-Karabinern aufzuheben, da sie eine Fertigung präziser Waffen keinesfalls zulassen. Ein monatlicher Ausstoß von 10 000 K 43 mit ZF 4 oder ZFK 43/1 und 5000 K 98k mit handelsüblichem Zielfernrohr oder K 43 mit ZF 4 und ZFK 43/1 wird als angemessen erachtet.

Im Auftrag Freytag

Ungeachtet der weiterhin bestehenden Forderung nach Lieferung von 25 000 Zielfernrohren monatlich, gelang es dem wichtigsten Hersteller Voigtländer (Hersteller-Code *ddx),* bis zum Kriegsende lediglich ein Fertigungsvolumen von annähernd 12 000 Zielfernrohren pro Monat zu erreichen. Keine ZF-Ausführung des K 43 erreichte jemals die Front in den vorgesehenen Stückzahlen.

Ein Karabiner 98k aus Vorkriegsfertigung mit aufgesetztem Vierfach-Zielfernrohr, das von einer seitlichen Aufschubmontage mit kurzer Prismenschiene gehalten wird.

Dieser deutsche Scharfschütze brachte seinen K 98k mit seitlicher Aufschubmontage für einen PK-Berichter in Anschlag (bei einer Schußabgabe hätte der Sanitätsgefreite Neumann das Zielfernrohr operativ aus der Augenhöhle entfernen müssen). Man beachte auch den Schneetarnüberzug der Feldmütze.

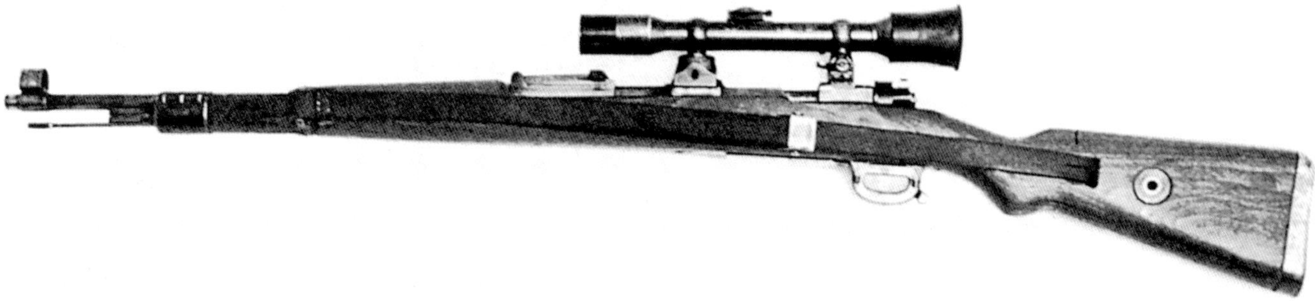

Scharfschützenversion des K 98k. Das Zielfernrohr wurde mit einer Hebel-Schwenkmontage auf die Waffe montiert. Zu beachten sind der Winterabzug sowie die aufgesetzte Streulichtblende.

Dieser Scharfschütze, der die *leichte Tarnjacke des deutschen Heeres* trägt, setzt den Trageriemen als Anschlaghilfe ein. Sein Karabiner 98k erhielt ein handelsübliches Zielfernrohr mit vierfacher Vergrößerung, wie es die Wehrmacht für den Scharfschützeneinsatz beschaffte. Es wurde mittels einer Hebel-Schwenkmontage montiert.

Karabiner 98k, dessen Zielfernrohr mittels einer seitlichen Aufschubmontage mit langer Prismenschiene montiert wurde.

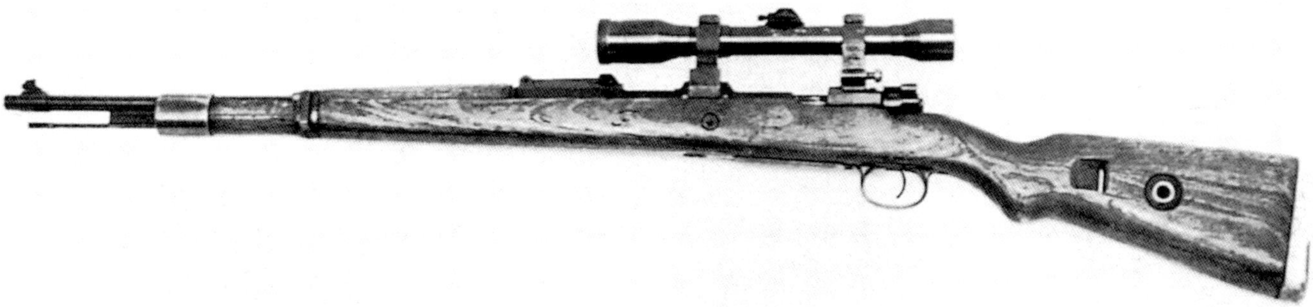

Karabiner 98k mit aufgesetztem Zielfernrohr, montiert mittels Einhakmontage.

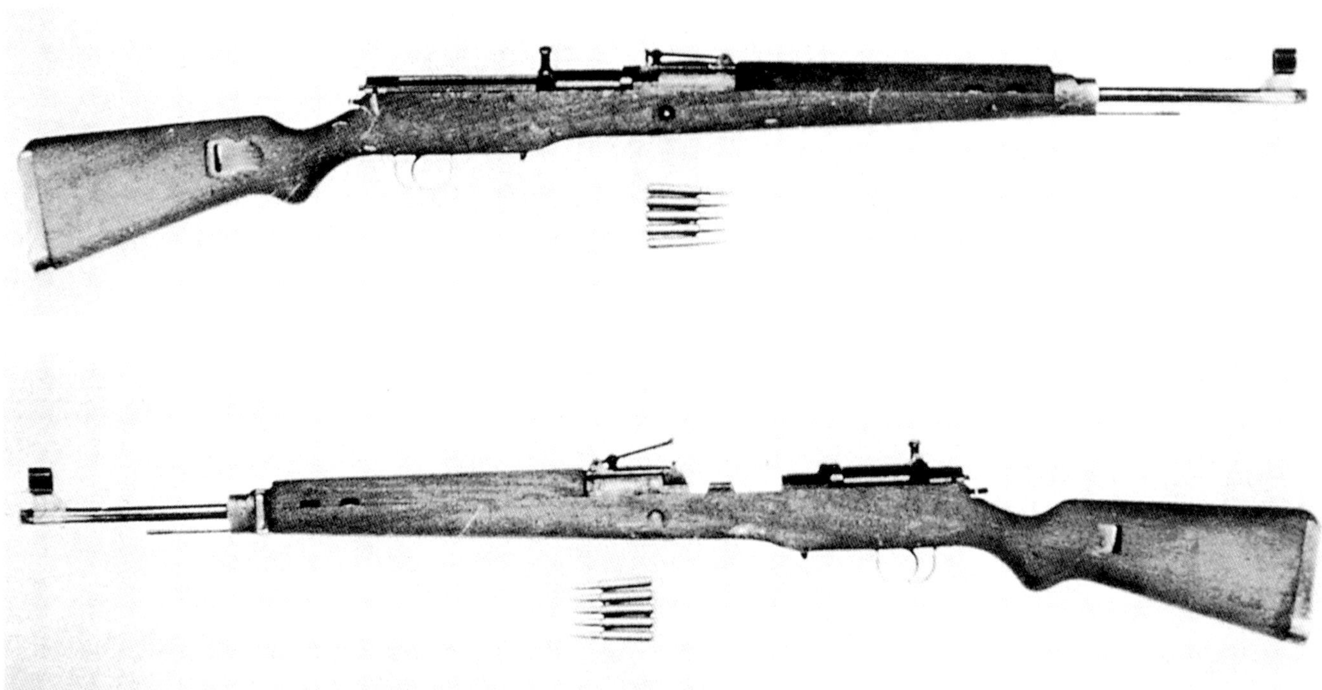

Eine der vorläufigen Ausführungen des G 43 mit dem Gehäuse des Selbstladegewehres G 41 und 550-mm-Lauf. Die Prismenschienen zur Aufnahme des Zielfernrohres 40 (ZF 40) sind auf beiden Seiten des Visiers zu erkennen.

Versuchsmuster des G 43, eingerichtet zum Verschießen der russischen Standard-Patrone 7,62 mm X 54 R. Zu beachten ist das zehn Patronen fassende Ansteckmagazin des *Tokarew*-Selbstladers. Die Lauflänge dieser Waffe wurde mit 550 mm angegeben, auf die Anbringung eines Korns hatte man verzichtet.

Ein Karabiner 43 mit dem aufgeschraubten Versuchsmuster eines zylindrischen Mündungsfeuer-Dämpfers. In einem Schriftstück des Heereswaffenamtes heißt es: ***Versuche mit den unterschiedlichsten konischen und zylindrischen Formen bei spiralförmig angeordneten Gasaustritts-Öffnungen haben ergeben, daß der wirkungsvollste Mündungsfeuer-Dämpfer für den K 43 ein trichterförmiger Aufsatz mit einem Winkel von 14 Grad und einer Länge von 55 mm ist.*** **Es ist allerdings nicht bekannt, daß derartige Vorrichtungen die Serienreife erlangt hätten. Die Lauflänge der abgebildeten Waffe wurde mit 550 mm angegeben.**

Bei dieser Version des G 43 mit dem Gehäuse des G 41 handelt es sich um ein Versuchsmuster der Firma Walther. Die von Walther hergestellten Prototypen wurden zwar gelegentlich als ***G 43 (W)*** **bezeichnet, es ist aber nicht bekannt, ob sie wirklich diese Beschriftung trugen. Die abgebildete Waffe verfügte über eine Umschalt-Vorrichtung zur wahlweisen Abgabe von Einzel- und Dauerfeuer.**

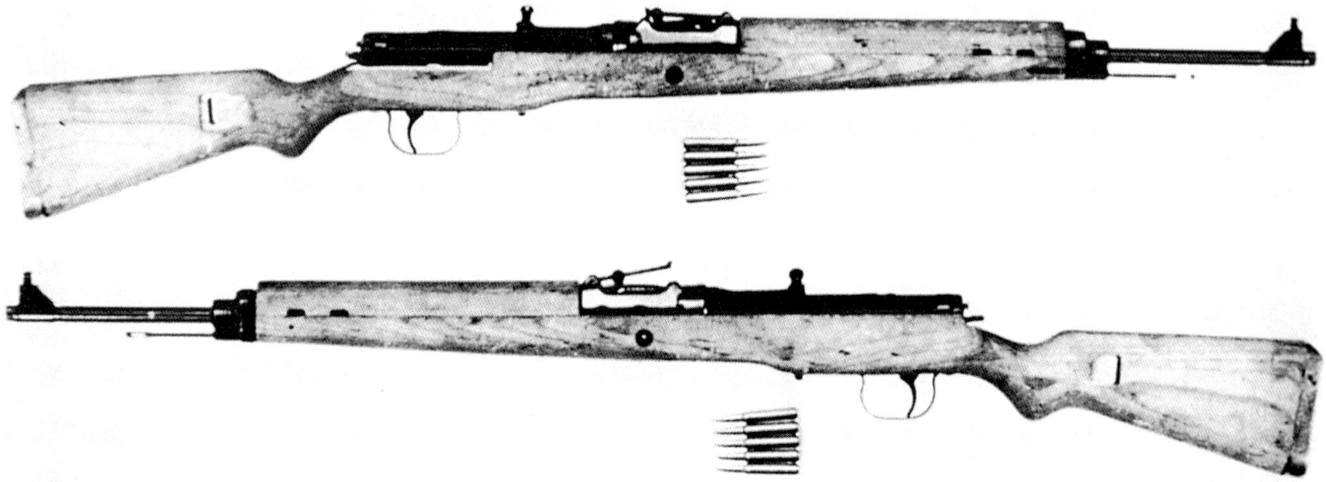

Eine Rarität unter den Raritäten: Ein Gewehr 43 mit einem im Blechpräge-Verfahren hergestellten Gehäuse. Schriftlichen Unterlagen zufolge fertigten die Berlin-Lübecker Maschinenfabriken (Hersteller-Code *duv)* und die Mauser-Werke eine unbekannte Anzahl dieser Waffen zu Versuchszwecken. Die Lauflänge dieser Waffe beträgt 550 mm.

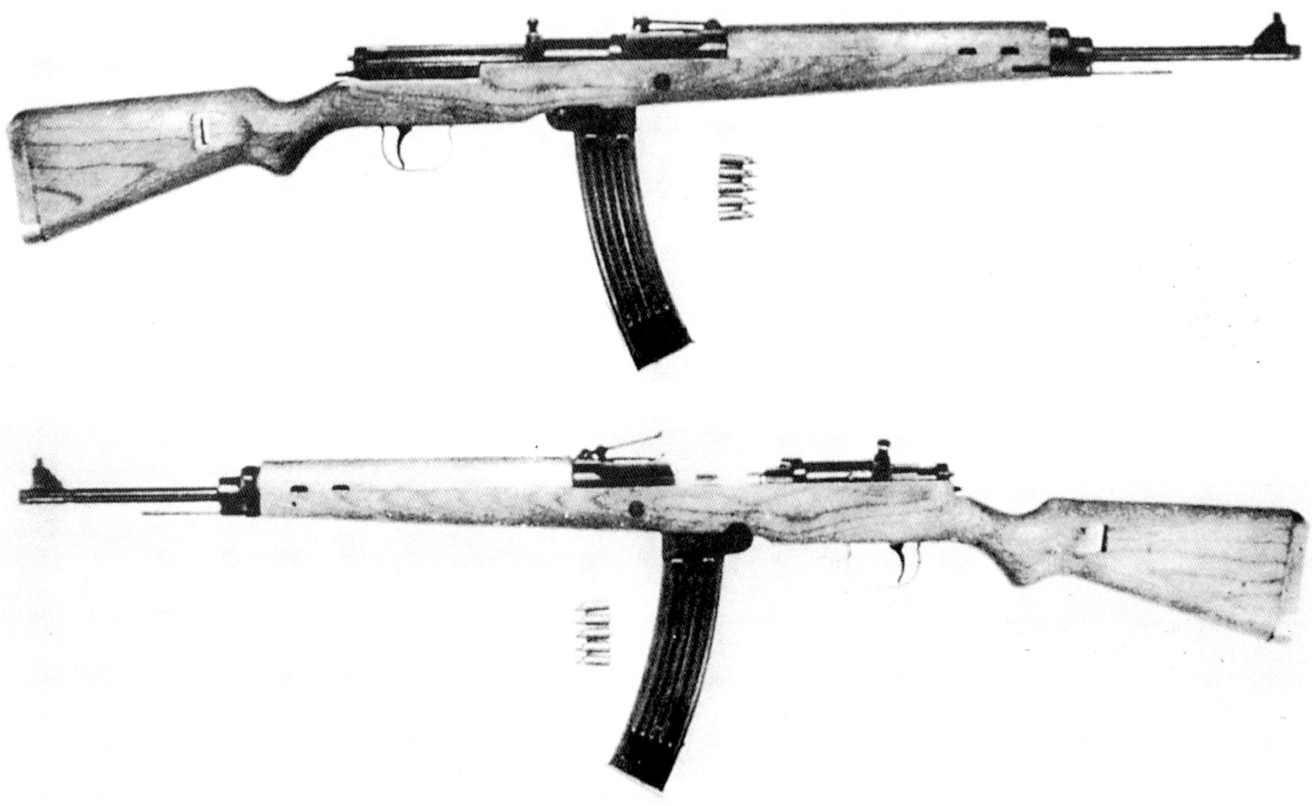

Ein Gewehr 43, abgeändert für die *7,92 mm Pistolenpatrone 43 (PistPatr 43; 7,92 mm X 33),* die auch aus der *Maschinenpistole 44 (MP 44)* beziehungsweise dem *Sturmgewehr 44 (StGw 44)* verschossen wurde. Die Waffe verfügt über eine Umschalt-Vorrichtung zur wahlweisen Abgabe von Einzel- und Dauerfeuer. Zu beachten ist das angesteckte Magazin mit einem Fassungsvermögen von 30 Patronen, das in der MP 44 verwendet wurde.

Die sowjetische Schule

Nach dem Einmarsch in Rußland zielten die auf deutscher Seite getroffenen Maßnahmen zunächst einmal darauf ab, die eindeutige Überlegenheit der sowjetischen Scharfschützen abzubauen, die über Mosin-Nagant-Repetierer und halbautomatische TbWew-Gewehre mit Zielfernrohr verfügten. Das *OKW (Oberkommando der Wehrmacht)* sah sich vor die schier unüberwindliche Aufgabe gestellt, geeignete Präzisionswaffen sowie gut ausgebildete Scharfschützen zum Einsatz zu bringen und war genötigt, ein brauchbares Ausbildungsprogramm für Scharfschützen in der kürzest möglichen Zeit auszuarbeiten.

Da es außer den Erfahrungen des I. Weltkrieges nichts gab, worauf man hätte aufbauen können, war das OKW gezwungen, die Methoden der Scharfschützen der *Roten Armee* zu übernehmen und weiterzuentwickeln.

Ohne Frage wurde das Oberkommando der Wehrmacht 1942 bei der Festlegung der zu treffenden Maßnahmen entscheidend von der Wirksamkeit des sowjetischen Scharfschützeneinsatzes beeinflußt. In einem 1944 im *Hamburger Fremdenblatt* veröffentlichten Artikel äußert sich ein *Hauptmann der Reserve Borsdorf* freimütig hinsichtlich der damaligen Ausgangslage:

»Der russische Soldat war und ist ein Einzelkämpfer; eine Tatsache, die keinesfalls unterschätzt werden darf, und der russische Scharfschütze war sehr wohl lange Zeit ein durchaus realer Faktor, durch den die Ausbildung unserer eigenen neuzeitlichen Infanterie beeinflußt wurde.«

Nachdem gegen Mitte 1943 eine praktikable, vereinheitlichte Ausbildungsrichtlinie erlassen worden war, begannen die getroffenen Maßnahmen schließlich zu greifen. Bei Kriegsende unterschieden sich die von den Scharfschützen beider Seiten angewandten Techniken und Taktiken kaum noch voneinander. Nachfolgende Veröffentlichung, die im Oktober 1943 in einer sowjetischen Militär-Zeitschrift erschien, läßt einen wirksamen Vergleich zu:

Der Hauptauftrag des Scharfschützen besteht in der Ausschaltung der wichtigsten gegnerischen Einzelziele. Dabei kann es sich um Personen, aber auch um Fahrzeuge, Waffen und Gerät handeln. Offiziere, Beobachter, Späher, Melder, gegnerische Scharfschützen, Bedienungsmannschaften von Geschützen, Granatwerfern und Maschinengewehren, Schützen mit Panzerbüchsen sowie Kradschützen gehören zu seinen vorrangigen Zielen. Er blendet die Besatzungen von Kampfpanzern und gepanzerten Fahrzeugen indem er auf die Sehschlitze schießt. Er ist in der Lage, seinen Kampfauftrag auch unter schwierigsten Gefechtsbedingungen selbständig durchzuführen.

Vor einem Angriff wird der Scharfschütze in der Regel von seinem Zug- oder Kompanieführer eingewiesen und über den Kampfauftrag beziehungsweise das Angriffsziel des Zuges oder der Kompanie informiert. Dies dient dem klaren Verständnis seines Kampfauftrages. Bei Beginn des Angriffs, aber noch bevor die Gewehrschützen das Feuer eröffnen, arbeitet sich der Scharfschütze gedeckt unter dem Feuerschutz der Kompanie bis zur Ausgangslinie an einen Flügel eines der Züge vor. Unter sorgfältiger Anpassung an das Terrain und unter Ausnutzung vorhandener natürlicher Deckungen arbeitet sich der Scharfschütze selbständig von einer Feuerstellung zur nächsten vor und bekämpft Ziele, die das Vorrücken seiner Einheit erschweren können. Ihr Einsatz, insbesondere nach der Feuereröffnung durch die Kompanie oder den Zug, muß sorgfältig mit dem Deckungsfeuer der schweren Waffen, wie Granatwerfer, Maschinengewehre oder auch Panzer, koordiniert werden.

Sobald der Zug oder die Kompanie das Feuer eröffnet, deckt der Scharfschütze durch flankierendes Feuer den massiert vorgetragenen Angriff. Sein wichtigster Auftrag besteht jetzt darin, die Bedienungsmannschaften gegnerischer Maschinengewehre und Granatwerfer auszuschalten.

Der Scharfschütze unterstützt außerdem die Angriffssvorbereitungen dadurch, daß er Ziele ausmacht und ausschaltet, die eine Gefährdung für den Erfolg des bevorstehenden Angriffes darstellen könnten. Sobald das eigene Artillerie- und Granatwerferfeuer in die Tiefe der gegnerischen Stellungen verlegt wird, richtet er sein Feuer auf Ziele, die vom Sperrfeuer der Artillerie nicht ausgeschaltet worden sind. Außerdem nimmt er die Hauptkampflinie des Gegners unter Feuer. Bei einem Angriff eigener Panzer bekämpft er gegnerische Panzerabwehrgeschütze und deren Bedienungsmannschaften, Schützen mit Gewehrgranaten, Brandflaschen und Flammenwerfern. Im weiteren Verlauf bleibt der Scharfschütze zur Unterstützung der angreifenden Infanterie im Brennpunkt des Kampfgeschehens und nimmt Kampfstände, getarnte MG-Nester, die Flankensicherungskräfte des Gegners und die Bedienungsmannschaften von Panzerabwehrgeschützen und Maschinengewehren unter Feuer.

Ist der Einbruch in die gegnerische Hauptkampflinie gelungen, sucht sich der Scharfschütze innerhalb des Abschnittes

Die von den roten Scharfschützen hauptsächlich eingesetzte Waffe, das Mosin-Nagant-Gewehr Modell 91/30 im Kaliber 7,62 mm X 54 R. Die abgebildete Waffe mit aufgesetztem PU-Zielfernrohr mit dreieinhalbfacher Vergrößerung wurde 1944 im Arsenal Ischewsk gefertigt.

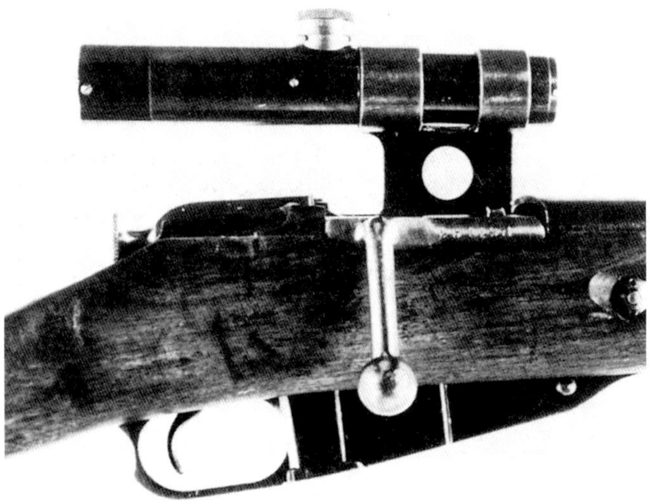

Rechte Seitenansicht eines PU-Zielfernrohres mit dreieinhalbfacher Vergrößerung, gefertigt in den Optischen Werken Leningrad (St. Petersburg). Bei einem Augenabstand von etwa 70 mm bot dieses Zielfernrohr ein Gesichtsfeld (Blickfeld) von etwa 4 Grad. Gut zu erkennen ist der – im Unterschied zur Standardausführung – abgebogene Kammerstengel des Gewehres, der das Nachladen der Waffe bei aufgesetztem Zielfernrohr erleichterte.

seines Zuges eine vorgeschobene Feuerstellung und bekämpft die einen Gegenangriff führenden Offiziere und Unteroffiziere. Greift der Gegner mit Panzern an, verwendet der Scharfschütze panzerbrechende Munition und nimmt die Sehschlitze der Panzer unter Feuer.

Beginnt der Gegner, sich abzusetzen, bekämpft der Scharfschütze die gegnerischen Kräfte, welche die Absetzbewegung sichern, sowie Offiziere, die versuchen, eine Rückzugsbewegung aufzufangen und fortgesetzten Widerstand zu organisieren. Bei Kampfhandlungen im Rücken des Gegners marschiert der Scharfschütze an einer der Flanken seiner Einheit, beobachtet und sichert gegen plötzliche Gegenangriffe aus dem Hinterhalt und bringt gegnerisches Störfeuer zum Schweigen. Vorbereitete Feuerstellungen des Gegners werden von Scharfschützen an der Spitze der nachstoßenden Infanterie bekämpft.

In Zusammenarbeit mit dem Scharfschützen bekämpfen die Bedienungsmannschaften Leichter und Schwerer Maschinengewehre getarnte Feuerstellungen des Gegners. Wenn Reserven zum Einsatz gebracht werden, sichert der Scharfschütze in Zusammenarbeit mit anderen Unterstützungswaffen die herangeführten Kräfte. Gewöhnlich kommen Scharfschützen in Zweimann-Trupps zum Einsatz. Stets sollte sich einer dieser Trupps in unmittelbarer Nähe des Kompaniechefs aufhalten, von dem sie den Auftrag zur Ausschaltung ganz bestimmter auftauchender Ziele erhalten. Dieser Scharfschützentrupp hat den ständigen Auftrag, durch Beobachtung den Kompaniechef beim frühzeitigen Erkennen der gegnerischen Absichten zu unterstützen. Außerdem ist er für dessen Sicherheit verantwortlich, während er die Kompanie im Gefecht führt.

Im Abwehrkampf haben der Schützenzug oder Schützenkompanie den Auftrag, den zugewiesenen Abschnitt hartnäckig zu verteidigen, indem sie dem Gegner die größtmöglichen Verluste beibringen und gegnerische Angriffe bereits in der Anfangsphase zerschlagen. Die zur Unterstützung von Einheiten im Abwehrkampf eingesetzten Scharfschützen operieren einzeln oder in Gruppen und bekämpfen die wichtigsten Ziele im Verteidigungsabschnitt ihrer Einheit. Am besten geeignet sind hierzu flankierende Feuer-Stellungen, Stellungen vor und in der Hauptkampflinie sowie in der Tiefe des Verteidigungsabschnittes der Kompanie. Sperren und Hindernisse im Vorfeld lassen sich auch aus vorbereiteten und sorgfältig getarnten Wechselstellungen an beiden Flügeln überwachen, aus denen der Gegner aus verschiedenen Richtungen unter Feuer genommen werden kann.

In der Regel deckt der Scharfschütze die Absetzbewegung der eigenen Nachhut und versucht, vorgeschobene Artilleriebeobachter des Gegners auszumachen, die gewöhnlich dichtauf

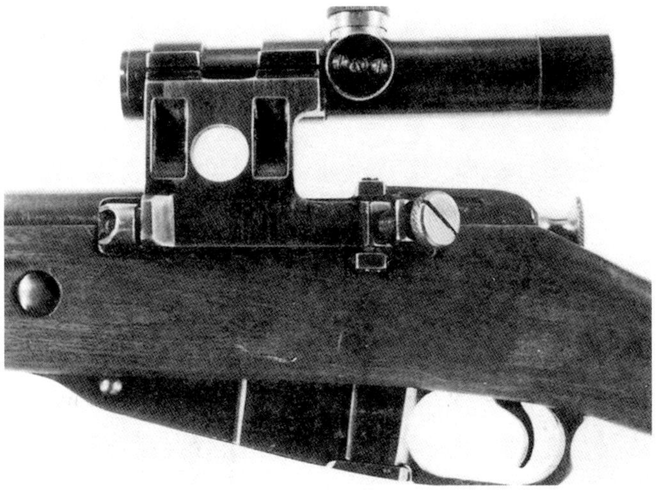

Die linke Seitenansicht des PU-Zielfernrohres läßt die beiden Türmchen mit der Absehenverstellung erkennen. Die Teiltrommel zur Höhenverstellung war in Teilstriche von 1 bis 13 (entspr. 100 bis 1300 Meter) unterteilt. Die Teiltrommel zur seitlichen Absehenverstellung an der linken Seite des Zielfernrohrtubus ermöglichte eine Korrektur der seitlichen Trefferabweichung nach beiden Seiten, jeweils in Abstufungen von 0 bis 10, wobei ein »Minus«-Zeichen eine Verlagerung des Treffpunktes nach links, ein »Plus«-Zeichen eine seitliche Treffpunktverlagerung nach rechts anzeigte. Über eine Vorrichtung zur Regulierung der Bildschärfe verfügten Zielfernrohre dieses Typs nicht.

Der Blick durch ein PU-Zielfernrohr mit dreieinhalbfacher Vergrößerung zeigt das gebräuchliche Absehen.

folgen. Gleichzeitig werden vom Kompaniechef, der für Aufklärung und Erkundung verantwortlich ist, zusätzliche Spähtrupps ausgeschickt mit dem Auftrag, die gegnerischen Kräfte bei dem Versuch zu stören, die eigenen Kräfte zu überholen und Umfassungsversuche zu unterbinden. Gelegentlich bleibt der Scharfschütze hinter der eigenen Nachhut zurück und läßt sich von den gegnerischen Kräften überrollen. Danach können Offiziere des Gegners und andere wichtige Ziele aus getarnten Feuerstellungen aus dem Hinterhalt bekämpft werden.

Wenn der Gegner einen Angriff vorbereitet, hat der Scharfschütze den Auftrag, dessen Bewegungen durch gut gezieltes Gewehrfeuer zu stören. In diesem Fall ist es vorteilhaft, wenn Scharfschützen, die zusätzlich mit Maschinenpistolen bewaffnet sind, Stellungen vor der eigenen Hauptkampflinie beziehen. In einem Fall plazierte ein Kompaniechef, nachdem er einen Verteidigungsabschnitt besetzt hatte, drei Scharfschützentrupps vor seiner Abwehrfront. Er gab ihnen zwei Maschinenpistolen und stellte ihnen Pioniere zur Verfügung, die den Scharfschützen beim Anlegen ihrer Stellungen behilflich waren und Verbindungsgräben zur Hauptkampflinie anlegten. Als die faschistischen Truppen unter Deckung des Feuers ihrer Artillerie vor unseren Linien aufmarschierten, eröffneten die Scharfschützen und die MPi-Schützen, die sich außerhalb des Wirkungsbereiches der gegnerischen Artillerie befanden, gut gezieltes Feuer aus ihren Waffen und schalteten Offiziere, Geschützbedienungen und vorgeschobene Artilleriebeobachter aus. Der Beschuß durch die Scharfschützen und das Feuer aus den Maschinenpistolen war derart wirkungsvoll, daß es dem Gegner nicht möglich war, Maschinengewehre und Granatwerfer in Stellung zu bringen. Darüber hinaus täuschte das Feuer den Gegner über den tatsächlichen Verlauf unserer Hauptkampflinie, und als die Hitlertruppen schließlich das Feuer eröffneten, hatten unsere Scharfschützen ihre Stellungen gewechselt. Jeder Scharfschützentrupp muß deshalb mindestens zwei Ausweichstellungen vorbereitet haben, aus denen es möglich ist, sowohl das Vorfeld vor der Hauptkampflinie unter Feuer zu nehmen als auch in andere Richtungen zu wirken. Sobald gegnerische Panzer die Linien der eigenen Infanterie durchstoßen, nehmen sowohl Scharfschützen als auch andere Gewehrschützen der Kompanie mit panzerbrechender Munition die Sehschlitze der Panzer gezielt unter Feuer.

Wenn die gegnerische Infanterie in das Gefecht eingreift, schaltet der Scharfschütze Offiziere und anderes Führungspersonal aus. In dieser Phase des Abwehrkampfes hat der Scharfschütze den gleichen Auftrag wie die übrigen Schützen

Sowjetischer Scharfschütze im Anschlag mit einem Scharfschützengewehr Mosin-Nagant M 91/30.

Diese zu Propagandazwecken gestellte Aufnahme sollte der sowjetischen Öffentlichkeit zeigen, wie ein Scharfschütze im Häuserkampf einen deutschen Soldaten niederstreckt.

der Verteidigungskräfte: die hinter den Panzern vorrückende Infanterie von den Panzern zu trennen und sie vor der Hauptkampflinie niederzuhalten, bis sie nach Einsatz schwerer Waffen demoralisiert ist und vernichtet werden kann. In der Zwischenzeit haben andere Scharfschützen die Möglichkeit, in engem Zusammenwirken mit Panzerabwehrwaffen die durchgebrochenen Panzer vor den Auffangstellungen zu bekämpfen. Die aus den Auffangstellungen wirkenden Scharfschützen schalten eingesickerte gegnerische Kräfte entweder aus oder halten sie mit gezieltem Gewehrfeuer nieder. Damit wird ein Gegenangriff eigener Kräfte vorbereitet.

Dunkelheit erschwert den Einsatz der Scharfschützen. Sowie es die Umstände erlauben, sollte ihnen deshalb die Möglichkeit zum Ausruhen gewährt werden, um ihre Einsatzbereitschaft für den nächsten Tag aufrecht zu erhalten. Allerdings können Scharfschützen generell als Beobachtungs- und Horchposten und als Verstärkung von Spähtrupps bei Nacht eingeteilt werden.

In Abschnitten mit lückenlosem, starrem Frontverlauf ist der Auftrag des Scharfschützen ähnlich wie in der Verteidigung. Seine wichtigsten Ziele sind Offiziere, Beobachter mit Scherenfernrohren, Melder, Geschützbunker, Kampfstände sowie tieffliegende Flugzeuge.

Die Rekruten der Deutschen sind in der Regel unvorsichtig und bieten gelegentlich prächtige Ziele. Der erfahrene deutsche Soldat verhält sich allerdings völlig anders und verläßt seine Stellung nur, wenn er absolut sicher ist, daß er nicht in größte Gefahr gerät; dann aber ist er überaus vorsichtig und wendet tausendundeine List an, um den Scharfschützen zu täuschen. Ein sowjetischer Scharfschütze muß in der Lage sein, den Gegner zu täuschen und zu überlisten. Einer unserer Scharfschützen hat es sich zur Gepflogenheit gemacht, bei seinen Einsätzen Handgranaten und Flaschen mit brennbaren Flüssigkeiten mitzuführen. Diese legt er neben seiner Deckung ab und kriecht zu einer gedeckten Stellung, von wo aus er sie unter Feuer nimmt und zur Detonation bringt. Dies zieht das gegnerische Maschinengewehr- und Granatwerferfeuer auf sich und verschafft ihm die Möglichkeit, die gegnerischen Feuerstellungen und Kampfstände auszumachen. Dann bezieht er eine Stellung, die es ihm am besten ermöglicht, die Bedienungsmannschaften der entdeckten Waffen unter Feuer zu nehmen.

Hier ein weiteres Beispiel für das geschickte Verhalten »eines sowjetischen Scharfschützen. In einer tiefdunklen Nacht kroch dieser Scharfschütze nahe an die gegnerischen Grabenstellungen heran und fand ein gutes Versteck, das ihm gute Möglichkeiten zur Beobachtung bot. Als am folgenden Morgen ein gegnerischer Offizier auftauchte, erledigte ihn der Scharfschütze mit einem einzigen Schuß. Dann blieb er den ganzen Tag über in seinem Versteck, beobachtete jede Bewegung der Faschisten und sorgte dafür, daß die Deutschen in ihren Unterständen blieben. Als es dunkel geworden war, kehrte er sicher zu seiner Einheit zurück. In ruhigen Frontabschnitten ist es durchaus möglich, Scharfschützen als Beobachtungs- und Horchposten in unmittelbarer Nähe gegnerischer Lagerplätze einzusetzen. Für den Scharfschützen hat selbst das leiseste Rascheln seine Bedeutung und eine Vielzahl von Geräuschen kann ihm die Stärke der gegnerischen Kräfte verraten.

Scharfschützen, die einem Aufklärungszug zugeteilt sind, werden entweder im Zugrahmen oder als selbständig operierende Zweimann-Trupps eingesetzt. Die Zweimann-Trupps erhalten ihre Aufträge vom Zugführer. In einem Frontabschnitt beobachtete einer unserer Spähtrupps, wie die Deutschen einen Protzenwagen in Stellung brachten. Der Zugführer gab einem Scharfschützentrupp den Befehl, die Bedienungsmannschaft auszuschalten, die sich anschickte, das Geschütz in Stellung zu bringen. Die Scharfschützen schalteten zuerst den befehlshabenden Offizier aus und erschossen die beiden Zugpferde. Daraufhin gab die übrige Bedienungsmannschaft ihr Vorhaben auf, rannte in Deckung und ließ das Geschütz auf der Straße zurück.

Unter besonderen Umständen kann es erforderlich werden, daß Scharfschützen im Rahmen von Spähtrupps in Stärke von drei bis fünf Mann eingesetzt werden. Dabei führen sie gewöhnlich Aufklärungseinsätze durch. Dazu arbeiten sie sich kriechend an gegnerische Stellungen heran oder sickern in das gegnerische Hinterland ein. Gelegentlich kann es allerdings auch ratsam sein, einen Scharfschützen in einen Spähtrupp einzugliedern, damit er für Aufträge eingesetzt werden kann, die sich im Verlauf der Aufklärungstätigkeit ergeben und über diese hinausgehen. Scharfschützen sind in der Lage, einen Schützenzug während eines Spähtruppunternehmens gegen Überraschungsangriffe aus dem Hinterhalt zu sichern. Bei der Annäherung an ein Objekt sucht sich der Scharfschütze eine geeignete Feuerstellung, aus der er die Bewegungen des Spähtrupps verfolgen und nötigenfalls Feuerschutz geben kann. Beim unvermuteten Zusammentreffen mit einem gegnerischen Spähtrupp kann der Scharfschütze dessen Bewegungen verfolgen und falls die Deutschen versuchen sollten, unbemerkt auszuweichen, kann er ihnen den Rückzugsweg verlegen. Dabei sollte möglichst versucht werden, Gefangene einzubringen. Falls dies nicht möglich ist, deckt der Scharfschütze die Ausweichbewegung des eigenen Späh-

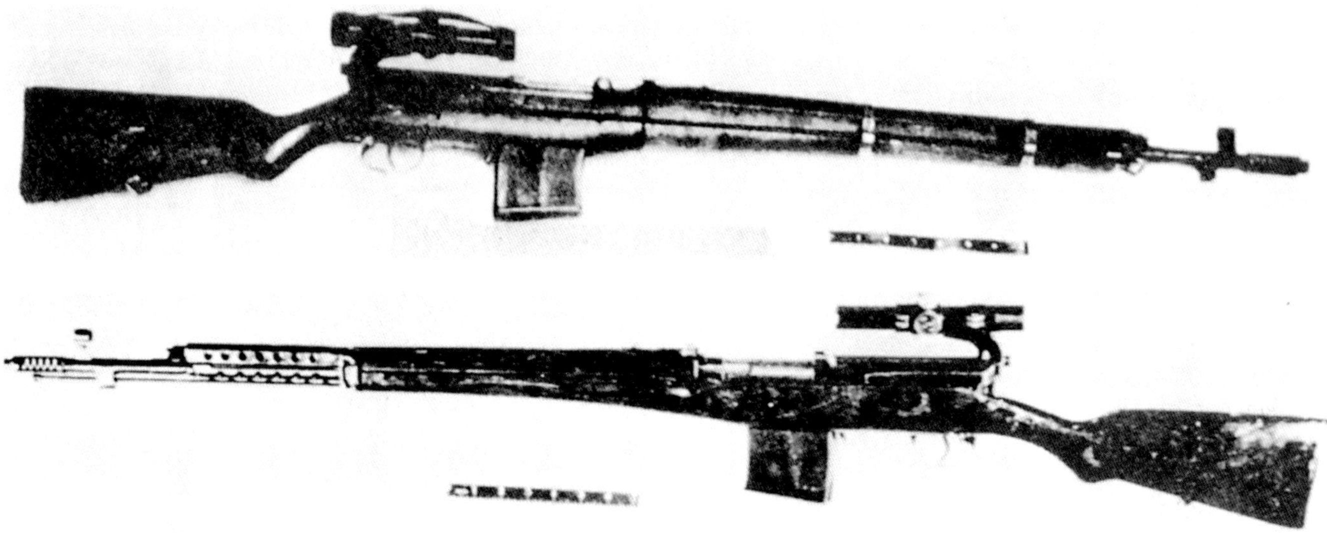

Scharfschützenversionen der Selbstladegewehre Tokarew M 1938 (oben) und Tokarew M 1940, jeweils mit aufgesetztem Zielfernrohr mit dreieinhalbfacher Vergrößerung.

Der Zielfernrohrhalter für das Tokarew-Selbstladegewehr Modell 1940 mit dem zugehörigen Zielfernrohr, das mit dem üblichen PU-Zielfernrohr mit dreieinhalbfacher Vergrößerung nahezu identisch war. Das Mittelrohr hatte einen etwas geringeren Durchmesser.

trupps, damit dieser seinen Auftrag ungehindert fortsetzen kann. Wird ein gegnerischer Spähtrupp von eigenen Kräften aus dem Hinterhalt angegriffen, gibt der Scharfschütze dem angreifenden Zug flankierenden Feuerschutz. Es kann vorkommen, daß ein Spähtrupp in ein Gefecht mit überlegenen gegnerischen Kräften verwickelt wird. In diesem Fall erfüllt der Scharfschütze unter Berücksichtigung der besonderen taktischen Gegebenheiten selbständig die gleichen Aufträge wie im Abwehrkampf oder im Zuge von Absetzbewegungen.

Scharfschützen mit dem Auftrag, zur Nachtzeit gegnerische Vorpostenstellungen aufzuklären, sickern durch die Hauptkampflinie und legen dann einen Hinterhalt. Bei einem Angriff eigener Spähtrupps kartographieren sie die gegnerischen Feuerstellungen und schalten die gegnerischen Kräfte aus, die versuchen, sich hinter die Hauptkampflinie zurückzuziehen.

Verglichen mit dem auf deutscher Seite nahezu vollständigen Fehlen einsatzfähiger Scharfschützenwaffen während der 30er Jahre, wurden nach vorliegendem sowjetischen Archivmaterial zwischen 1932 und 1938 insgesamt 54 160 Scharfschützengewehre Mosin-Nagant M 91/30 und allein 1942 weitere 53 195 Zielfernrohrgewehre dieses Typs gefertigt. Obwohl von den sowjetischen Scharfschützen überwiegend die Zielfernrohr-Ausführung des Mosin-Nagant-Gewehrs M 91/30 eingesetzt wurde, war man auf deutscher Seite offenbar mehr von den herkömmlichen und den mit Zielfernrohr ausgestatteten Versionen der halbautomatischen Gewehre Modell 1938 SWT und Modell 1940 SWT *(SWT – Samosarjadnaja Wintowka Tokarew* / halbautomatisches Gewehr Tokarew) beeindruckt. Aufgrund ihrer Feuerkraft waren diese Selbstladegewehre bei den deutschen Landsern sehr begehrt, und zu Beginn des Rußlandfeldzuges kamen auf deutscher Seite erhebliche Mengen erbeuteter Tokarew-Gewehre zum Einsatz. Allerdings erwiesen sich diese russischen Waffen als zu kompliziert und störanfällig, wozu kam, daß Wartungss- und Reparaturarbeiten unter den gegebenen Einsatzbedingungen überaus schwierig durchzuführen waren. Unter den erschwerten klimatischen Verhältnissen während der strengen Winter erwiesen sich die Waffen als nicht funktionssicher, worauf sie schnell aus dem Verkehr gezogen wurden. Andererseits waren die Mosin-Nagant Repetiergewehre mit Zielfernrohr über einen längeren Zeitraum bei deutschen Scharfschützen in Gebrauch, selbst noch, als eigene Scharfschützenwaffen zur Verfügung standen. Dieses Gewehr erwies sich auch bei deutschen Scharfschützen als überaus zuverlässig und widerstandsfähig.

Obwohl auf sowjetischer Seite die halbautomatischen Tokarew-Gewehre Modell 1938 und Modell 1940 von Scharfschützen eingesetzt wurden, führten technische Probleme schließlich dazu, daß die Waffen eingezogen und nicht mehr verwendet wurden.

Es ist ein Verdienst der Russen, daß ursprünglich sie es waren, die eine funktionsfähige halbautomatische Waffe für den Scharfschützeneinsatz entwickelt haben – eine Tatsache, die dazu beitrug, daß das Heereswaffenamt die Entwicklungsarbeiten auf diesem Gebiet beschleunigt vorantrieb.

Mosin-Nagant Modell 91/30 mit aufgesetztem PE-Zielfernrohr mit vierfacher Vergrößerung. Bei einem Augenabstand von etwa 80 mm bot dieses Zielfernrohr ein Gesichtsfeld von etwa 5 Grad. Die Teiltrommel zur Entfernungseinstellung auf der Oberseite des Zielfernrohrtubus war unterteilt in Teilstriche von 1 bis 14 (entspr. 100 bis 1400 Meter). Das an der rechten Seite des Tubus angebrachte Türmchen mit der Teiltrommel zur seitlichen Absehen Verstellung entspricht dem des PU Zielfernrohres mit dreieinhalbfacher Vergrößerung. Der Rändelring an der Okular glocke diente der Regulierung der Bildschärfe.

Sowjetischer Scharfschützentrupp. Schütze (rechts) und Beobachter sind mit Mosin-Nagant-Zielfernrohrgewehren M 91/30 bewaffnet.

Russischer Scharfschütze im Anschlag mit einem Mosin-Nagant-Gewehr M 91/30. Das aufgesetzte PE-Zielfernrohr arbeitete – im Unterschied zum PU-ZF – mit vierfacher Vergrößerung.

Scharfschützengewehr Mosin-Nagant M 91/30 mit PE-Zielfernrohr (vierfache Vergrößerung) in einer anderen Version. Aus russischen Dokumenten der ersten Kriegsjahre geht hervor, daß man die eigenen Zielfernrohre mit vierfacher Vergrößerung als »Vervollkommnung« der Zeiss-Zielfernrohre ansah.

Scharfschützen beziehen eine Stellung. Auf sowjetischer Seite kamen zwar auch halbautomatische Gewehre mit Zielfernrohr zum Einsatz, die Mosin Nagant-Repetierer M 91/30 erwiesen sich jedoch als weitaus robuster.

Eine russische Scharfschützin, bewaffnet mit einem Mosin-Nagant Gewehr Modell 91/30 mit aufgesetztem Zielfernrohr (vierfache Vergrößerung). Derartige Aufnahmen dienten zwar in erster Linie Propagandazwecken, weibliche Soldaten taten sich jedoch als Scharfschützinnen hervor.

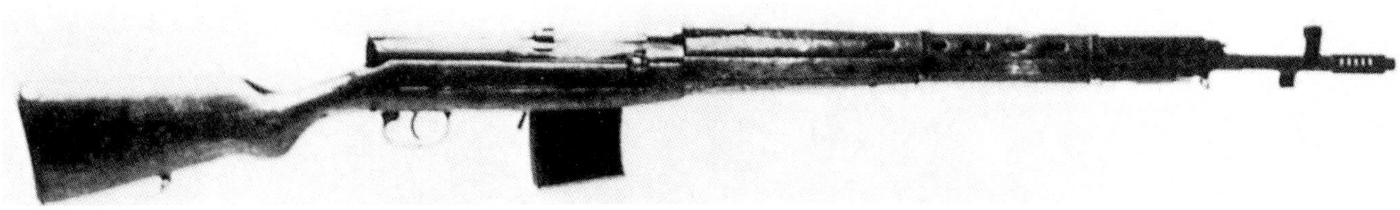

Tokarew-Selbstladegewehr Modell 1938 (SWT), Kaliber 7,62 mm X 54 R, in der Standardausführung.

Zwei sowjetische Scharfschützen im Anschlag mit dem halbautomatischen Tokarew-Gewehr M 1940.

Scharfschützin der Roten Armee mit dem Tokarew-Modell 1940 und aufgesetztem Zielfernrohr.

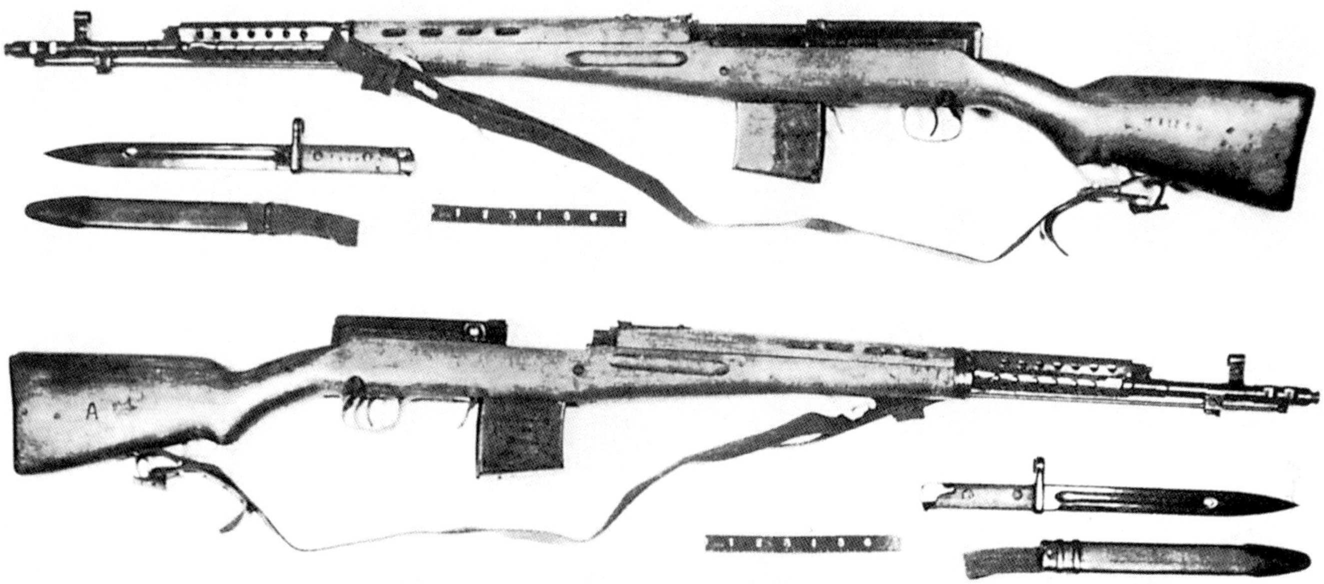

Das halbautomatische Tokarew-Gewehr Modell 1940, Kaliber 7,62 mm X 54 R, in der Standardausführung.

PU-Zielfernrohr und Zielfernrohrhalter für das Tokarew-Modell 1940. Unten zum Vergleich: Zielfernrohr und Zielfernrohrhalterung für den Mosin-Nagant-Repetierer M 91/30.

Sowjetischer Scharfschütze im Ortskampf mit einem Tokarew-Halbautomaten M 1940.

Feldwebel der Wehrmacht mit erbeutetem Tokarew-Selbstladegewehr M 1940 im Gespräch mit einem »Kettenhund« (Angehöriger der Feldgendarmerie), der sich während seines Postendienstes mit Überschuhen gegen die grimmige Kälte schützte.

Einsatzerfahrungen der Ostfront

Das folgende Kapitel ist die auszugsweise Wiedergabe einer Artikelserie, welche die österreichische Militär-Fachzeitschrift *Truppendienst* 1967 veröffentlichte. Der Verfasser Hans Widhofner, damals Hauptmann im österreichischen Bundesheer, gilt als Autorität auf dem Gebiet des Scharfschützenwesens.

Die Aussagen der beiden erfolgreichsten Scharfschützen der Wehrmacht sowie eines weiteren bewährten Scharfschützen vermitteln ein aussagekräftiges Bild bezüglich des deutschen Scharfschützeneinsatzes an der Ostfront. Erfreulicherweise gaben die befragten Soldaten bereitwillig Auskunft über ihre umfassenden militärischen Kenntnisse und Erfahrungen.

Interessant ist die Feststellung, daß in den meisten Fällen die Einsatzpraxis dem entsprach, was während der Ausbildung vermittelt wurde. Die der Ausbildung zugrunde gelegten Anschauungen höchster Kreise sind ein Beleg dafür, welche Bedeutung das deutsche Oberkommando dem Scharfschützeneinsatz beimaß.

Ohne Frage gehört die vorliegende Veröffentlichung mit zu den wichtigsten zeitgenössischen Arbeiten, die sich mit diesem Themenfeld der deutschen Militärgeschichte befassen. Die drei Scharfschützen, die alle der 3. Gebirgsdivision angehörten, wurden von Hauptmann Widhofner einzeln befragt. Im folgenden werden sie als A, B und C bezeichnet. Die Ergebnisse fasste Widhofner in Kurzform zusammen.

A: Matthias Hetzenauer aus Tirol war von 1943 bis Kriegsende an der Ostfront eingesetzt und gilt mit 345 bestätigten Abschüssen als der erfolgreichste deutsche Scharfschütze.

B: Sepp Allerberger aus Salzburg war von Dezember 1942 bis Kriegsende an der Ostfront eingesetzt und lag mit 257 bestätigten Abschüssen an zweiter Stelle hinter Matthias Hetzenauer.

C: Helmut Wirnsberger aus der Steiermark war von September 1942 bis Kriegsende an der Ostfront eingesetzt und er-

Diese Aufnahme durch ein Zielfernrohr zeigt den senkrechten Zielstachel und die beiden waagerechten Querbalken des Absehens X, das typisch war für deutsche Zielfernrohre des II. Weltkriegs.

Diesen Anblick eines deutschen Scharfschützen, der sein Ziel durch das ZF seines Scharfschützengewehres anvisiert, hätte ein Gegner schwerlich überlebt. Bemerkenswert ist, wie der Schütze das Moskitonetz dazu verwendet, die Konturen des Stahlhelmes zu verwischen. Die Aufnahme entstand mit ziemlicher Sicherheit vor 1942, denn der Stahlhelm zeigt noch das Hoheitsabzeichen.

Ostfront 1943. Ein deutscher Scharfschütze mit einem erbeuteten russischen *Mosin-Nagant-Gewehr* M 1891/30 mit zugehörigem PU-Zielfernrohr, das dreieinhalbfach vergrößerte. Zu beachten ist die Tarnbekleidung mit Kapuze, die die Konturen des Kopfes verwischte.

Dieser deutsche Scharfschütze mit Mosin-Nagant-Beutegewehr suchte sich eine umgestürzte Eiche als »Ansitz«. Ein Netz mit eingeflochtenem Eichenlaub dient zur Helmtarnung. Man beachte die geschickt gewählte Stellung des Schützen dicht neben dem aufragenden Ast.

zielte 64 bestätigte Abschüsse. Nach einer Verwundung war er zeitweilig als Ausbilder für Scharfschützen eingesetzt.
Die Fragen bezogen sich auf folgende Punkte:

1. Verwendete Waffen:

A: K 98k mit Zielfernrohr mit sechsfacher Vergrößerung, G 43 mit Zielfernrohr mit vierfacher Vergrößerung.

B: Erbeutetes russisches Scharfschützengewehr mit Zielfernrohr, an die Vergrößerung kann ich mich nicht mehr erinnern; K 98 k mit Zielfernrohr mit sechsfacher Vergrößerung.

C: K 98k mit Zielfernrohr mit eineinhalbfacher Vergrößerung, K 98k mit Zielfernrohr mit vierfacher Vergrößerung, G 43 mit Zielfernrohr mit vierfacher Vergrößerung.

2. Verwendete Zielfernrohre:

A: Ein Zielfernrohr mit vierfacher Vergrößerung war ausreichend bis zu einer Entfernung von ungefähr 400 Meter. Ein Zielfernrohr mit sechsfacher Vergrößerung genügte auf Entfernungen bis 1000 Meter.

B: Ich habe zwei Jahre lang ein erbeutetes russisches Gewehr mit Zielfernrohr verwendet und war sehr zufrieden. Das Zielfernrohr mit sechsfacher Vergrößerung auf dem K 98k war gut.

C: Das Zielfernrohr mit eineinhalbfacher Vergrößerung war nicht ausreichend; das Zielfernrohr mit vierfacher Vergrößerung genügte völlig und erwies sich als gut.

3. Was halten Sie von Zielfernrohren mit noch stärkerer Vergrößerung?

A, B: Sechsfache Vergrößerung ist ausreichend, eine stärkere Vergrößerung ist nicht notwendig. Keine Erfahrungen mit Zielfernrohren mit stärkerer Vergrößerung.

C: Ein Zielfernrohr mit vierfacher Vergrößerung ist völlig ausreichend.

4. Auf welche Entfernungen konnten Sie mit absoluter Sicherheit folgende Ziele treffen?

Kopf	*A: bis etwa 400 Meter*
	B: bis etwa 400 Meter
	C: bis etwa 400 Meter
Brust	*A: bis etwa 600 Meter*
	B: bis etwa 400 Meter
	C: bis etwa 400 Meter
stehender Mann	*A: etwa 700 bis 800 Meter*
	B: bis etwa 600 Meter
	C: bis etwa 600 Meter

5. Gelten die von Ihnen genannten Entfernungen nur für Sie, also die besten Scharfschützen, oder für die Scharfschützen allgemein?

A, B: Nur für die besten Scharfschützen.

C: Sowohl für mich persönlich als auch für die meisten Scharfschützen. Ein paar hervorragende Schützen erzielten auch Treffer auf größere Entfernungen.

6. Was war die größte Entfernung, auf die Sie jemals ein Ziel bekämpft haben? Um welches Ziel handelte es sich? Wie groß war es?

A: Etwa 1100 Meter, ein stehender Soldat. Ein Treffer war unwahrscheinlich, aber der Schuß war unter den gegebenen Umständen notwendig, um dem Feind klar zu machen, daß er sich selbst auf diese Entfernung nicht sicher fühlen konnte.

B: 400 bis 700 Meter.

Sommer 1943: Ein deutscher Scharfschütze im Einsatz an der Ostfront. Erfahrene Jäger trugen selten Stahlhelme, da sie die Wahrnehmungsfähigkeit einschränkten und außerdem bei der Berührung harter Gegenstände wie Steine verräterische Geräusche verursachen konnten.

C: Ungefähr 600 Meter, selten weiter. Ich wartete gewöhnlich, bis sich mein Ziel genähert hatte, damit ich sicher sein konnte, daß ich traf. Außerdem war die Bestätigung eines Treffers einfacher. Mit dem G 43 habe ich wegen der schlechteren Präzision nur auf Entfernungen bis 500 Meter geschossen.

7. Wieviele Nachschüsse (Zweitschüsse) kamen auf zehn abgegebene Schüsse?

A: Eigentlich keine.

B: Einer oder zwei. Die Abgabe eines zweiten Schusses ist sehr gefährlich, wenn feindliche Scharfschützen in der Nähe sind.

C: Höchstens einer oder zwei.

8. Wenn Sie die Wahl hätten, für welche Waffe würden Sie sich entscheiden und weshalb?

Einen Repetierer wie den Karabiner 98k:

A: Karabiner 98k. Von den damals zur Verfügung stehenden Waffen hatte er die beste Schußleistung und war am wenigsten störanfällig.

B: Karabiner 98k.

C: Karabiner 98k.

Ein halbautomatisches Gewehr wie das G 43:

A: Nein, kein G 43. Es eignet sich lediglich auf Entfernungen bis zu etwa 400 Meter, die Schußleistung ist ungenügend.

B: Nicht das G 43, es ist zu schwer.

C: Ja, aber nur, wenn es störungsfrei funktioniert und wenn die Schußleistung ebenso gut ist wie beim Karabiner 98k.

9. Wenn Sie heute die Wahl hätten zwischen einem Karabiner 98k und einem halbautomatischen Gewehr, das störungsfrei funktioniert und über die gleiche Schußleistung verfügt wie der Karabiner 98k, für welche Waffe würden Sie sich entscheiden und warum?

A: Karabiner 98k. Scharfschützen brauchen keine halbautomatische Waffe, wenn sie ihrem Auftrag entsprechend eingesetzt werden.

B: Ein halbautomatisches Gewehr, wenn es nicht zu schwer ist.

C: Ein halbautomatisches Gewehr. Wenn man angegriffen wird, kann man rascher schießen.

10. Waren Sie in einer Einheit zusammengefaßt?

Alle drei Befragten gehörten der Scharfschützengruppe eines Gebirgsbataillons mit C als Gruppenführer an. Die Gruppe war bis zu 22 Mann stark. Sechs Scharfschützen blieben gewöhnlich beim Bataillon, die übrigen wurden den Kompanien zugeteilt. Eventuelle auffällige Beobachtungen sowie der Verbrauch von Munition und bestätigte Abschüsse mußten täglich dem Bataillons-Stab gemeldet werden. Anfangs wurden

Mit der Sonne im Rücken – wie er es in der Ausbildung gelernt hat – visiert dieser Scharfschütze sein Ziel an.

die Scharfschützen aus den Bataillonen rekrutiert. Als im weiteren Verlauf des Krieges die Zahl der ausgebildeten Scharfschützen abnahm, übernahm die Division deren Zuteilung und erteilte die Einsatzbefehle.

Daneben gab es in jeder Kompanie einige Schützen, die mit Zielfernrohr-Gewehren ausgerüstet waren. Diese Soldaten hatten keine spezielle Ausbildung erhalten, waren aber in der Lage, bis auf eine Entfernung von 400 Metern präzise Treffer zu erzielen. Sie übernahmen einen Großteil der Aufgaben, die den »wirklichen Scharfschützen« zugedacht waren. Diese Schützen dienten in den Kompanien als reguläre Infanteristen. Das ist auch der Grund, weshalb sie keine so hohen [bestätigten] Abschußzahlen erzielen konnten, wie die Scharfschützen.

11. Einsatztaktik

a. Angriff:

A, B, C: Immer zwei Scharfschützen gemeinsam – einer als Schütze, der andere als Beobachter. Allgemeiner Auftrag: Ausschaltung der vorgeschobenen Beobachter der schweren Waffen des Feindes sowie der Führer. Besonderer Auftrag: Ausschaltung aller wichtigen und lohnenden Ziele, wie zum Beispiel Bedienungsmannschaften feindlicher Panzerabwehrwaffen, Maschinengewehre und ähnliche. Die Scharfschützen folgten den eigenen angreifenden Kräften dicht auf und schalteten erforderlichenfalls Bedienungsmannschaften der feindlichen schweren Waffen und der Waffen aus, die eine unmittelbare Gefahr für die eigenen Kräfte darstellten.

A fügte hinzu: *In einigen Fällen mußte ich mich in der Nacht vor einem unserer Angriffe durch die feindliche Hauptkampflinie hindurcharbeiten. Sobald unsere Artillerie das Feuer er-*

öffnete, mußte ich feindliche Führer und Geschützbedienungen unter Feuer nehmen, denn ohne diese Unterstützung wären unsere eigenen Kräfte zahlenmäßig und was die Munition betraf zu schwach gewesen.

b. Nachtangriff:

A, B, C: Unseres Wissens erfolgten während der Nacht keine Großangriffe. Scharfschützen wurden nachts nicht eingesetzt, weil sie zu wertvoll waren.

c. Angriff im Winter:

A: In Wintertarnbekleidung folgte ich der ersten Angriffswelle. Wenn der Angriff ins Stocken geriet, mußte ich MG-Schützen, Pak-Bedienungen usw. ausschalten.

B, C: Gute Tarnung und Schutz gegen die Kälte waren sehr wichtig. Es war nicht möglich, für einen längeren Zeitraum eine Stellung zu beziehen.

d. Verteidigung:

A, B, C: Gewöhnlich wurden wir einzeln auf Kompanie-Ebene eingesetzt. Der Auftrag lautete entweder: Bekämpfung jedes auftauchenden Zieles, oder: Bekämpfung lediglich »lohnender« Ziele. Unser Einsatz war besonders wirkungsvoll im Verlauf feindlicher Angriffe, da Führer oftmals an ihrer Uniform und ihrer besonderen Ausrüstung erkannt und auf große Entfernung ausgeschaltet werden konnten. Feindliche Angriffe wurden auf diese Weise oftmals zum Stehen gebracht (im Verlauf eines einzigen Tages wurden achtmal die Führer eines gegnerischen Angriffes ausgeschaltet!).

Sobald feindliche Scharfschützen auftauchten, wurden sie solange bekämpft, bis sie ausgeschaltet waren; dabei mußten auch wir große Verluste hinnehmen. In der Regel legte sich ein Scharfschütze bei Tagesanbruch auf die Lauer, hielt nach lohnenden Zielen Ausschau und blieb mit kurzen Unterbrechungen bis zum Einbruch der Dunkelheit in Stellung.

Oftmals lagen wir in Stellung vor unseren eigenen Linien, damit wir die gegnerischen Kräfte besser bekämpfen konnten. Wenn dem Feind der Weg zu unserer Stellung bekannt war, mußten wir ohne Verpflegung und ohne Ablösung in diesen vorgeschobenen Stellungen ausharren. Bei einer Alarmierung oder einem gegnerischen Angriff nahm ein guter Scharfschütze nicht irgendein beliebiges Ziel unter Feuer, sondern lediglich Offiziere, Geschützführer oder ähnliche.

e. Verteidigung während der Nachtzeit:

A, B, C: Scharfschützen wurden während der Nacht [in aller Regel] nicht eingesetzt; sie wurden auch nicht zur Wache oder zu anderen Aufgaben eingeteilt. Falls notwendig, mußte ein Scharfschütze vor den eigenen Linien in Stellung gehen, um bei Tage den Feind besser bekämpfen zu können.

f. Haben Sie bei Mondlicht Treffer erzielt?

Durch eine Öffnung in der Brustwehr einer Grabenstellung nimmt ein Scharfschütze angreifende Gegner ins Fadenkreuz. Bemerkenswert ist der mit Erde beschmierte Stahlhelm und der Draht zur Befestigung von Tarnmaterial.

A: Ich wurde oft eingesetzt, wenn ausreichendes Mondlicht vorhanden war, denn mit einem Zielfernrohr mit sechsfacher Vergrößerung ist ein genaues Zielen möglich, nicht aber mit einer herkömmlichen Visierung.

B, C: Nein.

g. Hinhaltender Widerstand:

A, C: Meist wurden vier bis sechs Scharfschützen der Nachhut zugeteilt mit dem Auftrag, jeden auftauchenden Feind auszuschalten, was sich als sehr wirkungsvoll erwies. Maschinengewehre wurden von der Nachhut nur im Notfall eingesetzt, weil Scharfschützen das Vorrücken des Gegners mit einem oder zwei Schüssen aufhalten konnten, ohne ihre Stellung preisgeben zu müssen.

B: Ein wirklicher Scharfschützen-Einsatz war nicht möglich, denn bei einer beweglichen Kriegsführung schießt jeder auf den auftauchenden Feind.

h. Hinhaltender Widerstand bei Nacht, im Winter:

Keine Angaben.

12. In welcher taktischen Lage war der Einsatz von Scharfschützen am wirkungsvollsten?

A: Die Wirkung der Scharfschützen beruhte nicht auf der Anzahl der Abschüsse, sondern auf den Verlusten, die er dem Gegner zufügte, indem er Offiziere oder wichtiges Funktionspersonal ausschaltete. Was einzelne Treffer anbelangt, so war der Scharfschützen-Einsatz am wirkungsvollsten in der Verteidigung, weil eine genaue Beobachtung und eine genaue Zielansprache möglich waren. Auch in bezug auf Treffer

Das Fehlen jeglicher Körpertarnung dieses Scharfschützen läßt vermuten, daß er zur Beobachtung feindlicher Bewegungen direkt von der eigenen Stellungslinie eingesetzt wurde. Es ist bekannt, daß deutsche Scharfschützen zur Leitung des eigenen Artillerie- und Granatwerfer- Feuers eingesetzt wurden.

konnten in der Verteidigung die meisten Erfolge erzielt werden, weil der Feind im Verlauf eines Tages mehrmals angriff.
B: In der Verteidigung. Ansonsten war eine Bestätigung der Abschüsse nicht möglich.
C: Am wirkungsvollsten während länger andauernder Stellungskämpfe und bei gegnerischen Angriffen; sehr wirkungsvoll auch im hinhaltenden Widerstand.

13. Auf unterschiedliche Entfernungen erzielte Treffer in Prozenten:

Bis 400 Meter	A: 65 %	C: 80 %
Bis 600 Meter	A: 30 %	C: 20 %
Bis 800 Meter	Rest	

Ergänzung:
A: Die meisten Abschüsse erzielte ich auf Entfernungen unter 400 Meter, weil ich auf diese Entfernung meine Ziele besser ansprechen konnte. Auch auf größere Entfernungen waren Treffer möglich, aber ich konnte nicht unterscheiden, ob es sich um ein lohnendes Ziel handelte.
B: Ich kann mich nicht erinnern. Die Mehrzahl meiner Treffer erzielte ich auf Entfernungen unter 600 Meter.
C: Ich schoß meistens auf Entfernungen unter 400 Meter wegen der großen Trefferwahrscheinlichkeit. Auf größere Entfernungen war die Bestätigung eines Treffers nicht mehr möglich.

14. Gelten diese Angaben nur für Sie oder auch für die Mehrzahl der Scharfschützen?

A: Die Angaben gelten sowohl für die Mehrzahl der Scharfschützen als auch für die erfolgreichsten, weil die Mehrzahl der Scharfschützen aufgrund ihrer begrenzten Fähigkeiten lediglich auf Entfernungen bis 400 Meter mit absoluter Sicherheit treffen konnten; die besten Scharfschützen konnten auch auf größere Entfernungen mit einiger Sicherheit Treffer erzielen, allerdings warteten sie, bis sich der Gegner näherte, oder sie arbeiteten sich an den Gegner heran, um nach genauer

Hervorragende Schützen und Soldaten mit jagdlichem Instinkt betätigten sich teilweise auch ohne ZF-Gewehr als Scharfschützen. Dieser Landser legte sich mit seinem K 98k und Fernglas auf die Lauer.

Ostfront, Sommer 1944. Ein Scharfschütze und sein Beobachter reinigen ihre Ausrüstung und ihr Gerät. Die Nagelstiefel deuten darauf hin, daß es sich um Gebirgsjäger handelt. Gerade aus der Gebirgstruppe mit ihrem hohen Anteil an naturverbundenen Soldaten gingen zahlreiche Scharfschützen hervor.

Zielansprache ein lohnendes Ziel zu bekämpfen. B: Die Angaben gelten für alle Scharfschützen, die mir persönlich bekannt sind.

C: Die Angaben gelten für mich und für die Mehrzahl der Scharfschützen.

15. Wieviele Schüsse wurden durchschnittlich aus einer Stellung abgegeben?

a. Angriff:

A, B, C: So viele als möglich.

b. Verteidigung aus einer befestigten Stellung:

A, B, C: Einer bis höchstens drei.

c. Gegnerischer Angriff:

A, B, C: Je nach Auftauchen lohnender Ziele.

d. Bekämpfung gegnerischer Scharfschützen:

A, B, C: Einer bis höchstens zwei.

e. Hinhaltender Widerstand.

A, B, C: Ein bis zwei Schüsse waren ausreichend, da der Scharfschütze nicht alleine operierte.

B fügt ergänzend hinzu: *Bei Angriffen, sowohl eigener als auch gegnerischer, wurden Treffer nicht bestätigt.*

16. Über welche besonderen Eigenschaften mußte ein Scharfschütze verfügen, außer daß er ein hervorragender Schütze war?

A: Neben den allgemein bekannten Fähigkeiten ist es besonders wichtig, daß man in der Lage ist, den Gegner zu überlisten. Der bessere Kleintaktikter gewinnt im Kampf gegen feindliche Scharfschützen. Die Befreiung vom allgemeinen Dienst trägt wesentlich dazu bei, daß gute Trefferleistungen erzielt werden.

B: Ruhe, gute Auffassungsgabe, Mut.

C: Geduld und Ausdauer, gutes Wahrnehmungsvermögen.

17. Aus welchem Personenkreis wurden die Scharfschützen rekrutiert?

A: Lediglich Männer, die typische Einzelgänger waren, so wie Jäger, ja sogar Wilderer, Forstleute und ähnliche; wobei ihre Dienstzeit keine Rolle spielte.

B: Ich kann mich nicht erinnern. Ich hatte mit einem russischen Scharfschützengewehr 27 Abschüsse erzielt, bevor ich zum Scharfschützen-Lehrgang abkommandiert wurde.

C: Nur Soldaten mit Fronterfahrung, die hervorragende Schützen waren, gewöhnlich nach einer Dienstzeit von zwei Jahren. Damit sie zu den Scharfschützen-Lehrgängen ange-

Der oben abgebildete Scharfschütze aus einem anderen Blickwinkel. Das Zielfernrohr mit vierfacher Vergrößerung ist mittels einer Schwenkmontage auf die Waffe montiert. Zu erkennen sind die Kette des Reinigungsgerätes (RG 34) und Okular- und Objektivschutzkappen aus Leder.

nommen wurden, mußten sie verschiedene Schießleistungs-Nachweise erbringen.

18. An welchen Scharfschützen-Lehrgängen haben Sie teilgenommen?

A, B, C: Scharfschützen-Lehrgänge im Gebiet Seetaleralpe.

C: Später war ich Ausbilder bei diesen Lehrgängen.

19. War es vorteilhaft, wenn ein Scharfschütze mit einem Fernglas ausgerüstet war? Welche Vergrößerung hatten die Ferngläser?

A: Ein 6 X 30 Fernglas war auf größere Entfernungen nicht ausreichend. Ich hatte später ein 10 X 50 Fernglas, das völlig genügte.

B: Ein Fernglas war ebenso wichtig wie das Gewehr.

C: Jeder Scharfschütze war mit einem Fernglas ausgerüstet. Das war notwendig und nützlich. Ein 6 X 30 Fernglas war auf Entfernungen bis zu 500 Meter völlig ausreichend.

20. Wäre ein Periskop vorzuziehen, mit dem eine Beobachtung aus der Deckung möglich ist?

A: Als zusätzliches Hilfsmittel war es [russisches Grabenfernrohr] sehr brauchbar.

B: Nein.

C: Wir verwendeten sie, wenn welche erbeutet wurden.

21. Wurden [im Stellungskrieg] Scherenfernrohre verwendet ?

A, C: Ja, wenn welche zur Verfügung standen, wurden sie von Artillerie-Beobachtern und von Scharfschützen verwendet.

B: Nein.

22. Welche Art von Tarnung wurde angewendet?

	A:	B	C:
Falscher Baumstumpf	—	—	—
Tarnbekleidung	Ja	Ja	Ja
Tarnung von Gesicht und Händen	Ja	Ja	Ja
Tarnung der Waffe im Winter	Ja	Ja	Ja

(Weiße Abdeckung, weiße Umwicklung, weiße Farbe)

B ergänzt: *Zwei Jahre lang verwendete ich einen Regenschirm, der in den Farben der entsprechenden Umgebung an-*

gestrichen wurde. Anfangs war ich immer getarnt, auch Gesicht und Hände; später nicht mehr so umfassend.

23. Haben Sie technische Hilfsmittel verwendet, um den Gegner zu täuschen?

A: *Ja, ausgestopfte Puppen und ähnliches.*

B: Ja, beispielsweise Scheinstellungen mit Karabinern, die mit einem Zugdraht abgefeuert werden konnten.

C: Nein.

24. Verwendeten Sie im Stellungskrieg Schutzschilde?

A, B, C: Nein.

25. Was halten Sie vom Einsatz von Leuchtspur-Munition?

A,B,C: Da die Stellung eines Scharfschützen leicht preisgegeben wird, sollte sie im Einsatz nicht verwendet werden. Leuchtspur-Munition wurde hauptsächlich in der Ausbildung verwendet und zur Ermittlung der Entfernung. Zu diesem Zweck führte jeder Scharfschütze einige Patronen mit Leuchtspur-Geschossen mit sich.

26. Haben Sie Beobachtungs-Munition verwendet, also Patronen mit Geschossen, die beim Aufschlag detonieren?

A, B, C: Ja. Beim Aufschlag war eine kleine Flamme und eine kleine Rauchwolke zu sehen, wodurch der Geschoßeinschlag gut zu beobachten war. Wir verwendeten diese Munition, um Holzhäuser und ähnliche Gebäude in Brand zu schießen, damit der Gegner ins Freie kam. Beobachtungsmunition wurde auf Entfernungen bis zu 600 Meter verwendet; die Streuung war etwas größer als bei der Patrone mit sS-Geschoß.

27. Wie haben Sie die Einflüsse des Seitenwindes ausgeglichen?

A: Durch Erfahrung und Abschätzen. Wenn es notwendig war, verwendete ich Leuchtspurmunition, um die Seitenabweichung zu ermitteln. Durch meine Ausbildung auf der Seetaleralpe, wo wir oft bei starkem Seitenwind schießen mußten, war ich gut vorbereitet.

B: Durch Abschätzen. Wenn der Seitenwind zu stark war, haben wir nicht geschossen.

C: Keine Angaben, weil Scharfschützen bei starkem Wind nicht schießen.

28. Können Sie sich noch an die Regeln beim Schießen auf bewegliche Ziele erinnern?

A, B, C: Nein. Wichtig sind sowohl Erfahrung und die Fähigkeit, gut schätzen zu können, als auch die Fähigkeit, rasch zielen und schießen zu können.

29. Haben Sie Erfahrung mit Panzerbüchsen?

A: Ja. Ich habe mehrmals einen MG-Schützen hinter einem Schutzschild bekämpft. Kleine Ziele konnte ich nur auf Entfernungen bis zu 300 Meter treffen, da die Streuung erheblich größer war als beim Karabiner 98k. Außerdem war die Panzerbüchse schwer und unhandlich und als Scharfschützenwaffe nicht geeignet. Gegen ungepanzerte Ziele habe ich sie nie eingesetzt.

B, C: Nein.

Ein Scharfschütze in Winter-Tarnbekleidung in einer gut ausgebauten Grabenstellung der Ostfront. Man beachte den Anschlag, bei dem die Waffe im vorderen Drittel aufgelegt ist und der linke Arm zur Stabilisierung der Waffe an der rechten Schulter benutzt wird.

30. Wie wurden ihre Abschüsse bestätigt ?

A, B, C: Durch Beobachtung und Bestätigung durch einen Offizier, einen Unteroffizier oder zwei Soldaten. Deshalb ist die Zahl der bestätigten Abschüsse auch geringer als die der tatsächlich erzielten.

Die Kunst des Tarnens

Bereits zu Beginn des Stellungskrieges im I. Weltkrieg wurde der deutsche Scharfschütze zum Inbegriff von Anpassungsfähigkeit und Einfallsreichtum. Ausbildung und Einsatz der Scharfschützen in Verbindung mit den bei der Tarnung angewandten Methoden lösten bei den Alliierten große Bestürzung aus. Zur Ausübung ihrer todbringenden Tätigkeit wußten die gefährlichen Jäger alle Arten sorgfältig vorbereiteter und getarnter Verstecke zu nutzen: Ruinen zerschossener Gebäude, Granattrichter vor der eigenen Linie, Schützengräben mit Schießscharten – ja selbst die Leichen Gefallener, wenn sie eine vorteilhafte Feuerstellung boten.

Scharfschützen verwendeten häufig bemalte Tarnumhänge, die es ihnen ermöglichten, sich unentdeckt zwischen den Linien auf die Lauer zu legen. Ungezählte gegnerische Soldaten, die den Kopf über die Deckung hoben und einen Blick riskierten, kamen so auf die Verlustlisten. Ihre Ziele waren klein, aber wenn sie trafen, schalteten die Scharfschützen ihre Opfer gewöhnlich mit einem einzigen Schuß aus.

Beim Aufbau der Wehrmacht während der 30er Jahre kamen die Lehren von 1914 – 1918 nur bedingt zum Tragen. Die auf dem Gebiet der Tarnung gesammelten Erfahrungen wertete vor allem die Waffen-SS aus – sie leistete Pionierarbeit in Sachen Tarnbekleidung. Der ständig steigende Bedarf während des Zweiten Weltkrieges führte schließlich dazu, daß alle Teilstreitkräfte und Truppengattungen einsatztaugliche Tarnbekleidung erhielten, die weitaus besser war, als die sämtlicher anderer Armeen.

So entstand eine große Bandbreite an dienstlich gelieferten und improvisierten Jacken, Blusen und Umhängen in verschiedenen Tarnmustem. Im Verlauf des Krieges führten Heer, Luftwaffe und Waffen-SS zahlreiche Ausrüstungs- und Kleidungsstücke ein, je nach den besonderen Verhältnissen des jeweiligen Einsatzraums und den dort herrschenden klimati schen Verhältnissen. Oft wurde die Verwendung von den herrschenden Einsatzbedingungen diktiert. Deutsche Soldaten kämpften von Rußland bis Nordafrika buchstäblich auf jedem erdenklichen Terrain und in jedem Klima. Sie waren stets bestrebt, sich einsatztaugliche Tarnbekleidung zu beschaffen – gleichgültig, ob sie vorschriftsmäßig war oder nicht.

Der Einsatz sowjetischer Scharfschützen zu Beginn des Rußlandfeldzuges 1941 veranlaßte das Oberkommando des Heeres, seine Einstellung bezüglich der Tarnung des Einzelschützen zu überdenken. Es wurde eine Vielzahl von Tarnanzügen entwickelt, darunter auch ein spezieller Anzug für Scharfschützen mit einer Ausstattung, die bei der Ausübung dieser speziellen Tätigkeit vorteilhaft sein konnte, wie bei spielsweise Schlaufen zur Befestigung von natürlichem Tarnmaterial. Das bekannteste Kleidungsstück der Scharfschützen war die übliche Tarnjacke mit Kapuze in einem geometrischen bzw. ineinander verlaufenden Tarnmuster *(Splitter-oder Sumpftarnmuster*)* aus braunen und grünen Flecken und einem weißen Innenfutter, das zur Tarnung im Winter nach außen gewendet werden konnte.

Ein weißes Innenfutter zur Wintertarnung mag zwar auf den ersten Blick praktisch erscheinen, brachte aber Probleme mit sich. Die Scharfschützen mußten feststellen, daß es recht schwierig war, die Jacke mit dem gewöhnlichen Tarnmuster so zu tragen, daß an keiner Stelle das weiße Innenfutter zum Vorschein kam. Insbesondere bei der Kapuze war dies äußerst schwierig, denn bei aller Sorgfalt war es kaum möglich, das weiße Innenfutter so abzudecken, daß eine Entdeckung durch den Gegner ausgeschlossen war. 1942 führte die Wehrmacht eine leichte Schlupfjacke aus Zeltbahnstoff mit Brustschnürung nach dem Vorbild der Waffen-SS ein, die das Heeres-Splittertarnmuster zeigte *leichte Tarnjacke des Deutschen Heeres*); dazu eine entsprechende (Überzieh-) Hose. Den Anzug gab es auch mit einer weißen Seite und zum Wenden eingerichtet, er wurde jedoch nur in geringen Stückzahlen hergestellt. Weitaus verbreiterter war die Schlupfjacke Modell 1943, die gegen Ende 1943 eingeführt wurde. Im Unterschied zu ihrem Vorgängermodell kam sie im Sumpftarnmuster und mit Kapuze (die – da einfacher zu fertigen – möglicherweise auch als Ersatz des Helmtarnüberzugs gedacht war). Diese leichte Tarnjacke und die entsprechenden Hosen (auch Tarnhandschuhe sind bekannt) gehörten zur Grundausstattung der Scharfschützen, wie Vorschriften (siehe weiter unten) und zahlreiche Fotos belegen.

Im Regelfall war der Scharfschütze darauf angewiesen, je nach den örtlichen Gegebenheiten und der herrschenden Jahreszeit zu improvisieren. Da er von seinem Wesen her ein Individualist und Einzelgänger sein mußte, wurde es letztendlich ihm selbst überlassen, für welche Art der Tarnung und der

* Neben unterschiedlicher Schneetarnbekleidung führten das Heer das sogenannte *Heeres-Splittermuster;* die Luftwaffe das sogenannte *Luftwaffe-Splittermuster* und das *Luftwaffe-Sumpfmuster* ein. In den letzten Kriegsjähren wurden Bekleidungsstücke im *Sumpfmuster 43* und im *Sumpfmuster 44* ausgegeben. Die zahlreichen Flecktarnmuster der Waffen-SS sind eine Wissenschaft für sich.

Scharfschütze der Waffen-SS und sein Beobachter. Feldmütze, Schlupfjacke und Stahlhelmüberzug im charakteristischen Flecktarnmuster prägten das Erscheinungbild dieser Elitetruppe. Die verschiedenen Tarnmuster der Waffen-SS gehören nach wie vor zu den besten und wirkungsvollsten für das Terrain der nördlichen Hemisphäre.

Tarnbekleidung er sich entschied. Eine Aussage darüber, welche Art der Tarnbekleidung insgesamt bevorzugt wurde, wäre deshalb rein spekulativ.

Besondere Sorgfalt wurde darauf verwendet, den Kopf, die Hände und das Gesicht zu tarnen, da diese Körperteile am häufigsten exponiert wurden und sie deshalb der Gegner am ehesten wahmehmen konnte. Um das Aussehen zu verändern, griffen die Scharfschützen zu ebenso einfachen wie wirkungsvollen Methoden. Mit Erde oder einem Gemenge aus Fett und Ruß wurde die Haut dunkel gefärbt und so Lichtreflexe unterdrückt; Kapuzen, Handschuhe und Schleier aus dienstlich geliefertem oder anderweitig beschafftem Material taten ein übriges.

Der deutsche Stahlhelm war wegen seiner charakteristischen Form besonders schwer zu tarnen. Gewöhnlich erkannten die deutschen Infanteristen diese Tatsache und tarnten ihre Helme mit verschiedenen Netzen, Helmbezügen aus Stoff, Bändern aus zerschnittenen Schläuchen von Auto- oder Fahrradreifen sowie feinmaschigen Draht. Scharfschützen verwendeten darüber hinaus Schleier, mit denen sich die Form des Helmes wirkungsvoll verwischen ließ. Diese Schleier wurden natürlich auch von anderen Soldaten verwendet, da sie die Sicht nur unwesentlich einschränkten und kaum störend waren. Tarnschleier gehörten jedoch nicht zur Standardausrüstung.

Die leichte Tarnjacke des 1943 eingeführten Kapuzen- Tarnanzugs im Sumpftarnmuster.

Die weit geschnittene, kragenlose Schlupfjacke erhielt einen an den Kanten verstärkten Brustschlitz, der in fünf beiderseits angebrachten Ösen geschnürt wurde. Um die Taille lief ein verstellbares Band zum Verengen. Beiderseits auf der Brust saß ein senkrechter oder schräger Eingriff (mit oder ohne geknöpfte Patten), um in die Taschen der Feldbluse durchgreifen zu können. Abweichende Ausführungen hatten zwei schräge, eingeschnittene Seitentaschen mit geknöpften Patten. Die tief angesetzten Ärmel endeten mit Ärmelschlitz und Bund, welcher nach vorn mit zwei Knöpfen geschlossen beziehungsweise verengt werden konnte.

Stahlhelm-Überzug im Splittertarnmuster des Heeres mit Schlaufen zum Befestigen von Tarnmaterial. Man beachte das Zielfernrohr ZF 41 und das rechts neben der Waffe abgelegte Doppelfernrohr.

Stahlhelm-Überzug der Waffen-SS. Die Flecktarnmuster der Waffen-SS wichen deutlich von den Splitter- und Sumpftarnmustern des Heeres und der Luftwaffe ab.

Tarnmaske und Feldmützen-Überzug im Splittertarnmuster.

Provisorischer Gesichtsschleier aus einem Stück Gaze.

Gesichtsschleier der Waffen-SS aus Schnüren.

Im Allgemeinen wurden tarngefleckte Stoffe, Gaze und Moskitonetze verwendet. Bei der Waffen-SS waren Tarnschleier verhältnismäßig häufig, wie zahlreiche Photos von Kriegsberichtern belegen.

Waffe und Zielfernrohr wurden ebenfalls entsprechend getarnt. Dies geschah im Winter mit Streifen aus weißem Stoff, die um die gesamte Waffe gewickelt wurden. In den schneefreien Jahreszeiten übernahmen Streifen aus Sackleinen oder tarngeflecktem Stoff diese Aufgabe. Die Bemalung der Waffe mit grünen und braunen Tarnflecken – eine weitverbreitete Methode während des I. Weltkrieges – wurde in begrenztem Umfang ebenfalls angewandt. Zweige, Äste, Gräser und Strohhalme wurden an der Waffe befestigt, um deren Umrisse zu verändern.

Zusätzlich zur Grundtarnung erforderte das Versteck zusätzliche Tarnmaßnahmen. Die klimatischen Verhältnisse und die Bedingungen des Gefechtsfeldes stellten hohe Anforderungen an Können und Geschicklichkeit, um eine Stellung so einzurichten, daß sie der Sicht entzogen war. Den herrschenden Wetterbedingungen entsprechend, dabei dem umliegenden Terrain angepaßt, wählte der Scharfschütze in der Vorbereitungsphase des Einsatzes die erforderlichen Tarnmittel aus. Sowohl nachlässige als auch übermäßige Tarnung konnte dazu führen, daß er das Gegenteil erreichte und die Aufmerksamkeit des Gegners auf sich zog. Optimale Geländebeurteilung und Ausnutzung des Terrains waren Grundbedingungen für den Erfolg. Entscheidende Bedeutung erlangten diese Punkte im Grabenkrieg und den Ortskämpfen an der Ostfront. Es liegen Berichte vor über Zweikämpfe zwischen sowjetischen und deutschen Scharfschützen, die in einigen Fällen auf Entfernungen von wenigen Metern ausgetragen wurden, wobei der Sieger sein Überleben vor allem seiner Tarnung, seiner Selbstdisziplin und dem richtigen Gespür verdankte.

Die älteren Ausbildungsvorschriften der Wehrmacht für Scharfschützen enthielten kaum mehr als grobe Richtlinien hinsichtlich der Grundtarnung*. Im Gegensatz dazu gaben die gegen Ende des Krieges herausgegebenen Vorschriften detaillierte Hinweise zur optimalen Anwendung aller Arten von Tarnmitteln. Maßgebend hierbei waren gesammelte Einsatzerfahrungen.

Zusätzlich zur Grundausstattung des Scharfschützen, Doppelfernrohr und Kompaß, wurde die Dreiecks-Zeltbahn ausge-

* es handelte sich eher um Vorschriften für *Zielfernrohrschützen*, die sich im Gruppen- oder Zugrahmen bewegten, als um Anleitungen für selbständig kämpfende Einzelschützen.

Sorgfältig getarnt, verschmolz der Scharfschütze förmlich mit seiner Umgebung. In aller Regel tarnten sich Scharfschützen nur im Rahmen der Verteidigung derart ausgiebig. Frankreich, 1944.

geben. Sie wurde normalerweise als wasserdichter Umhang, aber auch zum Abtransport des Erdaushubes einer frisch angelegten Stellung verwendet, und diente in Baumstellungen als provisorischer Sitz. Der Scharfschütze war außerdem angewiesen, anstelle des Lederkoppels, das verräterische Lichtreflexe hervorrufen konnte, das *Afrikakoppel* aus Gurtmaterial zu verwenden. Es wurde ausdrücklich verlangt: *»Falls ein Afrikakoppel nicht zur Verfügung steht, ist ein Gurtband zu verwenden. Das Tragen des schwarzen Koppels ist untersagt.«* Das *Infanteriemesser 42* war in erster Linie als Nahkampfwaffe gedacht; diente aber auch dazu, Äste und Zweige für die Tarnung abzuschneiden. Der Klappspaten diente *»zum Ausbau der Stellung und zur Schaffung einer Gewehrauflage.«*

Eine Ausbildungsvorschrift, die ausführlich auf bewährte Techniken zur Einrichtung versteckter Stellungen in Gebäuden, offenem Gelände und Waldgebieten einging, beschrieb, wie überaus wirkungsvoll der einheitliche Tarnanzug (M 1943 Tarnjacke und -hose, Stahlhelmüberzug) war. Der Scharfschütze wurde angewiesen, ständig – sowohl während der Ausbildung als auch im Einsatz – Tarnbekleidung zu tragen. In der Vorschrift heißt es: *»Falls der Tarnanzug nicht zur Verfügung steht, ist die Arbeitsuniform (Drillich-) in geeigneten Farben einzufärben oder zu bemalen. Der Tarnanzug ist ständig zu tragen.«*

Die Grundregel des deutschen Scharfschützen lautete: *»Zehnmal tarnen, um einmal zum Schuß zu kommen!«*

Die Ausbildungsvorschriften unterschieden sich in Sachen Tarnung teilweise beträchtlich. Das nachfolgende Dokument darf jedoch als typisches Beispiel dafür angesehen werden,

Schützenloch unter einer Kilometerstein-Attrappe.

Aufwendige Stellung an einem Vorderhang mit optimaler Tarnwirkung und Splitterschutz für Mann und Waffe.

Schützenloch unter einer Baumstumpf-Attrappe.

worauf die Scharfschützen-Ausbildung gegen Ende 1944 Wert legte.

Gute Tarnung ist die beste Lebensversicherung! Was muß ich von einer guten Tarnung verlangen?

Sie muß mich völlig unsichtbar machen und darf mich nicht bei der Erfüllung meines Auftrages behindern.

Der Scharfschütze muß ein Meister der Tarnung sein!

Denke bei der Tarnung stets daran, daß das Einfachste immer das Beste ist. Was ist das Einfachste?

Ausnutzung des gegebenen Tarnschutzes.

Beispiel:

***a**. Du kannst Dich hinter einem Gebüsch völlig unsichtbar machen und dennoch den Feind beobachten und vernichten.*

***b.** Du mußt Licht und Schatten ausnutzen und Dich dadurch der Beobachtung durch den Feind entziehen.*

***c.** Durch Anpassung an das Gelände und Ausnutzung von Geländevertiefungen, Böschungen, Ackerfurchen, hochstehenden Grasbüscheln, selbst Maulwurfshügeln, kannst Du Dich der Sicht entziehen. Meide auffallende Geländepunkte, denn auch Du würdest den Feind hinter solchen vermuten. Verbesserung des Tarnschutzes durch künstliche Tarnmittel. Was versteht man unter künstlichen Tarnmitteln?*

Die Tarnjacke, die Dreieckszeltbahn, die Tarnkapuze, Handschuhe, Gesichtsmaske, eingefärbte Textilstreifen, mit denen die Waffe umwickelt werden kann, usw. Oftmals mußt Du allerdings auf behelfsmäßige Tarnmittel zurückgreifen.

Behelfsmäßige Tarnmittel.

Du findest Tarnmittel wie Zweige, Gras, Moos und Pflanzen aller Art in Deiner unmittelbaren Umgebung.

Hier gilt vor allem: Das Einfachste ist das Beste!

Beispiele:

***a**. Der Tarnfächer, der mit einfachen Hilfsmitteln hergestellt werden kann, die nahezu in jedem Terrain zu finden sind, bietet den besten Sichtschutz im offenen Gelände.*

Herstellung: Eine längere Astgabel von etwa 40 cm Länge, eine kürzere Astgabel von etwa 25 cm Länge und eine Querstrebe, deren Länge etwa Deiner Schulterbreite entspricht, werden zusammengebunden und mit einem Tarnnetz in den Farben des umliegenden Geländes bedeckt.

Das Vorarbeiten unter Zuhilfenahme des Tarnfächers darf nur langsam und zentimeterweise erfolgen. Wenn Du in einen Geländeabschnitt mit einer anderen Bodenbedeckung kommst, muß der Fächer unverzüglich neu getarnt werden.

***b**. Die Tarnmatte tarnt Dich gegen Sicht aus der Luft und erlaubt Dir, Dich auf eine günstige Schußentfernung vorzuarbeiten.*

Herstellung: Drei Tarnnetze werden miteinander verbunden, zwischen vier Pflöcken auf gespannt und Bodenbewuchs einge flochten. Beim Einflechten ist darauf zu achten, daß Wurzeln nach unten zeigen, damit der Anschein natürlichen Bodenbewuchses entsteht.

Beim Einflechten ist die Natur perfekt nachzuahmen!

Nachdem das Tarnmaterial eingeflochten ist, wird die Tarnmatte folgendermaßen angelegt:

Ein Drittel der Matte wird so über den Kopf gelegt, daß auch das Gesicht völlig verdeckt ist. Die eigene Sicht wird nicht behindert, wenn mit den Fingern das Tarnmaterial so auseinander gespreizt wird, daß zwei kleine Öffnungen entstehen. Die Tarnmatte muß am Körper befestigt werden. Das obere Drittel wird mit Bindfaden befestigt, der unter den Armen hindurchgeführt wird, das mittlere Drittel wird in Hüfthöhe am Körper, das untere Drittel wird an den Oberschenkeln befestigt. Stiefel und Waffe sind entsprechend zu tarnen.

Beispiel für eine versteckte Stellung (Lauerstellung).

Drei oder vier Tarnnetze werden verbunden und aufgespannt. Dann werden Tannen-, Kiefern-, Birken-, Wacholderzweige usw. eingeflochten. Diese Tarnung wird ebenso am Körper befestigt, wie die Tarnmatte, nur daß hierbei lediglich die Vorderseite des Schützen getarnt ist.

Mit Hilfe dieser Tarnung – die natürlich der Umgebung angepaßt sein muß – ist es Dir möglich, Stellung im offenen Gelände zu beziehen und den Gegner zu beobachten, ohne selbst gesehen zu werden.

***a**. menschlicher Nadelbaum*

***b.** menschlicher Strauch*

***c.** menschliche Birke*

Für das Zielfernrohr und das Fernglas können aus Pappe behelfsmäßige Abdeckungen hergestellt werden. Dadurch wird verhindert, daß sich Sonnenstrahlen in den Objektiven spiegeln. Zur völligen Tarnung von Fernglas und Zielfernrohr können diese mit Tarnmaterial abgedeckt werden.

Tarnen der Stellung.

Der Erdaushub ist mit der Dreieckszeltbahn wegzuschaffen. Spuren in der unmittelbaren Umgebung der Stellung müssen beseitigt werden. Das Schützenloch wird entsprechend der Umgebung ab gedeckt. Die Waffe ist vollständig bis zur Mündung zu tarnen. Anstelle des Tarnnetzes kann die Dreieckszeltbahn verwendet werden. Vorteile:

***a.** Im Winter bleibt die Stellung warm.*

***b.** Die Stellung kann mit Grassoden abgedeckt werden, die selbst im Sommer kaum austrocknen.*

Auf keinen Fall darf Gras, Moos, Laub usw. zur Abdeckung verwendet werden, da Wind und Sonnenschein Deine Stellung verraten können.

Großen Wert legte die deutsche Scharfschützen-Ausbildung auf Tarnen und Täuschen. Dieser Lehrgangsteilnehmer verwandelte sich in eine Heidekiefer und konnte nach Beziehen der Stellung selbst auf kürzeste Entfernung nicht ausgemacht werden (September 1944).

Baumschütze im Anschlag.

Wenn Du trotz unablässiger Beobachtung den Gegner nicht ausgemacht hast, mußt Du ihn durch Täuschung heranlocken. Verwende nie mehrmals dieselbe Täuschung, wende stets eine neue List an. Eine Täuschungsmaßnahme muß natürlich wirken, die größte Wirkung wird erzielt, wenn die Täuschungsmaßnahme mit Bewegung verbunden ist. Sie muß mit einfachen Hilfsmitteln herzustellen und einfach anzufertigen sein. Verwende komplizierte Täuschungsmaßnahmen nur, wenn einfache Maßnahmen nicht zum Erfolg geführt haben.
Die Arbeiten bei der Anfertigung von Täuschungsmaßnahmen werden stets vom Beobachter ausgeführt, der Schütze bleibt in Stellung und wartet auf das Auftauchen eines Zieles.
Täuschungen werden insbesondere in der Verteidigung eingesetzt.
Beispiele:
***a**. Beobachter. Durch Ausstopfen mit Moos, Gräsern usw. werden ein Rumpfund ein Kopf hergestellt. Für den Kopf wird ein Tarnnetz verwendet, als Gesicht dient ein Stück Pappe oder die rotbraune Seite eines Stückes ab gelöster Birkenrinde. Ein Stock und eine Querstrebe dienen als Wirbelsäule und Schultern. Über einen dünnen Stab werden die Arme mit dem Fernglas bewegt. Die Fernglas-Attrappe läßt sich aus Holz, die Objektivlinsen aus durchsichtigen Scheiben herstellen.*
***b.** Schanzender Schütze. Scheinbar verrät sich ein Schütze dadurch, daß er Erde aus der Deckung aufwirft und dabei der Spaten aufblitzt. Wenn er pausiert, steigt Tabakrauch auf, und schließlich taucht die Schützenattrappe aus der Deckung auf.*
***c.** Schütze in Feuerstellung. Mit Gras ausgestopfter Kopf, der auf einem beweglichen Schlitten befestigt ist. Durch Ziehen an einer Schnur bewegt sich der Kopf seitwärts und taucht aus der Deckung auf. Wird ein fest verankertes Gewehr mittels einer Reißleine abgefeuert, wird die Täuschung noch wirkungsvoller.*
***d.** Doppelkopf. Nach vorne und nach der Seite beweglich, hat dieselbe Wirkung wie bei c.*
***e.** Baumkletterer. Eine Täuschungsmaßnahme, die geeignet ist, einen besonders gut getarnten Gegner herauszulocken. Mit Hilfe von drei Schnurzügen werden Körper, Arme und Beine bewegt, ähnlich den Bewegungen eines Menschen, der einen Baum erklettert.*
Grundsatz: Die zur Täuschung verwendeten Attrappen müssen sorgfältig hergestellt werden und so natürlich bewegt werden, daß der Gegner selbst noch auf kurze Distanz ge-

Eine andere Kletterhilfe bestand darin, Patronenhülsen in Bäume mit weicher Borke, wie Kiefern, zu schlagen.

Sofern keine tragenden Äste vorhanden waren, ließ sich mit Hilfe der Dreiecks-Zeltbahn (Zeltbahn 31) ein behelfsmäßiger Baumsitz herstellen. Dieser Notbehelf mag unpraktisch gewesen sein, dennoch gehörte er zur (theoretischen) Ausbildung deutscher Scharfschützen.

täuscht wird. Ohne Zweifel sind die schamlos übertriebenen Berichte über eine Unzahl deutscher Scharfschützen, welche die vorrückenden Alliierten buchstäblich aus jedem Baum in Europa unter Feuer nahmen, der Grund für die bis zum heutigen Tag bestehende Fehlmeinung, daß jeder Schütze, der aus einer sicheren Deckung heraus irgendeine Waffe abfeuert, damit automatisch ein qualifizierter Scharfschütze ist – ein Mißverständnis, das durch die Medien [in den USA] weiterverbreitet wird. In deutschen Ausbildungsvorschriften sind zwar Schützen abgebildet, die in Baumkronen in Stellung gegangen sind, jedoch gehörte das zur allgemeinen Ausbildung des deutschen Infanteristen. Nachweislich wurden Klettergurte ausgegeben, die aller Wahrscheinlichkeit nach eher von Beobachtern verwendet wurden als von Gewehrschützen*. Obwohl in verschiedenen Scharfschützen-Lehrgängen ausgiebig auf die besten Methoden eingegangen wurde, wie zur Beziehung einer günstigen Stellung ein Baum zu erklettern sei, ging es wohl eher darum, einen Scharfschützen auf jedwede Situation vorzubereiten, als darum, ihm eine Technik zu vermitteln, die zu seiner Ausschaltung führen mußte. Zweifellos

** Spezielle Steigeisen, die sich von den üblichen Steigeisen für Fermeldemasten unterschieden (Dorne im Bereich des Mittelfußes), sind aus Sammlungen bekannt. A.d.B.*

Waren keine Steigeisen vorhanden, sollten zwischen den Füßen gespannte Drähte das Erklettern von Baumstämmen ermöglichen.

gab es Umstände, die es erforderlich machten, ein Baumversteck zu beziehen. Aber wenn man bedenkt, wie schwierig es ist, eine Körperhaltung einzunehmen, welche die Abgabe eines präzisen Schusses zuläßt, und wie schwierig es ist, sich aus einer solchen Stellung abzusetzen, scheint es zweifelhaft, daß ein erfahrener Scharfschütze öfter als unbedingt notwendig auf diese Methode zurückgriff.

Die deutschen Scharfschützen hatten ihren Auftrag unter schwierigsten Bedingungen zu erfüllen, aber dies gelang ihnen aufgrund einer hervorragenden Ausbildung und ihres angeborenen Jägerinstinkts. Hierfür spricht nicht zuletzt die Tatsache, daß nur sehr wenige in Gefangenschaft gerieten oder im Einsatz fielen, obwohl sie von ihren alliierten Gegnern hartnäckig gejagt wurden.

Das Scharfschützenabzeichen

Bei der Wehrmacht war es allgemein üblich, daß Soldaten, die sich im Einsatz besonders bewährten, bestimmte Abzeichen verliehen bekamen. Dies galt auch für die Scharfschützen, die beachtliche Erfolge erzielten. Im Juli 1943 erließ das Oberkommando des Heeres, Chef HRüst u. BdE, eine entsprechende Verfügung.

Es ist beabsichtigt, ein besonderes Abzeichen für Scharfschützen einzuführen, das an der Uniform getragen werden soll.

Es sind Vorschläge von der Truppe erwünscht hinsichtlich der Form und der Trageweise.

Das Abzeichen soll nicht größer als 6 X 4 cm sein, Abweichungen sind jedoch zulässig, wenn die Vorschläge ansonsten brauchbar sind.

Es kann aus Stoff (gestickt oder zum Aufnähen) oder aus Metall (zum Anstecken) bestehen und soll an alle Unteroffiziere und Mannschaften verliehen werden, welche die Schießbedingungen des Scharfschützenlehrganges erfüllt haben.

Vorschläge für das Scharfschützenabzeichen sind zusammen mit einer einfachen farbigen Skizze bis zum 15. August 1943 einzureichen an das AAK Abteilung IIaO.

Das Scharfschützenabzeichen sollte unter anderem Tapferkeitsauszeichnungen wie das Eiserne Kreuz ergänzen oder ersetzen, welches bis dahin die einzig sichtbar getragene Auszeichnung für die Erfolge der Scharfschützen gewesen war. Außerdem sollte der Truppe an der Front deutlich gemacht werden, daß die deutsche Seite den sowjetischen Scharfschützen etwas entgegenzusetzen hatte.

Zwar wurde eine ganze Reihe eingereichter Vorschläge verworfen, aber schließlich wurde ein zufriedenstellendes Muster gefunden und genehmigt. Wie sich im Nachhinein zeigen sollte, sahen sich die deutschen Militärs mit einem Problem konfrontiert, das sie selbst geschaffen hatten: war das Abzeichen als eine besondere Stufe der Schützenschnur zu bewerten oder als Kampfabzeichen? Es wurde zu bedenken gegeben, daß die Sowjets ihre Scharfschützen auszuzeichnen pflegten; der deutschen Öffentlichkeit gegenüber hatte man aber die Tätigkeit der sowjetischen Scharfschützen als besonders widerwärtige Form von Menschenjagd dargestellt.

Die Feststellung, daß das genehmigte Muster zuviel allgemeines Aufsehen hervorrief, führte dazu, daß die Einführung des Scharfschützenabzeichens bis zum folgenden Jahr hinausgeschoben wurde. In abgewandelter Form wurde es dann mit Führerbefehl vom 20. August 1944 als *Scharfschützenabzeichen des Heeres* eingeführt.

Es wurde ausdrücklich betont, daß das Abzeichen nur an Soldaten verliehen werden konnte, die als Scharfschützen ausgebildet waren und die Verleihungsbedingungen im Einsatz erfüllt hatten.

Interessant ist die Feststellung, daß im Führerbefehl zur Einführung des Scharfschützenabzeichens ursprünglich der Begriff *»SS-Verfügungstruppe«* anstelle von »Waffen-SS« verwendet wurde – der offiziellen Bezeichnung dieser Organisation seit 1940. Dieses Versehen wurde durch Verfügung des OKH mit Datum vom 28. September 1944 berichtigt und in sämtlichen Schriftstücken der Begriff *»SS-Verfügungstruppe«* gestrichen und durch *»Waffen-SS«* ersetzt. Träger des Scharfschützenabzeichens galten als Elite der deutschen Infanterie und zweifellos wurde das Abzeichen in der genehmigten Form mit dem entsprechenden Stolz getragen*. Vielleicht wurden aufgrund der strengen Verleihungsbedingungen nur wenige Abzeichen verliehen, Tatsache ist, daß nur sehr wenige Träger des Scharfschützenabzeichens lebend oder tot in die Hände der Alliierten fielen.

In seinem zu den Klassikern zählenden Buch *»With British Snipers to the Reich« (Mit britischen Scharfschützen ins Reich)* äußert der britische Hauptmann *(Captain)* C. Shore:

Vielleicht ist die Feststellung von Interesse, daß ich im Verlauf des Feldzuges in Nordwest-Europa vom D-Day [6. Juni 1944] *bis zum 8. Mai 1945 und danach in Deutschland von Westfalen bis zur dänischen Grenze keinen einzigen Deutschen getroffen habe, der das deutsche Scharfschützenabzeichen trug, den Adlerkopf (den wir als Symbol für die scharfe Beobachtungsgabe eines Scharfschützen betrachteten). Auch während meiner Zeit am Ausbildungszentrum gelang es mir trotz eingehender Nachforschungen nicht, jemanden aufzuspüren, der einem Hunnen mit dem Scharfschützenabzeichen begegnet war, und während dieser Zeit war ich durchaus in einer Position, die es mir gestattete, derartige Nachforschungen anzustellen.*

Das Abzeichen zeigte auf einem ovalen Hintergrund aus grauem Tuch einen Adlerkopf in Schwarz, der zwischen grünen Eichenblättern mit einer kleinen braunen Eichel hervorragte. Adlerauge und -Schnabel waren in Gelb gearbeitet, die Federn in weißer Baumwolle.

* Viele Scharfschützen zogen es vor, das Abzeichen entgegen der Bestimmung »Orden und Ehrenzeichen sind anzulegen« im Einsatz nicht zu tragen, um einer »Sonderbehandlung« bei Gefangennahme durch den Gegner zu entgehen. Siehe auch Seite 137.

Führerbefehle

34. Befehl des Führers über die Einführung eines Scharfschützenabzeichens.

Der Führer. **F. H. Qu., den 20. 8. 1944.**

1.

In Anerkennung des hohen Einsatzes des Einzelschützen mit Gewehr als Scharfschütze und zur Würdigung der hierbei erzielten Erfolge führe ich für das Heer und die SS-Verfügungstruppe das

Scharfschützenabzeichen

ein.

Das Scharfschützenabzeichen wird in 3 Stufen verliehen.

2.

Die Durchführungsbestimmungen erläßt der Gen. d. Inf. b. Chef Gen. St. d. H.

Adolf Hitler

Durchführungsbestimmungen zum Führerbefehl vom 20. 8. 1944 über die Einführung eines Scharfschützenabzeichens.

Der Führer hat ein Scharfschützenabzeichen für das Heer und die SS-Verfügungstruppe eingeführt. Hierdurch soll der hohe Einsatz des Schützen mit Gewehr und seine Erfolge im gezielten Einzelschuß gewürdigt und gleichzeitig ein Ansporn für eine Steigerung der bisher erzielten Leistungen gegeben werden. Dementsprechend ist das Scharfschützenabzeichen nach folgenden Grundsätzen zu verleihen:

1. Das Scharfschützenabzeichen wird durch den nächsten truppendienstlichen Vorgesetzten mit den Befugnissen mindestens eines Regimentskommandeurs auf schriftlichen Vorschlag des Einheitsführers an solche Soldaten verliehen, die als planmäßige Scharfschützen ausgebildet und eingesetzt sind. Dem Beliehenen ist eine Urkunde über die Verleihung auszustellen und die Verleihung in die Personalpapiere einzutragen (siehe Anlage 2).

2. Das Abzeichen (siehe Anlage 1) ist in 3 Stufen unterteilt und wird auf dem rechten Unterarm getragen. Sofern ein Soldat ein Funktionsdienstgradabzeichen besitzt oder neben dem Scharfschützenabzeichen verliehen bekommt, ist dieses unter dem Scharfschützenabzeichen zu tragen.

3. Es werden verliehen:

   Die 1. Stufe für mindestens 20 Feindabschüsse, die ab 1. 9. 1944 erzielt wurden (Abzeichen ohne besondere Umrandung);

   die 2. Stufe für mindestens 40 Feindabschüsse, die ab 1. 9. 1944 erzielt wurden (Abzeichen mit Silberkordel umrandet);

   die 3. Stufe für mindestens 60 Feindabschüsse, die ab 1. 9. 1944 erzielt wurden (Abzeichen mit goldgelber Kordel umrandet).

   Im Nahkampf erzielte Abschüsse werden nicht angerechnet. Im übrigen muß der Feind bewegungsunfähig geschossen sein und darf nicht die Absicht gezeigt haben, überzulaufen oder sich gefangen zu geben.

4. Über jeden Abschußerfolg ist bei der Einheit eine Meldung und Bestätigung durch mindestens 1 Zeugen einzureichen. Die Einheiten legen auf Grund der Meldungen Scharfschützenlisten gemäß anliegendem Muster an (Anlage 3). Ein Auszug aus der Scharfschützenliste ist bei Versetzungen der neuen Einheit zusammen mit den sonstigen Papieren zu übergeben. Eine rückwirkende Anrechnung von Abschüssen erfolgt nicht, um unnötigen Schriftverkehr zu vermeiden. Es wird vielmehr vorgeschlagen, die bisherigen Leistungen durch die Truppe bei der Verleihung von Eisernen Kreuzen mit bewerten zu lassen.

O. K. H., 20. 8. 1944
Gen. d. Inf. b/Chef Gen. St. d. H.

Zusatzbestimmungen des O. K. L. (LP) zum Führerbefehl vom 20. 8. 1944 über die Einführung des Scharfschützenabzeichens.

1. Laut O. K. W., 29 b 28. 14/9215/44 WZA/WZ III c, vom 14. 12. 1944 hat der Führer entschieden, daß das Scharfschützenabzeichen den im Erdkampf eingesetzten Soldaten aller Wehrmachtteile verliehen werden kann, wenn die Voraussetzungen für die Verleihung erfüllt sind.

2. Im Bereich der Luftwaffe erfolgt die Verleihung des Scharfschützenabzeichens auf Vorschlag des Einheitsführers durch den nächsten truppendienstlichen Vorgesetzten mit den Befugnissen mindestens eines Geschwaderkommodore bzw. Regimentskommandeurs. In Zweifelsfällen ist Entscheidung bei O. K. L. (LP) zu beantragen.

3. Die vorstehend bekanntgegebenen Durchführungsbestimmungen des Gen. d. Inf. b. Chef Gen. St. d. H. gelten in vollem Umfange auch für die Luftwaffe.

4. Besitzzeugnisse gemäß Anlage 2 sind von den Verleihungsdienststellen selbst zu beschaffen.

5. Der Bedarf an Abzeichen ist auf dem Bekleidungsnachschubwege zu decken. Anforderungen sind an das örtlich zuständige Luftgaukommando (Verwaltung) zu richten.

O. K. L., 2. 1. 1945.
Az. 29 g 10/LP Ausz. u. Diszpl. (I A).

L. V. Bl. S. 28

Der Führerbefehl zur Einführung des Scharfschützenabzeichens.

Ein vom Oberkommando der Wehrmacht im Jahre 1943 genehmigtes Muster des Scharfschützenabzeichens. Da man schließlich zu der Überzeugung kam, daß es zu auffällig sei, wurde dieses Muster nicht eingeführt.

Dritte Stufe des Scharfschützenabzeichen mit Goldrand für mindestens 60 bestätigte Abschüsse. Die tatsächlichen Abmessungen betrugen etwa 70 X 53 mm. Vor Einführung des Scharfschützenabzeichens waren erfolgreiche Scharfschützen mit dem Eisernen Kreuz zweiter und erster Klasse ausgezeichnet worden. Das Scharfschützenabzeichen sollte anstelle des Eisernen Kreuzes Erster Klasse verliehen werden, einmal, weil man der Meinung war, daß dieses für zu viele verschiedene Leistungen verliehen wurde; andererseits um den Scharfschützen zu weiteren Leistungen anzuspornen; drittens, um der Truppe zu zeigen, daß die Wehrmacht über ausgebildete Scharfschützen verfügte, die den Kampf mit den gefürchteten sowjetischen Scharfschützen aufnehmen konnten.

Jeder Sammler oder Militärhistoriker, der ein authentisches deutsches Scharfschützenabzeichen besitzt, gleichgültig welcher Stufe, darf sich getrost als Glückspilz bezeichnen. Sollte er alle drei Stufen besitzen, dürfte er sich fühlen wie im Siebten Himmel.

Am 14. Dezember 1944 wurden die Verleihungsbedingungen dahingehend abgeändert, daß das Scharfschützenabzeichen den im Erdkampf eingesetzten Soldaten aller Wehrmachtsteile, also Heer, Waffen-SS, Luftwaffe und Kriegsmarine, verliehen werden konnte.

Den hierzu ergangenen Zusatzbestimmungen des Oberkommandos der Luftwaffe (OKL) vom 2. Januar 1945 schloß sich das Oberkommando der Kriegsmarine (OKM) am 3. Januar 1945 an und gab die Einführung des Scharfschützenabzeichens gemäß den bestehenden Verleihungsbedingungen bekannt. Der Grund für die erweiterten Verleihungsbedingungen lag offensichtlich darin, daß die Soldaten der Luftwaffe einbezogen werden sollten, die gegen Ende des Jahres 1944 überwiegend infanteristisch eingesetzt wurden. Luftwaffen-Felddivisionen waren zwar bereits zu Beginn des Krieges eigens aufgestellt worden, Umfang der Scharfschützenausbildung und Erfolge von Scharfschützen im Einsatz sind jedoch bislang nicht bekannt. Bei den Fallschirmjägern verfügte jeder Zug über einige Soldaten, die im Einsatz von Scharfschützenwaffen ausgebildet und entsprechend bewaffnet waren, um auf größere Entfernungen die ansonsten beschränkte Feuerkraft zu verstärken. In Hauptmann Shores Buch findet sich eine interessante Episode hinsichtlich des Einsatzes von Scharfschützen der Luftwaffe.

Mir ist ein Fall bekannt, wo ein schottisches Bataillon auf

einige wirkliche deutsche Scharfschützen stieß. Nach Auskunft des Warrant Officers [entspricht etwa dem deutschen Feldwebel-Leutnant], *der für die Ausbildung der Scharfschützen des Bataillons zuständig war, war dies das einzige Mal, wo sie es wirklich mit deutschen Scharfschützen zu tun hatten. Es ereignete sich nahe der kleinen Stadt Francofonte in Sizilien. Das Bataillon stieß überraschend auf ein deutsches Fallschirmjäger-Regiment, das sich auf einem erhöhten Geländeabschnitt festgesetzt hatte, und dessen Scharfschützen erzielten auf Entfernungen von fast 600 Metern einige bemerkenswerte Treffer. Sogar unter schwerem Artilleriefeuer hielten sie ihre Stellungen und setzten ihr hervorragend gezieltes Feuer fort. Natürlich hatten sie sich in gut ausgebauten Stellungen verschanzt.*
Als sie schließlich von der vorrückenden Infanterie aus ihren Stellungen geworfen wurden, gelang es den meisten Scharfschützen, aufgrund überaus geschickter Ausnutzung des Geländes zu entkommen.

Das endgültig eingeführte Muster des Scharfschützenabzeichens, wie es in einem Schriftstück mit Datum 7. September 1944 abgebildet war. Aufgrund der Tatsache, daß sowjetische Soldaten jeden deutschen Kriegsgefangenen, der das Scharfschützenabzeichen trug, unverzüglich exekutierten, wurde in einer Weisung aus dem Jahre 1945 offiziell darauf hingewiesen, daß das Scharfschützenabzeichen im Falle einer unausweichlichen Gefangennahme zu entfernen sei.

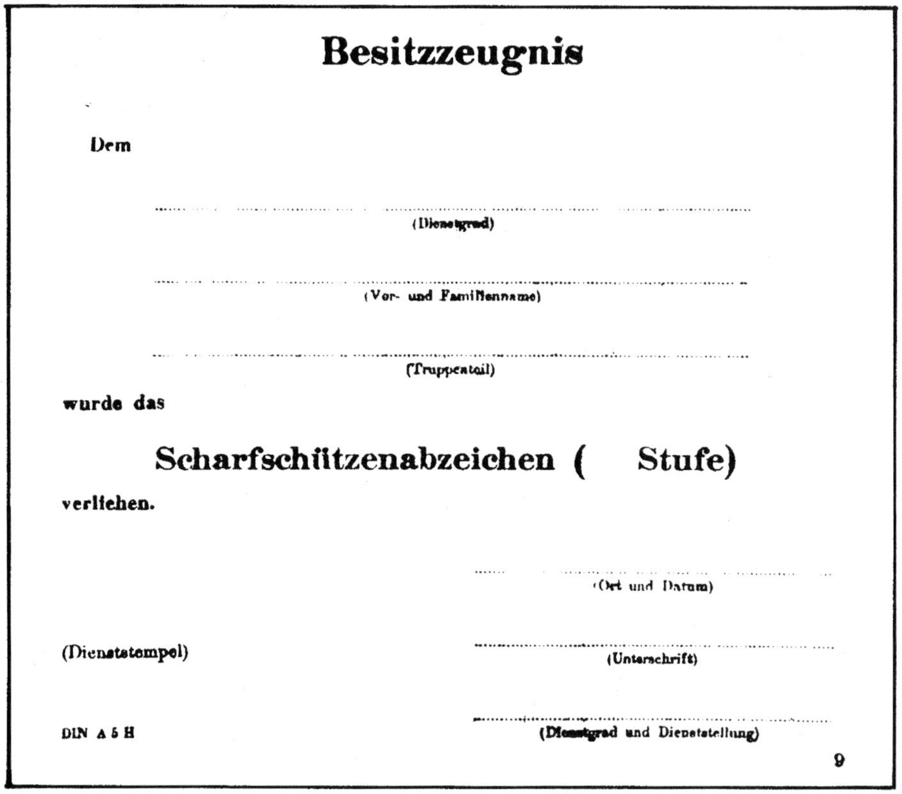

Besitzzeugnis

Dem

....
(Dienstgrad)

....
(Vor- und Familienname)

....
(Truppenteil)

wurde das

Scharfschützenabzeichen (Stufe)

verliehen.

....
(Ort und Datum)

(Dienststempel)

....
(Unterschrift)

DIN A 5 H

....
(Dienstgrad und Dienststellung)

9

Besitzzeugnis für das Scharfschützenabzeichen. Die Abmessungen des Originals betrugen 127 X 177 mm.

Rechts: Ein gefangener englischer Sergeant erzählte die Geschichte des Gefreiten Kurt Spengler, der weit vor den deutschen Linien fiel: *»Ein einziger deutscher Soldat war irgendwo im Minenfeld von Hermanville, 13 km nordostwärts Caen, zurückgeblieben, als sich das deutsche Gros nach Süden absetzte. Tag und Nacht hielt er das Vorfeld unter Feuer und schoß einen Spähtrupp nach dem anderen von uns ab. Er war nicht kleinzukriegen. Rings um ihn herum war totes Niemandsland, gespickt mit Minen besonderer Art. Als wir nach tagelanger massierter Artillerieeinwirkung durchbrachen, fanden wir ihn tot. In der Nähe lagen die leeren Dosen der Konserven, von denen er gelebt hatte, und viele leere Patronenhülsen. Nach der Einnahme von Hermanville wies der Kommandeur unseres Regiments mit einem Befehl daraufhin, daß diese Zähigkeit des deutschen Scharfschützen, der Spengler hieß, für uns das beste Beispiel von Tapferkeit und Haltung sei. Hut ab vor solchen Soldaten!«*
Auszug aus SIGNAL, 1944.

Das klassische Bild eines deutschen Scharfschützen: In der einen Hand das Gewehr mit aufgesetztem Zielfernrohr, in der anderen das Fernglas. Bemerkenswert ist das völlig blanke Zielfernrohr.

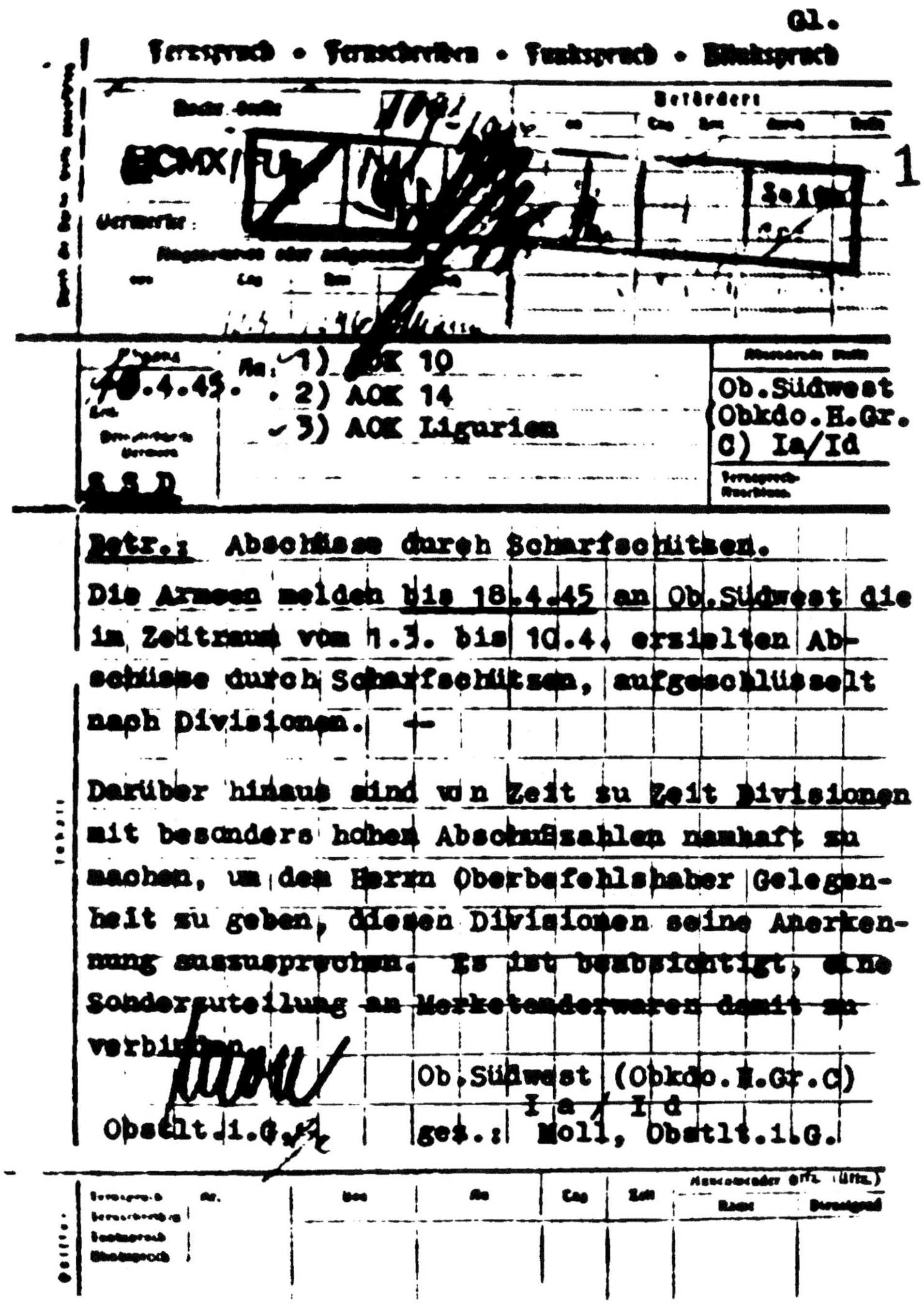

Gl.

Fernspruch • Fernschreiben • Funkspruch • Blinkspruch

An: 1) AOK 10
2) AOK 14
3) AOK Ligurien

Absendende Stelle: Ob.Südwest (Obkdo.H.Gr. C) Ia/Id

Betr.: Abschüsse durch Scharfschützen.

Die Armeen melden bis 18.4.45 an Ob.Südwest die im Zeitraum vom 1.3. bis 10.4. erzielten Abschüsse durch Scharfschützen, aufgeschlüsselt nach Divisionen.

Darüber hinaus sind von Zeit zu Zeit Divisionen mit besonders hohen Abschußzahlen namhaft zu machen, um dem Herrn Oberbefehlshaber Gelegenheit zu geben, diesen Divisionen seine Anerkennung auszusprechen. Es ist beabsichtigt, eine Sonderzuteilung an Marketenderwaren damit zu verbinden.

Ob.Südwest (Obkdo.H.Gr.C)
Ia/Id
Obstlt.i.G. gez.: Moll, Obstlt.i.G.

Mit diesem Fernschreiben vom April 1945 forderte das Oberkommando der Heeresgruppe C die unterstellten Armeen auf, die von Scharfschützen der einzelnen Divisionen erzielten Abschüsse zu melden.

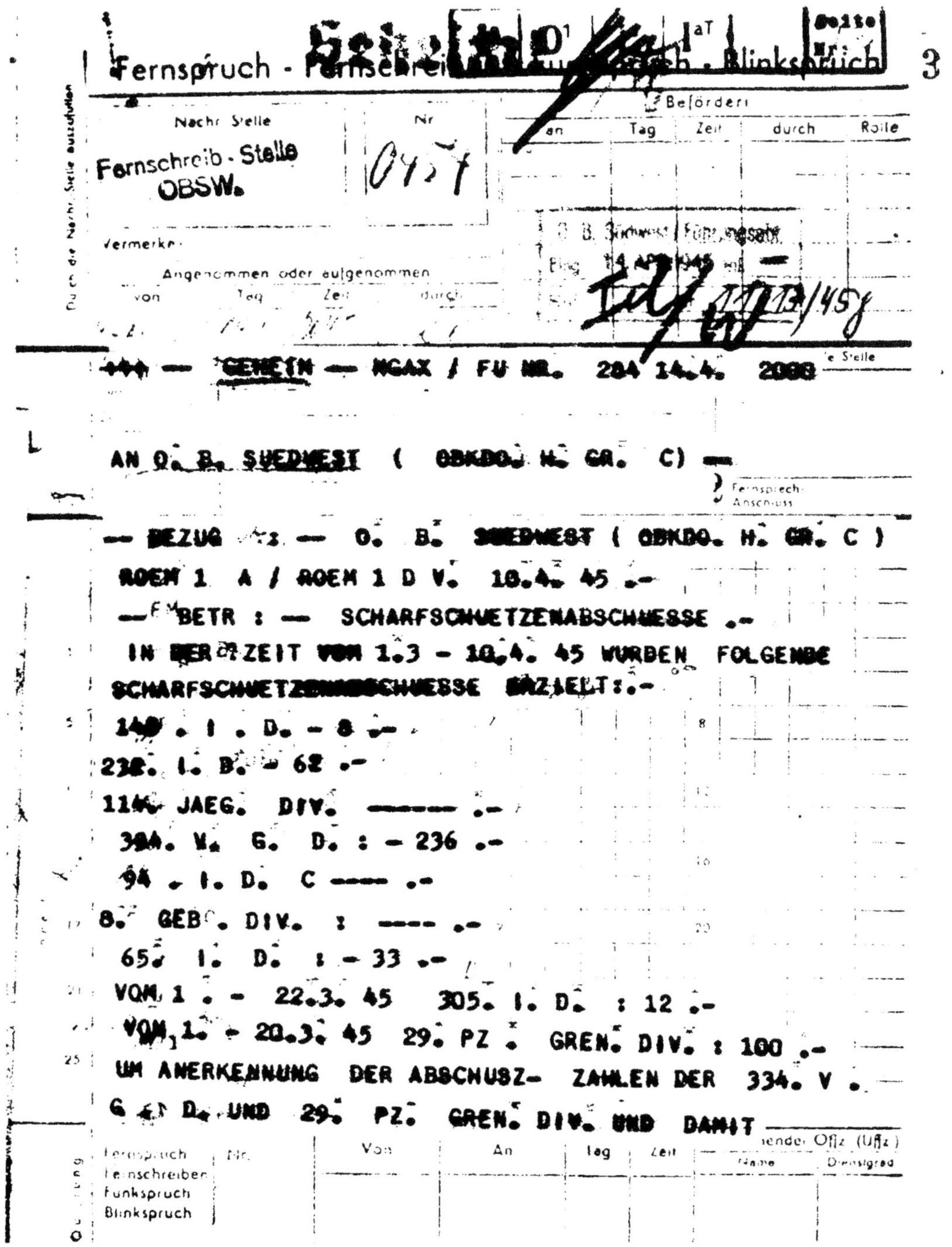

Fernspruch - Fernschreiben - Funkspruch - Blinkspruch

Nachr. Stelle: Fernschreib-Stelle OBSW.

Nr.: 0457

Vermerke:

Angenommen oder aufgenommen: von / Tag / Zeit / durch

Befördert: an / Tag / Zeit / durch / Rolle

O. B. Südwest / Führungsabt. / Eing. 14. APR. 1945

+++ — GEHEIM — NGAX / FU NR. 284 14.4. 2000

AN O. B. SUEDWEST (OBKDO. H. GR. C) —

Fernsprech-Anschluss

— BEZUG : — O. B. SUEDWEST (OBKDO. H. GR. C)
ROEM 1 A / ROEM 1 D V. 10.4. 45 .—
— BETR : — SCHARFSCHUETZENABSCHUESSE .—
IN DER ZEIT VOM 1.3 - 10.4. 45 WURDEN FOLGENDE
SCHARFSCHUETZENABSCHUESSE ERZIELT:.—
148 . I . D. - 8 .—
232. I. D. - 62 .—
114. JAEG. DIV. —— .—
334. V. G. D. : — 236 .—
94 . I. D. C —— .—
8. GEB. DIV. : —— .—
65. I. D. : — 33 .—
VOM 1 . - 22.3. 45 305. I. D. : 12 .—
VOM 1. - 20.3. 45 29. PZ . GREN. DIV. : 100 .—
UM ANERKENNUNG DER ABSCHUSZ- ZAHLEN DER 334. V .
G . D. UND 29. PZ. GREN. DIV. UND DAMIT

Fernspruch / Fernschreiben / Funkspruch / Blinkspruch — Nr. — Von — An — Tag — Zeit — …ender Offz (Uffz) Name Dienstgrad

In einem als geheim eingestuften Fernschreiben melden neun Divisionen dem Oberkommando der Heeresgruppe C weisungsgemäß 451 erzielte Abschüsse. Zu beachten sind die 236 Abschüsse, die die 334. Volksgrenadierdivision meldete.

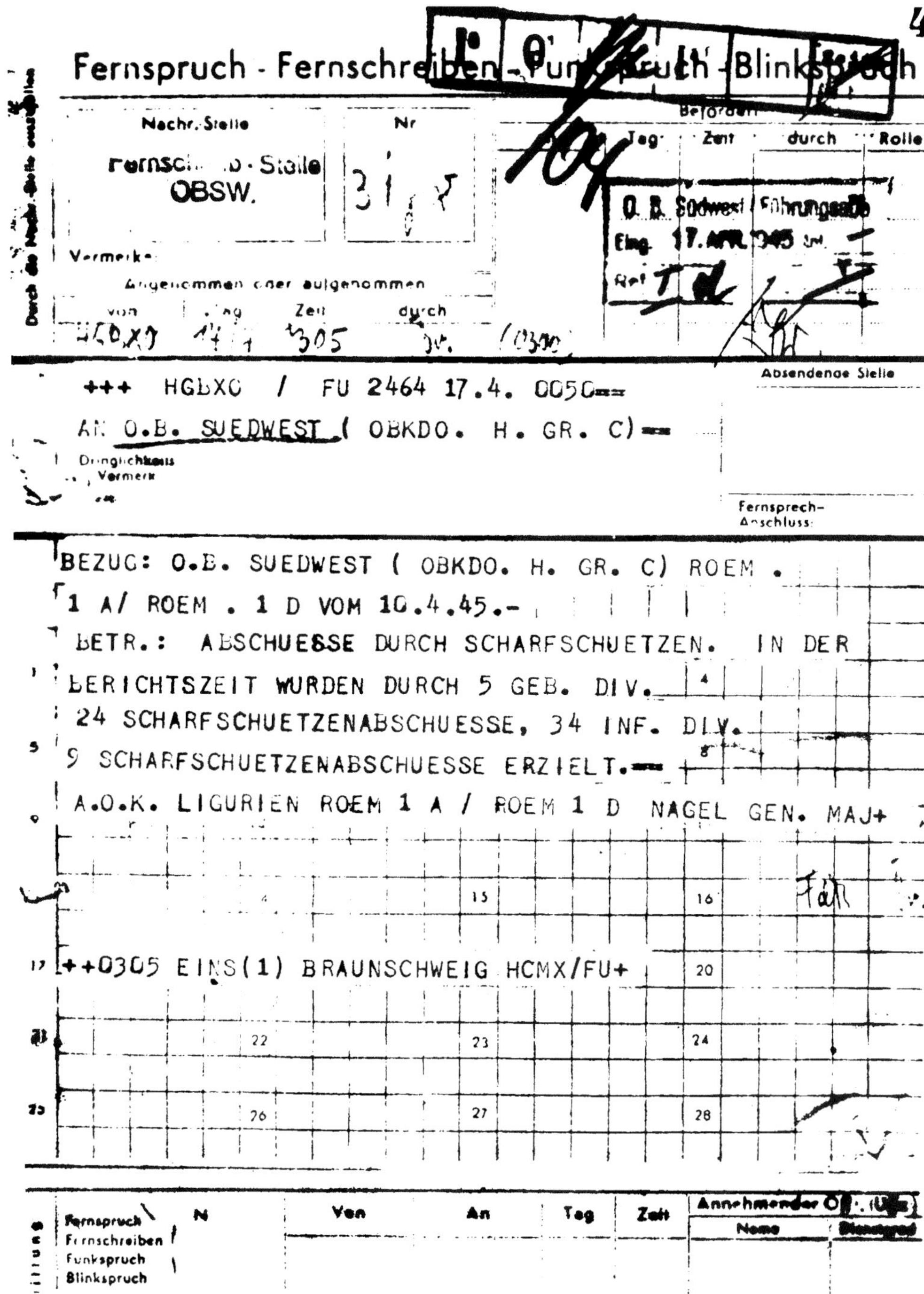

Fernspruch - Fernschreiben - Funkspruch - Blinkspruch

Nachr.-Stelle: Fernschreib-Stelle OBSW.

O.B. Südwest Führungsstab Eing. 17. APR. 1945

+++ HGLXC / FU 2464 17.4. 0050==

AN O.B. SUEDWEST (OBKDO. H. GR. C)==

BEZUG: O.B. SUEDWEST (OBKDO. H. GR. C) ROEM .
1 A/ ROEM . 1 D VOM 10.4.45.-
BETR.: ABSCHUESSE DURCH SCHARFSCHUETZEN. IN DER
BERICHTSZEIT WURDEN DURCH 5 GEB. DIV.
24 SCHARFSCHUETZENABSCHUESSE, 34 INF. DIV.
9 SCHARFSCHUETZENABSCHUESSE ERZIELT.==
A.O.K. LIGURIEN ROEM 1 A / ROEM 1 D NAGEL GEN. MAJ+

++0305 EINS(1) BRAUNSCHWEIG HCMX/FU+

Mit diesem Fernschreiben vom April 1945 forderte das Oberkommando der Heeresgruppe C die unterstellten Armeen auf, die von Scharfschützen der einzelnen Divisionen erzielten Abschüsse zu melden.

Karabiner 98k – kurze seitliche Aufschubmontage

Die um die Mitte der 30er Jahre eingeführte Variante des Karabiners 98k mit kurzer seitlicher Montageschiene war ursprünglich für den polizeilichen Einsatz im Rahmen von Unruhen und Straßenkrawallen vorgesehen.
Für den paramilitärischen Verwendungszweck ausgesuchte Karabiner 98k in Standardausführung wurden zunächst auf ihre Schußleistung überprüft. Danach wurde eine »kurze« Montageschiene mit Schwalbenschwanz-Profil in sorgfältiger Handarbeit an die linke Seite der Systemhülse angepaßt.
Die ersten Montageschienen wurden lediglich mit drei Schrauben befestigt. Oftmals lockerte sich das Gesteck aufgrund der häufigen Erschütterungen des Rückstoßes.
Durch drei zusätzliche Sicherungsschrauben und zwei konische Zapfen, die später hinzukamen, wurde die Schußfestigkeit schließlich erhöht. Als Zielfernrohr-Halterung diente ein gefrästes, U-förmiges Präzisionsteil mit Klemmhebel-Feststellung.
Die ersten Scharfschützenwaffen des *Dritten Reiches* waren in der Regel mit jagdlichen Zielfernrohren mit vierfacher Vergrößerung montiert. Sie stammten aus Lagerbeständen der Hersteller Ajack, Zeiss, Hensoldt oder Kahles. Zur Befestigung der Zielfernrohre dienten geteilte Klemmringe aus Stahl.
Trotz anfänglicher Mängel wurde das Aufschubgesteck mit kurzer seitlicher Schiene nach einigen Verbesserungen allgemein eingeführt. Es kam in Verbindung mit Karabinern 98k verschiedener Hersteller zwischen 1941 und 1945 auf allen Kriegsschauplätzen zum Einsatz.
Obwohl die seitliche Aufschubmontage mit kurzer Schiene zu den häufiger verwendeten Montagegestecken deutscher Scharfschützenwaffen zählt, sind Gewehre mit diesem Gesteck – die speziell für die neu aufgestellten Einheiten der Waffen-SS gefertigt wurden – von besonderem Interesse (siehe auch Kapitel »Scharfschützenbewaffnung der Waffen-SS«). Hierzu wurden überarbeitete Systeme des Gewehres 98 sowie Läufe, Schäfte und andere Teile für den Karabiner 98k aus laufender Fertigung verwendet. Zwar wurde zwischen 1939 und 1940 nachweislich eine gewisse Anzahl von Gewehren für die SS überarbeitet, diese Zahl umfaßt jedoch nicht nur Waffen für Scharfschützen, sondern auch eine unbestimmte Anzahl an Waffen mit überarbeiteten Gewehr-98-Sytemen, die nicht für den Scharfschützeneinsatz vorgesehen waren.
Obwohl sich verschiedene Firmen an der Fertigung beteiligten, läßt sich bei zahlreichen Stücken eindeutig die »Vaterschaft« der Mauser-Werke nachweisen: Die Hersteller-Kennzeichnungen »S/243« (Mauser-Werke, Borsigwalde), »S42« oder »42« (Mauser-Werke, Oberndorf) befinden sich auf der linken Laufseite oder der rechten Hülsenseite. Aufgrund fehlender Herstellerzeichen oder Abnahmestempel des Waffenamtes kann die Mehrzahl dieser für die SS gefertigten Waffen allerdings keinem bestimmten Hersteller zugeordnet werden.
Soweit sich feststellen ließ, wurden handelsübliche Zielfernrohre mit vierfacher Vergrößerung der Hersteller Ajack oder Hensoldt verwendet, die nachträglich von der SS gestempelt oder gekennzeichnet wurden. In die Montageschienen wurden die Seriennummer der entsprechenden Waffe eingeschlagen. Es scheint allerdings, als sei dies nicht zwingend vorgeschrieben gewesen, denn es existieren auch (authentische!) Exemplare mit nicht numerierten Schienen. Vor der Ausgabe wurde die Seriennummer in die Halterung eingeschlagen und auf das Zielfernrohr graviert.
Die SS-Verfügungstruppe erhielt zunächst überarbeitete Gewehre 98 anstelle von Karabinern 98k aus laufender Produktion als Scharfschützenwaffen. Zum damaligen Zeitpunkt ging die SS den Weg des geringsten Widerstandes, denn die geplanten und in der Folge aufgestellten militärischen SS-Verbände wurde von oberen Heeresstellen als Konkurrenz betrachtet. Die SS sah sich genötigt, ihren Bedarf auf dem üblichen Versorgungsweg zu decken, weshalb sie zwischen 1939 und 1940 oftmals nicht gerade die Spitzenerzeugnisse der deutschen Waffenindustrie erhielt.
Experten stimmen darin überein, daß die anfängliche Verwendung von überarbeiteten Gewehren des I. Weltkriegs bei der SS -Verfügungstruppe – sowohl als Scharfschützenwaffen als auch in Standardausführung – schlichtweg als Notlösung zu betrachten ist.

Scharfschütze und Beobachter der Waffen-SS. Der Karabiner 98k zeigt die seitliche Aufschubmontage mit kurzer Schiene. Der Beobachter, ein Unterführer, ist mit einer Maschinenpistole 40 (MPi 40) bewaffnet. Unverkennbar ist das Flecktarnmuster der Bekleidung.

Eine jener Scharfschützenwaffen (Hersteller-Stempel S/42), die anfänglich an die Waffen-SS ausgegeben wurden. Zur Montage des Ajack- Zielfernrohres mit vierfacher Vergrößerung diente die seitliche Aufschubmontage mit kurzer Schiene.

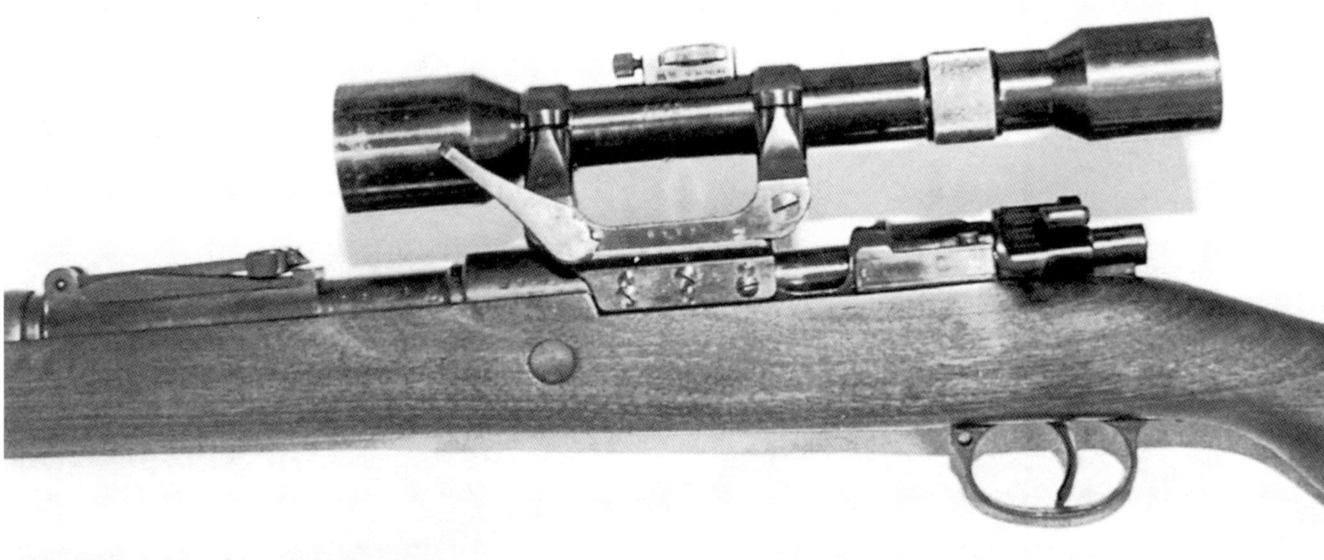

Die in den Mauser-Werken Oberndorf (Hersteller-Stempel *S/42)* hergestellte Waffe mit aufgesetztem Ajack-Zielfernrohr, das mit einem Fokussierring ausgestattet ist. Bemerkenswert ist die sorgfältige Verarbeitung der Waffe und des Montage-Gesteckes. Zu beachten sind die drei Schrauben zur Sicherung der Montageschienen-Verschraubung mit der Hülse.

Der auf der rechten Seite unmittelbar über dem Schaft in den Hülsenkopf eingeschlagene Code des Herstellers »S/42« (Mauser-Werke, Oberndorf) neben einem Abnahmestempel des Waffenamtes (WaA 63).

Der auf der linken Laufseite eingeschlagene Abnahmestempel der für die SS-Verfügungstruppe überarbeiteten Gewehre 98: Ein Totenkopf und die Sigrunen (SS). Die Ziffer »2« bezeichnet angeblich das Arsenal (Zeughaus), das für die Abnahme der Waffen und deren Ausgabe zuständig war, wofür sich allerdings keine Bestätigung finden ließ.

Nahaufnahme eines typischen SS-Abnahmestempels auf einem »Dienstglas« (Hersteller: Ajack), wie es zur Montage mittels der seitlichen Aufschubmontage beschafft wurde.

Nahaufnahme des Hülsenkopfs eines Zielfernrohr-Karabiners 98k von Mauser (die Stempelung *S/42* befindet sich auf der abgewandten Seite des Hülsenkopfes). Sichtbar sind zwei der drei Gewindebohrungen in der Hülse zur Befestigung der Montageschiene und der Schriftzug »Gewehr 98«. Auf dem Lauf unmittelbar vor dem Hülsenkopf ist der SS-Abnahmestempel erkennbar. Bemerkenswerterweise wurde die Oberseite des Hülsenkopfes abgedreht, um die ursprünglichen Herstellerkennzeichen zu entfernen – ein typisches Merkmal von Waffen, die für die SS-Verfügungstruppe überarbeitet wurden.

Oben: Karabiner 98k in Standardausführung mit überarbeitetem System des Gewehres 98. Auf der Hülse ist die Beschriftung »Gewehr 98« sichtbar. Erkennbar ist auch der nahe des Hülsenkopfes eingeschlagene SS-Abnahmestempel.
Unten: Diese Aufnahme läßt die saubere Verarbeitung einer SS-Scharfschützenwaffe erkennen. Waffe, Montagegesteck und Zielfernrohr sind nummerngleich, ein Umstand, der die Waffe zu einem begehrten Sammlerobjekt macht. Bemerkenswert ist der Verschlußhalter, der von einer in der polnischen Rüstungsschmiede Radom gefertigten Version des Karabiners 98k (sogenanntes *Fremdgerät)* stammt – ein Indiz für das Improvisationstalent eines deutschen Waffenwartes.

Auf der kurzen seitlichen Montageschiene ist der Zapfen sichtbar, in den der Feststellhebel der Zielfernrohrhalterung eingreift. Erkennbar ist auch die Versäuberung der Köpfe der Befestigungs- und Sicherungsschrauben.

Die auf die Schiene aufgesetzte Zielfernrohrhalterung mit nicht vollständig arretiertem Feststellhebel. Der Zapfen an der Montageschiene liegt in einer Ausfräsung an der Innenseite des Feststellhebels. Wird der Feststellhebel nach vorne (in Schußrichtung) geschwenkt und nach unten gedrückt, ist die Zielfernrohrhalterung arretiert. Bei jeder Schußabgabe verstärkt der Rückstoß die Klemmwirkung.

Die Unterseite der Zielfernrohrhalterung. Im hinteren Teil der schwalbenschwanzförmigen Ausfräsung (rechts) ist der Anschlag zu erkennen, der verhinderte, daß die Zielfernrohrhalterung beim Aufsetzen auf die Schiene zu weit nach vorne geschoben wurde. Sichtbar ist auch die Ausfräsung an der Unterseite des Klemmhebels, in die der (an der Schiene befindliche) Zapfen eingriff. Die große Schraube hielt das vordere Schellenteil der Zielfernrohrhalterung. Zur Seitenkorrektur des Zielfernrohres, die mittels einer Stellschraube am hinteren Schellenteil vorgenommen wurde, mußte diese Schraube gelöst werden, damit keine Verspannungen auftraten.

SS-Dienstglas: Nahaufnahme des Sockels der Höhenverstellscheibe eines Ajack-Zielfernrohres, das mit seitlicher Aufschubmontage (kurze Schiene) montiert wurde. Diese Art der Kennzeichnung fand sich auch auf Zielfernrohren mit vierfacher Vergrößerung der Firma Hensoldt. Die auf dem Tubus des Zielfernrohres eingravierte Zahl »1943« bezieht sich auf die Seriennummer der Waffe.

Ein Stempel der SS auf der Unterseite des Schaftes hinter dem Abzugsbügel.

Ein Zielfernrohr-Karabiner der Waffen-SS, der aufgrund fehlender Herkunfts-Stempel nicht näher identifiziert werden konnte. Das aufgesetzte Zielfernrohr mit vierfacher Vergrößerung fertigte die Firma KABA.

Diese Nahaufnahme zeigt die Stempelung eines ZF-Karabiners der Waffen-SS mit seitlicher Aufschubmontage. Zu erkennen sind der SS- Abnahmestempel, die Seriennummer der Waffe, die Stempelung des Laufherstellers und der Beschußstempel (Kaiserreich) auf der Hülse eines Gewehr- 98-Systems.

Ein unter Verwendung eines überarbeiteten (Gewehr-98-Systems gefertigter Karabiner 98k der Waffen-SS, der 1967 einem US-Offizier in Vietnam in die Hände fiel. Der in den Lauf eingestempelte fünfzackige Stern ist völlig identisch mit dem, der sich auf Pistolen P 38 findet, die in Frankreich gefertigt wurden. Es ist anzunehmen, daß es sich um einen Beschußstempel handelt. Waffen, die (wie hier) auf dem Lauf nur einen SS-Abnahmestempel tragen, sind am häufigsten anzutreffen; es sind allerdings schon Waffen aufgetaucht, deren Läufe mit zwei identischen Totenkopf-Stempeln versehen waren.

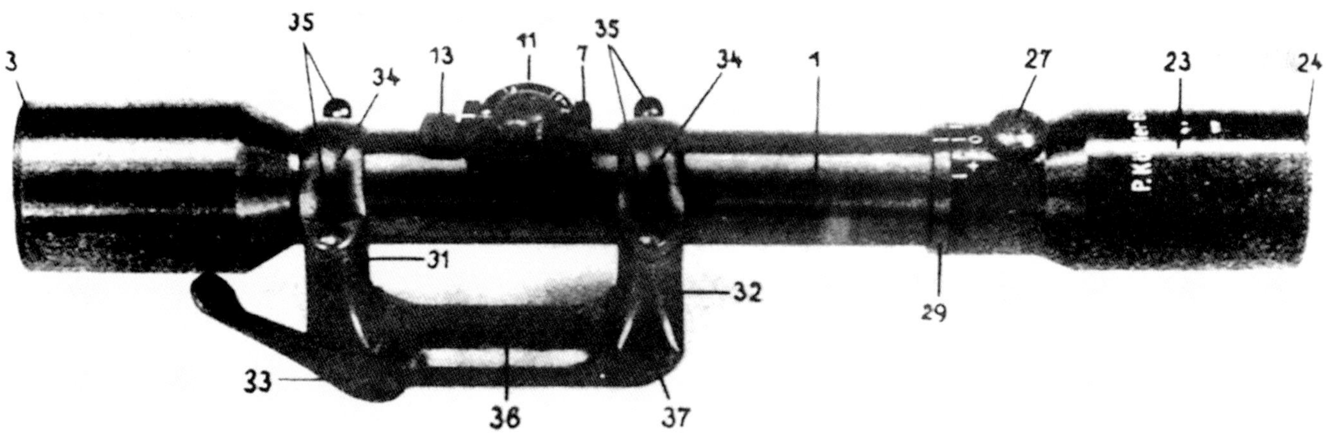

1	Außenrohr	23	Einblickrohr	33	Feststellhebel
3	Ausblicklinsenfassung	24	Einblicklinsenverschraubung	34	Schellenoberteile
7	Sattel	27	Halteschraube zum Einblickrohr	35	Gewindeschrauben
11	Teilring	29	Führungsring zum Einblickrohr	36	Schlittenoberteil
13	Klemmschraube	31	Schellenteil, vorderer	37	Stellschraube
		32	Schellenteil, hinterer		

Diese Abbildung aus dem *Waffen- und Schießtechnischen Leitfaden für die Ordnungspolizei* von 1941 zeigt ein von der Firma P. Kohler gefertigtes Zielfernrohr und dessen Halterung für die seitliche Aufschubmontage mit kurzer Schiene. In dem genannten Buch heißt es: *»Das Zielfernrohr ist mit der Seriennummer des zugehörigen Karabiners zu versehen. Es ist auf keinem anderen Karabiner zu verwenden. Das Anschießen erfolgt im Einzelfall durch das waffentechnische Personal an der Technischen Lehranstalt der Polizei.«*

Diese Aufnahme veranschaulicht die Lage der Montageschiene zur Laufseelenachse. Typisch ist das Fehlen des Herstellerstempels auf dem Hülsenkopf des überarbeiteten Gewehr- 98-Systems.

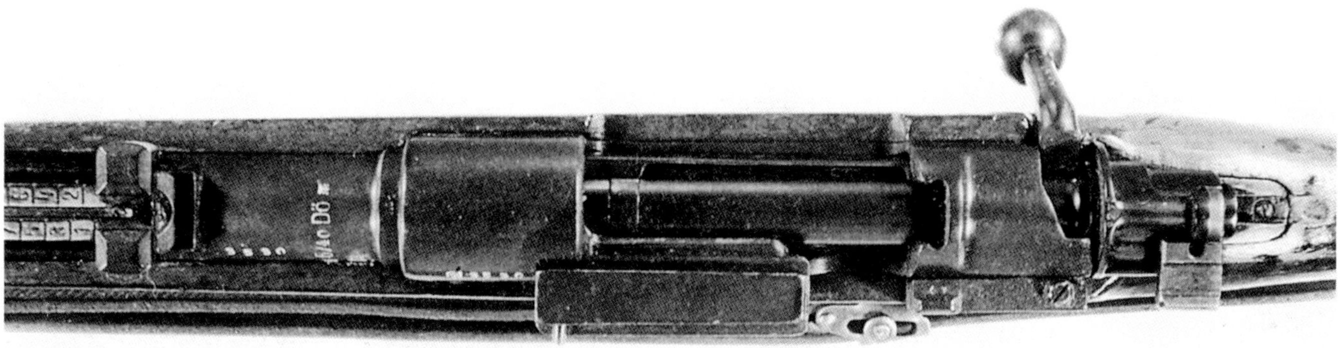

Diese Abbildung veranschaulicht die Lage des aufgesetzten Zielfernrohres zur Laufseelenachse.

Scharfschütze im Einsatz. Deutlich ist die seitliche Aufschubmontage zu erkennen.

Die rechte Seite eines Zielfernrohr-Karabiners mit seitlicher Aufschubmontage und aufgesetztem Zielfernrohr. Bemerkenswert ist die Tarnung des Helmes mit Sackleinen (Jute), die so angebracht ist, daß die charakteristische Form des Helmes verwischt wird. Beim Zielfernrohr handelt es sich um ein ziviles Modell mit Fokussierring.

Zielfernrohrhalterung einer seitlichen Aufschubmontage mit Warenzeichen der Firma Weihrauch. Anscheinend lieferte die Firma *Hermann Weihrauch Waffenfabrik Zella-Mehlis* den Großteil dieser Gestecke, allerdings sind nicht alle in dieser oder ähnlicher Form gekennzeichnet.

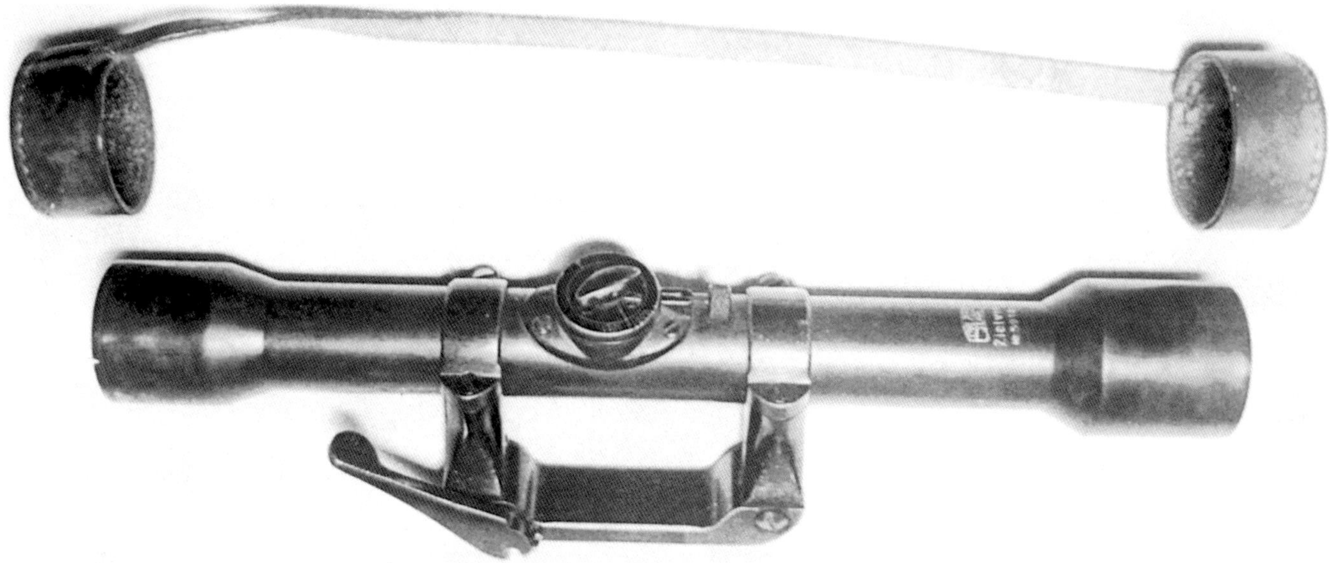

Zielfernrohrhalterung mit einem vierfach vergrößernden ZF von Zeiss (Zielvier) aus Vorkriegsfertigung. Aufgrund geringfügiger Abweichungen bei der Fertigung der einzelnen Gestecke von Hersteller zu Hersteller waren die einzelnen Komponenten nicht immer untereinander austauschbar. Meist griff der Klemmhebel nicht sauber in den Stift an der Montageschiene ein.

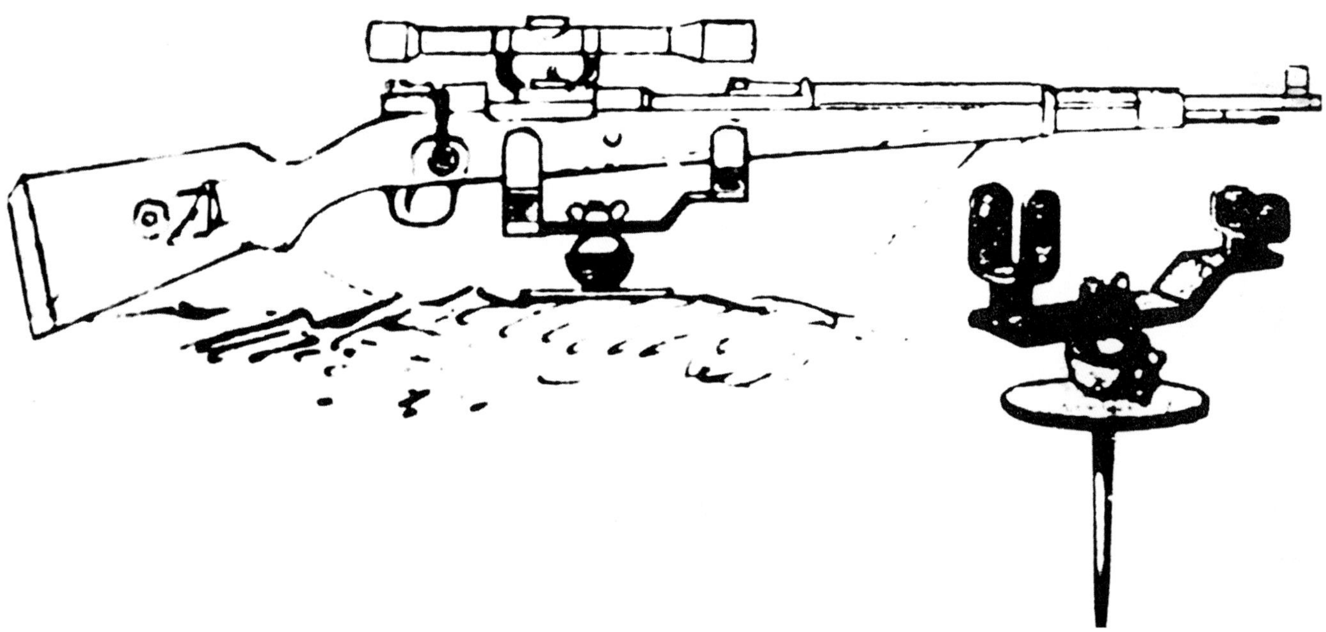

Diese Zeichnung aus der Vorschrift *Kampfschule der Panzertruppen, Ausbildung und Einsatz des Scharfschützen (H. Dv. 298120, Oktober 1944)*, veran schaulicht eine Vorrichtung, wie sie für das Anschießen der Waffen und zur Schießausbildung von Scharfschützen verwendet wurde. Die Abbildung zeigt einen ZF-Karabiner mit seitlicher Aufschubmontage und kurzer Schiene.

Ein während des Krieges von J. P. Sauer (Hersteller-Stempel *ce 43)* gefertigter K 98k mit aufgesetztem Kahles-Zielfernrohr mit vierfacher Vergrößerung. Es handelt sich hierbei um den ersten Versuch, die seitliche Aufschubmontage mit kurzer Schiene zu verstärken: Zwei zusätzliche konische Zapfen an der Montageschiene und eine mit zwei Flügeln versehene Schraube durch die Basis der Zielfernrohrhalterung, die in eine entsprechende Bohrung in der Oberseite der Schiene eingriff, sollten die Schußfestigkeit erhöhen. Um das Wandern des Zielfernrohres in den Montageringen zu unterbinden, wurde zwischen den beiden Ringen am Tubus des Zielfernrohres ein Stahlstück angelötet und verschraubt. Dieses Verfahren erwies sich als sehr arbeits- und zeitaufwendig und führte dazu, daß in der Folge bei einigen Zielfernrohren entsprechende Ringe angebracht wurden.

Die Nahaufnahme läßt die an der seitlichen Aufschubmontage vorgenommenen Nachbesserungen erkennen: die beiden Stifte in der Montageschiene, die Flügelschraube und das Stahlstück am Tubus des Zielfernrohres. Es wird angenommen, daß die Firma Sauer (Hersteller-Stempel *ce)* maßgeblich an der Entwicklung der seitlichen Aufschubmontage zur endgültigen Form beteiligt war.

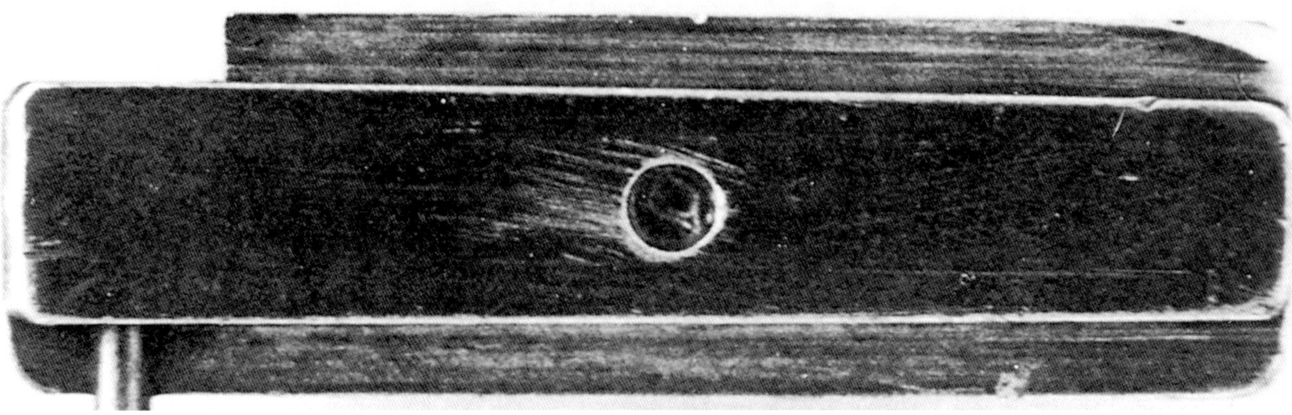

Nahaufnahme der verbesserten Montageschiene (Draufsicht). In die Bohrung griff die Flügelschraube ein.

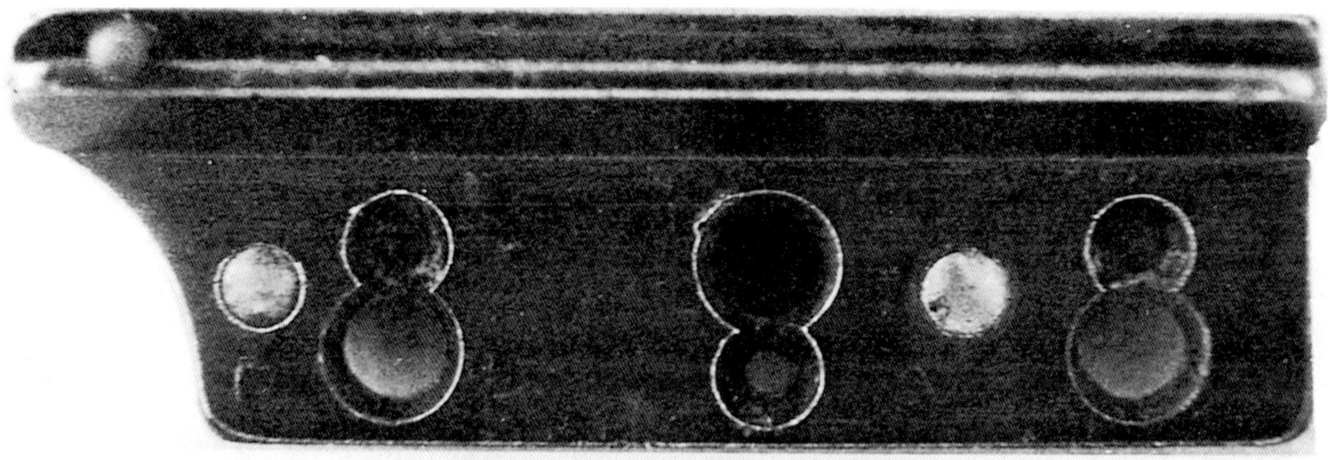

Linke Seite der verbesserten Montageschiene mit den beiden zusätzlichen Zapfen.

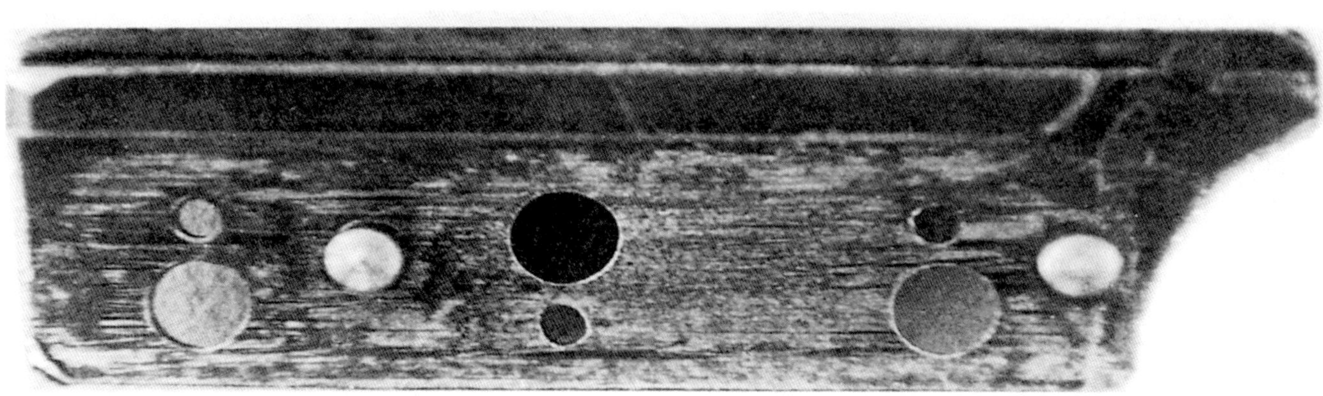

Die der Waffe zugewandte Seite der verbesserten kurzen Montageschiene. Deutlich zu erkennen sind die beiden Zapfen, die in zwei entsprechende Bohrungen der Systemhülse eingreifen.

Eine verbesserte Zielfernrohrhalterung, deren Feststellschraube nur einen Flügel aufweist. Bemerkenswert ist auch der andersartige Klemmhebel. Gut zu erkennen ist die Schraube zur Vornahme der Seitenkorrektur, rechts im Bild.

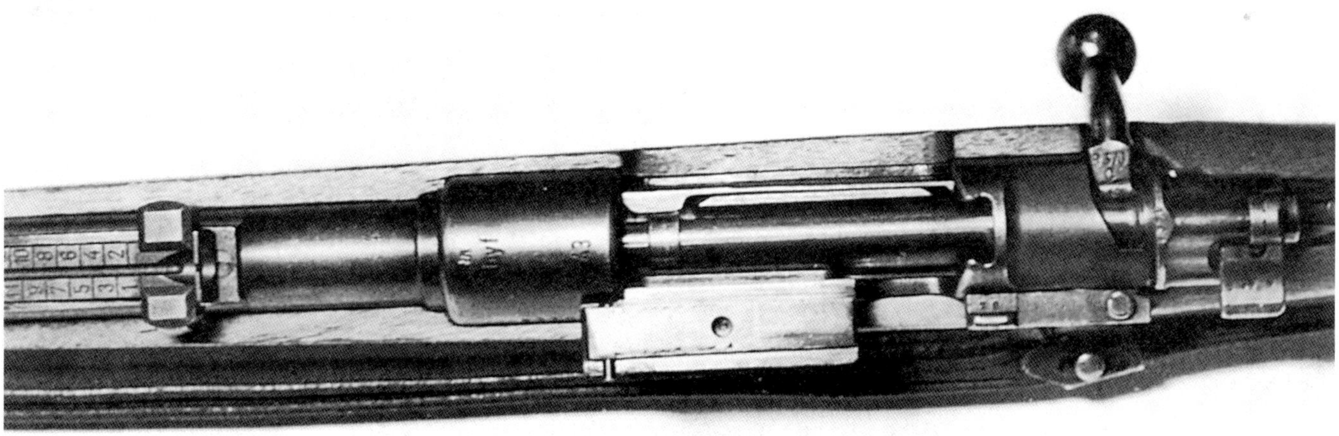

Ein bei Mauser (Hersteller-Stempel *byf 43)* gefertigter Karabiner 98k mit seitlicher Montageschiene in der Draufsicht. Gut zu erkennen ist die Vertiefung in der Prismenschiene, in welche die in der Zielfernrohrhalterung nachträglich untergebrachte Flügelschraube eingriff.

Zielfernrohrköcher aus Leder, gestempelt *Schambach & Co., Berlin, 1943,* wie er während des Krieges für Zielfernrohre mit Halterung für die seitliche Aufschubmontage ausgegeben wurde. Das abgebildete Zielfernrohr mit vierfacher Vergrößerung wurde bei Hensoldt gefertigt. Die Feststellschraube der Zielfernrohrhalterung hat nur einen Flügel.

Ein für den Export gefertigtes Zielfernrohr mit Halterung für die seitliche Aufschubmontage mit kurzer Schiene. Nach 1941 war in Deutschland der Verkauf von Zielfernrohren an Privatpersonen für die Dauer des Krieges untersagt.

Einzigartig und überaus selten ist dieses Versuchsmuster eines von J. P. Sauer (Hersteller-Stempel *ce 43)* gefertigten Zielfernrohr-Karabiners 98k. Die Waffe konnte bei aufgesetztem Zielfernrohr unter Verwendung von Ladestreifen, die in einem Winkel von 45 Grad angesetzt wurden, geladen werden. Die bei Sauer gemachten Erfahrungen führten unmittelbar zur Entwicklung der seitlichen Aufschubmontage mit langer Schiene.

Diese Aufnahme veranschaulicht den Ladevorgang beim Sauer-Versuchsmuster. Das von Weihrauch gefertigte und entsprechend gestempelte Montagegesteck weist bereits Merkmale der seitlichen Aufschubmontage mit langer Schiene auf. Das Zielfernrohr mit vierfacher Vergrößerung fertigte AJACK.

Dieser Scharfschütze benutzt das Wrack eines sowjetischen Panzers als Auflage für seinen ZF-Karabiner 98k. Das Zielfernrohr wurde mittels einer seitlichen Aufschubmontage mit kurzer Schiene auf die Waffe montiert. Beim Mützenabzeichen scheint es sich um die beiden Eichenblätter von der Kragenpatte eines Heeresforstaufsehers zu handeln.

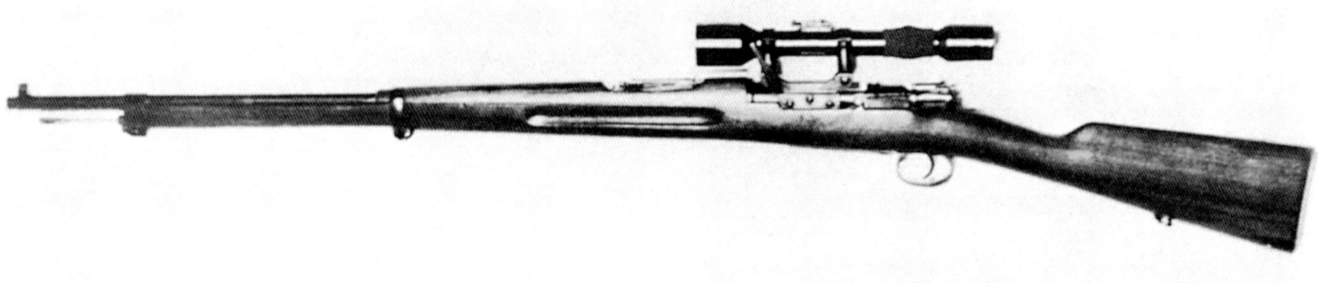

Ein Scharfschützengewehr Modell 1941 der schwedischen Armee mit einem Zielfernrohr mit vierfacher Vergrößerung, das mit einer seitlichen Aufschubmontage auf die Waffe montiert ist. Zielfernrohre und Montagegestecke wurden von der Firma Jackenroll in Berlin (AJACK) geliefert, bis der Bedarf der deutschen Wehrmacht dies nicht mehr zuließ. Die in Verbindung mit dem Karabiner 98k verwendete seitliche Aufschubmontage weist trotz der Ähnlichkeit geringfügige Unterschiede zur abgebildeten Montage auf.

Nahaufnahme der »schwedischen« Aufschubmontage mit einem Zielfernrohr M 1942 der Firma AGA (dreifache Vergrößerung), das anstelle des deutschen AJACK-Zielfernrohres mit vierfacher Vergrößerung montiert wurde.

Das schwedische Gewehr mit seitlicher Montageschiene in der Draufsicht.

Karabiner 98k – Zielfernrohr 41

Von 1941 bis zur Einstellung der Kampfhandlungen im Mai 1945 wurde der Karabiner 98k mit Zielfernrohr 41 in großen Stückzahlen gefertigt und von allen Wehrmachtsteilen eingesetzt. Von den Tagen der Reichswehr bis zu jenem Zeitpunkt, als sie aufgrund des verheerenden Ausmaßes des sowjetischen Scharfschützeneinsatzes gezwungenermaßen zu einer realistischeren Einschätzung gelangten, waren hohe deutsche Militärs der Überzeugung, die Schießleistungen der Infanterie hätten einen Stand erreicht, der eine Weiterentwicklung von Zielfernrohren völlig überflüssig machte. Trotz dieser Überzeugung waren sie zu einem großen Zugeständnis bereit und erteilten die Genehmigung zur Entwicklung einer optischen Visiereinrichtung, mit deren Hilfe die Schießleistungen des durchschnittlichen Gewehrschützen gesteigert werden konnten.

Noch vor Beginn des Polenfeldzugs im September 1939 waren die Entwicklungsarbeiten an einer optischen Visiereinrichtung mit eineinhalbfacher Vergrößerung abgeschlossen. Sie wurde von denjenigen, die den Bedarf an geeignetem Scharfschützengerät erkannt hatten, mit Geringschätzung bedacht. Der Chef des Heereswaffenamtes, General Leeb, schrieb damals: *»Während das He. Wa. A. eine vierfache Vergrößerung vorschlug, wurde von den zuständigen Stellen ein solches mit einer eineinhalbfachen Vergrößerung verlangt und daher entsprechend entwickelt und eingeführt.«* Aufgrund einer späteren Entscheidung sollten nach 1942 sechs Prozent aller gefertigten Karabiner 98k mit der Vorrichtung zur Montage des Zielfernrohres mit eineinhalbfacher Vergrößerung ausgestattet werden.

Der mit dem Zielfernrohr 41 ausgestattete Karabiner 98k, der zwar niemals ernsthaft als ausgesprochene Scharfschützenwaffe gedacht war, wurde dennoch entsprechend eingestuft und bis ins Jahr 1943 in zahlreichen Ausbildungsvorschriften und Broschüren als Waffe »für den Scharfschützeneinsatz« bezeichnet.

Wie aus diesbezüglichen Schriftstücken hervorgeht, wurde nach dem 1. Januar 1944 der mit dem Zielfernrohr 41 ausgestattete Karabiner 98k vom Waffenamt nicht mehr als Zielfernrohrgewehr bezeichnet. In dem Bestreben, mißverständlichen Meldungen hinsichtlich Verlusten an Waffen und Ausrüstung vorzubeugen, erging jedoch erst im Mai eine dementsprechende Verfügung. In einer Weisung des Waffenamtes, die mit Datum 1. Mai 1944 an sämtliche Heeresgruppen erging, heißt es: *»Der Karabiner mit Zielfernrohr 41 ist nicht mehr als Zielfernrohrgewehr zu melden oder zu bezeichnen, sondern als Karabiner.«* Gleichermaßen von Interesse sind auch Unterlagen des Waffenamtes vom 31. Mai 1943, aus denen hervorgeht, daß bis zum genannten Datum 87 396 Karabiner mit ZF 41 geliefert wurden und Anforderungen über 370 000 Zielfernrohre mit eineinhalbfacher Vergrößerung vorlagen. Aufgrund der zu erwartenden Aufnahme der Fertigung von Zielfernrohren mit vierfacher Vergrößerung erging daraufhin die folgende Weisung: *Die Herstellerfirmen sind zu informieren, daß als letztmögliches Datum zur Lieferung des ZF 41 und des ZF 41H der 31. Dezember 1943 festgesetzt*

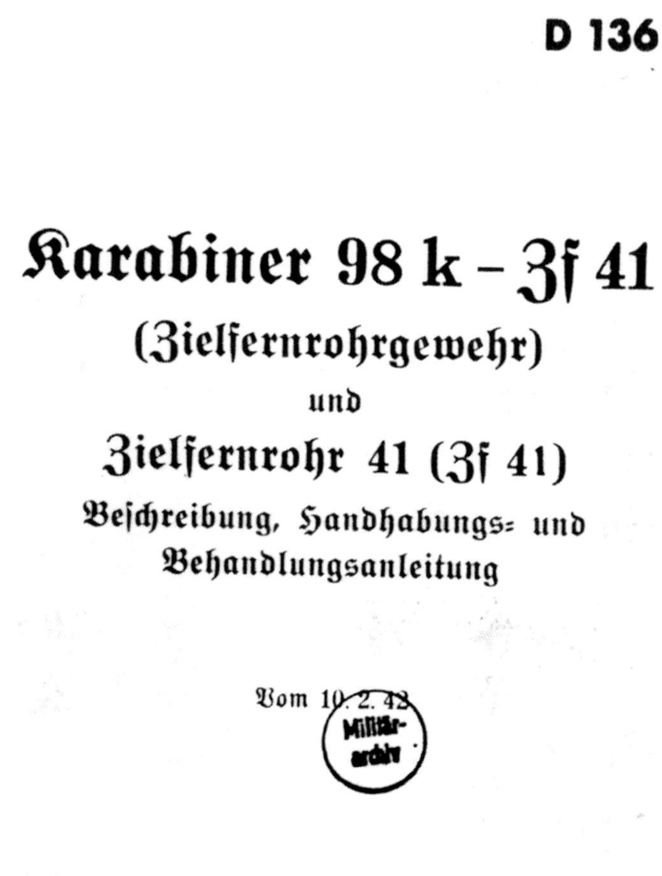

D 136

Karabiner 98 k – Zf 41

(Zielfernrohrgewehr)

und

Zielfernrohr 41 (Zf 41)

Beschreibung, Handhabungs- und Behandlungsanleitung

Vom 10. 2. 42

Titelseite der vom Waffenamt herausgegebenen Vorschrift D 136 aus dem Jahre 1942.

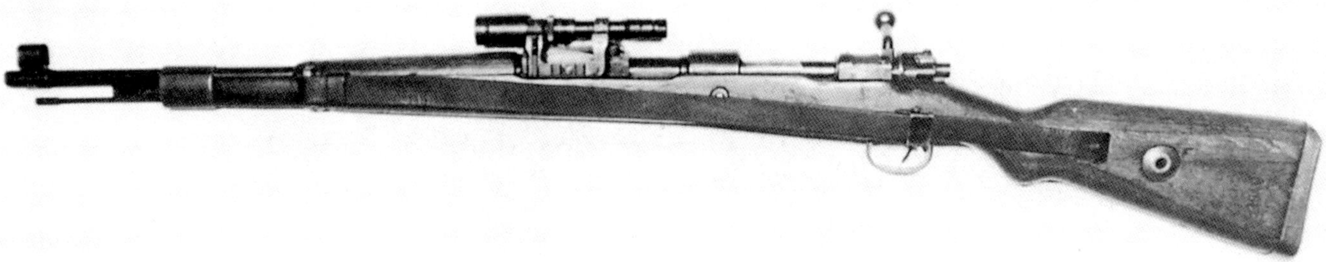

Linke Seitenansicht eines Zielfernrohr-Karabiners 98k mit ZF 41, das eine eineinhalbfache Vergrößerung besaß. Die Waffe trägt den Hersteller-Stempel »byf 44«.

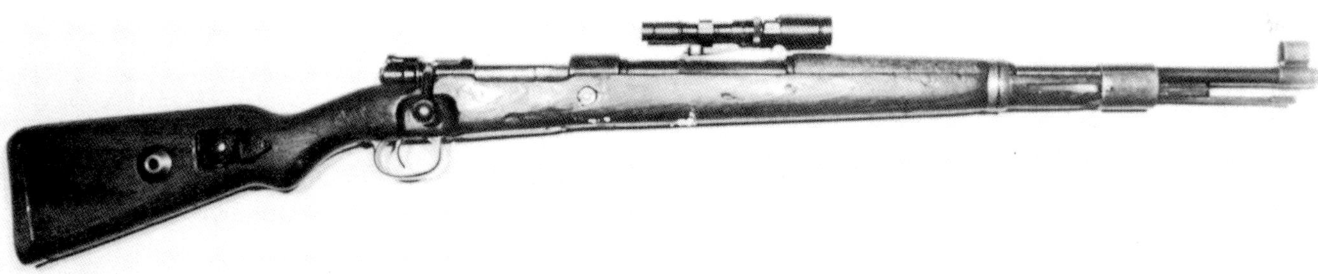

Rechte Seitenansicht des Zielfernrohr-Karabiners mit ZF 41.

worden ist. Es wird in Erwägung gezogen, diejenigen Aufträge zu streichen, die bis zu diesem Zeitpunkt nicht erfüllt sind.

Es soll darauf hingewiesen werden, daß das Fehlen zusätzlicher Unterlagen erhebliche Zweifel daran aufkommen läßt, ob an der buchstabengetreuen Einhaltung der ergangenen Weisung festgehalten oder ob sie nachträglich abgeändert wurde. Fest steht jedenfalls, daß trotz der Abwertung des Zielfernrohrkarabiners mit eineinhalbfacher Vergrößerung die Produktion des K 98k mit ZF-41-Montageschiene bis Anfang 1945 fortgesetzt wurde.

Das Unterteil des Montagegesteckes für das ZF 41 besteht aus einer gefrästen Prismenschiene am Visiersockel des Karabiners 98k. In die Flachseite der Schiene ist eine keilförmige Nut eingefräst, an deren Ende sich eine rechteckige Ausfräsung befindet. Zwei in der Zielfernrohrhalterung federnd gelagerte Rollen mit kegelförmigem Querschnitt, die in eine schwalbenschwanzförmige Ausfräsung hineinragen, gleiten in dieser Nut, wenn die Zielfernrohrhalterung auf die Montageschiene geschoben wird. Sobald die Zielfernrohrhalterung auf der Montageschiene ganz nach vorne geschoben ist, greift eine federnd gelagerte Sperrklinke in die Ausfräsung der Schiene ein und fixiert die Zielfernrohrhalterung.

Die Montage war so ausgelegt, daß sich das Zielfernrohr direkt über der Laufseelenachse über dem Visier befand.

Vor ihrer Ausgabe wurden die Waffen von waffentechnischem Personal noch einmal angeschossen, obwohl bereits bei der Endmontage von Waffe und Zielfernrohr die entsprechenden Höhen- und Seitenkorrekturen vorgenommen wurden. Die Entfernungseinstellung konnte der Schütze mit einem Einstellring, der um den Tubus angeordnet war, selbst vornehmen. Um eventuell erforderliche Seitenkorrekturen vornehmen zu können, mußte das Zielfernrohr zerlegt werden, was unter Gefechtsbedingungen nur unter Schwierigkeiten möglich war. Anfangs trugen die Zielfernrohre mit eineinhalbfacher Vergrößerung die Stempelung »KF« (Karabiner-Fernrohr) ohne Modellbezeichnung. Zielfernrohre aus späterer Fertigung trugen die Stempel »ZF 40«, »ZF 41«, und »ZF 41/1«. Zwar lassen Hinweise den Schluß zu, daß das als ZF 40 gestempelte Zielfernrohr zunächst für eine Verwendung

Bild 3

Zielfernrohr 41 mit Fernrohrhalter

a	Zielfernrohr 41	b 2	Spannstück
b	Fernrohrhalter	b 3	Blattfeder
b 1	Halter	b 4	Hebel

Bild 4

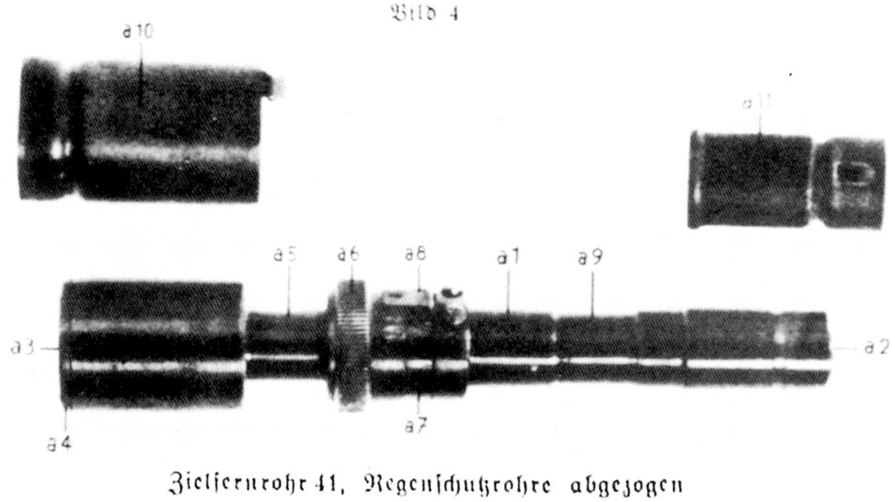

Zielfernrohr 41, Regenschutzrohre abgezogen

a 1	Hauptrohr	a 6	Einstellring
a 2	Einblick	a 7	Teilring
a 3	Ausblick	a 8	Rastfeder
a 4	Vorschraubring	a 9	Lagerstelle, hintere
a 5	Lagerstelle, vordere	a 10	Regenschutzrohr, vorderes

a 11 Regenschutzrohr, hinteres

Eine Seite aus der Vorschrift D 136 mit der Beschreibung der Teile des ZF 41.

Zwei deutsche Soldaten in Winterbekleidung während einer Gefechtspause. Einer der beiden ist mit einem Karabiner 98k – offensichtlich aus Vorkriegsfertigung – mit aufgesetztem Zielfernrohr 41 bewaffnet.

mit dem Selbstladegewehr G 41 vorgesehen war, die einzelnen Unterschiede zwischen dem ZF 40 und dem ZF 41 für den Karabiner 98k sind jedoch nach wie vor unbekannt.
Von Interesse ist in diesem Zusammenhang die Empfehlung des Waffenamtes, aufgrund der *»Lage der Visier Linie zur Seelenachse«* das ZF 40 mit dem Gewehr 41 zu verwenden. Ob diese Empfehlung auf Erfahrungen bei der Montage auf das G 41 beruhte oder ob ein bestimmtes bauliches Merkmal dieses Zielfernrohres seine Verwendung mit dem Karabiner 98k ausschloß, konnte noch nicht abschließend geklärt werden.
Unglücklicherweise sind bisher weder schriftliche Unterlagen noch Exemplare des ZF 40 im Originalzustand aufgetaucht, sondern lediglich nachgearbeitete Exemplare.
Gleichermaßen verblüffend wie erwähnenswert sind Berichte des amerikanischen Heeres gegen Ende des Krieges (1945) über erbeutetes Gerät. In einem Fall wird beiläufig erwähnt, daß ein halbautomatisches Gewehr 41 (M) *»mit aufgesetztem Zielfernrohr ZF 41/1«* vom Gefechtsfeld geborgen werden konnte. Die Erbeutung eines (des 1941 in begrenzter Stückzahl gefertigten) G 41 (M) im Jahre 1945 wäre schon von Interesse, wenn es sich um die Grundausführung gehandelt hätte; eine überaus seltene Variante aber, komplett mit ZF 41/1 und Montagegesteck, wie in diesem Fall, ist von erheblicher Bedeutung. Nach Zerlegung und sorgfältiger Vermessung einer beträchtlichen Anzahl von Zielfernrohren mit eineinhalbfacher Vergrößerung wie KF, ZF 40 (nachgearbeitet), ZF 41 und ZF 41/1 früher und späterer Fertigungen verschiedener Hersteller, wurden fertigungsbedingte Abweichungen festgestellt, wie sie typisch sind für sämtliches militärisches Gerät, das in Deutschland während des II. Weltkrieges hergestellt wurde. Der wesentliche Unterschied zwischen dem ZF 41 und dem ZF 41/1 bestand darin, daß von der ursprünglich aufwendigen zu einer vereinfachten Fertigung (der Optik) übergegangen wurde. Wie aus schriftlichen Unterlagen des Waffenamtes von Anfang 1943 weiter hervorgeht, wurde das soeben in Fertigung gehende modifizierte Zielfernrohr 41/1 *»ursprünglich bezeichnet als ZF 42, schließlich jedoch als ZF 41H.«*
Die Zielfernrohre mit eineinhalbfacher Vergrößerung für den Karabiner 98k trugen die Beschriftung ZF 41, und – nach dem Übergang zu einer vereinfachten Fertigung der Innenteile – ZF 41/1. Bei Zielfernrohren ZF 40, die – wie es scheint – nachgearbeitet worden waren, damit eine Montage auf den Karabiner 98k möglich war, wurde allerdings die ursprüngliche Beschriftung entweder überstempelt oder abgeschliffen. Sie erhielten die Beschriftung ZF 41, häufiger aber noch ZF 41/1. Es folgt eine Auflistung der wichtigsten Hersteller, die während des Krieges an der Fertigung von Zielfernrohren mit eineinhalbfacher Vergrößerung beteiligt waren. Zielfernrohre mit der Stempelung »cxn«, »dow« und »cag« sind am häufigsten zu finden, während die Mehrzahl der aufgelisteten Hersteller nur für Lieferungen in beschränktem Umfang in Frage kam.

Hersteller-Stempel	*Hersteller*
cag	Swarowski, D., Glasfabrik und Tyrolit Schleifmittel-Werke Wattens/Tirol
clb	Wohler, Dr. F. A., Optische Fabrik Kassel
cxn	Busch AG, Emil, Optische Industrie Rathenow
ddv	Oculus, Spezialfabrik ophtalmologischer Instrumente Berlin
dow	Opticotechna GmbH Prerau/Tschechoslowakei
dym	Runge & Kaulfuss, Fabrik für Feinmechanik und Optik Rathenow
eso	Optische Werke G. Rodenstock München
fvs	Spindler & Hoyer, mechanische u. optische Werkstätte KG Göttingen
fzg	Feinmechanik eGmbH Kassel
gkp	Ruf & Co., Nachfolger der optischen Werke vorm. Carl Schutz & Co. Kassel
hap	Kohl SG, Max, Physikalische Apparate/ Laboratoriums-Einrichtungen Chemnitz
jve	Optisches Werk Ernst Ludwig Weixdorf
kay	Ford-Werke AG Werk Berlin
kov	Etablissement Barbier Benard et Turene Paris
mow	Seidenweberei Berga C. W. Crous & Co. Berga/Elster

Die vor 1941 gefertigten Karabiner 98k mit einer Vorrichtung zur Montage der ersten Zielfernrohre mit eineinhalbfacher Vergrößerung stammten nachweislich größtenteils aus der Fertigung von Mauser. Ab 1941 wurden hauptsächlich Waffen, die in den Mauser-Werken Oberndorf (byf), den Mauser-Werken Borsigwalde (ar) und den Berlin-Lübecker Maschinenfabriken (duv) gefertigt wurden, der laufenden Produktion entnommen und mit dieser Montagevorrichtung versehen.

Ein Großteil dieser Waffen mit den Stempeln »ar« oder »duv« stammt aus der Fertigungsperiode 1941 bis 1943. Bis zum Kriegsende blieben die Mauser-Werke in Oberndorf wichtigster Lieferant.

In jüngster Zeit ist in verschiedenen Veröffentlichungen immer wieder von 86 000 Zielfernrohr-Karabinern, die Mauser in Oberndorf fertigte, die Rede gewesen. Allerdings fehlt der Hinweis, daß der *CIOS Report XXXIII-IV (Combined Intelligence Objectives Sub-Committee Report* – Bericht des Unterausschusses der gemeinsamen Nachrichtendienste zur Feindlage), dem diese Zahl entnommen wurde, keinen Anhaltspunkt dafür gibt, wieviele Zielfernrohr-Karabiner mit ZF 41 und wieviele mit Schwenkmontage, ebenfalls aus Mauser-Fertigung mit der Stempelung »byf«, in dieser Gesamtzahl enthalten sind.

Wenig bekannt ist die Tatsache, daß auf deutscher Seite bei der Scharfschützenausbildung ZF-Kleinkalibergewehre mit eineinhalbfacher Vergrößerung zu Übungsschießen auf Entfernungen bis zu 80 Metern verwendet wurden. In einer Vorschrift gegen Ende des Krieges zur Ausbildung von Scharfschützen bei den Panzergrenadieren heißt es: *Das Kleinkaliberschießen führt zu einem erhöhten Gefühl der eigenen Sicherheit. Das Vertrauen in die Waffe wird gestärkt. Dies muß aufrecht erhalten werden, wenn zum Schießen mit großen Kalibern übergegangen wird... Kleinkaliberschießen hilft Munitionskosten sparen, es darf aber nicht zu weit führen, denn der Schütze gewöhnt sich zu sehr an den geringen Rückstoß und den geringeren Abzugswiderstand...*

Das Kleinkaliberschießen kann in offenem Gelände ohne besondere Umstände durchgeführt werden.

Von Interesse sind darüber hinaus originale schriftliche Anforderungen der Hauptverwaltung der Werwolf-Schule nahe Berlin. Mit Datum vom 1. Januar 1945 wird ein ausreichender Vorrat an »KK-Gewehren mit Zielfernrohr 41« angefordert, sowie 20 000 Schuß KK-Munition zur Ausbildung von Scharfschützen in Erwartung des Endkampfes. Eine fiktive Organisation, die nur in den Köpfen einiger Leute existierte? Wohl kaum!

Ein Zielfernrohr 41 (Hersteller-Stempel »cxn«) mit Halterung. Zu erkennen sind die Waffennummer (4746), der Stempel des Waffenamtes (214) und der Hersteller-Stempel »duv« auf der Zielfernrohrhalterung. Beide Regenschutzrohre fehlen.

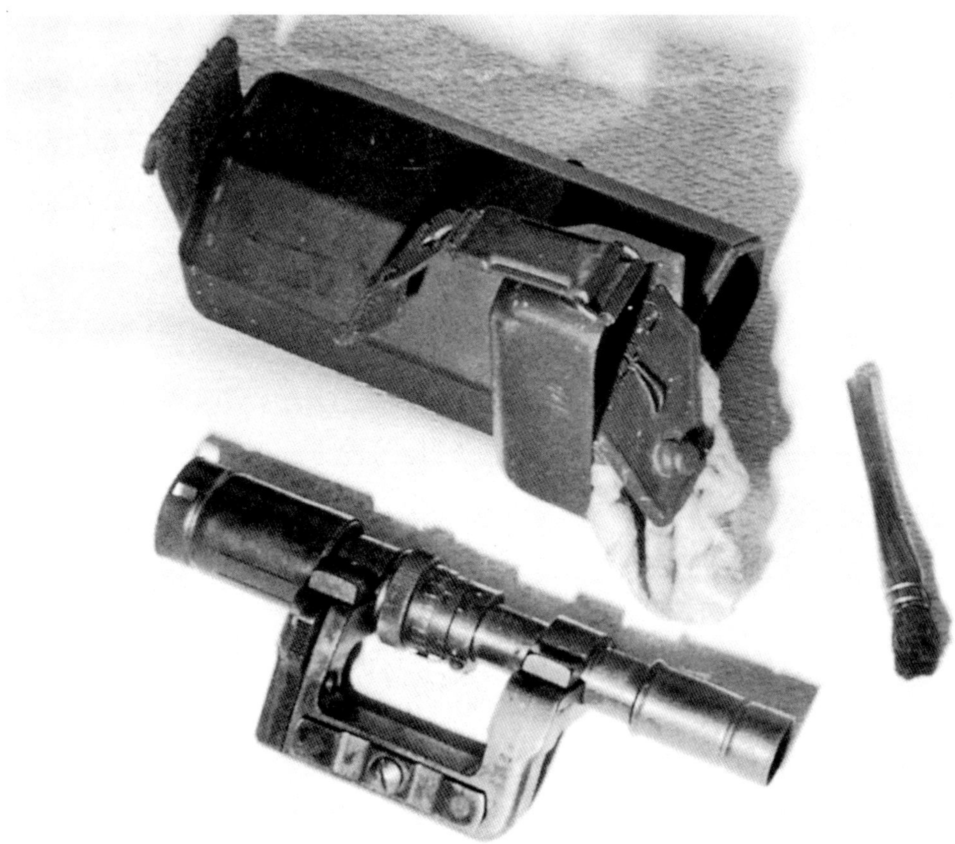

Ein ZF 41 mit dazugehörigem Transportbehälter, dem Reinigungspinsel und einem originalen »Klarinol«-Tuch.

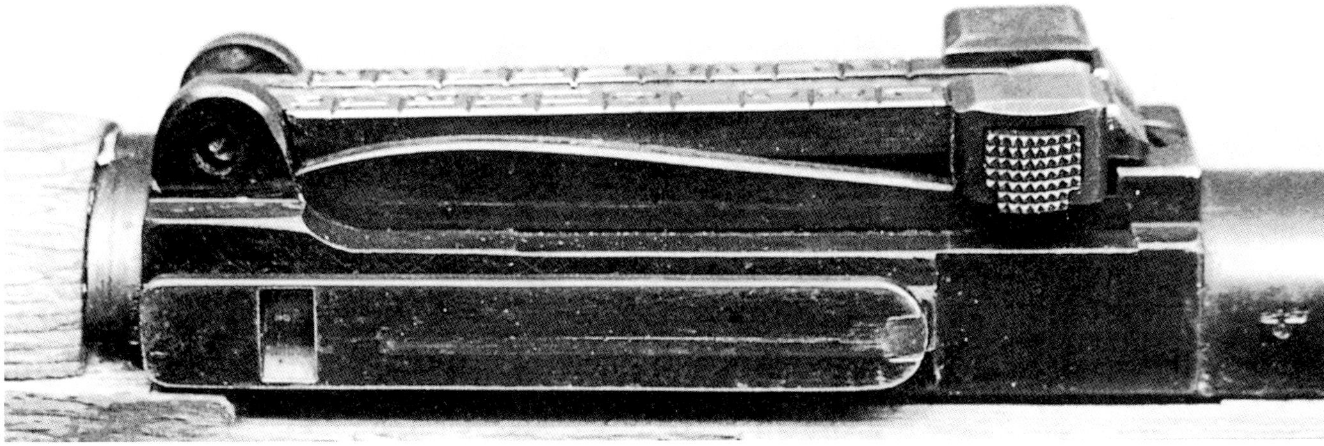

Ein Visiersockel mit der Prismenschiene zur Montage des ZF 41, wie sie zunächst gefertigt wurde. Die Flachseite der Prismenschine weist noch nicht die bei später gefertigten Sockeln eingefräste Nut auf. Vor allem bei Frost war zum Aufsetzen und Abnehmen des Zielfernrohres ein erheblicher Kraftaufwand erforderlich. Es besteht Grund zur Annahme, daß die Erfahrungen der eisigen russischen Winter zur späteren Änderung führten.

Zwei Visiersockel mit Prismenschiene zur Montage des ZF 41 im direkten Vergleich: Oben die flache Prismenschiene, darunter die verbesserte Version mit der Nut für die konischen Gleitrollen.

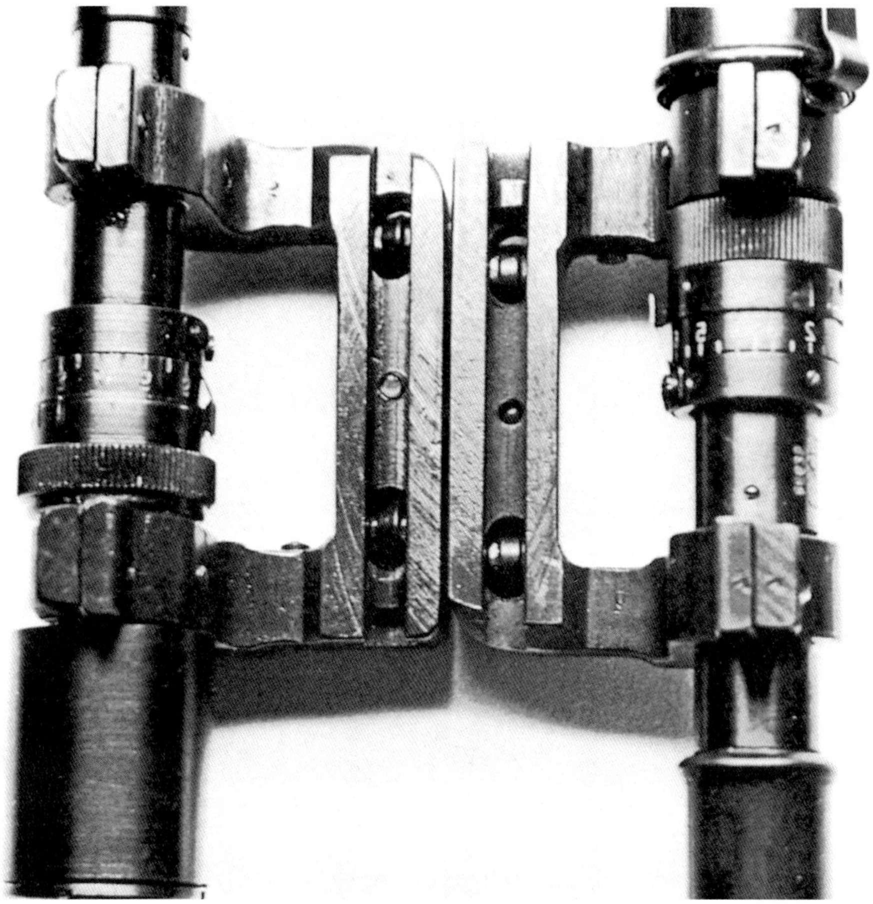

Diese Aufnahme veranschaulicht den Unterschied zwischen den anfangs gefertigten Halterungen mit flachen (rechts) und den später gefertigten mit konischen Gleitrollen. Diese nachträgliche Verbesserung war mit einfachen Mitteln ohne sonstige Änderungen an der Zielfernrohrhalterung möglich.

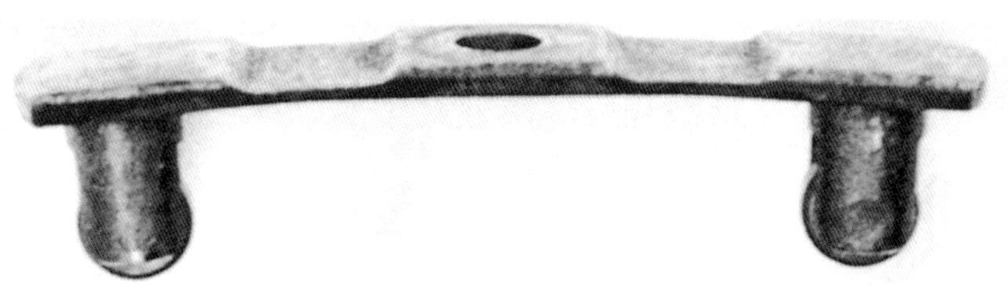

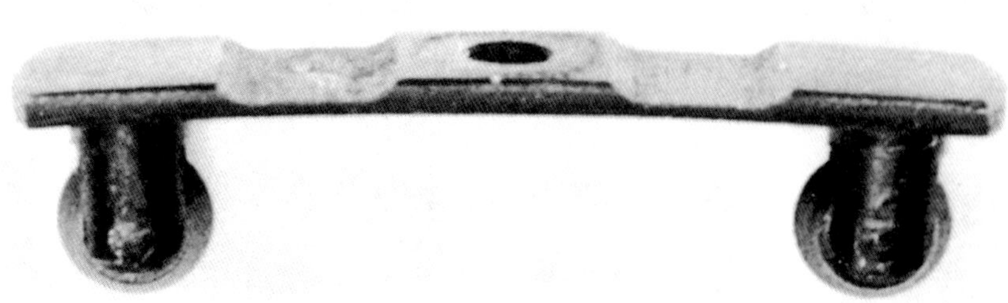

Die ausgebauten unterschiedlichen Gleitrollen der Zielfernrohrhalterung. Oben die flachen, unten die konischen Gleitrollen.

Nahaufnahme der verbesserten Montageschiene des Zielfernrohr-Karabiners 98k für das ZF 41. Deutlich zu erkennen sind die Prismenschiene, die Führungsnut für die Gleitrollen und die Ausfräsung für die Sperrklinke.

Nahaufnahme der Zielfernrohrhalterung. In der schwalbenschwanzförmigen Ausfräsung sind die Gleitrollen zu erkennen, ebenso die Nase der Sperrklinke, rechts im Bild neben der Gleitrolle.

Ein ZF 41/1 mit abgenommenen Regenschutzrohren und zugehörigem Transportbehälter. Vereinzelt sind in diese Regenschutzrohre Versorgungsnummern eingeschlagen. Zielfernrohr und Halterung erhielten normalerweise eine blauschwarze Brünierung zum Schutz der Metalloberflächen gegen Witterungseinflüsse. Sämtliche Halterungen für das ZF 41/1 tragen die Stempelung »duv« des Herstellers und »214« des Waffenamtes, sowie auf der der Waffe zugewandten Seite den Schriftzug »K 98k-ZF 41«.

Das letzte Aufgebot: Junge Soldaten, aufgenommen gegen Ende des Krieges. Der Junge rechts führt einen Zielfernrohr-Karabiner mit aufgesetztem ZF 41.

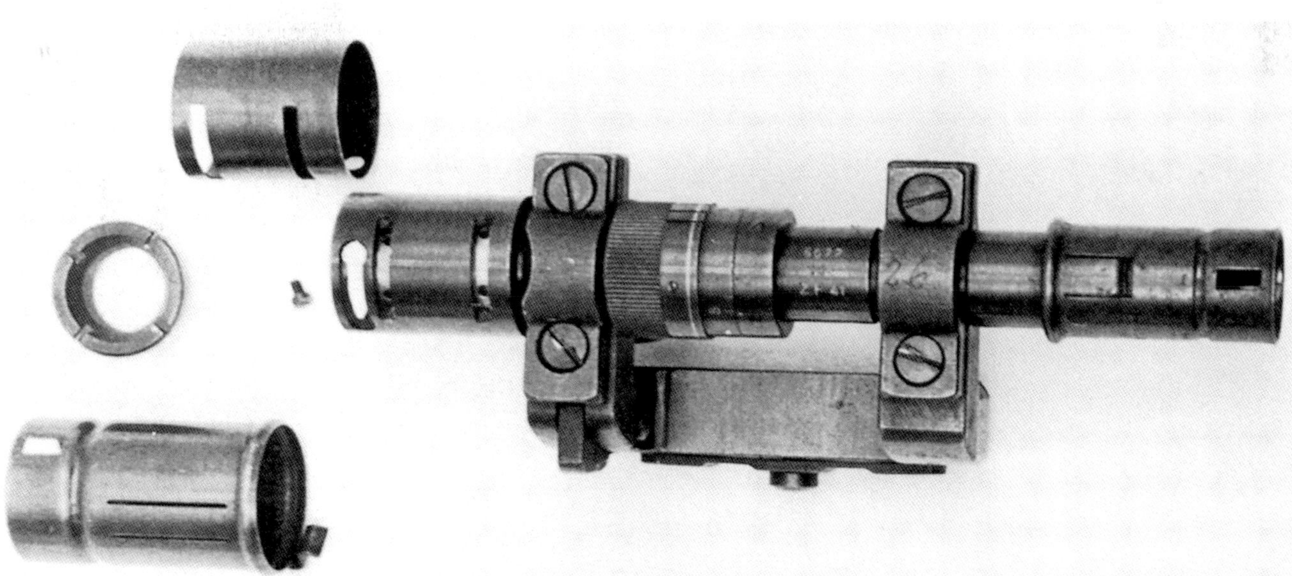

So konnten beim ZF 41 Seitenkorrekturen vorgenommen werden: Das vordere Regenschutzrohr, der Vorschraubring sowie die Abdeckung sind abgenommen und geben den Blick frei auf zwei parallel angeordnete Schlitze sowie die darunterliegende exzentrisch gelagerte Buchse. Mit Hilfe von dünnen Stiften, die in die ebenfalls sichtbaren Bohrungen eingesetzt wurden, ließ sich die Buchse nach links oder nach rechts drehen, wodurch sich der Treffpunkt entsprechend verlagerte.

Die von einer Schraube gehaltene Abdeckung nahe der Ausblicköffnung des ZF 41.

Zum Verdrehen der Buchse wurden zwei Stifte in die entsprechenden Bohrungen eingesetzt (Abdeckung entfernt).

Ein ungewöhnliches ZF mit eineinhalbfacher Vergrößerung ohne Modellbezeichnung. Das Zielfernrohr, möglicherweise ein Vorserienmodell, trägt den Hersteller-Stempel »cxn« und unmittelbar über der eingeschlagenen Seriennummer die Bezeichnung »KF«.

Schütze im Anschlag mit dem ZF-Karabiner. Die Aufnahme verdeutlicht den extrem großen Augenabstand zum ZF 41. Eine Regulierung der Bildschärfe war nicht möglich.

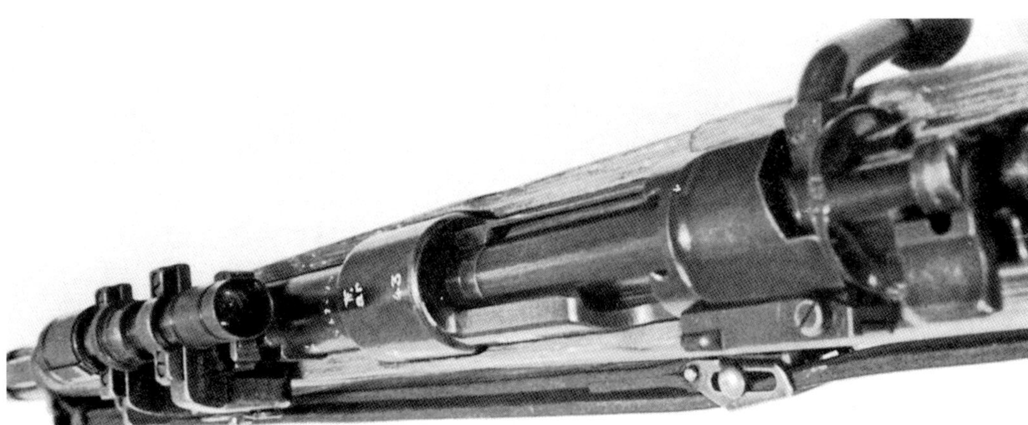

Karabiner 98k (Hersteller-Stempel *ar 43)* mit aufgesetztem ZF 41/1. Auch anhand dieser Aufnahme wird der große Augenabstand deutlich.

Die Angabe der Vergrößerung (1,5) und des Gesichtsfeldes (1,3 Grad) auf dem Tubus. Mit Ausnahme der Beschriftung ähnelt dieses Zielfernrohr insgesamt dem ZF 41. Von Interesse ist, daß auch einige der anfänglich gefertigten ZF 41 neben der üblichen Beschriftung die Bezeichnung »KF« trugen. Gut zu erkennen ist der Einstellring zur Einstellung der Entfernung. Durch Drehen des Einstellringes wurde das Absehen nach oben oder nach unten bewegt. Die Einteilung von 1 bis 8 entsprach Entfernungen von 100 bis 800 Meter.

Dieses Zielfernrohr mit dem Hersteller-Stempel »cag« wurde nachgearbeitet und die neue Bezeichnung ZF 41/1 anstelle der früheren Bezeichnung, die herausgefräst wurde, in den Tubus eingeschlagen. Bei Zielfernrohren späterer Fertigung (mit abgeändertem optischem System) wurde die Bezeichnung ZF 41/1 gleich bei der Fertigung in den Tubus eingestempelt. Unabhängig von der jeweiligen Bezeichnung und dem Zeitpunkt der Fertigung hatten alle Zielfernrohre dieses Typs eineinhalbfache Vergrößerung.

Ein ZF 40, das nachgearbeitet wurde (Hersteller-Stempel »cxn«). Die ursprüngliche Bezeichnung wurde aus dem Tubus herausgefräst und nachträglich die Bezeichnung »41« eingeschlagen. Allerdings trägt die überwiegende Mehrzahl der nachgearbeiteten Zielfernrohre die Stempelung »ZF 41/1«.

Nachgearbeitetes ZF 40 mit dem Hersteller-Stempel »dow«. Die ursprüngliche Bezeichnung wurde überstempelt und nach der Überarbeitung die neue Bezeichnung »41/1« eingeschlagen. Während einige Zielfernrohre älterer Bauart lediglich einen senkrechten Zielstachel aufwiesen, war bei den meisten Zielfernrohren mit eineinhalbfacher Vergrößerung das typische Absehen 1 mit einem senkrechten Zielstachel und zwei Querbalken direkt in die Objektivlinse eingeätzt.

Ungeachtet der Tatsache, daß sie für den Scharfschützeneinsatz kaum geeignet waren, kamen die Karabiner-Zielfernrohre der Baureihe ZF 41 während des Krieges häufig zum Einsatz.

Ein älteres Zielfernrohr mit eineinhalbfacher Vergrößerung, noch mit flachen Gleitrollen. Es trägt den Hersteller-Stempel »cxn« und neben der Typenbezeichnung »ZF 41« ist zusätzlich die Bezeichnung »KF« eingeschlagen.

Zwei Transportbehälter für das ZF 41. Der rechte stammt aus ziviler Fertigung und trägt eine entsprechende Beschriftung. Dieses ältere Exemplar ist mit einem olivgrünen Anstrich versehen, die Koppelschlaufe ist aus Leder. Behälter wie der linke, khakifarbene sind am weitestenver breitet (Khaki – von persisch *khak* = Staub; A.d.Ü.). Die Koppelschlaufe ist aus Gurtmaterial, und trägt den Hersteller-Stempel »jvb«. Es sind auch Behälter mit Anstrich in Luftwaffen-Blau bekannt. Bis Ende 1941 beschaffte die Luftwaffe 2000 Zielfernrohrkarabiner mit ZF 41.

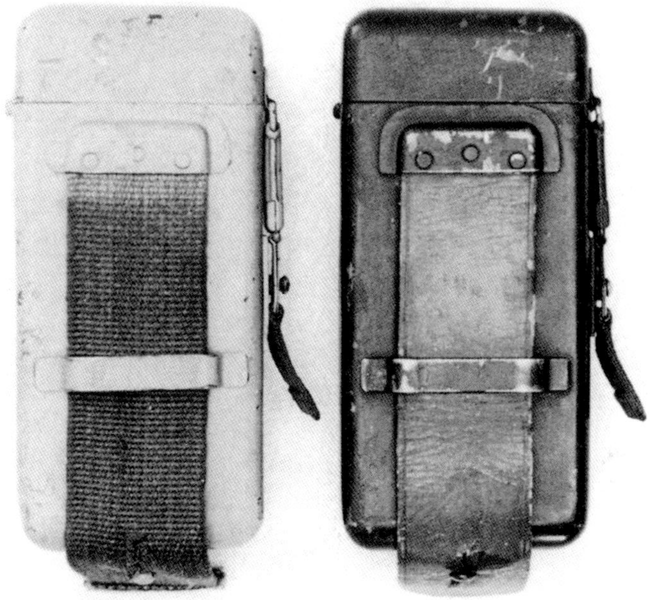

Rückseiten der Behälter für das ZF 41.

Ein Blick in den geöffneten Behälter. Das ZF 41 ist im Behälter verstaut. Deutlich zu erkennen ist die zylindrische Röhre zur Unterbringung des Reinigungspinsels. Unter dem Deckel befindet sich ein kleines Fach zur Aufbewahrung des Klarinol-Tuches, das mit einer Chemikalie behandelt war, die ein Beschlagen der Linsen verhindern sollte.

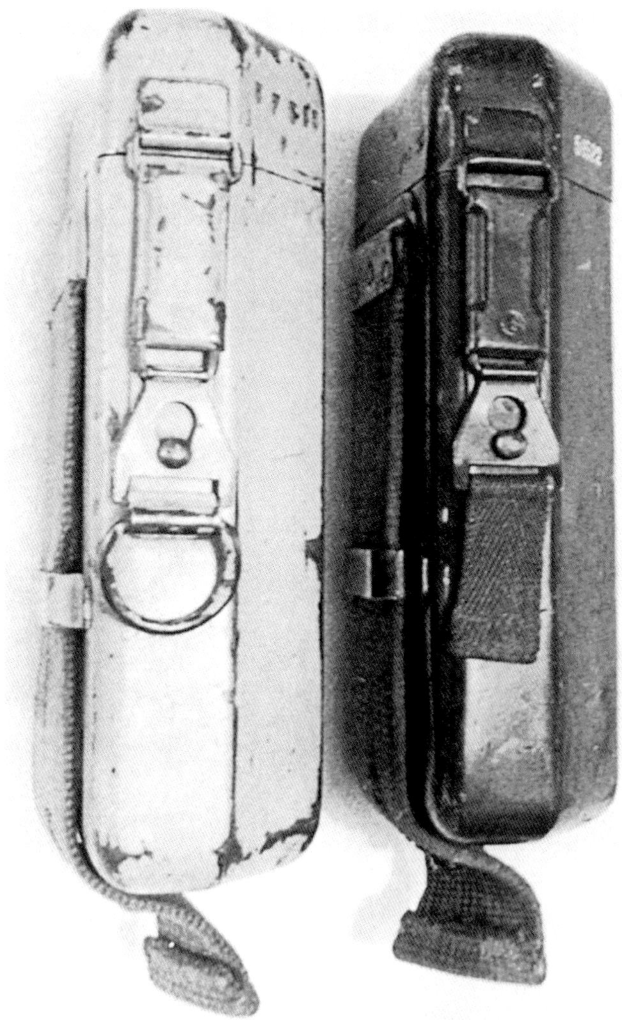

Die Verschlüsse der beiden Transportbehälter – links mit einem Metallring, rechts mit einer Lasche aus Gurtmaterial. In den Deckeln beider Behälter findet sich die eingeschlagene Waffennummer der zugehörigen Waffe. Bei Ausgabe der Zielfernrohrkarabiner wurde die Waffennummer sowohl in die Zielfernrohrhalterungen als auch in die Transportbehälter eingeschlagen.

Behälter für das ZF 41 mit einem selbst angebrachten, nicht vorschriftsmäßigen Tarnanstrich im Splittermuster des Heeres.

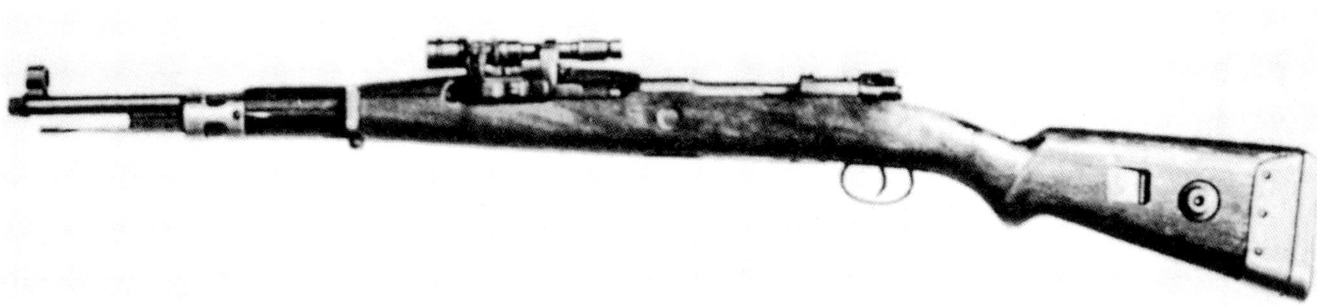

Gewehr 33/40 mit aufgesetztem ZF 41 (Abbildung aus einem waffentechnischen Handbuch). ZF-Versionen dieser Waffe, für den Einsatz bei den Gebirgsjägern gedacht, sind selten.

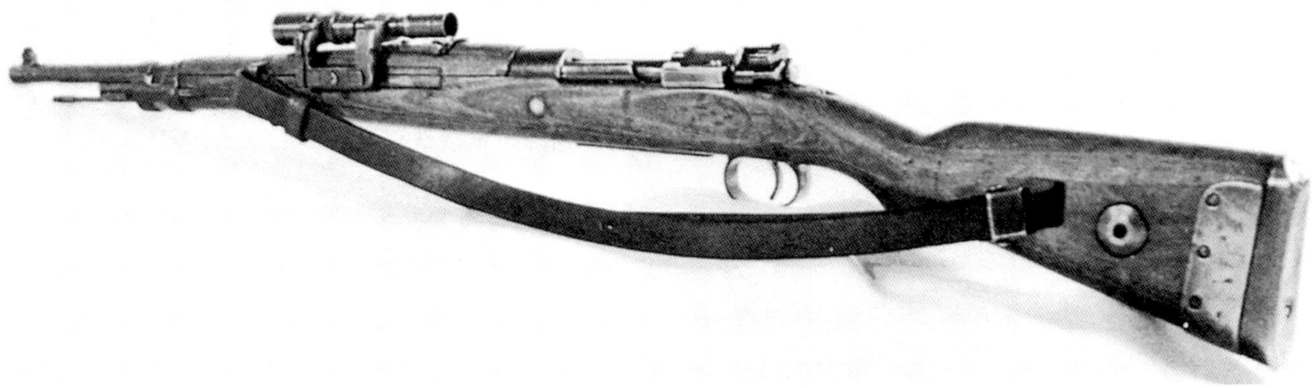

Gewehr 33/40 (Hersteller-Stempel »dot 1942«) mit ZF 41. Das linksseitige Kolbenblech sollte das Schaftholz vor Beschädigungen durch die Bergschuhe der Gebirgsjäger schützen, deren überstehende Doppelsohle am Rand mit Durchziehnägeln beschlagen war.

Nahaufnahme des ZF 41, aufgesetzt auf dem Gewehr 33/40. Man beachte die Ausfräsungen im Schaftholz.

Die Prismenschiene bei abgenommenem Zielfernrohr. Bemerkenswert ist die Lage der Prismenschiene bei diesem G 33/40 (Hersteller-Stempel »dot 1942« der Waffenwerke Brünn) im Vergleich zur Abbildung aus dem waffentechnischen Handbuch.

Nahaufnahme der Prismenschiene. Die Nut für die Gleitrollen und die Ausfräsung für die Sperrklinke lassen deutliche Unterschiede zur K 98k-Schiene (unten) erkennen.

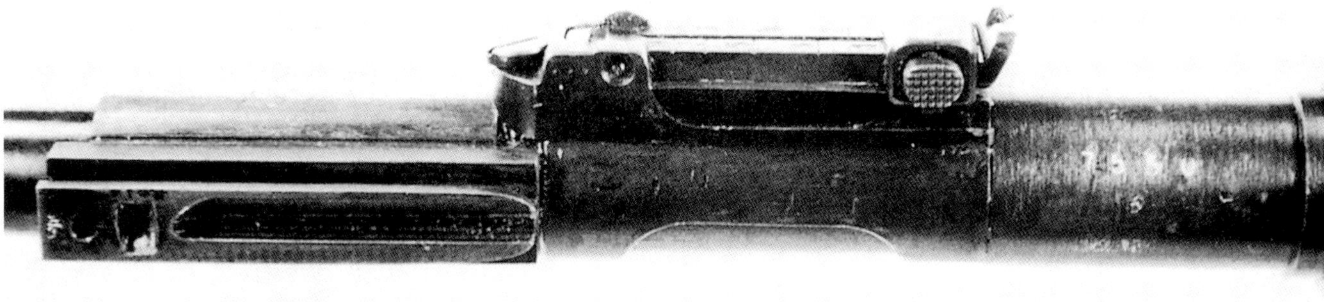

Nahaufnahme der Visiereinrichtung der ausgeschäfteten Waffe (Gewehr 33/40). Der Sockel mit Prismenschiene zur Aufnahme der Zielfernrohrhalterung wurde über den Lauf geschoben und verlötet. Auf der Flachseite der Prismenschiene prangt das Hoheitszeichen (Adler mit Hakenkreuz).

Visiereinrichtung und Prismenschiene in der Draufsicht.

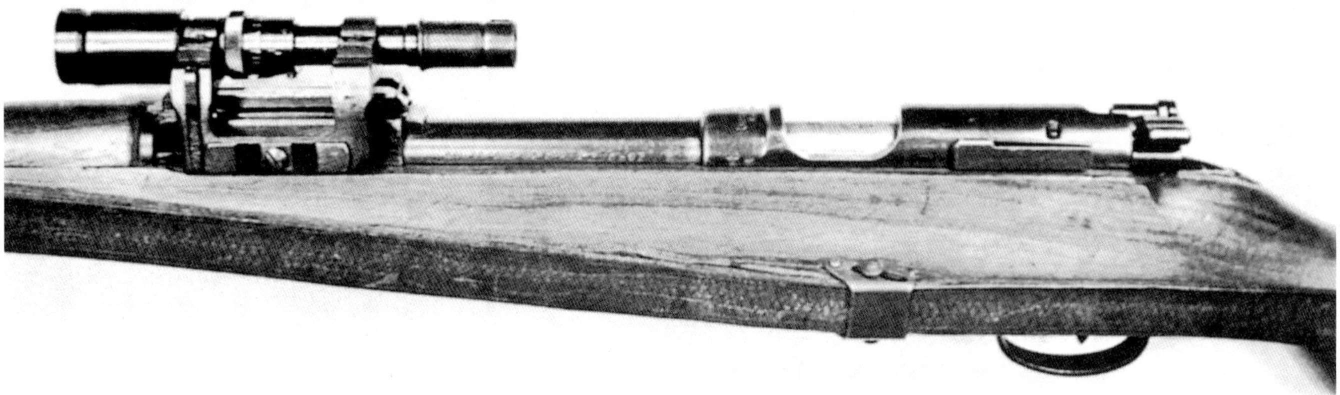

Kleinkaliber-Wehrsportgewehr mit aufgesetztem ZF 41/1, wie es gegen Ende des Krieges zur Scharfschützenausbildung verwendet wurde. Die abgebildete Waffe wurde in den Gustloff-Werken gefertigt.

Visiersockel und Prismenschiene des Wehrsportgewehres. Die Abmessungen sind nahezu identisch mit denen des Karabiners 98k.

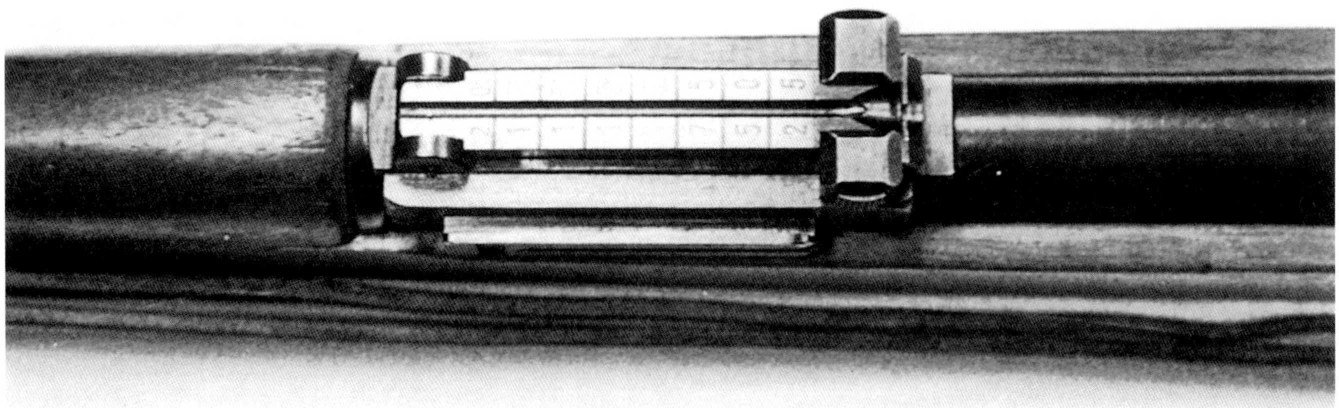

Visiersockel und Prismenschiene des Wehrsportgewehres in der Draufsicht.

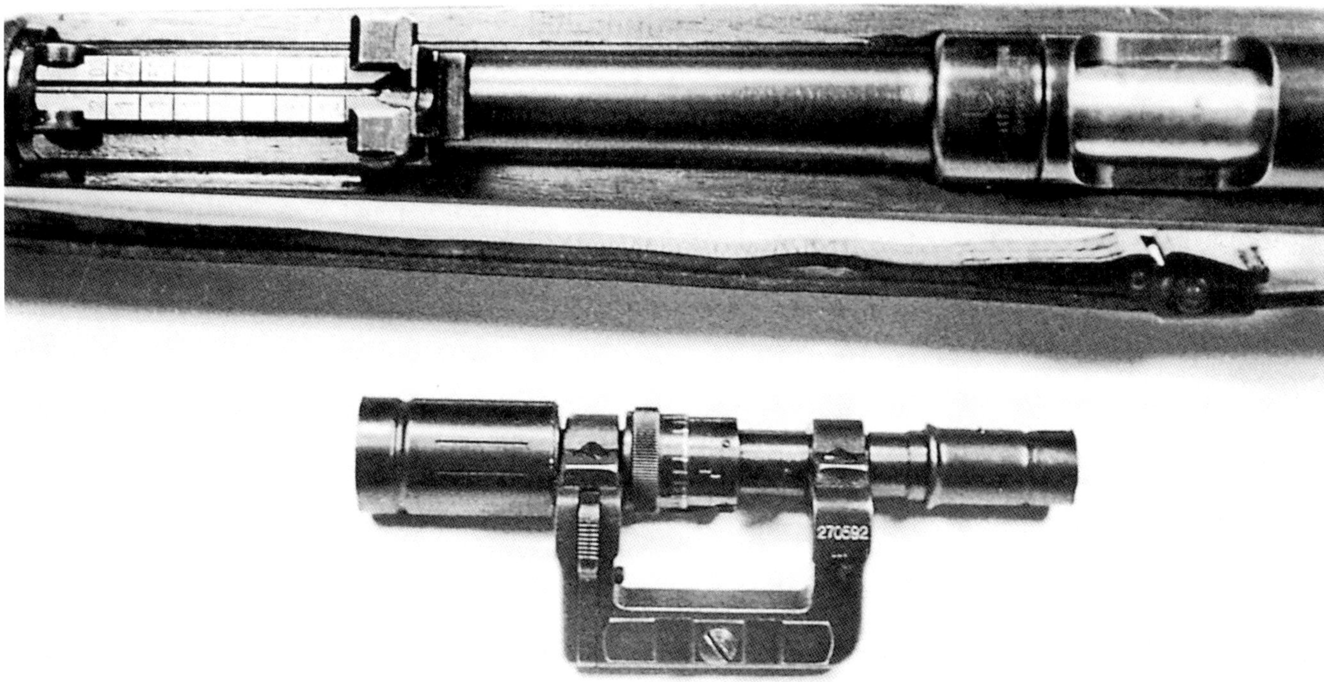

Ein Kleinkaliber-Wehrsportgewehr mit zugehörigem ZF 41/1. Die Waffennummer (270592) ist in die Zielfernrohrhalterung eingeschlagen.

ZF 41 mit Hersteller-Stempel »duv« (Berlin-Lübecker Maschinenfabriken) mit Halterung für ein KK-Wehrsportgewehr mit der Waffen nummer 143635.

Karabiner 98k – Schwenkmontage

Von allen deutschen Entwicklungen auf dem Gebiet der Scharfschützenwaffen bewährte sich die Schwenkmontage am besten. Waffen mit dieser Zielfernrohrmontage waren von 1939 bis zum Kriegsende im Einsatz.
Bereits während des Polenfeldzuges kamen in beschränktem Umfang Zielfernrohrkarabiner 98k zum Einsatz. Geeignete Karabiner wurden in den Arsenalen Spandau, Königsberg und Hannover aus einer Vielzahl von Waffen ausgesondert, bevor das Zielfernrohr 39 (Zeiss Zielvier) mit vierfacher Vergrößerung mit dem Schwenkmontage-Gesteck montiert wurde.
Nach der Montage und dem Anschießen wurde die Seriennummer der Waffe linksseitig in den vorderen Fuß der Montage eingeschlagen *»um sicherzustellen, daß das Zielfernrohr nur mit der Waffe verwendet wird, auf die es aufgepaßt ist.«*
Aufgrund der im I. Weltkrieg gemachten Erfahrungen war man sich im klaren, daß Präzisionswaffen häufiger aufgrund von Transportschäden als durch Beanspruchungen im Einsatz ausfielen. Vor der endgültigen Ausgabe wurde deshalb jede Waffe von geschultem waffentechnischem Personal noch einmal auf Schußleistung überprüft, um sicherzustellen, daß sie einsatztauglich war. Falls das Zielfernrohr oder die Waffe Beschädigungen aufwies, die sich im Feld an Ort und Stelle nicht beheben ließen, wurde die Waffe zurückgeschickt, damit sie repariert oder das Zielfernrohr auf eine andere Waffe montiert werden konnte.
Ein Großteil der Zielfernrohrkarabiner wurde von den Mauser-Werken Oberndorf (byf) geliefert, aber auch die Firma J. P. Sauer (ce) war – in geringerem Umfang – an der Fertigung beteiligt.
Im wesentlichen wurden zur Montage zwei Arten von Gesteck verwendet: eine »flache« und eine »hohe« Schwenkmontage, wobei der eigentliche Unterschied in der Tiefe der

Ostfront, Sommer 1944: Deutscher Scharfschütze im Anschlag mit einem ZF-Karabiner 98k, dessen Zielfernrohr mittels Schwenkmontage aufgesetzt wurde. Die selbstgefertigte Gesichtsmaske aus Zeltbahnstoff und die Helmtarnung halfen dem Jäger dabei, mit seiner Umgebung zu verschmelzen.

Ausfräsung des vorderen Montagesockels zur Aufnahme des Drehzapfens am Vorderfuß des Montagegesteckes bestand. Der vordere Montagesockel der »hohen« ist 6,35 mm höher als jener der »flachen« Schwenkmontage.
Eindeutige Belege sprechen dafür, daß zunächst (von 1939 bis 1940) das »flache« Gesteck verwendet wurde. Der genaue Grund für die Verwendung von zwei Gestecken war nicht zu ermitteln.
Beide Gestecke wurden zur Montage einer Vielzahl handelsüblicher und militärischer Zielfernrohre verwendet. Geringfügige Abweichungen – herrührend von Hersteller und Montage – verhinderten, daß sämtliche Bestandteile untereinander ausgetauscht werden konnten.
Vorderer und hinterer Montagesockel wurden auf Hülsenkopf und Hülsenbrücke gelötet und verschraubt. In der Ausfräsung des vorderen Montagesockels *(Pivot)* zur Aufnahme des Drehzapfens am Vorderfuß *(Pivot-Zapfen)* befand sich eine umlaufend eingefräste Nut, in die eine in die Unterseite des Drehzapfens eingelassene Blattfeder eingreifen konnte. Der hintere Montagesockel bestand aus einem geteilten T-förmigen Prisma.
Links hinten am Fuß saß ein schwenkbarer Klemmhebel zur Fixierung des Zielfernrohres auf der Waffe. Eine Seitenkorrektur konnte mittels zweier Schrauben *(Support-Schrauben)* im Hinterfuß *(Support)* vorgenommen werden. Dazu wurde die Schraube auf einer Seite gelöst und die Schraube auf der gegenüberliegenden Seite nachgezogen, wodurch sich der hintere Teil des Zielfernrohres nach links oder nach rechts verlagerte. An einer unterteilten Rändelscheibe auf der Oberseite des Tubus ließ sich die Höhe für Entfernungen zwischen 100 und 800 Metern einstellen.
Öffnungen im hinteren Fuß und im vorderen Sockel erlaubten dem Schützen das Zielen über die offene Visierung bei aufgesetztem Zielfernrohr; eine einfache, aber praktische Einrichtung – und eine typisch deutsche Entwicklung.

Pivot-Zapfen der »flachen« (unten) und der »hohen« (oben) Schwenkmontage im Vergleich.

Im Verlauf des Krieges wurden Zielfernrohrkarabiner mit Schwenkmontage oft unter erschwerten Gefechtsbedingungen eingesetzt. Sie wurden unter anderem an speziell ausgebildete Marineangehörige an Bord von Unterseebooten und Überwasserschiffen ausgegeben und beispielsweise im Rahmen von Landungsunternehmen eingesetzt, oder – was wahrscheinlich häufiger vorkam – um Seeminen zur Detonation zu bringen, die im Fahrwasser trieben.

Drei Zielfernrohre mit vierfacher Vergrößerung mit den zugehörigen Montagefüßen (Blick von unten). Die vier Schrauben an der Unterseite des Pivot-Zapfens (unten links) sind charakteristisch für die »flache« Schwenkmontage.

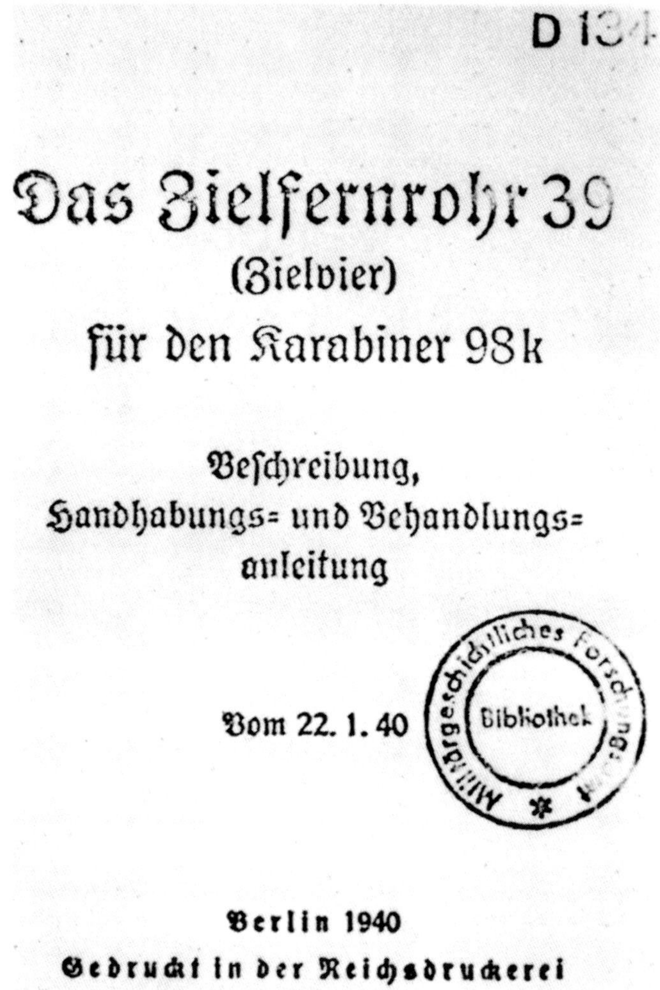

D 134

Das Zielfernrohr 39

(Zielvier)

für den Karabiner 98k

Beschreibung,
Handhabungs- und Behandlungs-
anleitung

Vom 22. 1. 40

Berlin 1940

Gedruckt in der Reichsdruckerei

Titelblatt der vom Waffenamt herausgegebenen Broschüre D 134, in der erstmals die Schwenkmontagen beschrieben wurden.

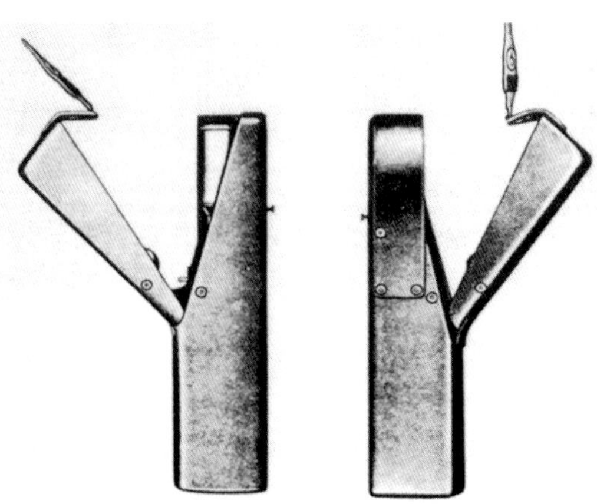

Transportbehälter für die älteren Zielfernrohre mit Schwenkmontage aus der Broschüre D 134.

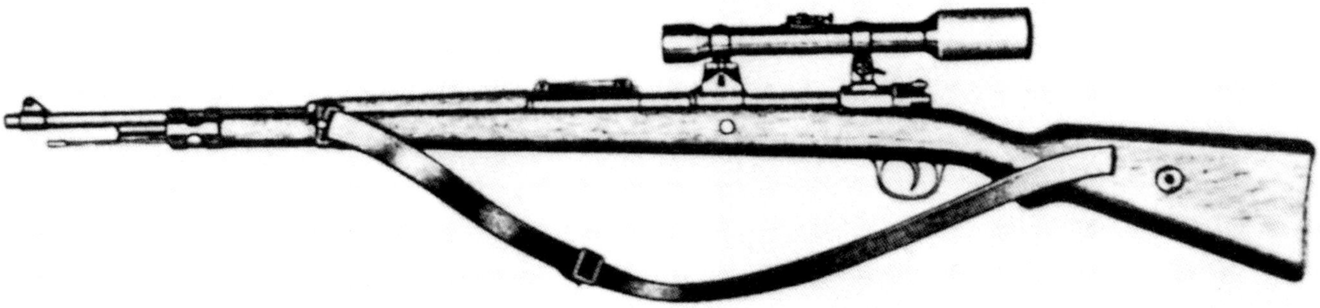

Diese Abbildung aus der Broschüre D 134 zeigt den Karabiner 98k mit Zielfernrohr 39 (Zielvier).

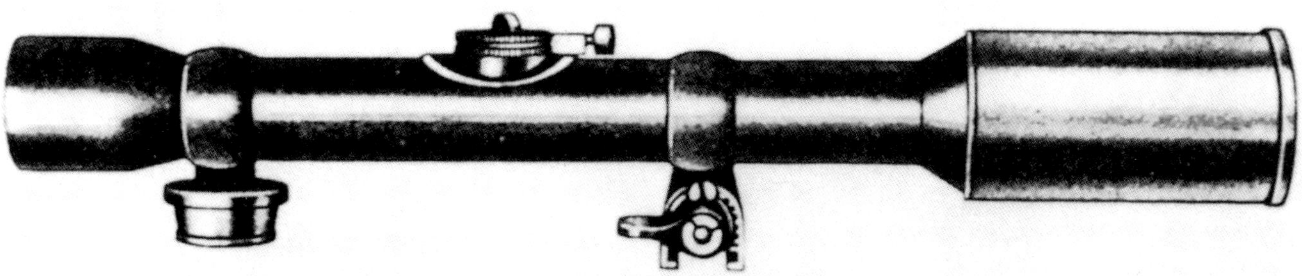

Eine weitere Abbildung zeigt ein älteres Zeiss-Zielfernrohr (vierfache Vergrößerung) mit Gesteckteilen für die »flache« Schwenkmontage und mit auf gesetzter Streulichtblende.

Ein von der Firma AJACK gefertigtes Zielfernrohr, montiert mit einer Schwenkmontage. Die anfangs ausgegebenen Zielfernrohre standen den handelsüblichen Modellen – was die Qualität der Verarbeitung und der Oberflächenbehandlung angeht – in nichts nach. Mit Fortdauer des Krieges wurde die Verarbeitung grober, und die Zielfernrohre erhielten eine matt phosphatierte Oberfläche.

Ein außerordentlich seltenes Zeiss-Zielfernrohr mit vierfacher Vergrößerung (Zielvier) und Füßen der »flachen« Schwenkmontage, wie es erstmals 1939 für den Scharfschützeneinsatz ausgegeben wurde.

Die Nahaufnahme zeigt den Hinterfuß des Gesteckes (»flache« Schwenkmontage) und eine in den Tubus eingravierte Einheitskennung. Das Anbringen derartiger Markierungen wurde nach Beginn des Rußlandfeldzuges aus Sicherheitsgründen verboten.

Die Oberseite des Tubus nahe der Einblicköffnung. Zu erkennen ist das Firmenzeichen, die Modellbezeichnung und die Fabrikationsnummer des Zielfernrohres.

Die Rändelscheibe des Zeiss-Zielvier zur Entfernungseinstellung (100 bis 800 Meter). Die vor dem Krieg gefertigten handelsüblichen Zeiss-Zielfernrohre vom Typ Zielvier waren sowohl mit »Fixfokus« (keine Möglichkeit der Schärfenregulierung) als auch in der abgebildeten Form lieferbar, wo sich die Bildschärfe mit dem Drehgriff einstellen ließ.

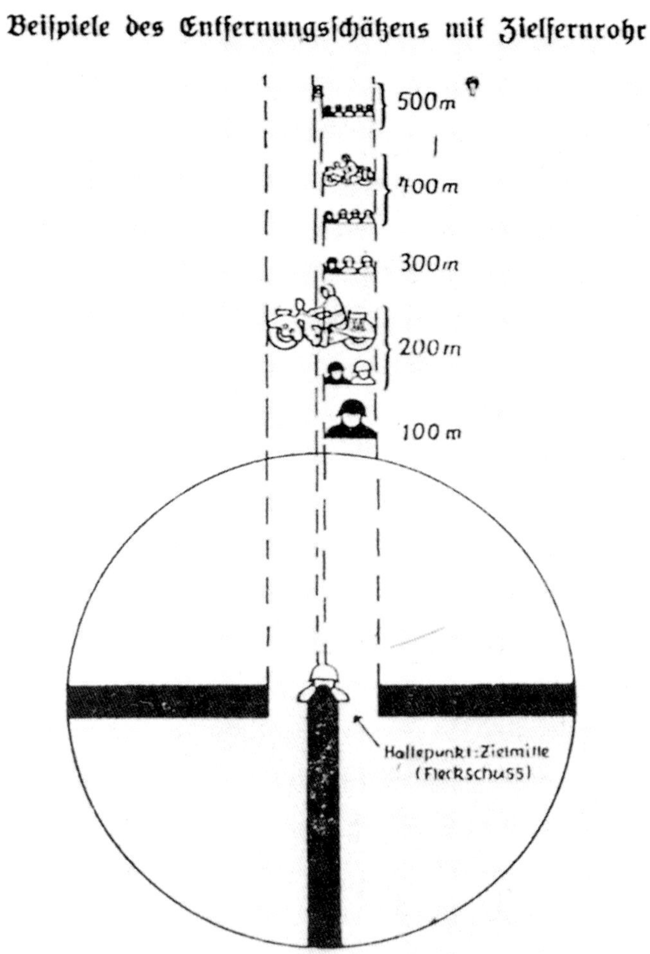

Diese Abbildung wurde einer Vorschrift für die Ausbildung von Scharfschützen aus dem Jahre 1943 entnommen. Sie zeigt, wie mit Hilfe des Absehens 1 (Abkommen 1), das in den meisten deutschen Zielfernrohren aus der Zeit des II. Weltkrieges verwendet wurde, Entfernungen geschätzt werden konnten.

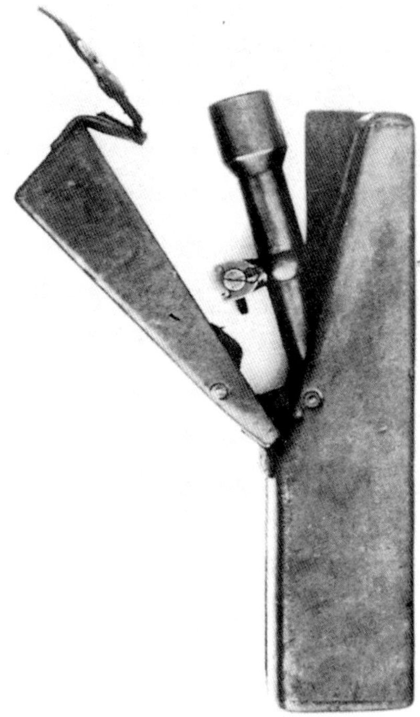

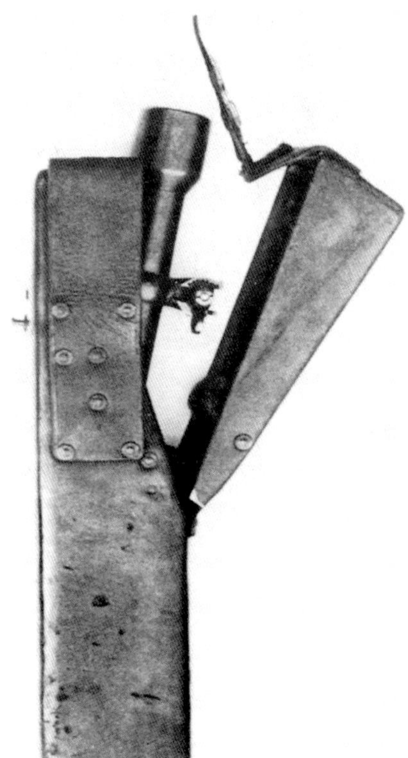

Ein dienstlich gelieferter Transportbehälter für das Zielfernrohr 39 (Zielvier). Dieser ungewöhnliche, mit Leder bezogene Aluminiumbehälter wurde nur in geringen Stückzahlen gefertigt.

Rechts: Kreta, Mai 1941: Stoßtrupp der Fallschirmjäger. Der Scharfschütze im Vordergrund führt einen Zielfernrohrkarabiner mit Schwenkmontage.

Ein weiteres Zielvier von Zeiss mit aufgesetzten Schutzdeckeln aus Leder. Zu erkennen ist der Drehgriff zur Regulierung der Bildschärfe auf der Rändelscheibe zur Entfernungseinstellung.

Dieser Veteran des I. Weltkrieges, ein Zielfernrohr mit dreifacher Vergrößerung für das Gewehr 98, erhielt zur Montage auf den K 98k eine Schwenkmontage. Viele Zielfernrohre des I. Weltkrieges wurden ab 1939 erneut verwendet, um die Scharfschützen der Wehrmacht wenigstens behelfsmäßig ausrüsten zu können. Das bei der Firma Dr. Walter Gerard in Charlottenburg gefertigte Zielfernrohr spendete einst der Berliner Franz Stock, wie auf dem Tubus vermerkt wurde. Zu erkennen ist außerdem die durchgestrichene Waffennummer des Gewehres 98. Die Schraube am Schwenkriegel diente zur Befestigung einer Rastfeder, die den Schwenkriegel gegen unbeabsichtigtes Lösen sicherte. Die Waffennummer des ZF- Karabiners 98k wurde in den überstehenden Rand des Drehzapfens eingeschlagen.

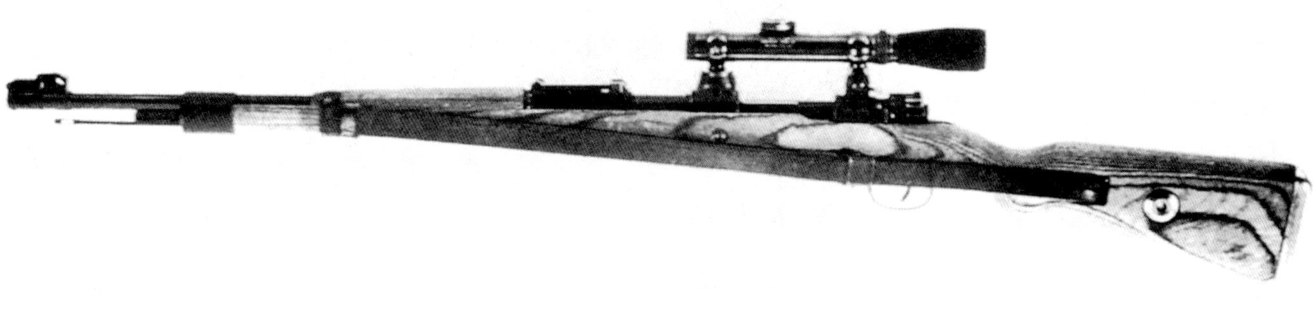

Das Weltkrieg-I-Zielfernrohr, montiert mit einer »flachen« Schwenkmontage auf einen Mauser-Karabiner 98k (Fertigung 1940, Hersteller-Stempel *42).*

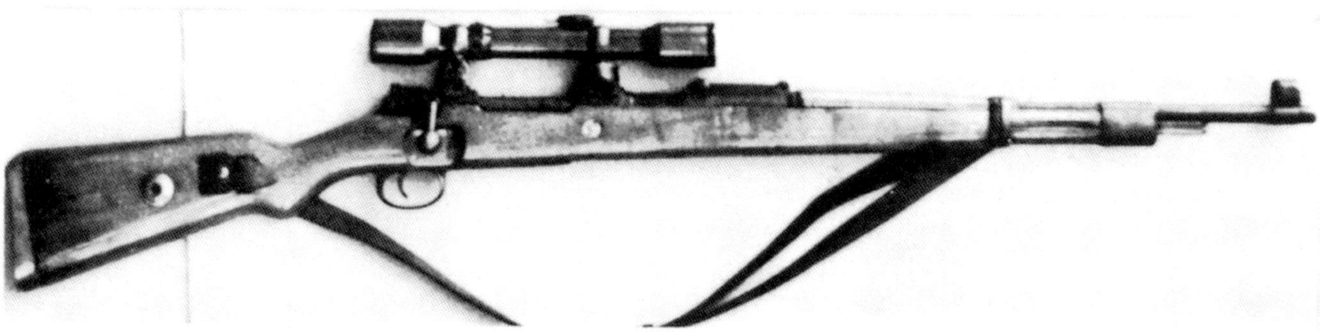

Auf diesen Karabiner 98k wurde mittels Schwenkmontage ein handelsübliches Zielfernrohr mit vierfacher Vergrößerung montiert. Zu sehen ist ein Ring zum Einstellen der Bildschärfe. Der Einklinker verdeutlicht, daß bei aufgesetztem Zielfernrohr über die offene Visierung gezielt werden konnte.

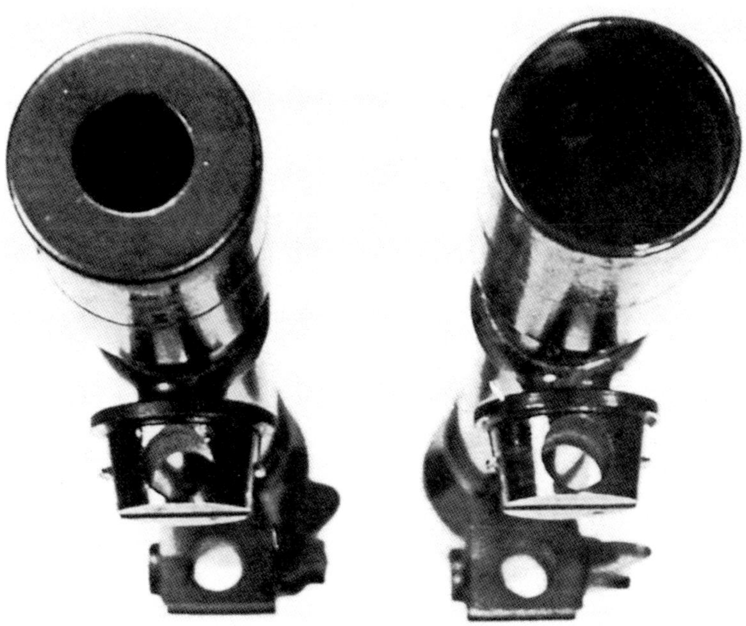

Zwei von der Firma Kahles (Hersteller-Stempel *cad)* gefertigte Zielfernrohre mit den Füßen der Schwenkmontage im Vergleich. Auf das Objektiv des links abgebildeten Zielfernrohres aus einer späteren Fertigungsserie ist eine Lichtschutzblende aufgesetzt. An der Unterseite sind zwei Bohrungen für den Abfluß des Kondenswassers zu erkennen. Bei dem rechts abgebildeten Zielfernrohr älterer Fertigung fehlt die Vorrichtung zum Aufsetzten der Lichtschutzblende. Gut zu erkennen sind die kreisrunden Durchbrüche in den Montagefüßen beider Zielfernrohre, die ein Zielen über die offene Visierung bei aufgesetztem Zielfernrohr ermöglichten.

Zwei von der Firma Kahles (Hersteller-Stempel *cad)* gefertigte Zielfernrohre mit den Füßen der Schwenkmontage im Vergleich. Auf das Objektiv des links abgebildeten Zielfernrohres aus einer späteren Fertigungsserie ist eine Lichtschutzblende aufgesetzt. An der Unterseite sind zwei Bohrungen für den Abfluß des Kondenswassers zu erkennen. Bei dem rechts abgebildeten Zielfernrohr älterer Fertigung fehlt die Vorrichtung zum Aufsetzten der Lichtschutzblende. Gut zu erkennen sind die kreisrunden Durchbrüche in den Montagefüßen beider Zielfernrohre, die ein Zielen über die offene Visierung bei aufgesetztem Zielfernrohr ermöglichten.

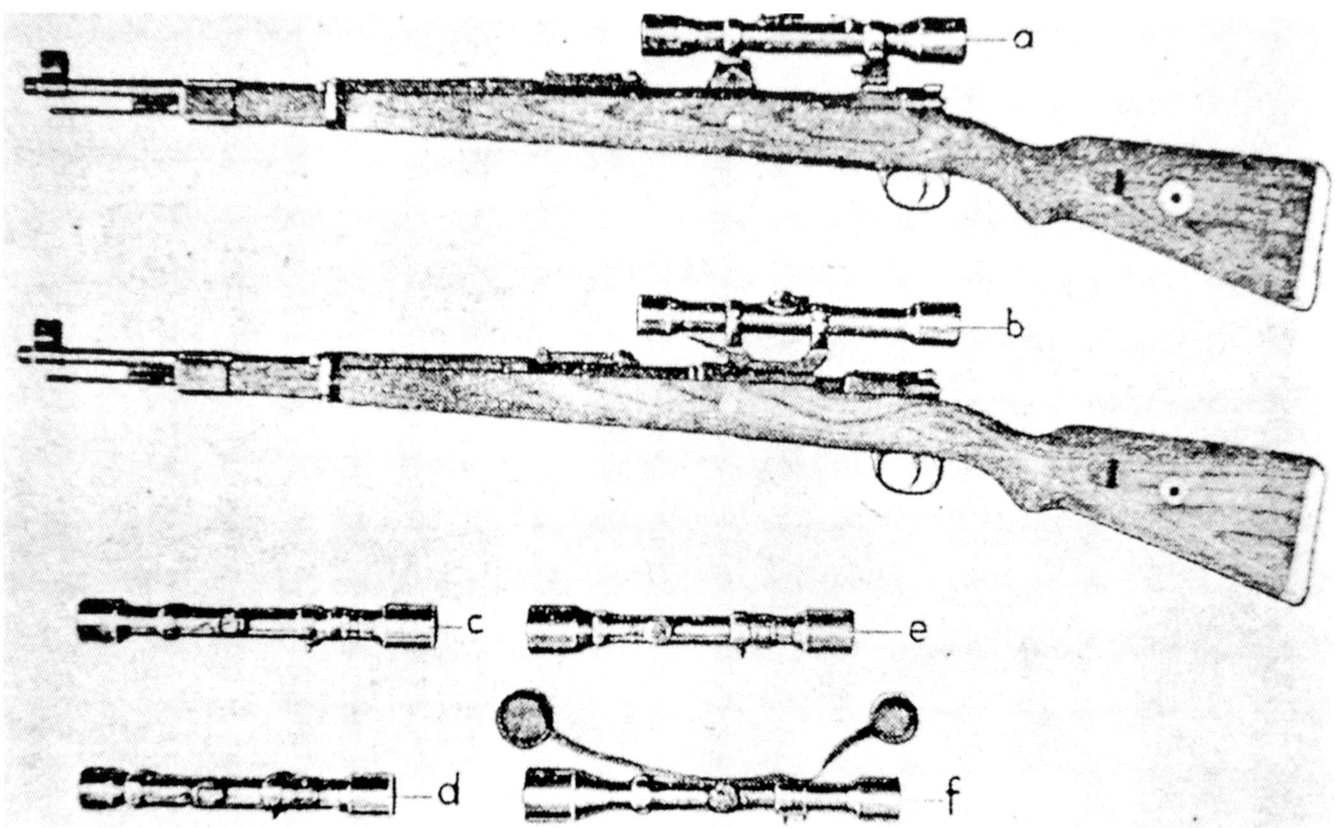

Diese Abbildung aus einer Broschüre der Wehrmacht vom Mai 1943 zeigt zwei Zielfernrohrkarabiner mit aufgesetzten Zielfernrohren. Das obere wurde mittels Schwenkmontage, das untere mittels seitlicher Aufschubmontage mit kurzer Schiene montiert. Der Originaltext bezeichnete die Zielfernrohre als *»Heliavier, Zielvier, Ziel-Dialyt (6-fach), Ziel-Jagd, AJAK«* und *»Zielsechs (6-fach)«.*

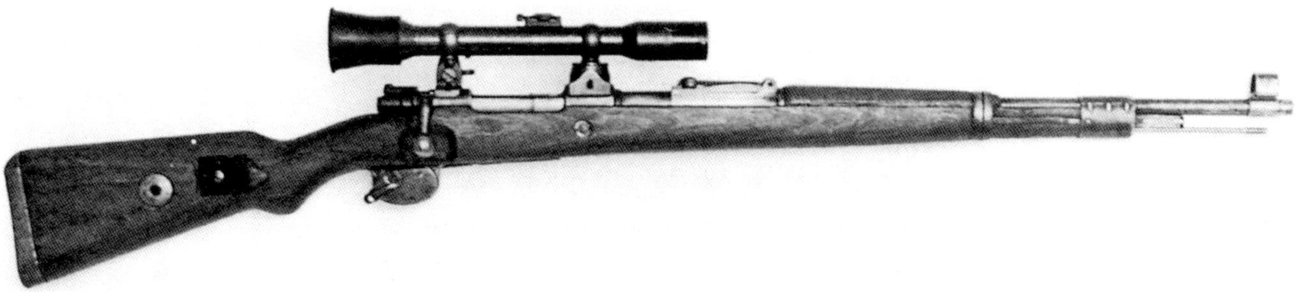

Ein Zielfernrohrkarabiner 98k mit einem aufgesetzten Zielfernrohr mit vierfacher Vergrößerung, gefertigt bei der Firma Karl Kahles (Hersteller- Stempel cad), das mit der »hohen« Schwenkmontage aufgesetzt wurde.

Linke Seitenansicht des Zielfernrohrkarabiners mit Winterabzug.

Auf dem hinteren Montagesockel ist gerade noch die Stempelung »135« des Waffenamtes und ein kleiner Stern zu erkennen. Anscheinend trugen alle bei Mauser gefertigten hinteren Montagesockel den Waffenamts-Stempel »135«, jedoch tragen nicht alle den kleinen Stern. Bemerkenswert sind der durch Abfräsen verkürzte Sicherungsflügel und der Wulst an der aufgesetzten Streulichtblende aus Gummi. Der Schwenkriegel befindet sich in vorderer Stellung, die Montage ist demnach arretiert.

Der Winterabzug gestattete ein Betätigen des Abzugs selbst mit Fausthandschuhen. Zu erkennen ist der Hersteller-Stempel »ofh« (Metall- und Kunstharzwerk GmbH, Komotau).

Ein Scharfschütze in Wintertarnbekleidung erwartet den angreifenden Gegner. Er führt einen Zielfernrohrkarabiner 98k (Schwenkmontage) mit Winterabzug.

Vorderer und hinterer Montagesockel einer »hohen« Schwenkmontage in der Draufsicht.

Die Unterseiten des vorderen und des hinteren Fußes einer »hohen« Schwenkmontage an einem Kahles-ZF (cad) mit aufgesetzter Streulichtblende. Derartige Blenden aus Gummi wurden zwar anfangs zusammen mit den Zielfernrohren ausgegeben, aber nur wenige haben den Krieg überdauert.

Vorderer Montagering und Pivot-Zapfen einer »hohen« Schwenkmontage. Sowohl der vordere als auch der hintere Montagering wurde mit dem Tubus des Zielfernrohres verlötet, wodurch eine hohe Schußfestigkeit erreicht wurde. Zu erkennen ist die in den Montagering eingeschlagene Waffennummer und die Blattfeder in der Ausfräsung des Pivot-Zapfens.

Hinterer Montagering und Hinterfuß der Schwenkmontage. Bemerkenswert sind die überaus groben Bearbeitungsspuren am Ring und der als Anschlag dienende Hohlstift unterhalb des Flügels des Schwenkriegels. Die fünf Vertiefungen ermöglichten eine stufenweise Verriegelung.

Atlantikwall, 1944: Angehöriger eines Scharfschützen-Lehrgangs im Anschlag mit einem ZF-Karabiner 98k, dessen Zielfernrohr mittels einer Schwenkmontage montiert wurde.

Zielfernrohr mit vierfacher Vergrößerung (Hersteller-Stempel »bmj«; M. Hensoldt & Söhne, Wetzlar), montiert mittels einer »flachen« Schwenkmontage auf einen K 98k. Okular (Einblick) und Objektiv (Ausblick) sind mit Schutzkappen aus Leder abgedeckt. Die Waffe ist mit einem spe iellen Sicherungsflügel – der sogenannten *Zielfernrohrsicherung* – ausgestattet.

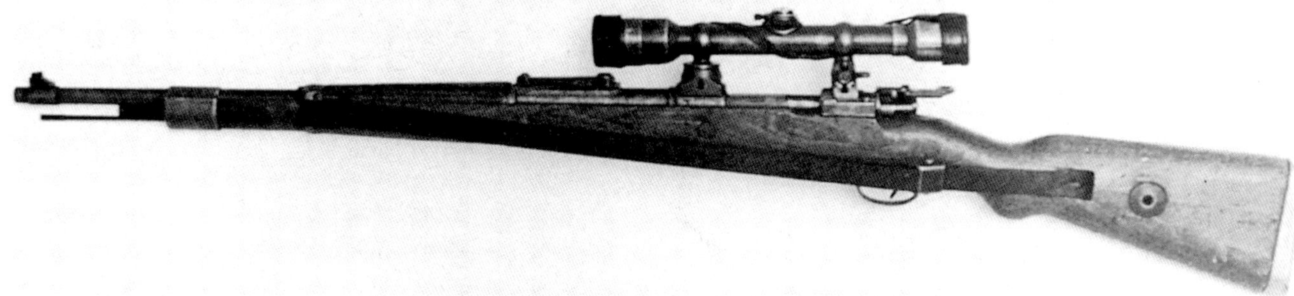

Linke Seitenansicht des Zielfernrohrkarabiners mit »flacher« Schwenkmontage.

Nahaufnahme von Zielfernrohr und »flacher« Schwenkmontage. Der hintere Montagesockel trägt den Waffenamt-Stempel »135«. Die flache Zielfernrohrsicherung war ursprünglich zum Einbau in die Zielfernrohrkarabiner 98k mit langer seitlicher Aufschubmontage gedacht, die in den Gustloff-Werken Weimar (Hersteller-Stempel *bed)* gefertigt wurden. Meist wurde sie nach dem Kriege von Sammlern des interessanten Aussehens wegen eingebaut.

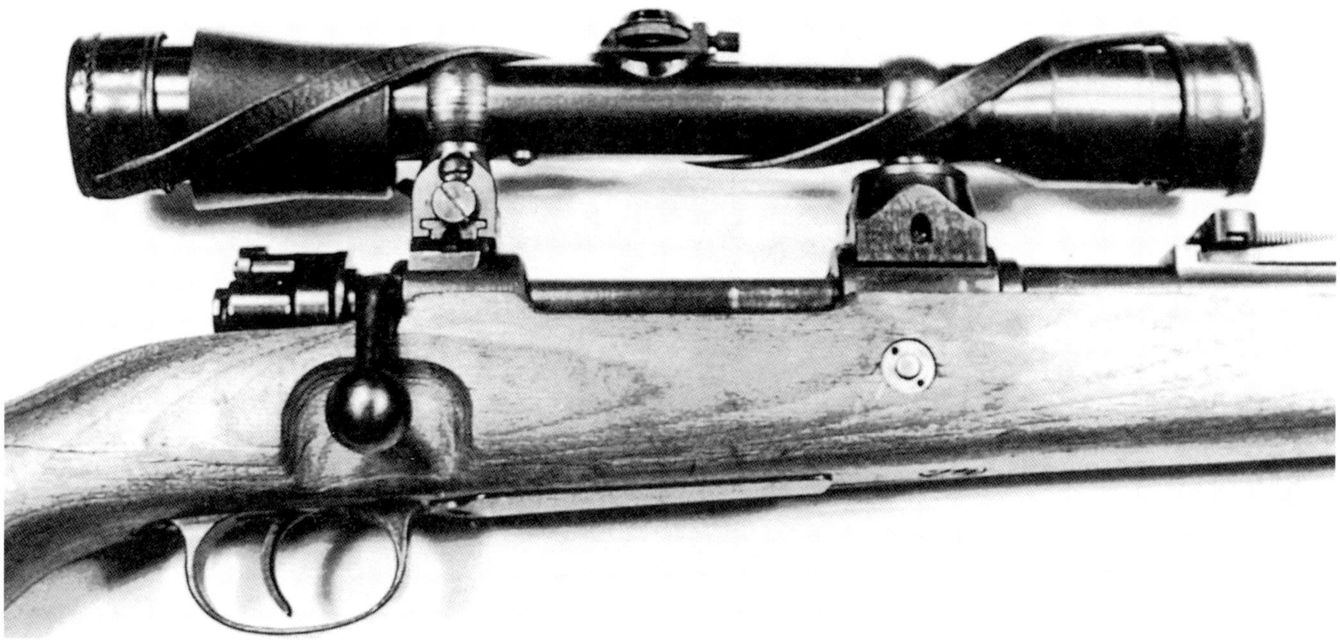

Ein von Hensoldt in Wetzlar (Hersteller-Stempel *bmj)* erzeugtes Zielfernrohr mit vierfacher Vergrößerung, das mittels »flacher« Schwenkmontage montiert wurde. Okular und Objektiv des Zielfernrohres sind mit ledernen Schutzdeckeln abgedeckt, eine Streulichtblende aus Gummi wurde über die Okularglocke nach vorne auf den Tubus des Zielfernrohres geschoben. Die Waffe: Ein bei der Firma J. P. Sauer & Sohn Gewehrfabrik (Hersteller- Stempel *ce)* in Suhl ge-

Linksseitige Nahaufnahme des vorderen Montagefußes. Direkt unter dem Montagesockel sind der Waffenamt-Stempel (37), das Hoheitsabzeichen und die Waffennummer in den Hülsenkopf eingeschlagen.

Linksseitige Nahaufnahme des hinteren Montagefußes. Um das Umlegen des Sicherungsflügels bei aufgesetztem Zielfernrohr zu vereinfachen, wurde der Sicherungsflügel der abgebildeten Waffe teilweise abgefräst. Dieses Verfahren wurde bei deutschen Scharfschützenwaffen häufig angewendet.

In die lederne Okularabdeckung wurde der Waffenamt-Stempel (WaA 414) eingeprägt. Der Wulst der Streulichtblende über der Okularglocke fehlt.

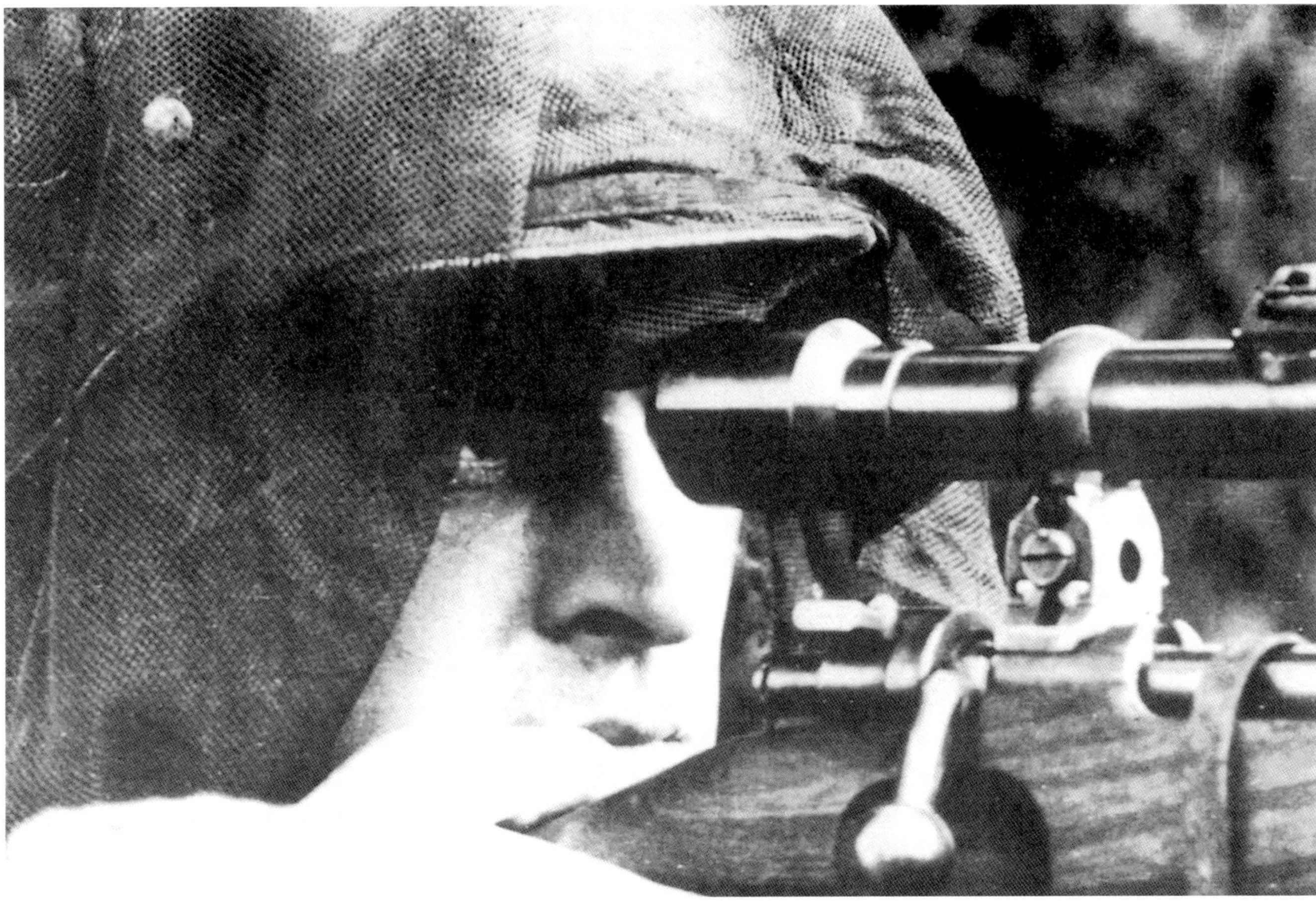

Ostfront 1944: Ein Scharfschütze beim Auffassen des Ziels. Das Zielfernrohr wurde mittels Schwenkmontage montiert.

Vorderer und hinterer Montagesockel einer Schwenkmontage in der Draufsicht.

Das Zielfernrohr ist um 90 Grad aus der Laufseelenachse geschwenkt und kann jetzt nach oben abgenommen werden.

Wird das Zielfernrohr in Richtung auf die Hülsenbrücke und damit zurück in die Laufseelenachse geschwenkt, tritt das Prisma auf dem hinteren Montagesockel in den entsprechenden Schwalbenschwanz im hinteren Montagefuß ein.

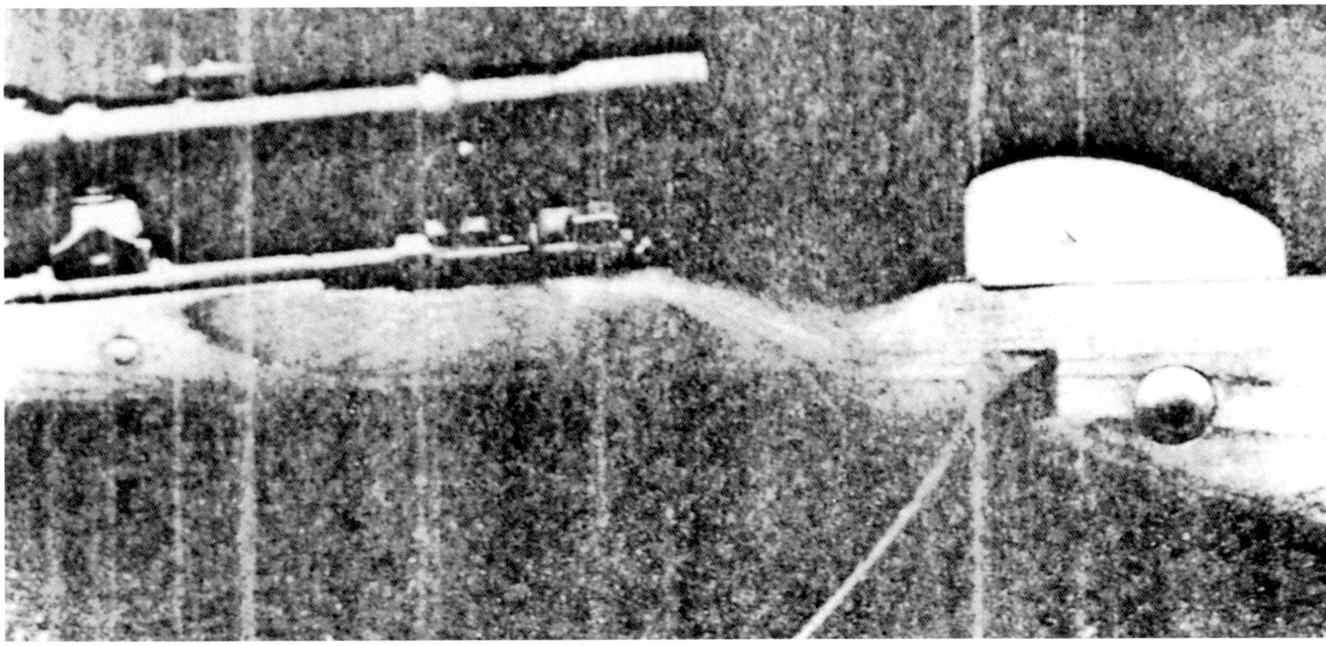

Die beiden Abbildungen wurden der im Oktober 1944 herausgegebenen Vorschrift (H. Dv. 298/20) für die Scharfschützenausbildung entnommen. Zu sehen ist ein Zielfernrohrkarabiner 98k mit aufgesetztem Zielfernrohr und Schwenkmontage sowie einer abnehmbaren Schaftbacke. Diese sollte für eine vollere Anlage der Wange des Schützen am Schaft sorgen und die Höhendifferenz zwischen dem im Anschlag befindlichen Schaft und dem zielenden Auge des Schützen überbrücken.

Transportbehälter aus Blech für Zielfernrohre mit Schwenkmontage. Die Metallringe dienten zur Befestigung eines Trageriemens.

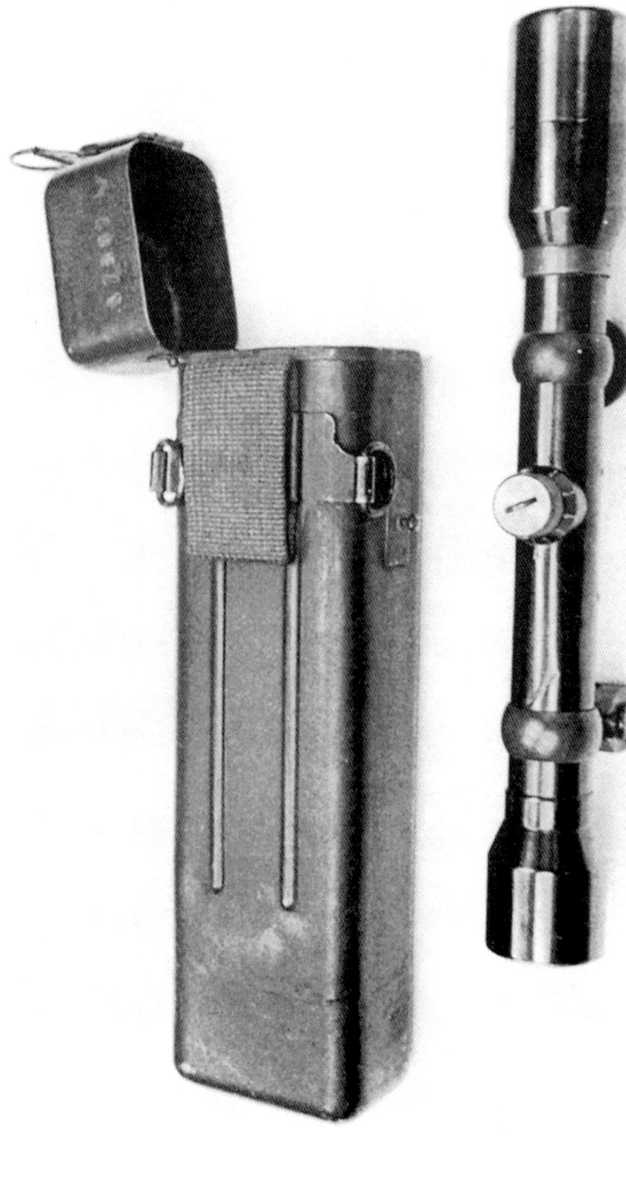

Ein ähnlicher Transportbehälter mit einer Koppelschlaufe aus Gurtmaterial sowie ein Zielfernrohr mit Vorder- und Hinterfuß einer Schwenkmontage. Bemerkenswert ist das Türmchen mit der Höhenverstellscheibe.

Ein ähnlicher Transportbehälter mit einer Koppelschlaufe aus Gurtmaterial sowie ein Zielfernrohr mit Vorder- und Hinterfuß einer Schwenkmontage. Bemerkenswert ist das Türmchen mit der Höhenverstellscheibe.

Diese 1944 entstandene Aufnahme zeigt einen Schützen im Anschlag mit einem Karabiner 98k, dessen ZF mit einer Schwenkmontage montiert wurde.

Vier Teilnehmer eines Scharfschützenlehrgangs demonstrieren den Anschlag »stehend, freihändig«. Atlantikwall, 1944.

Karabiner 98k – lange seitliche Aufschubmontage

Der Krieg verlief nicht so, wie es sich die Planer auf deutscher Seite vorgestellt hatten, und der Ruf nach immer größeren Mengen neuer Waffen für die kämpfende Truppe wurde ständig lauter. Aufgrund der Erfahrungen mit den sowjetischen Scharfschützen sah sich das Oberkommando der Wehrmacht veranlaßt, weitere Versuche mit Scharfschützenwaffen durchführen zu lassen. Anfang des Jahres 1944 begannen die Gustloff-Werke in Weimar (bed) mit der Fertigung des Zielfernrohrkarabiners mit langer seitlicher Aufschubmontage. Als Grundlage diente der Karabiner 98k mit abgewandelter Hülse.

Der wesentliche Unterschied zwischen diesem Zielfernrohrkarabiner und dem gewöhnlichen Karabiner 98k bestand darin, daß die Zielfernrohr-Ausführung eine verstärkte Hülse bekam. Die linke Seite wurde so abgefräst, daß eine Anlagefläche entstand, an der eine ZF-Montagevorrichtung befestigt werden konnte. Das Unterteil dieses Montagegesteckes wurde mit drei Halteschrauben und zwei konischen Haltestiften an der Waffe befestigt. Drei Sicherungsschrauben verhinderten ein ungewolltes Dockern der Halteschrauben. Zwar wurden bei den meisten Montagen zwei konische Haltestifte eingesetzt, es kursieren jedoch Waffen, deren Hülse keine Bohrungen für die Haltestifte aufweist, sonderen lediglich drei angesenkte Gewindebohrungen für die Befestigungsschrauben. Näheres konnte hierzu nicht in Erfahrung gebracht werden. Ein Hebel, der an einem Gewindebolzen durch die Mitte der Zielfernrohrhalterung befestigt und schwenkbar gelagert war, diente der Fixierung der Zielfernrohrhalterung auf dem Unterteil des Montagegesteckes mit der Prismenschiene. Wurde der Hebel nach hinten geschwenkt, wurde die Klemm-

Scharfschütze der Waffen-SS und sein Beobachter im Wintereinsatz. Zu erkennen ist die besondere Sicherung des Karabiners mit vierfachem Hensoldt- Zielferrohr, das mittels seitlicher Aufschubmontage (lange Schiene) befestigt wurde. Bemerkenswert ist die Winter-Tarnbekleidung und der weiß gestrichene Stahlhelm, wobei das Wappenschild mit den Sig-Runen ausgespart wurde. Am Koppel des Scharfschützen hängt eine Maschinenpistolen-Magazintasche.

verbindung aufgehoben. Wurde der Hebel nach vorne geschwenkt und nach unten gedrückt, wurde infolge der Klemmwirkung die Zielfernrohrhalterung auf der Prismenschiene fixiert. Der zusätzlichen Befestigung der Zielfernrohrhalterung diente eine federnd gelagerte Sperrklinke. Die Nase der Sperrklinke ragte in die schwalbenschwanzförmige Ausfräsung an der Unterseite der Zielfermohrhalterung hinein. Wurde die Zielfernrohrhalterung auf die Prismenschiene des seitlich befestigten Montage-Unterteils aufgesetzt und nach vorne geschoben, rastete die Nase in eine rechteckige Ausfräsung im vorderen Drittel der Prismenschiene ein. Wurde der hintere Teil der Sperrklinke nach unten gedrückt, trat die Nase aus der Ausfräsung aus und die Zielfernrohrhalterung konnte nach hinten von der Prismenschiene abgezogen werden.
Zur Befestigung des Zielfernrohres wurden zunächst geteilte Ringe aus Stahl, später dann einfache Klemmringe verwendet. Um zu verhindern, daß das Zielfernrohr infolge der Erschütterungen des Rückstoßes in den Montageringen wanderte, wurde am Tubus des Zielfernrohres unmittelbar hinter dem vorderen Haltering eine ringförmige Manschette angebracht. Eine Seitenkorrektur konnte auf dieselbe Art und Weise vorgenommen werden, wie sie auch ansonsten für deutsche Zielfernrohre charakteristisch war, nur daß hierzu anstelle des sonst üblichen Schraubendrehers ein besonderer Schlüssel benötigt wurde.
Bezeichnend für die durchdachte Konstruktion der seitlichen Aufschubmontage mit langer Schiene war ein einfaches aber wichtiges Zubehörteil in Form einer Blechabdeckung, die auf die Prismenschiene aufgesteckt werden konnte und bei abgenommenem Zielfernrohr die empfindlichen Kanten der Prismenschiene vor Beschädigung schützte. Neben den ersten Prototypen von 1943, die J. P Sauer (ce) fertigte, kamen gegen Ende des Krieges in begrenzten Stückzahlen ZF-Karabiner mit verstärkter Hülse zum Einsatz, die Sauer (ce) und Mauser (byf) herstellten. Darüber hinaus erzeugten die Gustloff-Werke (bed) ab 1944 erhebliche Stückzahlen.
Wohl kaum für den Scharfschützeneinsatz gedacht, aber in diesem Zusammenhang von Interesse, sind einige wenige erhalten gebliebene *Volkskarabiner* (auch als *Volkssturm-Karabiner* bezeichnet) mit verstärkten Systemhülsen aus der Fertigung der Gustloff-Werke. Diese *Volkskarabiner* für das letzte Aufgebot wurden teilweise zusammengesetzt a) aus den erwähnten Hülsen (bed), wobei auf dem Hülsenkopf ein offenes Standvisier angebracht wurde; b) Maschinengewehrläufen und c) rohen Schäften.

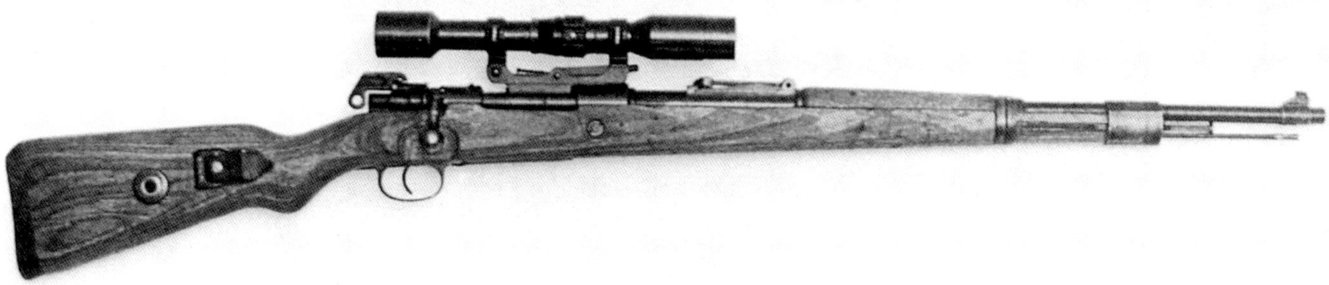

Ein von den Gustloff-Werken gefertigter Zielfernrohrkarabiner 98k (Hersteller-Stempel *bed)* mit aufgesetztem ZF (vierfach) der Firma Opticotechna GmbH in Prerau/Nordmähren (Hersteller-Stempel dow).

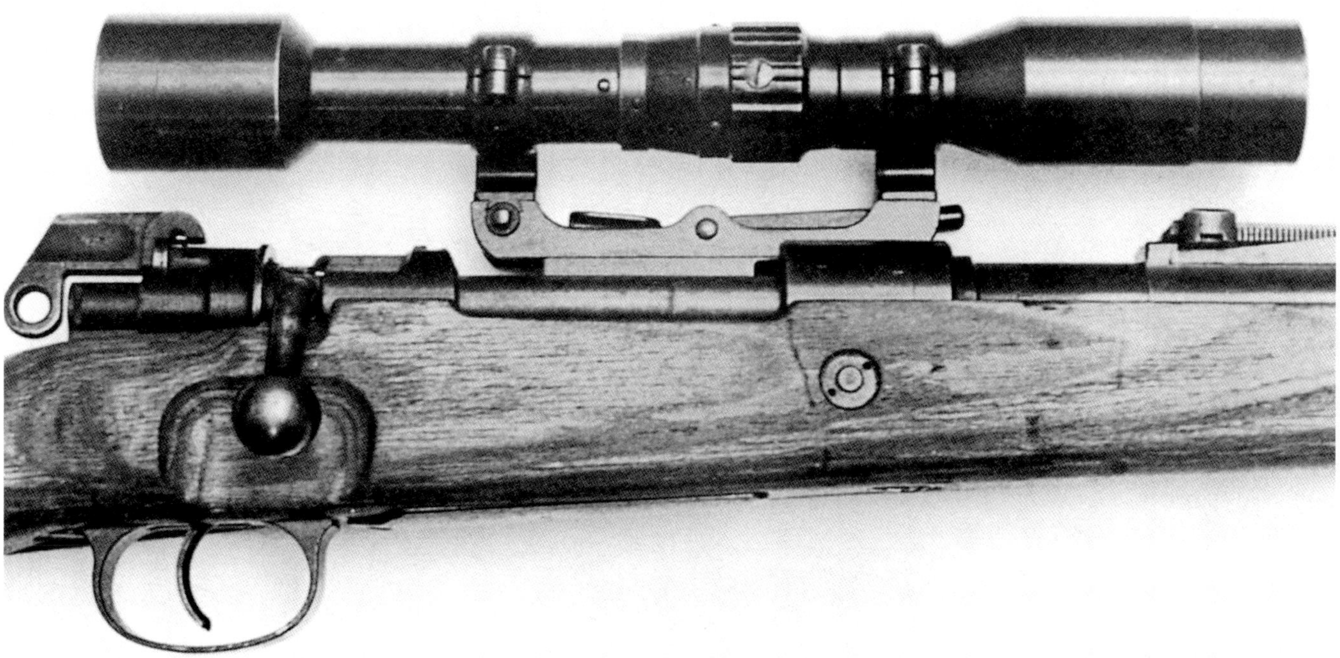

Nahaufnahme. Die Entfernungseinstellung erfolgte durch Verdrehen des Rings in der Mitte des Tubus. Man beachte die anfänglich verwendeten, geteilten Montageringe. Der besondere Sicherungsflügel (Zielfernrohrsicherung) vereinfachte das Sichern der Waffe bei aufgesetztem ZF.

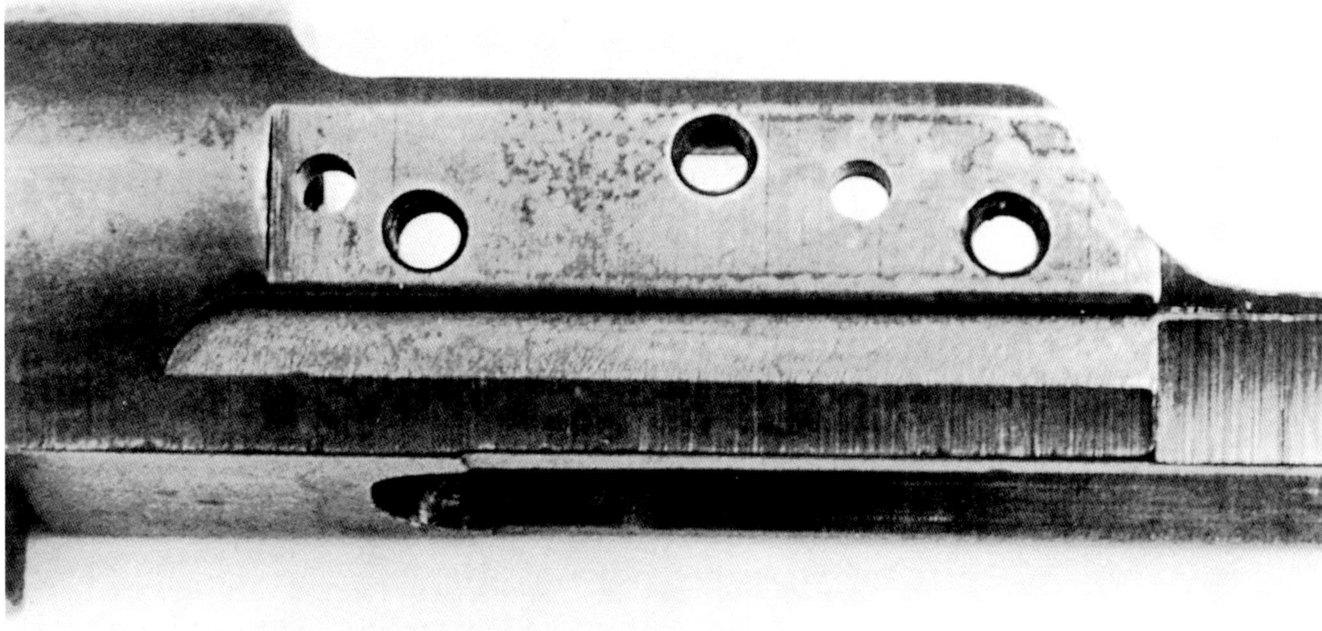

Nahaufnahme der verstärkten Hülse mit der gefrästen Anlagefläche, den drei Gewindebohrungen für die Befestigungsschrauben sowie den beiden Bohrungen für die konischen Haltestifte.

Die Anlagefläche der langen Montageschiene mit den Bohrungen für die Befestigungsschrauben, die Sicherungsschrauben und die Haltestifte. An der vorderen Stirnseite der Prismenschiene (rechts) ist der Druckbolzen und die eine, am hinteren Ende (links) die zweite Halterast zu erkennen. Die Halterasten dienten zur Befestigung einer Abdeckung aus Blech. Sie schützte bei abgenommenem Zielfernrohr die empfindlichen Kanten der Prismenschiene. Selbst kleinste Beschädigungen konnten das Aufschieben der Zielfernrohrhalterung auf die Prismenschiene verhindern.

Diese Aufnahme zeigt die Anlagefläche einer in den Gustloff-Werken gefertigten seitlichen Aufschubmontage mit langer Schiene, aufgesetztem Zielfernrohrhalter und einem Zielfernrohr der Firma Opticotechna. Im Bild unten die drei Befestigungsschrauben, die drei Sicherungsschrauben und die beiden konischen Haltestifte.

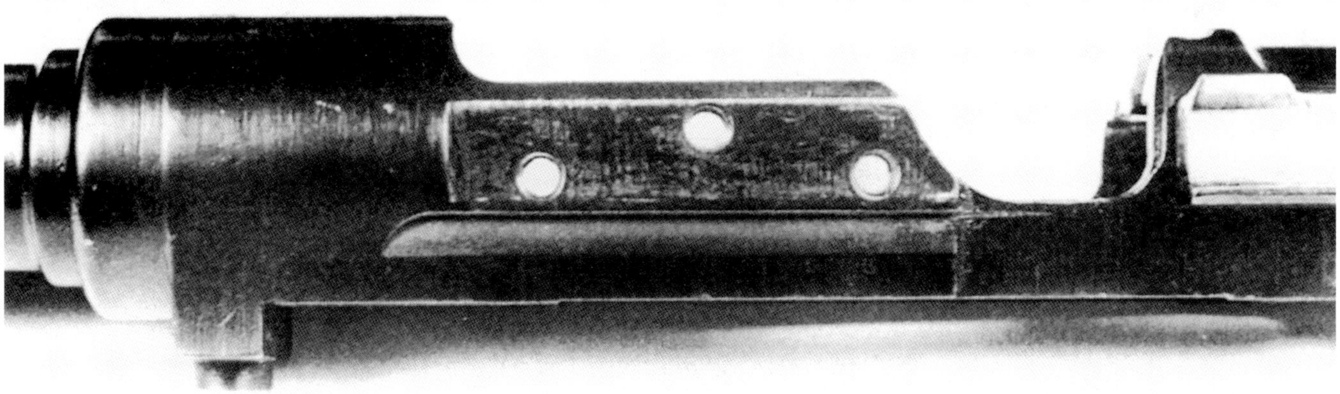

Eine ebenfalls in den Gustloff-Werken gefertigte verstärkte Hülse für einen Zielfernrohrkarabiner 98k, jedoch lediglich mit drei Gewindebohrungen zur Befestigung der seitlichen Aufschubmontage mit langer Schiene. Interessant ist der Vergleich dieser Hülse mit der eines gewöhnlichen Karabiners 98k.

Zielfernrohrhalterung einer seitlichen Aufschubmontage mit langer Schiene und federnd gelagerter Sperrklinke. Der Klemmhebel ist in senkrechter Stellung. Der Vierkant (rechts unten) diente der Seitenverstellung. Der Waffenamt-Stempel (359) und eine Waffennummer (55315) wurden eingeschlagen.

Unterseite. Die in die schwalbenschwanzförmige Ausfräsung hineinragende Nase griff in eine rechteckige Ausfräsung in der Oberseite der Prismenschiene an der Waffe.

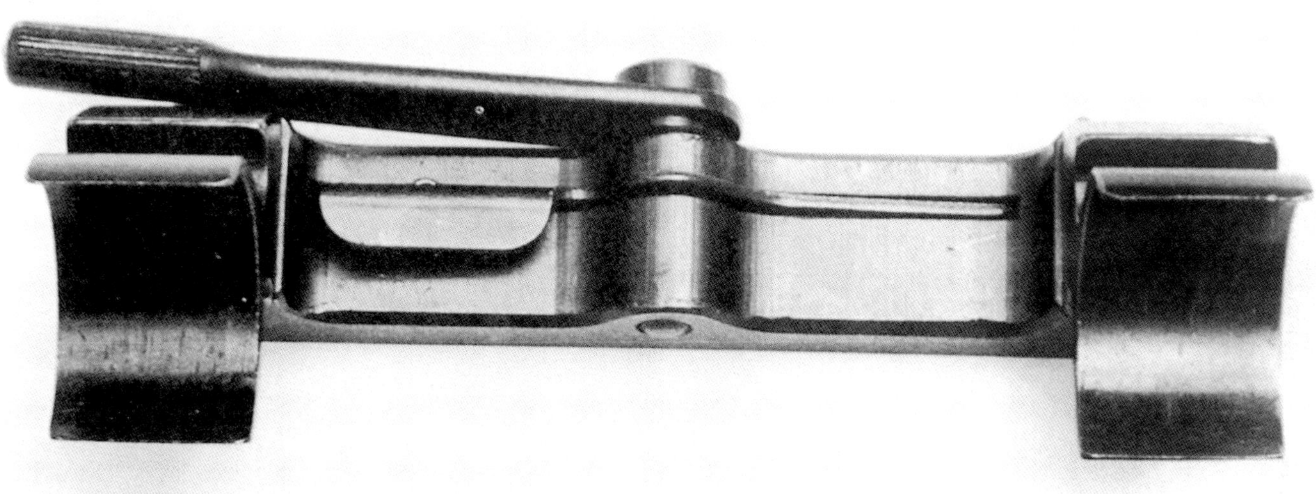

Draufsicht. Der Klemmhebel ist zum Lösen der Halterung nach hinten geschwenkt.

Diese Nahaufnahme veranschaulicht die Befestigung der langen Prismenschiene an der Hülse. Zu erkennen sind die Befestigungsschrauben, die Sicherungsschrauben und die beiden Haltestifte. Auf der Oberseite der Prismenschiene ist die rechteckige Ausfräsung für die Nase der Sperrklinke zu sehen. Wie alle in den Gustloff-Werken gefertigten Montagegestecke trägt die abgebildete Montageschiene den Waffenamt-Stempel 359. Eine Waffennummer ist nicht eingeschlagen.

Zwei unterschiedliche Ausführungen des Opticotechna-Zielfernrohrs (Hersteller-Stempel *dow)* mit vierfacher Vergrößerung. Auf die Objektivglocke des oben abgebildeten Modells ist eine Steulichtblende aus Aluminium aufgesteckt. Dieses Zielfernrohr wird von einfachen Klemmringen gehalten; das unten abgebildete von den (anfangs verwendeten) geteilten Ringen. Mindestens vier verschiedene Ausführungen dieser Zielfernrohre wurden hergestellt. Sie unterscheiden sich in der Gesamtlänge, dem Durchmesser der Objektivlinsen, der Höhenverstelleinrichtung, und der Möglichkeit zum Anbringen von Steulichtblenden. Außerdem erhielten nicht alle Modelle eine Vorrichtung zur Bildschärfen-Regulierung.

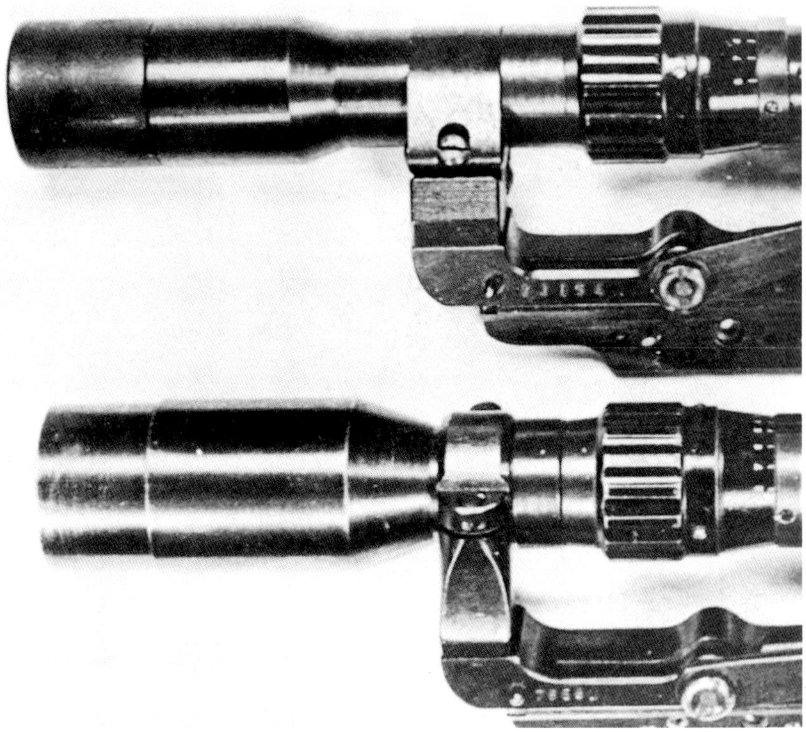

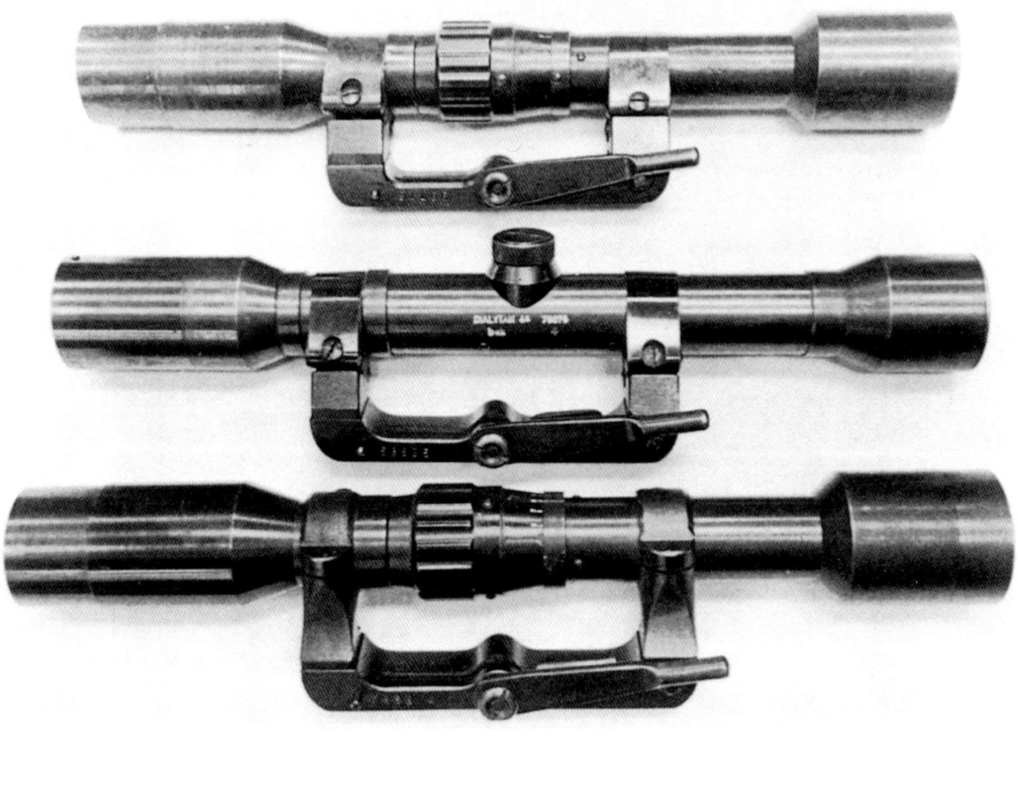

Drei Zielfernrohrhalterungen der seitlichen Aufschubmontage mit langer Schiene im Vergleich. Ganz oben eine Zielfernrohrhalterung mit 22-mm-Klemmringen; in der Mitte mit Klemmringen von 17 mm Breite; ganz unten mit geteilten Ringen, wie sie anfangs verwendet wurden. Die Ringe am Tubus der Zielfernrohre sollten verhindern, daß das Zielfernrohr bei der Schußabgabe in den Montageringen wanderte.

Nahaufnahme der Zielfernrohrhalterung einer seitlichen Aufschubmontage mit langer Schiene, bei der zur Befestigung des Zielfernrohres die schmäleren, 17 mm breiten Halteringe verwendet wurden. Es wird angenommen, daß Halteringe mit 22 mm Breite erst später Verwendung fanden.

Typisches Opticotechna-Zielfernrohr (Hersteller-Stempel *dow)* mit 22 mm breiten Klemmringen.

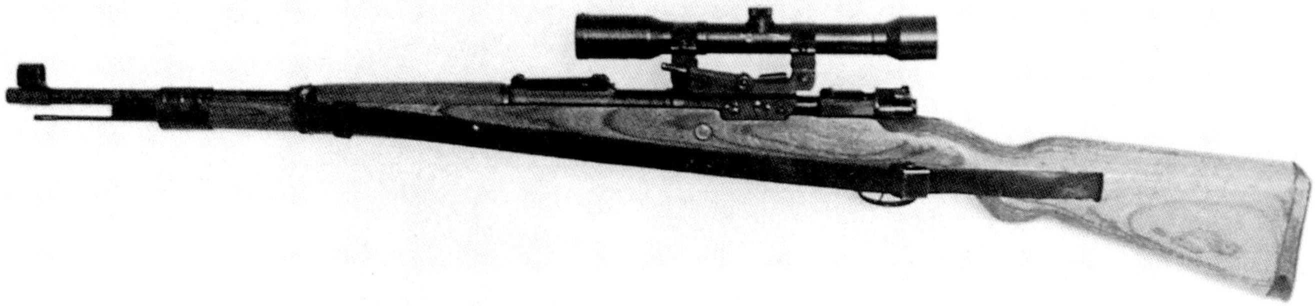

Ein ungewöhnlicher Zielfernrohrkarabiner 98k mit Doppelzüngel-Stecher (Gustloff-Werke). Mittels seitlicher Aufschubmontage und langer Schiene wurde ein Vierfach-ZF aufgesetzt (Hersteller: Hensoldt/Herborn, Stempel *bek).*

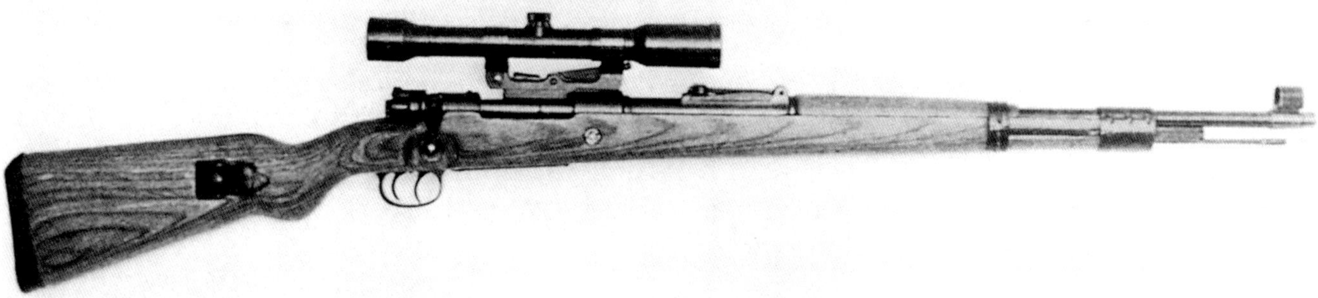

Linke Seitenansicht des ZF-Karabiners mit Doppelzüngel-Stecher (auch als »Deutscher Stecher« bezeichnet).

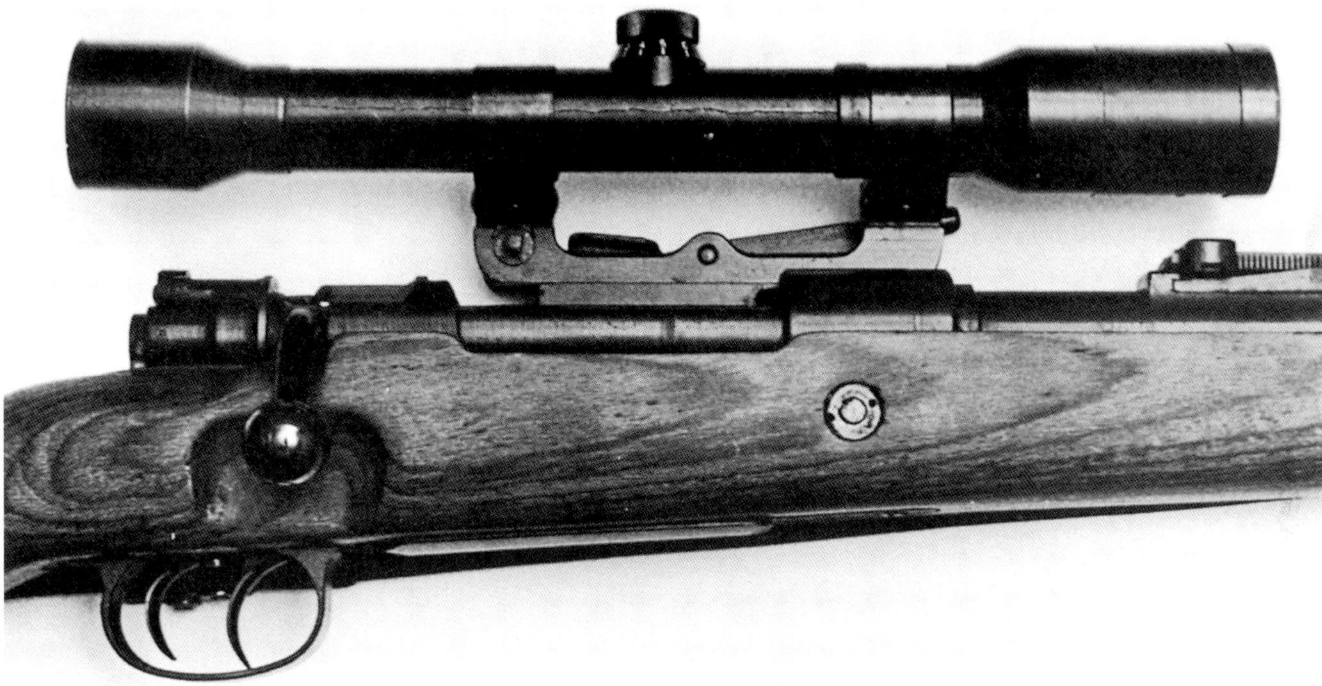

Nahaufnahme des K 98k mit Doppelzüngel-Stecher, bei dem durch entsprechende Einstellung der Abzugswiderstand erheblich verringert werden kann. Derartige Stecher fanden üblicherweise nur in Jagdwaffen Verwendung. Auf der Objektivglocke sitzt eine Lichtschutzblende.

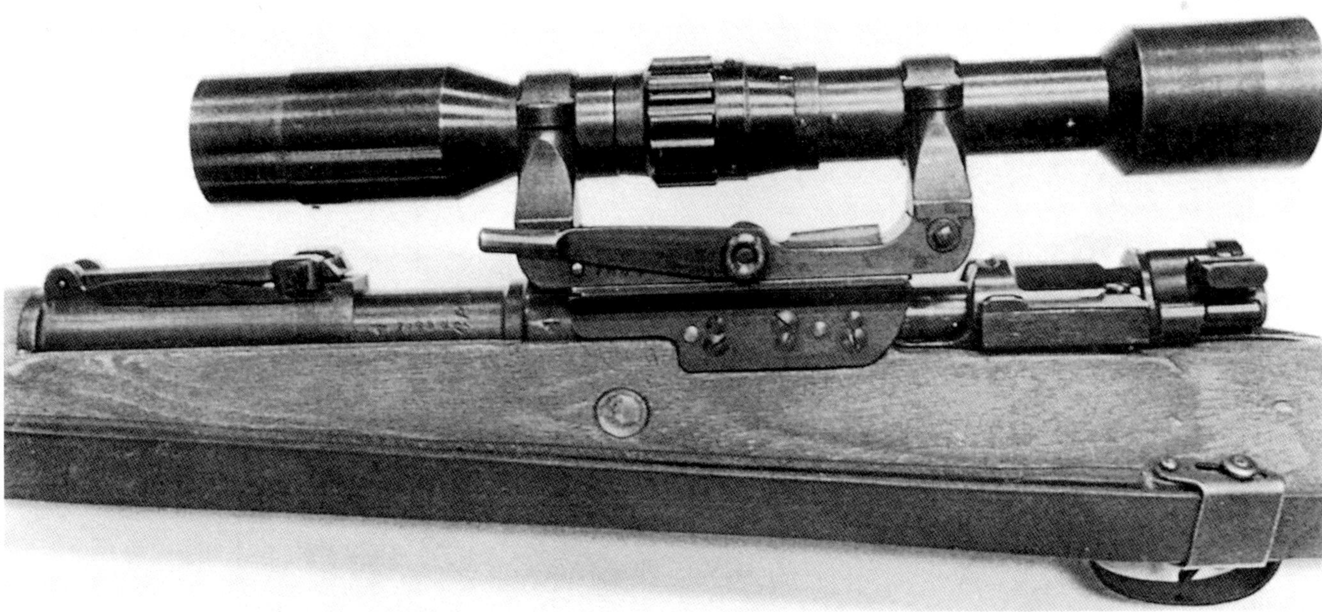

Linke Seitenansicht eines Opticotechna-Zielfernrohrs, das mit geteilten Montageringe befestigt wurde. Der Sicherungsflügel der Waffe wurde durch Abfräsen verkürzt. Derartige Sicherungsflügel wurden bei Zielfernrohrkarabinern der Gustloff-Werke verwendet, bevor die speziellen Zielfernrohrsicherungen kamen.

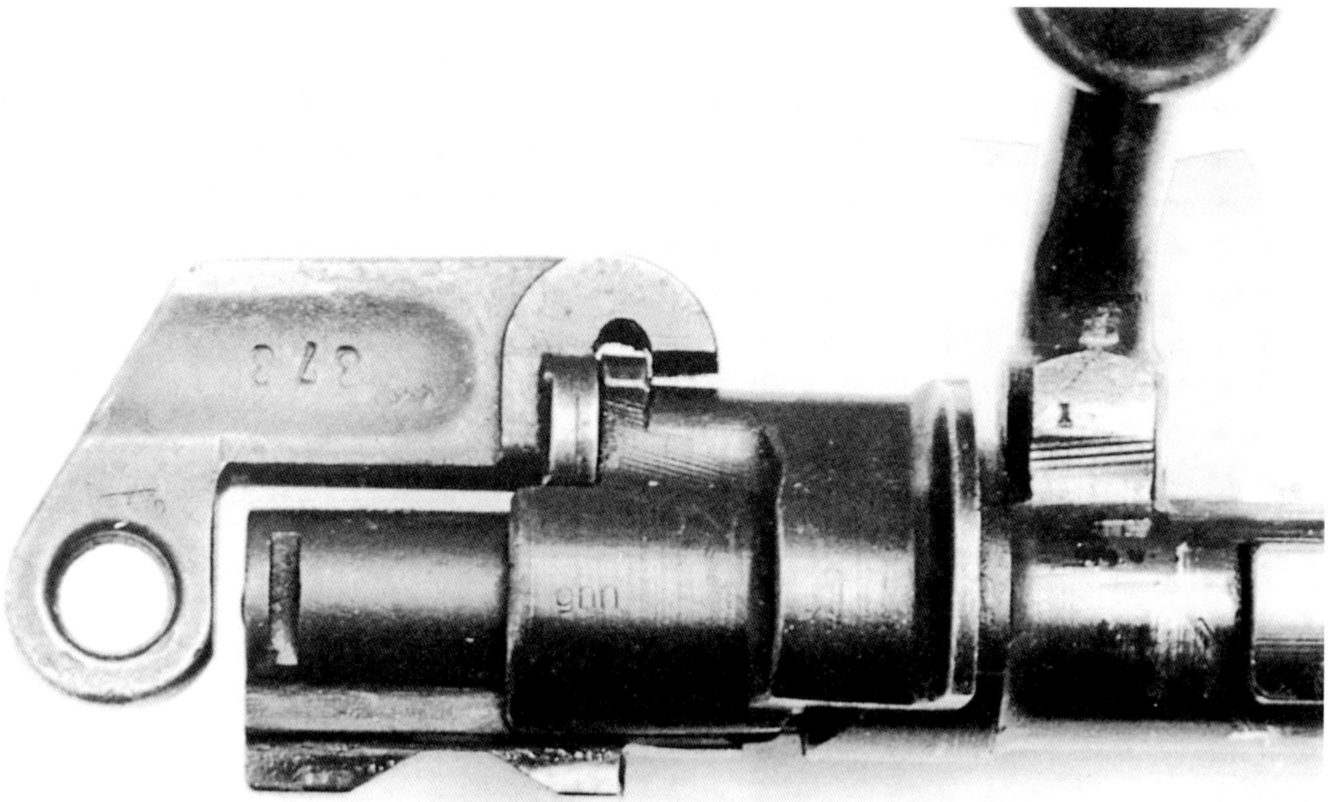

Nahaufnahme der »flachen« Zielfernrohrsicherung der ZF-Karabiner aus Gustloff-Produktion. Bei werksseitig ausgerüsteten Waffen wurde die Waffennummer in die Sicherung eingeschlagen. Die abgebildete Sicherung trägt den Hersteller-Stempel »gnn« (Pyro-Werk GmbH, Spezialfabrik für Pyrometerbau, Hannover).

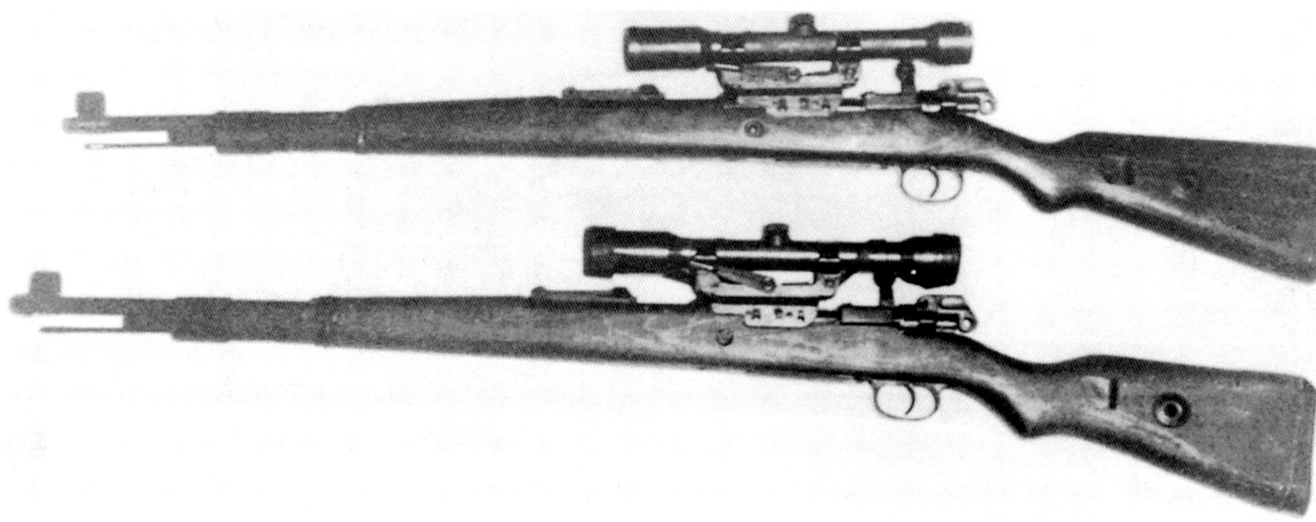

Zwei Zielfernrohrkarabiner aus Fertigung der Gustloff-Werke (Hersteller-Stempel *bed).* Die obere Waffe, Baujahr 1945, erhielt ein Hensoldt-ZF (Hersteller-Stempel *bek)* mit grau phoshpatierter Oberfläche und Lichtschutzblende. Das Hensoldt-Zielfernrohr der unteren Waffe zeigt eine brünierte Oberfläche. Es wurde mit 17 mm breiten, das ZF der oberen Waffe mit 22 mm breiten Klemmringen befestigt.

Karabiner der Gustloff-Werke mit Opticotechna-Zielfernrohr (Fertigungs-Nummer 19707). Diese Zielfernrohre mit vierfacher Vergrößerung waren üblicherweise mit dem Normalabsehen (Absehen 1), einem senkrechten Zielstachel und zwei waagerechten Querbalken, ausgestattet. Überaus selten sind die abgebildeten Schutzkappen für Objektiv und Okular aus Kunststoff, die zusammen mit diesen Zielfernrohren ausgegeben wurden.

Ungewöhnlicher Hersteller-Stempel des Zielfernrohrs mit Fertigungs-Nummer 19707. Anstelle des »W« wurde zweimal ein »V« eingeschlagen. Das blau ausgelegte Plus-Zeichen bedeutete, daß auch bei Temperaturen unter dem Gefrierpunkt eine zuverlässige Funktion des Zielfernrohres gewährleistet war.

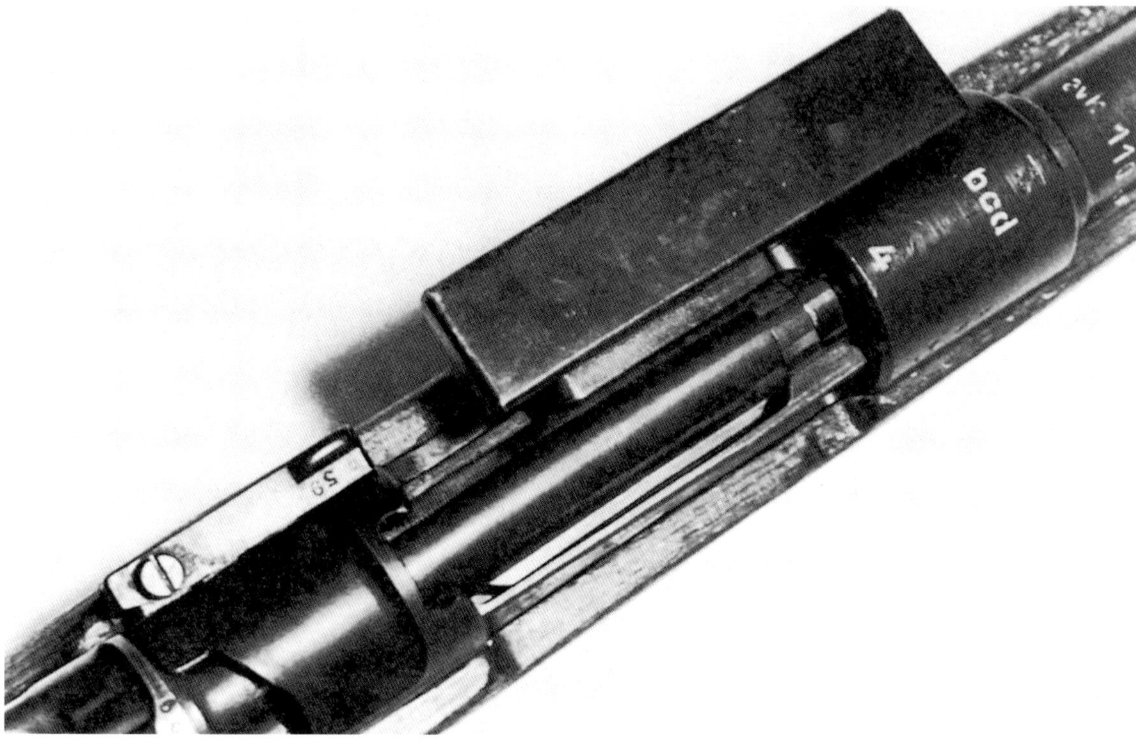

Bei abgenommenem Zielfernrohr schützte eine aufgesetzte Blechabdeckung die Prismenschiene.

Ein ungewöhnlicher, bei J. P. Sauer (Stempel *ce)* gefertigter Zielfernrohrkarabiner 98k mit langer seitlicher Aufschubmontage. Alle Anzeichen sprechen dafür, daß die Vorarbeiten für die seitliche Aufschubmontage mit langer Schiene gegen Ende des Jahres 1943 von Sauer geleistet wurden. Den Auftrag zur Fertigung erhielten dann die Gustloff-Werke in Weimar (Stempel *bed).* Bemerkenswert ist, wie die Prismenschiene an die Hülse angepaßt wurde. Die Schiene trägt keinen Waffenamt-Stempel, lediglich die Nummer »118« ist eingeschlagen.

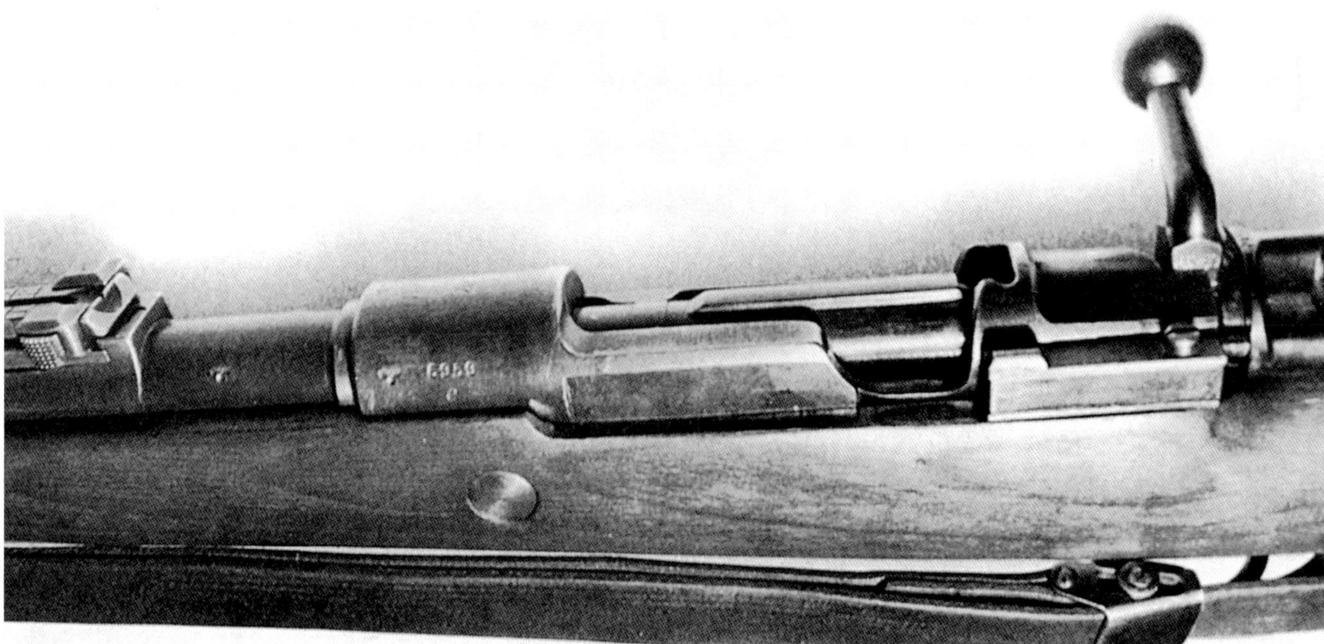

Ein 1943 bei Sauer (Stempel *ce)* gefertigter Karabiner 98k mit verstärkter und seitlich abgefräster Hülse wurde in diesem Zustand belassen und erhielt keine Bohrungen zur Befestigung der Montageschiene.

Der Hülsenkopf des bei Sauer *(ce 43)* gefertigten Karabiners 98k mit verstärkter Hülse in der Draufsicht. Gut zu erkennen ist die Stärke der Hülsen-Wandung im Vergleich zu einem gewöhnlichen Karabiner 98k.

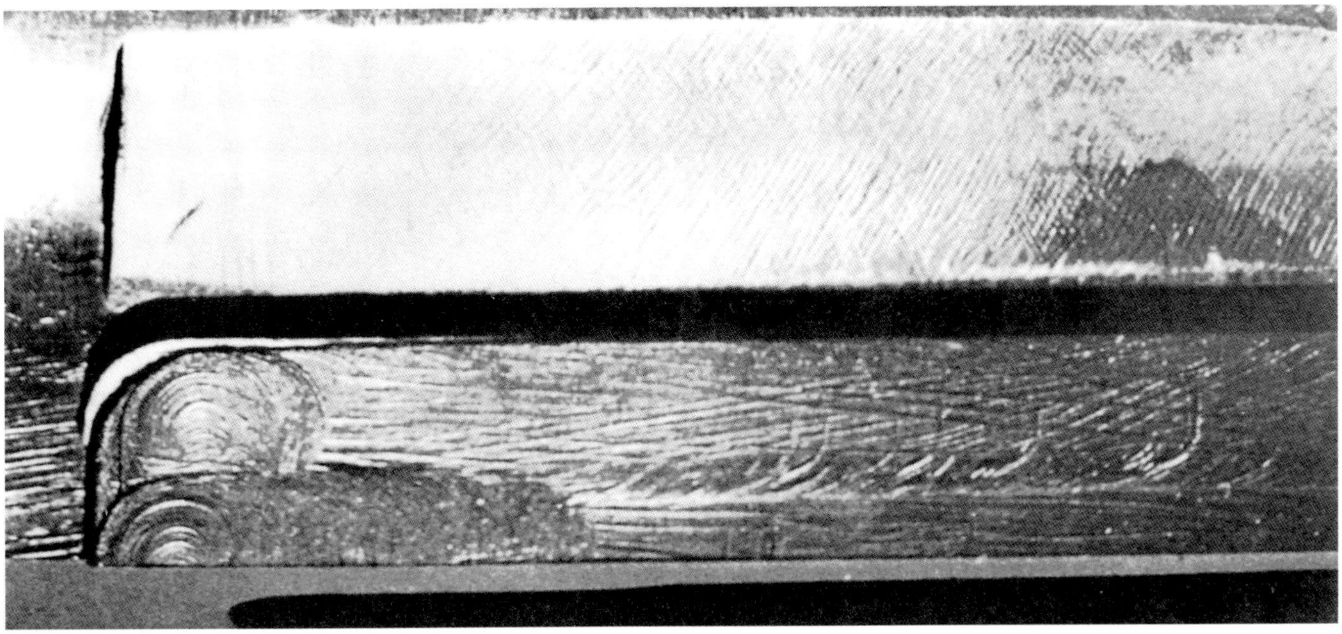

Diese Nahaufnahme zeigt die Anlagefläche für die Montageschiene (ausgeschäftetes System) eines bei Sauer *(ce 43)* gefertigten Karabiners 98k mit verstärkter Hülse. Bemerkenswert ist der Unterschied zur Anlagefläche eines in Serie gefertigten Zielfernrohrkarabiners der Gustloff-Werke.

Nahaufnahme einer bei Sauer *(ce 43)* gefertigten, verstärkten Hülse bei herausgenommenem Verschluß (Kammer).

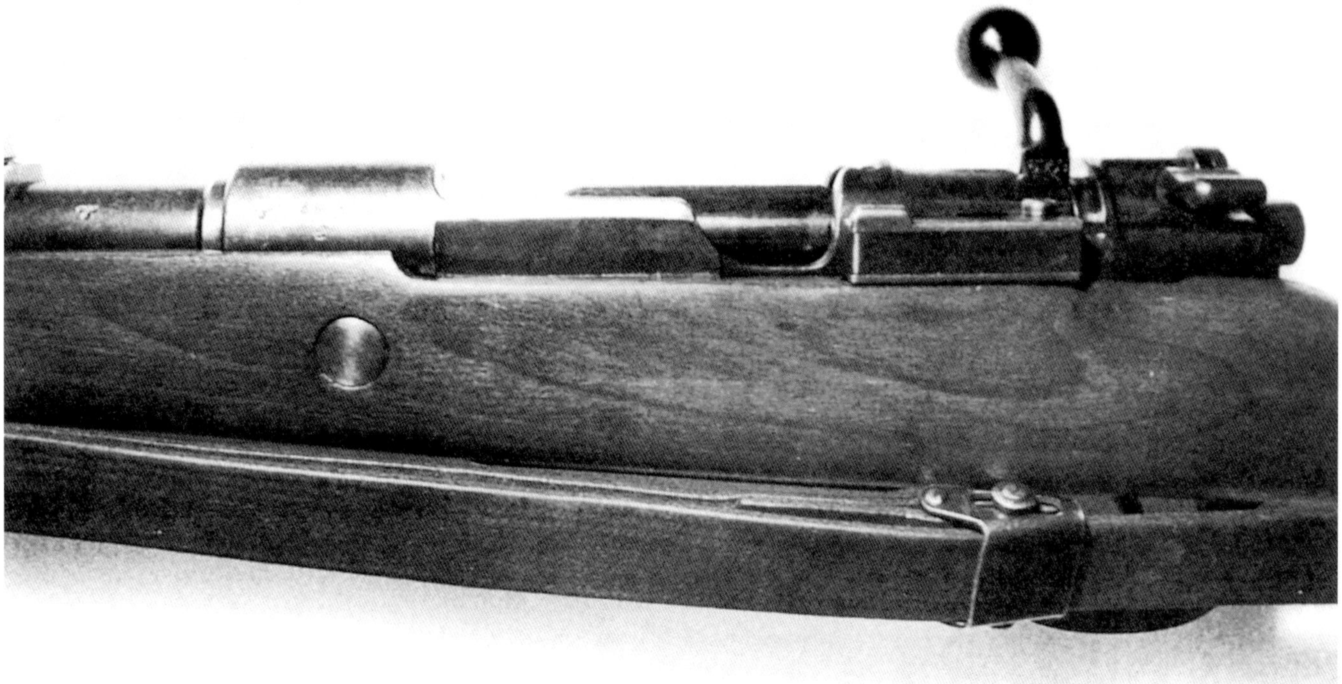

Eine weitere Seitenansicht des bei Sauer *(ce 43)* gefertigten Karabiners 98k mit verstärkter Hülse.

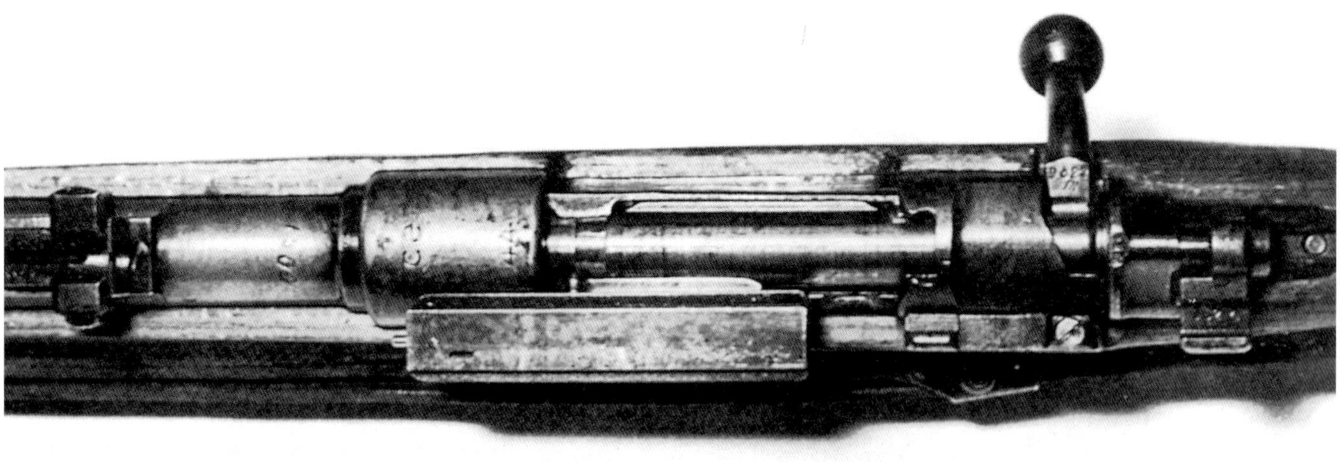

Ein Exemplar des bei Sauer in sehr kleinen Stückzahlen gefertigten Zielfernrohrkarabiners 98k mit verstärkter Hülse und langer seitlicher Montageschiene. Zu erkennen ist die Stempelung »ce 44« auf dem Hülsenkopf. Zwar ist die Montageschiene identisch mit derjenigen, die in den Gustloff-Werken montiert wurde (gefertigt bei Walther, Waffenamt-Stempel 359), diese trägt jedoch den Waffenamt-Stempel »37«.

Rechte Seitenansicht des bei Sauer *(ce 44)* gefertigten Zielfernrohrkarabiners 98k mit langer seitlicher Aufschubmontage und aufgesetztem Zielfernrohr (Hersteller *bek*).

Schlüssel zur Seitenverstellung der seitlichen Aufschubmontage mit langer Schiene. Auch die Verwendung dieses Schlüssels erlaubte keinesfalls eine rasche Seitenkorrektur, wie aus der Aufschrift des Schlüssels zu ersehen ist (Rechts-Schuß – rechts lösen, links nachstellen). Die Länge des Schlüssels beträgt 49,21 mm, die Breite 23,57 mm.

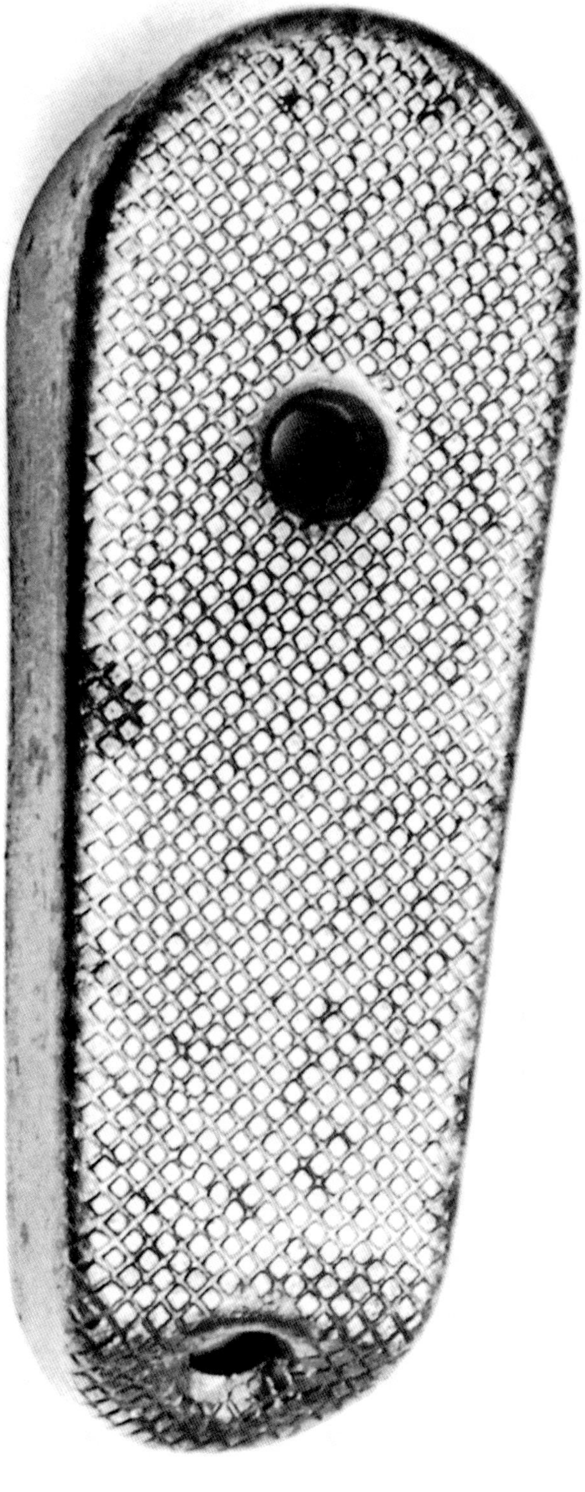

Die Riffelung dieser Kolbenkappe, die ursprünglich für Karabiner mit langer seitlicher Aufschubmontage vorgesehen war, sollte einen besseren Halt an der Schulter des Schützen gewährleisten als dies bei der gewöhnlichen, glatten Ausführung der Fall war.

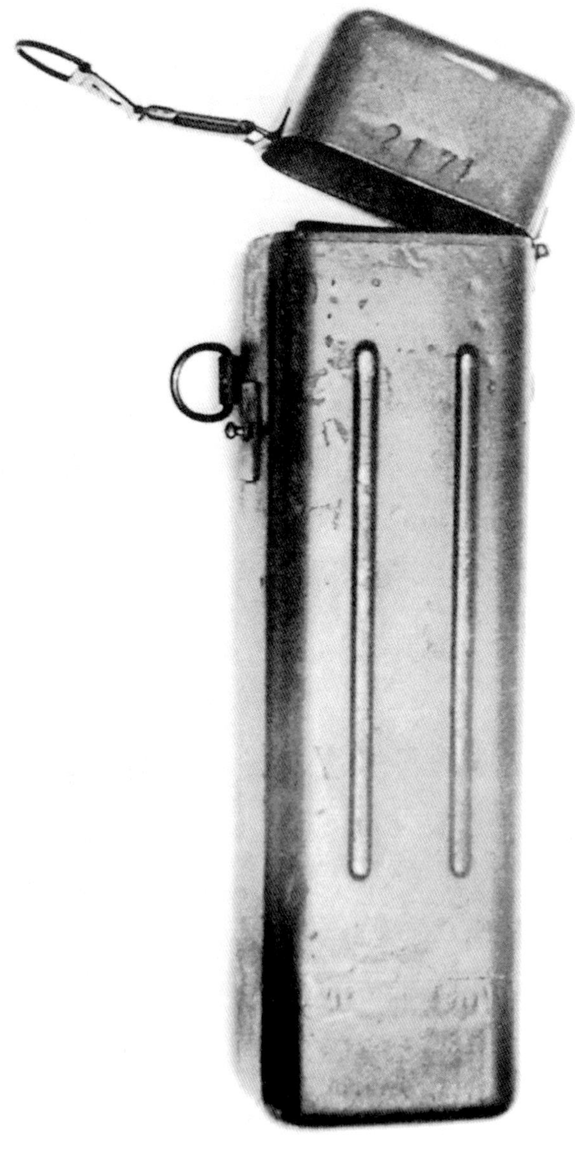

Transportbehälter aus Blech für Zielfernrohre mit seitlicher Aufschubmontage (lange Schiene). In den Deckel wurde eine Waffennummer eingeschlagen.

Ein Blick in das Innere des Transportbehälters. Die beiden kleinen Fächer dienten der Aufbewahrung des Schlüssels zur Seitenverstellung und des Deckels zur Abdeckung der Prismenschiene.

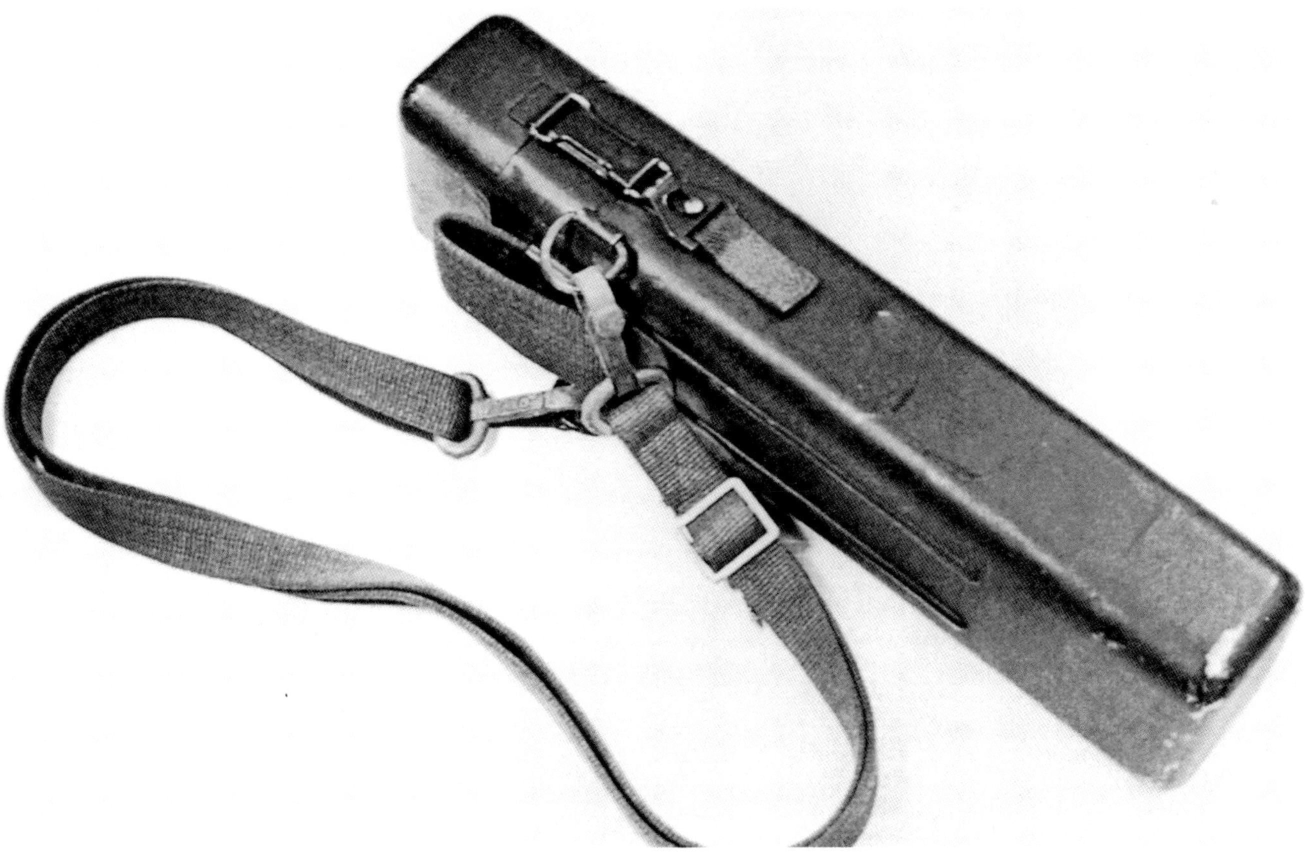

Ein von Wessel & Müller (Stempel *jvb)* hergestellter Zielfernrohr-Transportbehälter aus Metall mit Koppelschlaufe und Umhängeriemen aus Gurtmaterial. Die genannte Firma war während des II. Weltkrieges der wichtigste Lieferant für derartige Behälter.

Transportbehälter für das in Verbindung mit der Schwenkmontage (links) und das in Verbindung mit der seitlichen Aufschubmontage mit langer Schiene verwendete Zielfernrohr im Vergleich. (Abmessungen des links abgebildeten Behälters: 314,32 mm X 68,26 mm X 49,21 mm; Abmessungen des rechts abgebildeten Behälters: 314,32 mm X 79,37 mm X 53,97 mm)

Karabiner 98k – Einhakmontage

Beruhend auf einem bei der Steyr-Daimler-Puch AG (Hersteller-Stempel *bnz)* erzeugten Karabiner 98k wurden zwischen Ende des Jahres 1943 und 1944 schätzungsweise 10 000 Scharfschützenkarabiner mit Einhakmontage gefertigt.
Dieses Gesteck ähnelte zwar äußerlich dem Gesteck, mit dem während des I. Weltkrieges Zielfernrohre seitlich versetzt auf das Steyr Gewehr M 95 montiert wurden, im Unterschied zu diesem befand sich bei dem neuerlich gefertigten Gesteck jedoch nicht nur am Vorder-, sondern auch am Hinterfuß jeweils eine Kralle zur Befestigung des Zielfernrohres auf zwei Sockeln.
Der vordere Montagesockel bestand aus zwei gedrehten und gefrästen Stahlteilen. Ein Montageblock war mit der linken Seite eines Sockelstückes verlötet, das dem Hülsenkopf angepaßt war und auf diesen aufgelötet wurde. Der hintere Montagesockel bestand ebenfalls aus zwei miteinander verlöteten Drehteilen und wurde auf die Hülsenbrücke aufgelötet und verschraubt. Im Inneren des hinteren Montageblockes befand sich ein keilförmiger Riegel, der fest mit einem außenliegenden Druckstück verbunden war.
Das Zielfernrohr wurde von Stahlringen gehalten, die nur oben eine Spaltbreite offen waren, so daß das Zielfernrohr zur Befestigung in den Ringen zerlegt werden mußte. Durch das Anziehen von jeweils zwei Schrauben an der Oberseite der beiden Montageringe wurde das Zielfernrohr fixiert. Das Gesteck war so ausgelegt, daß das Zielfernrohr in der Verlängerung der Laufseelenachse plaziert war, obwohl beide Montagesockel seitlich versetzt an der linken Seite der Hülse angeordnet waren, um ein Zielen über die offene Visierung bei aufgesetztem Zielfernrohr zu ermöglichen. Zum Aufsetzen des Zielfernrohres wurde die Kralle am vorderen Montagefuß in einem Winkel von etwa 45 Grad von oben in den vorderen Montagesockel eingehakt. Sodann wurde das hintere Ende des Zielfernrohres nach unten geschwenkt, bis der im hinteren Montagesockel federnd gelagerte Riegel in die Kralle des Hinterfußes einrasten konnte. Damit das Zielfernrohr spielfrei in der Verlängerung der Seelenachse aufgesetzt werden konnte, war es erforderlich, daß die Fußkrallen an beiden Montagefüßen saugend in die Montagesockel eingepaßt waren. Dieses Einhakgesteck stellt insofern eine Besonderheit dar, als es im Gegensatz zu anderen während des II. Weltkrieges verwendeten Zielfernrohrmontagen, die in Verbindung mit Karabinern 98k aus unterschiedlicher Fertigung zum Einsatz kamen, ausschließlich zur Montage von Zielfernrohren auf Waffen mit dem Hersteller-Stempel »bnz« verwendet wurde. Zwar wurde festgestellt, daß dieses Gesteck zur Montage von Zielfernrohren mit vierfacher Vergrößerung verschiedener Hersteller verwendet wurde, jedoch lassen die im Originalzustand erhaltenen Waffen darauf schließen, daß in der Hauptsache Zielfernrohre mit dem Hersteller-Stempel »bmj« (M. Hensoldt & Söhne, Wetzlar) Verwendung fanden. Sie gehören zwar nicht unbedingt zu den seltenen Waffen, dennoch werden Zielfernrohrkarabiner mit dem Hersteller-Stempel »bnz« von Sammlern hoch geschätzt, insbesondere wenn es sich um nummerngleiche Exemplare handelt, bei denen Montagegesteck und Waffe dieselbe Nummer tragen.
Wenngleich die in den Steyr-Werken gefertigten Zielfernrohrkarabiner mit Einhakmontage lediglich eine Entwicklung darstellten, die auf dem Stand der Technik von 1918 beruhte, so waren diese Scharfschützenwaffen dennoch einfach und robust. Sie verfügten damit über Eigenschaften, die sich unter Einsatzbedingungen bewährten.

Linke und rechte Seitenansicht des bei Steyr-Daimler-Puch gefertigten Zielfernrohrkarabiners 98k (Hersteller-Stempel *bnz)* mit Einhakmontage und einem Hensoldt-Zielfernrohr mit vierfacher Vergrößerung (Hersteller-Stempel *bmj).*

Der Zielfernrohrkarabiner mit Einhakmontage halbschräg von links. Bemerkenswert ist die auf die Objektivglocke aufgesetzte Lichtschutzblende sowie die ringförmige Manschette hinter dem vorderen Montagering.

Blick halbschräg von rechts.

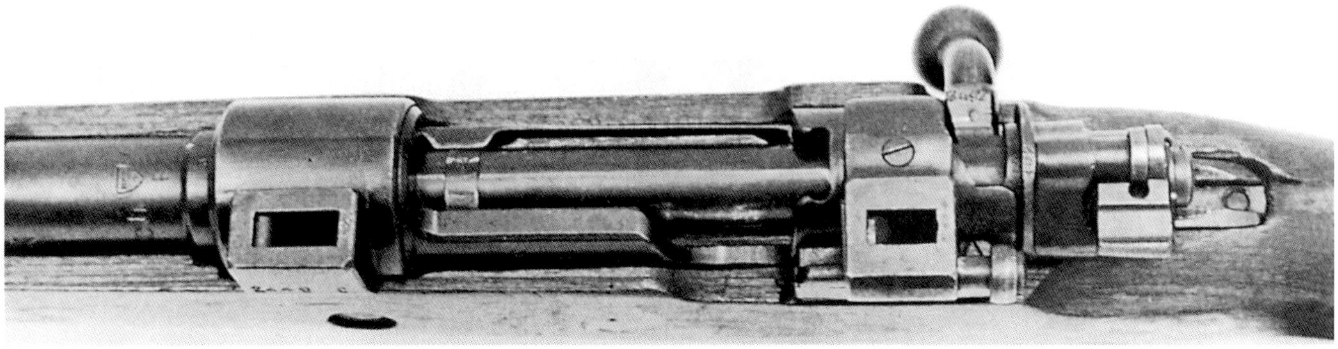

Montagesockel in der Draufsicht.

Nahaufnahme des vorderen Montagesockels von oben. Gut zu erkennen ist die Welle, in welche die Kralle des vorderen Montagefußes eingehakt wurde.

Nahaufnahme des hinteren Montagesockels von oben. Im Gegensatz zum vorderen wurde der hintere Montagesockel nicht nur aufgelötet, sondern auch mit der Hülsenbrücke verschraubt. Gut zu erkennen ist der federnd gelagerte keilförmige Riegel, der in die Kralle am Hinterfuß einrastete, sowie das außenliegende Druckstück, das auf den Riegel wirkte. Der Sicherungsflügel der abgebildeten Waffe wurde abgefräst, damit die Betätigung der Sicherung nicht erschwert

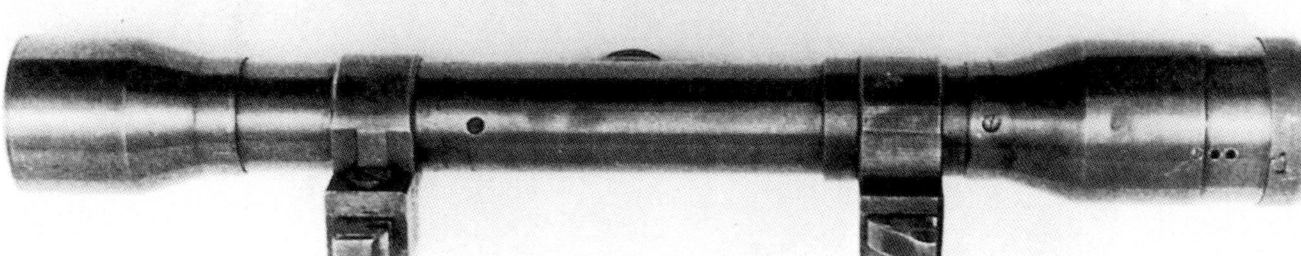

Ein Hensoldt-Zielfernrohr mit Vorder- und Hinterfuß der Einhakmontage von unten. Die auf die Objektivglocke aufgesetzte Lichtschutzblende diente dazu, vor allem im Winter die Blendwirkung grellen Sonnenlichtes zu mindern. An der Unterseite der Lichtschutzblende sind zwei Abfluß-Öffnungen für Kondenswasser zu erkennen.

Vorderfuß der Einhakmontage. Die Seriennummer der Waffe wurde auch in den vorderen Montagesockel eingeschlagen.

Hinterfuß der Einhakmontage. In die Kralle griff der Riegel im hinteren Montagesockel ein. Zu erkennen ist eine der beiden Schrauben des Supports zur seitlichen Korrektur der Treffpunktlage.

Nahaufnahme des Vorderfußes eines Einhakgesteckes an einem Hensoldt-Zielfernrohr. Die Waffennummer (3146) ist in den Vorderfuß eingeschlagen.

Nahaufnahme des Türmchens mit der Vorrichtung zur Entfernungseinstellung auf der militärischen Version eines von der Firma Hensoldt in Wetzlar gefertigten Zielfernrohres mit vierfacher Vergrößerung. Auf dem Tubus unterhalb des Türmchens befinden sich die Modellbezeichnung *(Dialytan 4x),* die Seriennummer (84201), der Hersteller-Stempel *(bmj)* und der Funktions-Stempel (+). Stempel in Form eines »+« oder einer »0«, mit weißer, blauer oder grüner Farbe ausgelegt, gaben Auskunft über die zuverlässige Funktion unter verschiedenen klimatischen Bedingungen.

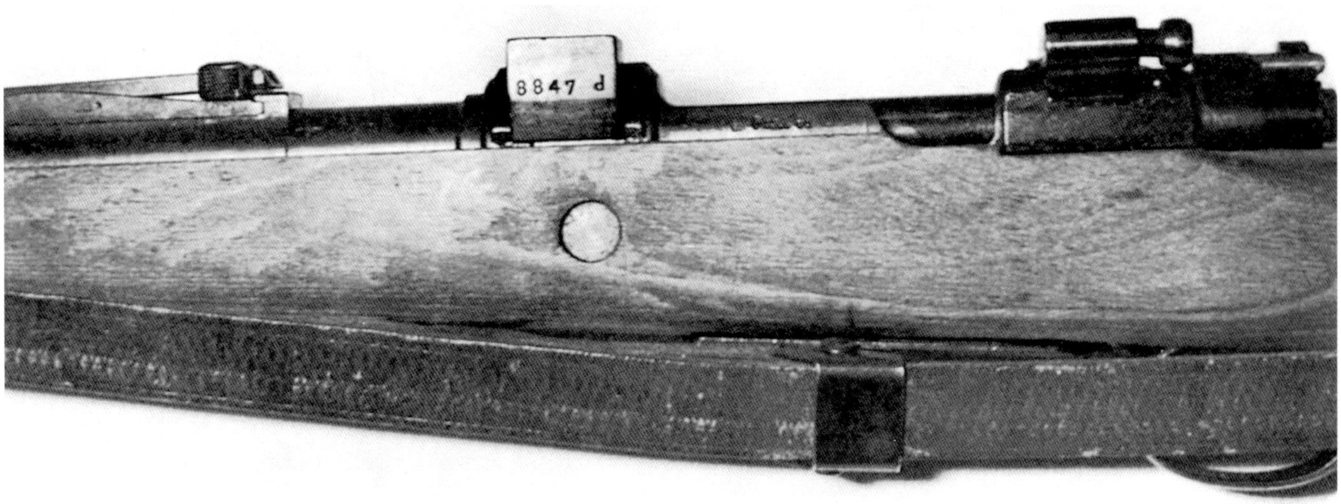

Linke Seitenansicht eines Steyr-Karabiners 98k (Hersteller-Stempel *bnz*, Waffennummer 8847 d) bei abgenommenem Zielfernrohr.

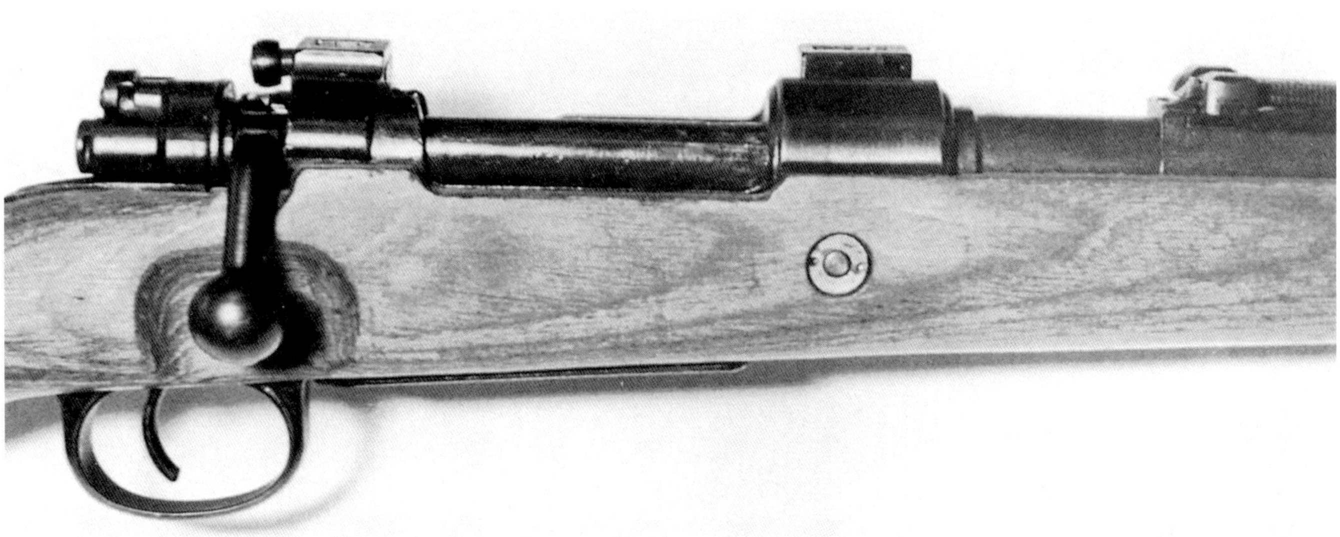

Rechte Seitenansicht des K 98k (Waffennummer 8847 d) bei abgenommenem Zielfernrohr.

Nummerngleicher Zielfernrohrkarabiner 98k (Nummer 9744 G auf Waffe und Montagegesteck) mit abgesetztem Zielfernrohr (Hersteller-Stempel *bmj),* in diesem Fall ohne Lichtschutzblende und ohne Anschlagmanschette.

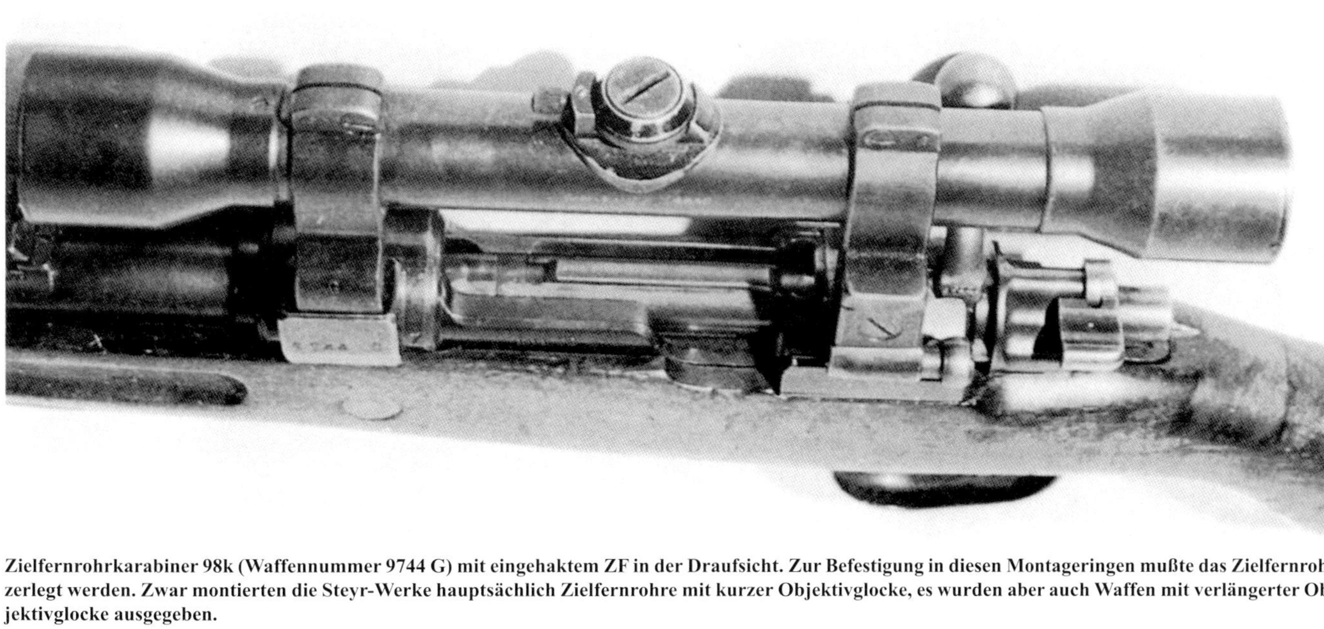

Zielfernrohrkarabiner 98k (Waffennummer 9744 G) mit eingehaktem ZF in der Draufsicht. Zur Befestigung in diesen Montageringen mußte das Zielfernrohr zerlegt werden. Zwar montierten die Steyr-Werke hauptsächlich Zielfernrohre mit kurzer Objektivglocke, es wurden aber auch Waffen mit verlängerter Objektivglocke ausgegeben.

Die Seriennummer der Waffe (3146) wurde in den Deckel des ZF-Transportbehälters eingeschlagen. Der Besitz einer Waffe und eines derartigen, nummerngleichen Zubehörteils ist der Traum jeden Sammlers.

Transportbehälter, der zusammen mit dem Steyr-Zielfernrohrkarabiner Nummer 3146 ausgegeben wurde.

Musterbeispiel einer sinnlosen Bastelarbeit: Die Montagesockel wurden von der Hülse entfernt (des in den Steyr-Werken gefertigten ZF-Karabiners 98k, Nummer 3146). Das traurige Schicksal einer nummerngleichen Scharfschützenwaffe.

Scharfschützenbewaffnung der Waffen-SS

Die zu Beginn des II. Weltkrieges formierte Waffen-SS* begann bereits gegen Ende 1939, dem Scharfschützeneinsatz erhebliche Bedeutung beizumessen. Ihre Führung schätzte den Wert von geeigneten Scharfschützenwaffen schon zu diesem Zeitpunkt hoch genug ein, um die Beschaffung einer großen Stückzahl von Zielfernrohrkarabinern (SS-Version des Karabiners 98k mit kurzer seitlicher Aufschubmontage) für die neu aufgestellten SS-Kampfverbände zu veranlassen.
Obwohl damit ein solider Grundstock gelegt war, erhielt der planmäßige Einsatz nach den Begegnungen der Waffen-SS mit Scharfschützen der *Roten Armee* während der ersten Monate des Rußlandfeldzuges neue Impulse.
Zahlreiche Schriftstücke, darunter offizielle Dokumente, belegen die unmittelbare persönliche Einmischung des *Reichsführers SS* Heinrich Himmler** in das Scharfschützenwesen der Waffen-SS, die im Januar 1940 mit einer harmlosen internen Kontroverse hinsichtlich der Zuteilung von »mit Zielfernrohren ausgestatteten erbeuteten polnischen Gewehren« ihren Anfang nahm.
Während der sowjetische Scharfschützeneinsatz spürbare Wirkung zeigte, wurde im September 1942 in einem Schreiben von Himmlers Adjutanten an den Chef des Technischen Amtes der Waffen-SS die Frage aufgeworfen, wann die Fronttruppen damit rechnen könnten, mit einem *»Schnellfeuergewehr mit Zielfernrohr wie die Russen«* ausgerüstet zu werden. Es scheint, als werde hiermit in einem innerhalb der SS auf höchster Ebene geführten Schriftwechsel erstmals Bezug genommen auf den Einsatz des halbautomatischen Tokarew-Gewehres mit Zielfernrohr.
Weitere Schriftstücke lassen auf die geplante Fertigung einer Scharfschützenversion des Maschinenkarabiners 42 (MKb 42) mit einer wirksamen Schußweite von 600 Metern schließen. Allerdings geht aus den lückenhaften Unterlagen hinsichtlich einer in Erwägung gezogenen Montage eines Zielfernrohres – *»besser als das von den Russen verwendete«* – mit zweifacher oder dreifacher Vergrößerung (das mit einem Augenabstand von 300 mm auf die Waffe montiert werden sollte, um das Auswerfen der Patronenhülsen nicht zu beeinträchtigen) nicht hervor, inwieweit diese Pläne vorangetrieben wurden und zu welchen Ergebnissen sie führten.
Es muß betont werden, daß die Entwicklung einer Scharfschützenversion des MKb 42 nicht eigenständig durch das Technische Amt der Waffen-SS***, sondern eindeutig im Laufe des Jahres 1942 im Rahmen der gesamten Entwicklung des Maschinenkarabiners durch das Heereswaffenamt erfolgte. Allerdings werden in schriftlichen Unterlagen des Technischen Amtes Versuche mit einer Version des Maschinenkarabiners *»mit Gurtzuführung«* erwähnt, die zeitgleich mit den seitens des Heeres durchgeführten Erprobungen erfolgten.
Von Interesse ist darüber hinaus die wiederholte Bezugnahme

* Als Waffen-SS bezeichnet man die am 1.12.1939 zusammengefaßten, kriegsmäßig bewaffneten Verbände der SS-Verfügungstruppe, die im Rahmen des Feldheeres ausgebildet und eingesetzt, aber weiterhin vom Reichsinnenministerium (Friedensetat) besoldet wurden. Die Wehr- und Dienstgesetze, alle Wehrverordnungen und das Militärstrafgesetzbuch bildeten die staatsrechtlichen Grundlagen für ihren Wehrstatus, wie für die übrigen Teile der deutschen Streitkräfte auch. Die Waffen-SS unterlag den Versorgungs- und Besoldungsbestimmungen des Heeres. A.d.Ü.

** Heinrich Himmler war zwar Reichsführer SS und Chef der deutschen Polizei, jedoch nie Befehlshaber der SS-Verfügungstruppe, sondern lediglich Beauftragter Hitlers für ihre Aufstellung gewesen. Hitler behielt sich letzte Entscheidungen vor und übertrug dem Kriegsministerium die Dienstaufsicht über Aufstellung und Ausbildung. Die Kommandierenden Generale hatten volles und uneingeschränktes Besichtigungsrecht. Inspekteur der SS-VT war Gruppenführer Paul Hausser, ein erfahrener Generalstabsoffizier des I. Weltkrieges.
Erst nach seiner Ernennung zum *Befehlshaber des Ersatzheeres und Chef der Heeresrüstung* im Jahr 1944 wurde Himmler zu einer militärischen Schlüsselfigur: Es unterstanden ihm an die 60 Felddivisionen des Heeres und der Waffen-SS.
Einen Einblick aus erster Hand in das Verhältnis Waffen-SS/Himmler/Heer bietet Felix Steiner in: *Die Armee der Geächteten. Deutsche Verlagsgesellschaft, Rosenheim 1993.*

*** Offiziell war dem Technischen Amt der Waffen-SS jede eigenständige technische Entwicklung verboten. Das Heereswaffenamt besaß das Monopol und die alleinige Entscheidungsbefugnis. Unter der Führung von Dr.-Ing. Otto Schwab (ab 1940) erarbeitete das Technische Amt der Waffen-SS jedoch zahlreiche waffentechnische Verbesserung und Neuerungen, bzw. gab wesentliche Anstöße zur ihrer Entwicklung (Forschungsaufträge an die Industrie). Neue Schall- und Lichtmeßferfahren der Artillerie, die stufenlose Geschwindigkeitsänderung bei gleichbleibendem Drehmoment für Panzerfahrzeuge ein steuerbares Lufterkundungsgerät für die Gefechtsaufklärung (Drohne), Ultrarot-Bildwandler (mit Hilfe des Forschungsinstituts der Deutschen Reichspost), Glasminen eine Hartverchromung für MG-Läufe und Flakrohre, usw. gehen auf Arbeiten und Anregungen des Technischen Amtes zurück. Schwabs Initiative trug wesentlich zur Entwicklung des MG 42 und der MP 43 (Stgw 44) sowie zur Massenfertigung der Panzerfaust bei. Seine unbürokratische Vorgehensweise, direkt auf die Bedürfnisse der kämpfenden Truppe zu reagieren, führte zu ständigen Auseinandersetzungen mit dem Heereswaffenamt. Verbände der Waffen-SS erhielten beispielsweise das MG 42 und die MP 43 früher als Einheiten des Heeres, weil sich die Heeresbeschaffungsstellen zunächst nicht zur Einführung entschließen konnten.
Dr. Schwab*: Es ist ein Märchen die Waffen-SS habe von vorneherein die besseren Stücke der Ausrüstung erhalten. Die Zuteilungen erfolgten ausschließlich durch das Heer. Da wir aber bald große, eigene Werkstätten eingerichtet hatten, griffen wir ein, wenn sich Mängel an den Waffen und Geräten zeigten. Das Geheimnis lag alleine darin, daß wir auf keinen Einführungsbefehl warteten, weil wir dann bis zum Ende des Krieges hätten warten müssen.* Siehe auch Steiner: *Die Armee der Geächteten, S. 133 ff.*

auf *»Forderungen«* des Reichsführers SS nach Entwicklung von Zielfernrohren und entsprechenden Waffen in offiziellen Schreiben an die verschiedenen Dienststellen des Heereswaffenamtes oder im Schriftverkehr dieser Dienststellen untereinander zwischen Anfang 1943 und Anfang 1945. Darin werden immer wieder – offensichtlich unter dem Druck der höchsten Führungsebene der SS – Forderungen nach geeigneter Scharfschützenbewaffnung laut, wobei es unter wiederholter Bezugnahme auf Himmler meist um die Feststellung geht: *»Der Reichsführer SS fordert, die Scharfschützen im Schießen auf Entfernungen von mindestens 1000 Metern auszubilden.«* Welch hohen Stellenwert Himmler dem Scharfschützeneinsatz beimaß, geht aus folgendem Schreiben hervor, das er als Chef des Ersatzheeres mit Datum vom 18. Dezember 1944 an den Reichsminister für Rüstung und Kriegsproduktion, Albert Speer, übermittelte:

Lieber Parteigenosse Speer!

Vielleicht haben Sie schon davon gehört, daß ich den Scharfschützenabschuß bei den Volks-Grenadierdivisionen in besonderer Weise pflege und vorantreibe. Wir haben schon ausgezeichnete Ergebnisse damit erzielt. Es hat bei den ganzen mir unterstehenden Divisionen des Heeres und der SS ein Wettbewerb eingesetzt. Jeder Mann erhält bei dem 50. bestätigten Scharfschützenabschuß – wenn er also praktisch eine sowjetische Infanteriekompanie erledigt hat – eine Armbanduhr von mir und meldet sich in meiner Feld-Kommandostelle.

Scharfschütze der Waffen-SS im Anschlag mit einem Zielfernrohrgewehr 98 des I. Weltkrieges. Viele dieser Waffen wurden requiriert und kamen erneut zum Einsatz.

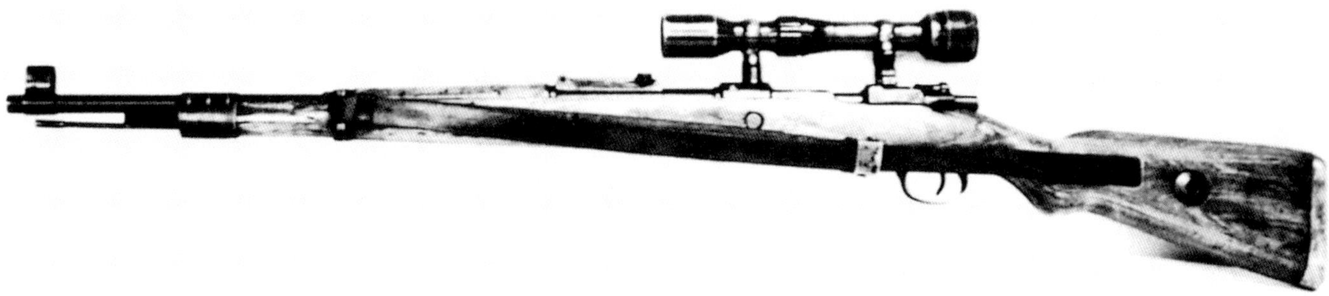

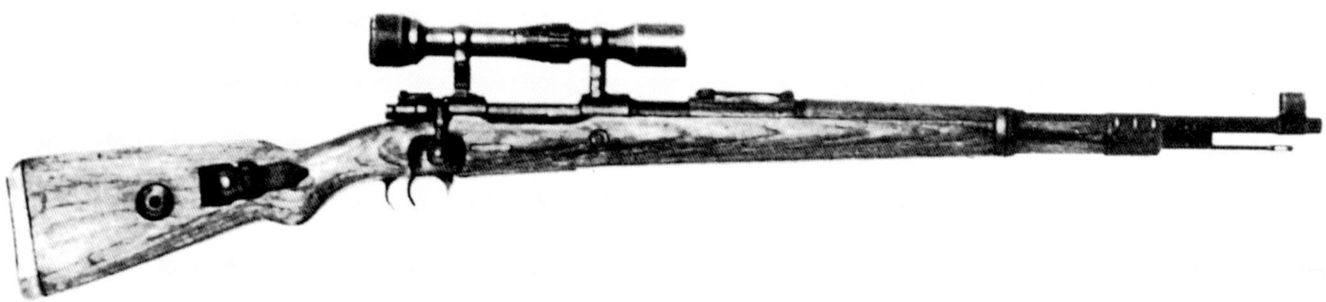

Ein Zielfernrohrkarabiner 98k (Hersteller-Stempel *byf*), wie er an Scharfschützen der Waffen-SS ausgegeben wurde. Ein Zielfernrohr der Firma Opticotechna in Prerau (Hersteller-Stempel *dow*) wurde mittels der spezifischen Waffen-SS-Einhakmontage aufgesetzt.

Beim 100. Abschuß erhält er ein Jagdgewehr und beim 150. wird er als Jäger von mir zum Abschuß eines Hirschen oder Gemsbockes eingeladen.

Der starken Förderung des Scharfschützenschießens liegt bei mir folgende Überlegung zugrunde: Es ist nach den Erfahrungen absolut möglich, daß eine Division im Monat mindestens 200 Abschüsse tätigt. Ich habe schon mehrere Divisionen, die 300 und 400 Abschüsse erreicht haben.

Wenn ich im Osten auf der gesamten Front nur einhundert Divisionen annehmen würde – es sind bedeutend mehr – so würde das im Monat 20 000 tote Gegner bedeuten. Hierbei ist noch zu berücksichtigen, daß diese Gefallenen des Feindes nicht dem Troß, der Artillerie oder den rückwärtigen Diensten angehören, sondern der kämpfenden Infanterie. Die sowjetische Schützen-Division hat heute zwei Infanterieregimenter zu zwölf Kompanien mit je 50 Mann; insgesamt etwa 1200 Mann.

20 000 tote Gegner im Monat durch Scharfschützenabschüsse erzielt, bedeutet die Erledigung der Infanterie von fast 17 Schützen-Divisionen; ein Erfolg, wie wir ihn nachhaltiger und – wenn Sie es wollen – billiger mit Einsatz von geringsten Mitteln der Rüstung nicht haben können.

Dazu ist aber nun notwendig, daß wir mehr Scharfschützengewehre bekommen. Ich wäre Ihnen sehr dankbar, wenn Sie die Produktion von Zielfernrohren, Zielfernrohrgewehren und vielleicht auch von Zielfernrohr-Maschinenkarabinern möglichst bald stark fördern könnten.

gezeichnet Himmler

Die Waffen-SS, deren Verbände ähnlich ausgebildet und ausgerüstet waren wie jene des Heeres, unterhielt bekanntermaßen eigene Scharfschützenschulen und -lehrgänge innerhalb ihrer Panzergrenadier-, Panzer-, und Gebirgsdivisionen.
Die Waffen-SS erhielt ihre Scharfschützenwaffen auf dem regulären Versorgungsweg, nämlich aus der monatlichen Gesamtproduktion für das Heer und die Luftwaffen-Felddivisionen. Die der Waffen-SS zugeteilten Waffen gingen zunächst an das SS-Führungshauptamt, das für ihre Weiterleitung an die Fronteinheiten zuständig war.
Nach Aussage glaubwürdiger Zeitzeugen, die während des fraglichen Zeitraumes bei Dienststellen des Heereswaffenamtes tätig waren, wurden im Rahmen der Bemühungen, den ständig steigenden Bedarf an Scharfschützenwaffen zu decken, in den verschiedenen Zeughäusern des Heeres in wiederkehrenden Abständen herkömmliche Karabiner 98k mit entsprechender Schußleistung ausgesondert und zu Scharfschützenwaffen umgerüstet.
Vor allem während der letzten Kriegsmonate, als die Zahl der in Verlust geratenen Scharfschützenwaffen jene der monatlich fertiggestellten überstieg, wurde auf diese Maßnahme zurückgegriffen. Regelmäßig wurde ein Teil dieser Karabiner 98k aus laufender Fertigung *»zwecks Umrüstung zu Scharfschützenwaffen durch eigenes Personal«* an die Waffen-SS geleitet.
Obwohl an die Scharfschützen der Waffen-SS dieselben Waffen ausgegeben wurden wie an die übrigen Wehrmachtsteile, sind neben den ungewöhnlichen Zielfernrohrkarabinern mit kurzer seitlicher Aufschubmontage, zu deren Fertigung überarbeitete Systeme des Gewehres 98 verwendet wurden, zwei von der Waffen-SS eingesetzte Ausführungen des Zielfernrohrkarabiners 98k von besonderem Interesse. Sie erhielten ein Einhakgesteck mit doppelten Fußkrallen, wobei das Zielfernrohr a) entweder von geschlossenen Ringen oder b) von angelöteten Halbringen gehalten wurde.
Diese Einhakgestecke erinnern an die Zielfernrohrmontagen des I. Weltkrieges und ähneln einem Gesteck, das vor dem Krieg zur werksseitigen ZF-Montage auf Jagdwaffen der in Brünn ansässigen Firma *Ceskoslovenska Zbrojovka, Brno (Brünn),* verwendet wurde.
Zur Montage wurden die beiden Fußplatten in schwalbenschwanzförmige Ausfräsungen im Hülsenkopf und in der Hülsenbrücke eingepaßt. Die Fußkrallen am Vorderfuß hakten in zwei schmale rechteckige Ausfräsungen in der vorderen Fußplatte ein. Am Hinterfuß waren zwei federnd gelagerte Klinken angelenkt, die in zwei entsprechende Auskragungen der hinteren Fußplatte einrasteten. Die spielfrei in die jeweili-

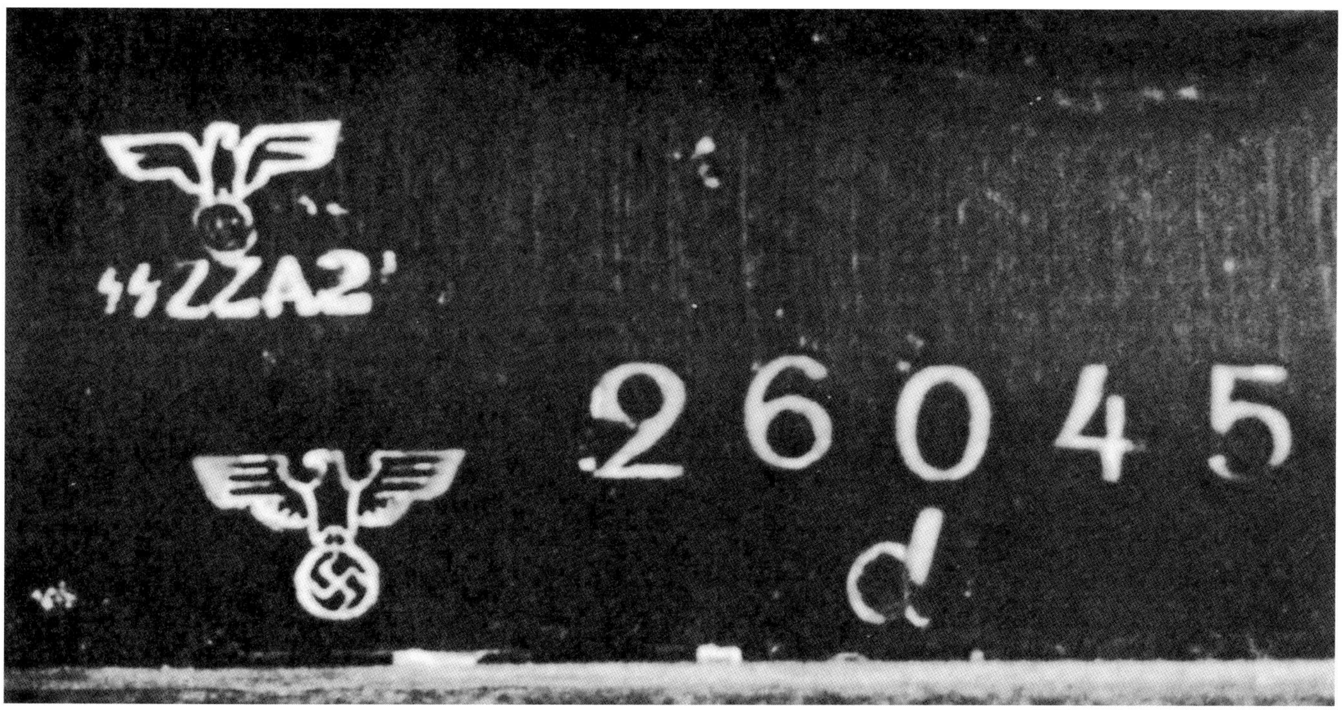

Die auf der linken Seite des Hülsenkopfs eingeschlagene Stempelung *SSZZA2* (SS Zentral-Zeugamt A2).

gen Ausfräsungen eingepaßten Fußplatten wurden zusätzlich verlötet und mit einem Körnerschlag gegen Verschieben gesichert.
Mit diesem Gesteck wurden überwiegend Zielfernrohre der Firma Opticotechna in Prerau/Nordmähren montiert.
Vorder- und Hinterfuß dieser Gestecke zeigen den Abnahmestempel »63«, während die linke Hülsenseite der Zielfernrohrkarabiner ausnahmslos den Stempel *»SSZZA2«* (SS Zentral-Zeugamt A2) tragen. Es ist zwar nicht zweifelsfrei geklärt, aber es wird angenommen, daß dies der Stempel einer Dienststelle der SS ist, die für die Abnahme oder Zuteilung von Waffen, nicht aber für den Umbau von Scharfschützenwaffen zuständig war.
Es ist nicht bekannt, ob diese Zielfernrohrkarabiner der Waffen-SS unter Verwendung von Karabinern 98k unterschiedlicher Hersteller aus vorhandenen Lagerbeständen der SS auf Abruf gefertigt wurden, ob sich die Waffen-SS die Karabiner 98k vom Heer beschaffen mußte, oder ob sie Waffen aus neuer Produktion direkt ab Werk zugeteilt bekam. Unabhängig hiervon ist das verwendete Gesteck unverkennbar. Ein weiterer von der Waffen-SS verwendeter Zielfernrohrkarabiner, der wahrscheinlich die meisten Rätsel aufgibt und der noch seltener ist als die oben beschriebene Version, arbeitete mit einem Einhakgesteck, bei dem die Halbringe an Objektivglocke und Tubus des Zielfernrohres angelötet wurden. Ohne Frage war dieses Gesteck zivilen Ursprungs. In Anbetracht der aufwendigen Herstellungsarbeiten ist anzunehmen, daß Bestände an vorgefertigten Gesteckteilen verwendet und auf ausgesuchte Karabiner 98k montiert wurden.
Bei Verwendung dieses Gesteckes lag die Objektivglocke des Zielfernrohres unmittelbar über dem Hülsenkopf. Dadurch ragte das Zielfernrohr weiter nach hinten über das System hinaus als bei anderen Zielfernrohrkarabinern und verlieh der Waffe ein unverwechselbares Erscheinungsbild. Das Gesteck ähnelte zwar weitgehend der eingangs beschriebenen Montage, im Unterschied zu dieser saß am Hinterfuß jedoch ein Doppelschrauben-Support für seitliche Korrekturen der Treffpunktlage. Außerdem befanden sich – wie am Vorderfuß – am Hinterfuß ebenfalls zwei Fußkrallen, in die ein federnd gelagerter Schieber der hinteren Fußplatte (Schlößchen) einrastete und so das Zielfernrohr fixierte.
Anders als der ZF-Karabiner mit der eingangs beschriebenen Montage, der als eigene Schöpfung der Waffen-SS gilt, wurden Waffen mit der Halbring-Einhakmontage nicht ausschließlich von Scharfschützen dieser Elitetruppe eingesetzt, wie einige Experten behaupten.

A b s c h r i f t

Der Chef der Heeresrüstung und
Befehlshaber des Ersatzheeres.
Chef des Ausbildungswesens
im Ersatzheer
Stab/Ia Nr.5112/44 geh.

Berlin, W 35, den 18.12.1944.
Matthäikirchplatz 6
Tel. 22 49o1

Betr.: Scharfschützenausbildung.

Nachstehende Abschrift eines Briefes des Reichsführers SS u. Befehlshaber des Ersatzheeres an Reichsminister Speer zur Kenntnis.

I.A.

gez. Unterschrift.

" Der Reichsführer SS Brs/H Nr.35/111/44 geh. v. 29.11.44.

Lieber Parteigenosse S p e e r !

Vielleicht haben Sie schon davon gehört, daß ich den Scharfschützenabschuß bei den Volks-Gren.Divisionen in besonderer Weise pflege und vorantreibe. Wir haben schon ausgezeichnete Ergebnisse damit erzielt. Es hat bei den ganzen mir unterstehenden Divisionen des Heeres und der SS ein Wettbewerb eingesetzt. Jeder Mann erhält bei dem 5o. bestätigten Scharfschützenabschuß - wenn er also praktische eine sowjetische Inf.Kp. erledigt hat - eine Armbanduhr von mir undmeldet sich in meiner Feld-Kommandostelle. Beim 1oo. Abschuß erhält er ein Jagdgewehr und beim 15o. wird er als Jäger von mir zum Abschuß eines Hirschen oder Gemsbockes eingeladen.

Der starken Förderung des Scharfschützen schiessens liegt bei mir folgende Überlegung zugrunde: Es ist nach den Erfahrungen absolut möglich, daß eine Division im Monat mindestens 2oo Abschüsse tätigt. Ich habe schon mehrere Divisionen, die 3oo und 4oo Abschüsse erreicht haben.

Wenn ich im Osten auf der gesamten Front nur einhundert Divisionen annehmen würde - es sind bedeutend mehr - so würde das im Monat 2o ooo tote Gegner bedeuten. Hierbei ist noch zu berücksichtigen, daß diese Gefallenen des Feindes nicht dem Troß,der Artillerie oder den rückwärtigen Diensten angehören, sondern der kämpfenden Infanterie.

Die sowjetische Schützen-Division hat heute zwei Inf.Rgt. zu zwölf Kompanien mit je 5o Mann; insgesamt etwa 1 2oo Mann.

2o ooo tote Gegner im Monat durch Scharfschützenabschüsse erzielt, bedeutet die Erledigung der Infanterie von fast 17 Schützen-Divisionen; ein Erfolgt, wie wir ihn nachhaltiger und - wenn Sie es wollen - billiger mit Einsatz von geringsten Mitteln der Rüstung nicht haben können.

Dazu ist aber nun notwendig, daß wir mehr Scharfschützengewehre bekommen. Ich wäre Ihnen sehr dankbar, wenn Sie die Produktion von Zielfernrohren Zielfernrohrgewehren und vielleicht auch von Zielfernrohr-Maschinenkarabinern möglichst bald stark fördern könnten.

gez. Himmler"

Originale Abschrift des Briefes an Reichsminister Speer vom Dezember 1944, mit dem Heinrich Himmler, *Befehlshaber des Ersatzheeres und Chef der Heeresrüstung*, um eine Steigerung der Produktion von Waffen und Gerät für Scharfschützen ersuchte.

Dieser Stempel (SSZZA4) wurde auf der rechten Laufseite zwischen dem Visiersockel und der Hülse eines Zielfernrohrkarabiners der Waffen-SS ein geschlagen, zu dessen Fertigung das überarbeitetes System eines Gewehres 98 verwendet wurde.

Der Stempel *SSZZA4* befindet sich in diesem Fall zwischen dem Visiersockel und der Hülse auf der linken Laufseite einer K 98k-Standardausführung der Steyr-Werke (Hersteller-Stempel *bnz).*

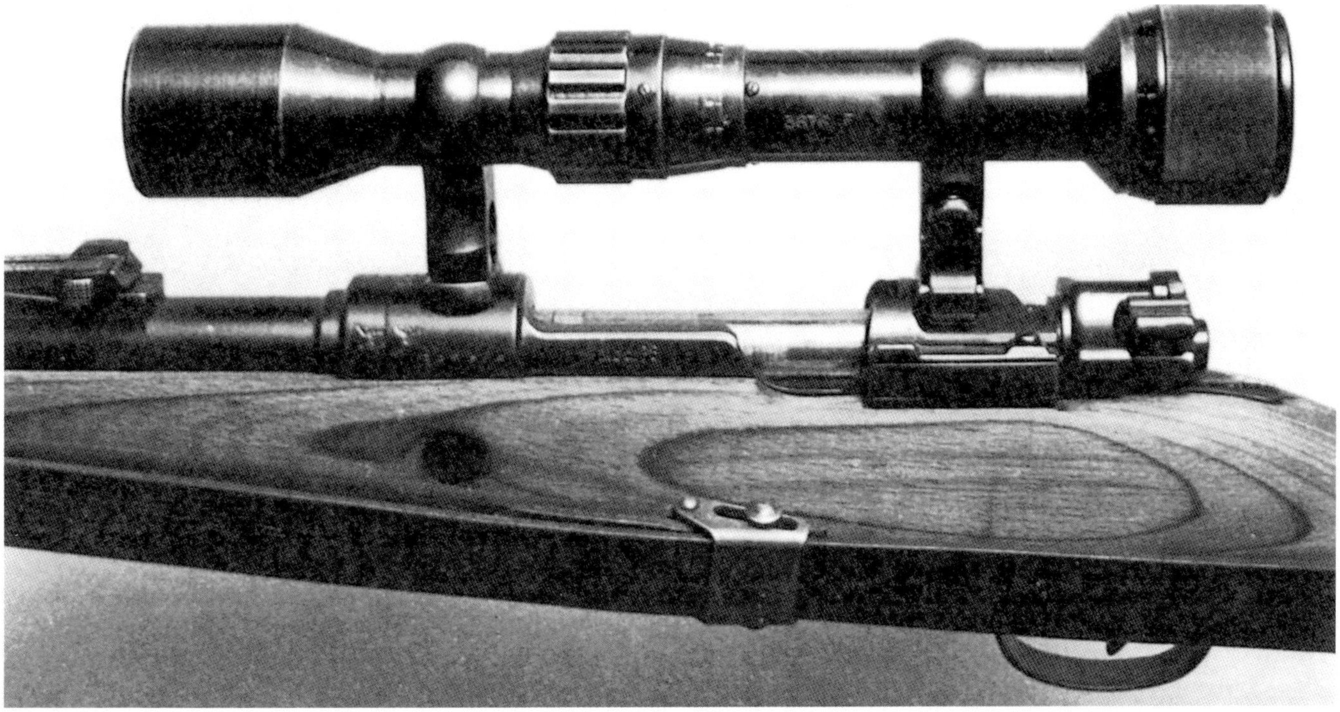

Ein Opticotechna-Zielfernrohr (Hersteller-Stempel *dow*), montiert auf einen Karabiner 98k der Gustloff-Werke *(bed 43)*. Man beachte die geschlossenen Montageringe des Einhakgesteckes.

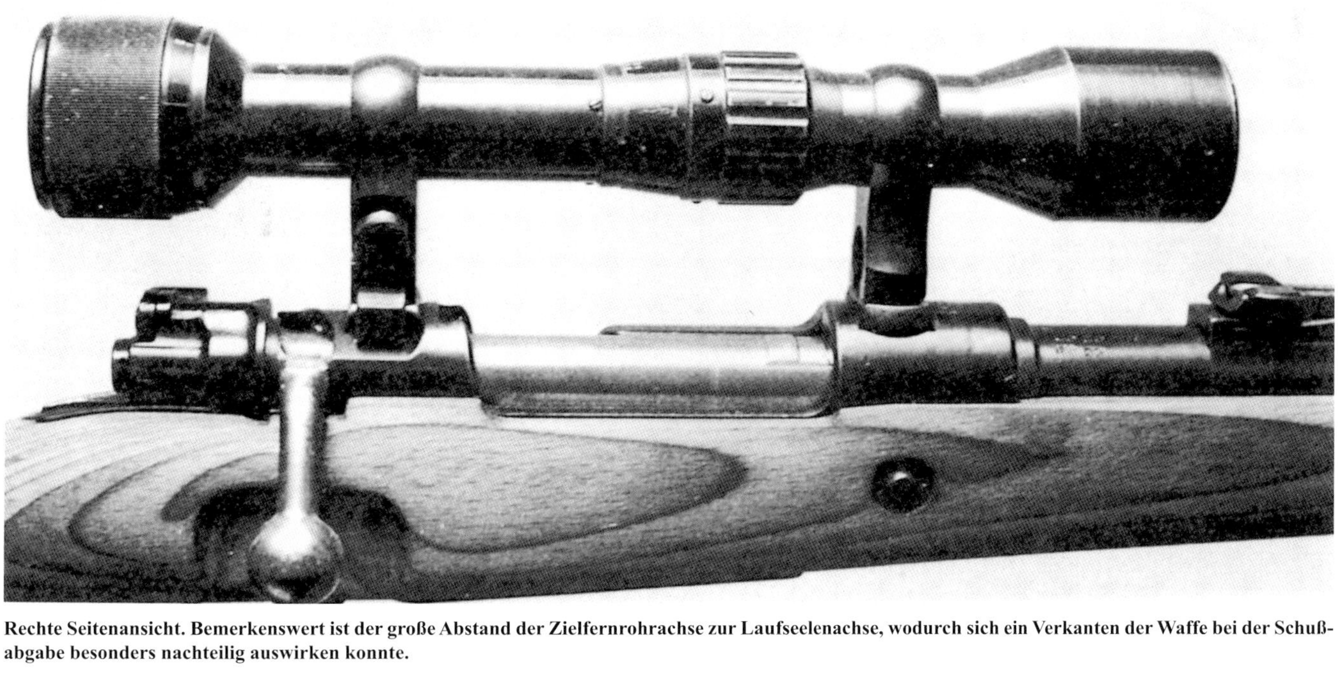

Rechte Seitenansicht. Bemerkenswert ist der große Abstand der Zielfernrohrachse zur Laufseelenachse, wodurch sich ein Verkanten der Waffe bei der Schußabgabe besonders nachteilig auswirken konnte.

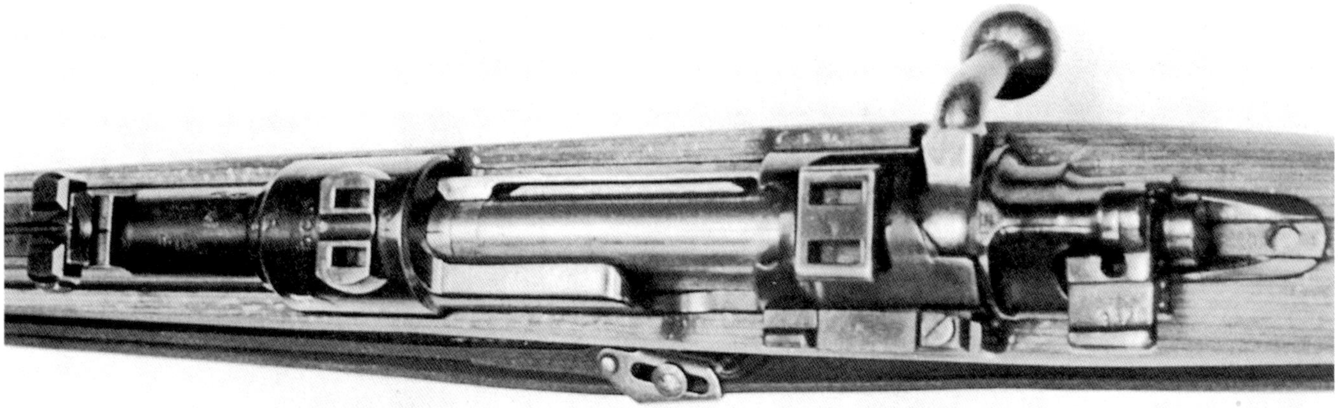

Die Fußplatten des von der Waffen-SS verwendeten Einhakgesteckes in der Draufsicht. In die vordere Fußplatte waren die beiden Krallen am Vorderfuß, in die hintere Fußplatte die beiden Nasen am Hinterfuß eingepaßt.

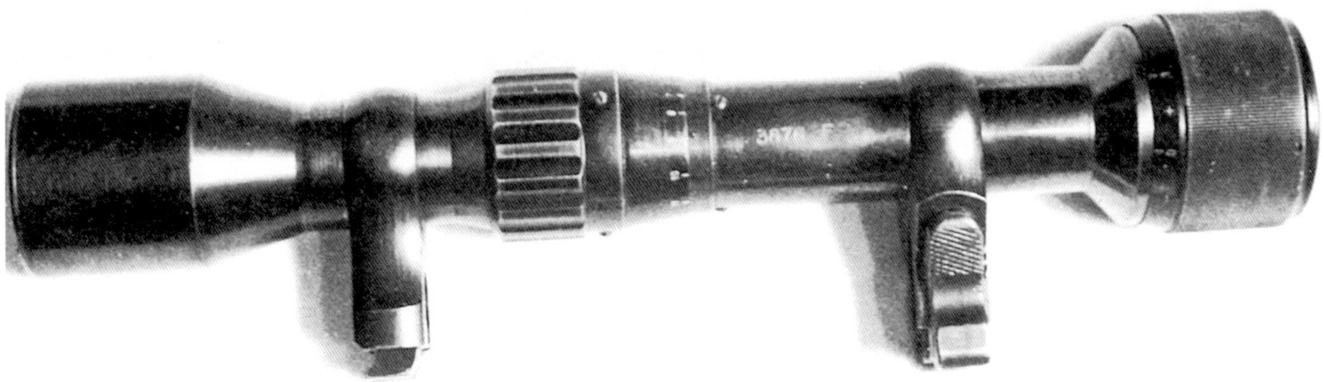

Ein Opticotechna-Zielfernrohr (Hersteller-Stempel *dow)* mit den Montagefüßen des Waffen-SS-Einhakgesteckes. Mit dem Höhenverstellring in der Mitte des Zielfernrohrtubus ließ sich die Entfernung in Abstufungen von jeweils 100 Metern (1 bis 12) auf Schußentfernungen bis 1200 Meter verändern. Der Rändelring an der Okularglocke diente zur Einstellung der Bildschärfe.

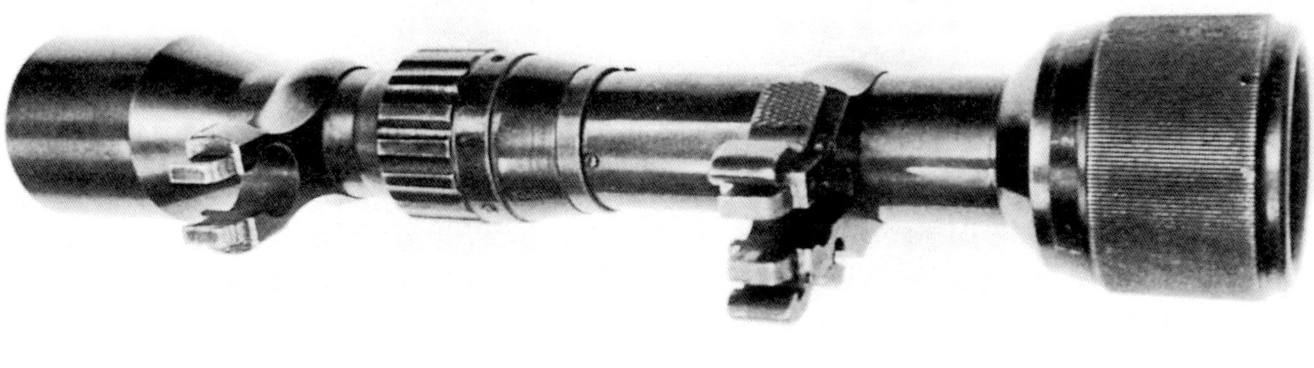

Diese Perspektive läßt die beiden Fußkrallen am Vorderfuß, die beiden federnd gelagerten Klinken und die beiden Nasen des Hinterfußes erkennen.

Die in eine schwalbenschwanzförmige Ausfräsung der Hülsenbrücke eingepaßte hintere Fußplatte. Gut zu erkennen sind die beiden Klinken am Montagefuß, die in die Auskragungen der Fußplatte eingriffen. Am Hinterfuß befanden sich keine Supportschrauben, so daß keine Seitenkorrektur am Support möglich war.

Die Nahaufnahme zeigt, wie die vordere Fußplatte in eine schwalbenschwanzförmige Ausfräsung im Hülsenkopf eingepaßt war. Der Stempel des SS Zentral-Zeugamtes (SSZZA2) ist deutlich erkennbar.

Ein in den Mauser-Werken gefertigter Zielfernrohrkarabiner (Hersteller-Stempel *byf*) . Das Einhakgesteck weicht im Bereich der hinteren Fußplatte und der beiden Klinken am Hinterfuß von der üblichen Form ab. Das aufgesetzte Opticotechna-Zielfernrohr mit vierfacher Vergrößerung ließ sich lediglich bis zu einer Zielentfernung von 800 Metern einstellen.

Die Nahaufnahme zeigt die abweichende Form der hinteren Fußplatte

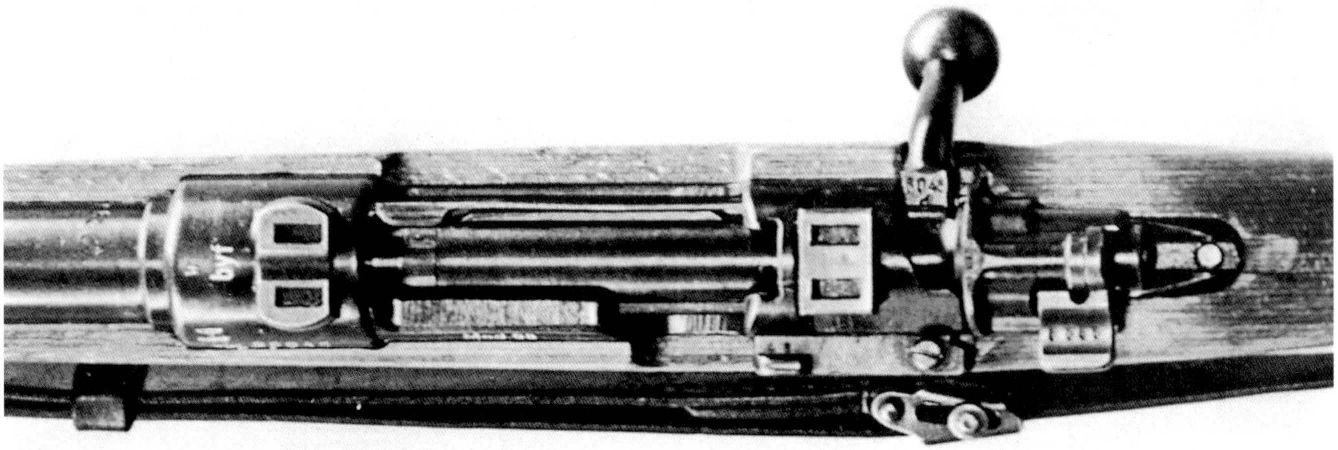

Die Fußplatten eines Mauser-Zielfernrohrkarabiners in der Draufsicht. Die Aufnahme verdeutlicht den Unterschied zu den Fußplatten von Waffen aus der Fertigung der Gustloff-Werke (vgl. Seite 249).

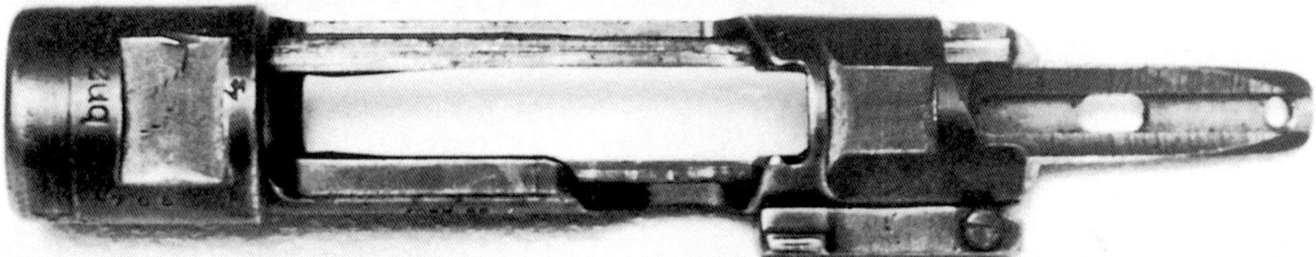

Die Überreste eines Zielfernrohrkarabiners der Waffen-SS, der einem Hinterhof-Büchsenmacher in die Hände fiel. Auf dem Hülsenkopf ist noch der Hersteller-Stempel *(bnz)* zu erkennen, ebenso die schwalbenschwanzförmigen Ausfräsungen für die Fußplatten auf Hülsenkopf und Hülsenbrücke.

Die Fußkrallen am Vorderfuß des für die Waffen-SS charakteristischen Einhakgesteckes. Die Öffnung erlaubte ein Zielen über die offene Visierung bei aufgesetztem Zielfernrohr. Der Vorderfuß trägt einen Stempel des Waffenamtes (63).

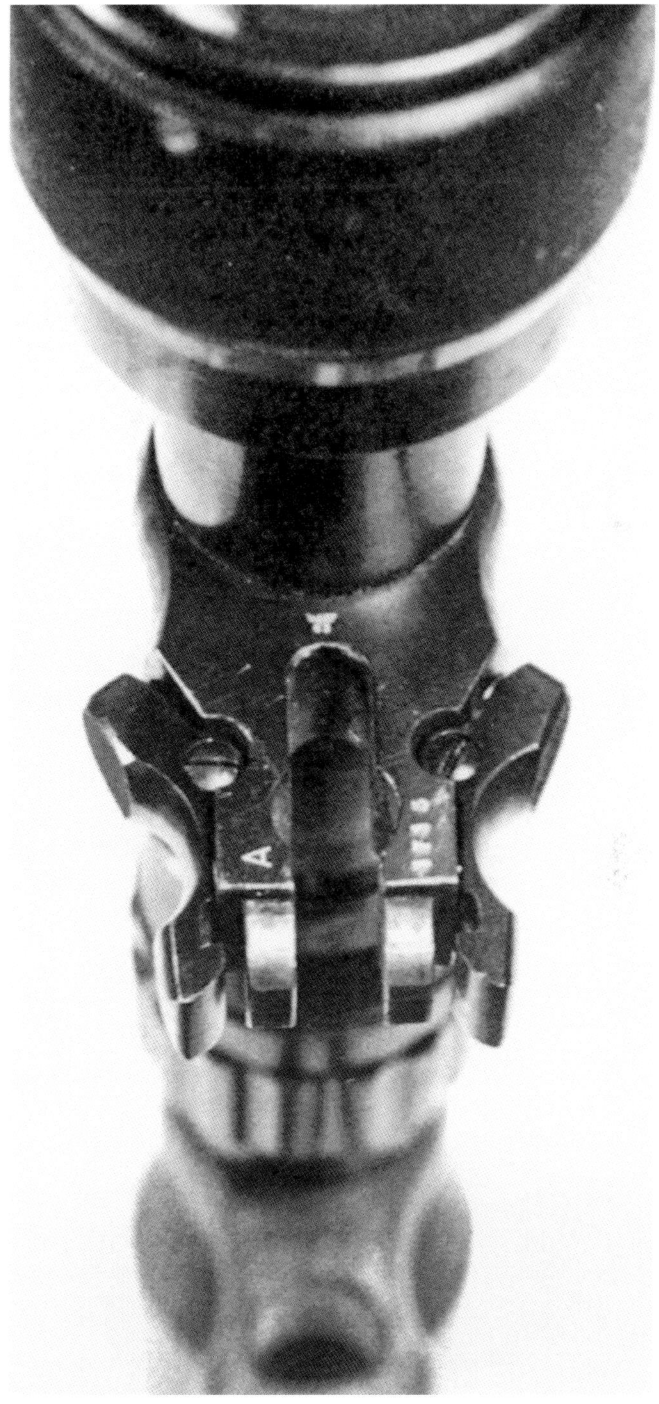

Die beiden federnd gelagerten Klinken und die beiden Nasen am Hinterfuß des Einhakgesteckes. Auf Supportschrauben zur Seitenkorrektur wurde verzichtet. Auch der Hinterfuß trägt den Stempel des Waffenamtes (63).

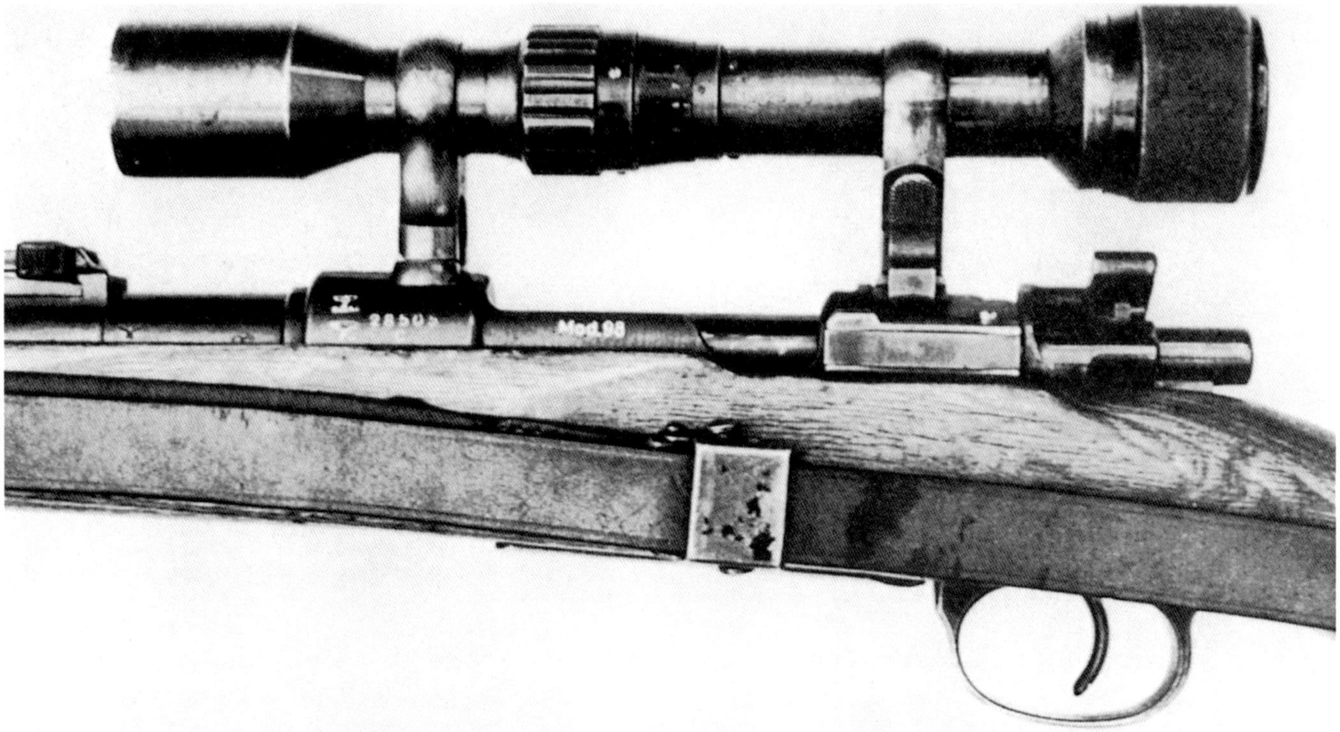

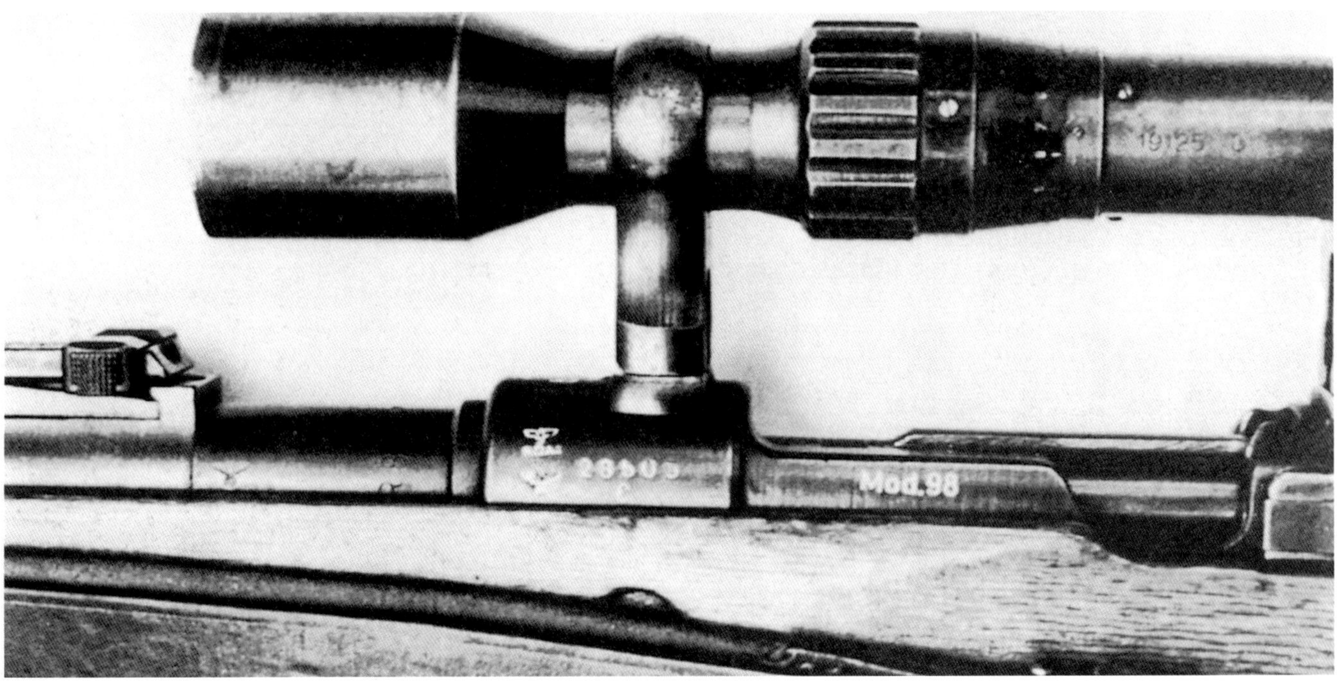

Eine weitere Variante des von der Waffen-SS verwendeten Zielfernrohrkarabiners 98k (Hersteller-Stempel *byf)* mit Opticotechna-Zielfernrohr und Einhakgesteck. Man beachte die Stempelung *SSZZA2* auf dem Hülsenkopf

Ein teilweise zerlegtes Opticotechna-Zielfernrohr. Da die Ringe geschlossen waren und mit den Montagefüßen eine Einheit bildeten, mußte das Zielfernrohr zur Montage zerlegt werden. Die hellen Stellen zeigen an, wo die Montageringe das Zielfernrohr umschlossen.

Die Okularglocke. Der Rändelring diente zur Einstellung der Bildschärfe. Der Stempel *(dow)* verrät den ZF-Hersteller.

Zur Montage des Zielfernrohres auf einen Scharfschützenkarabiner der Waffen-SS wurde in diesem Fall ein Einhakgesteck mit Halbringen verwendet, die an das Zielfernrohr angelötet wurden. Deshalb war es notwendig, das Zielfernrohr vor der Montage vollständig zu zerlegen, damit durch die Erwärmung die empfindlichen Innenteile nicht beschäfigt wurden. Vermutlich wurden für diese aufwendige Montage vorhandene Gesteck-Rohlinge aus zivieler Fertigung verwendet. Bemerkenswert ist die Lage der Objektivglocke unmittelbar über dem Hülsenkopf und der geringe Abstand zwischen Zielfernrorachse und Laufseelenachse, was eine rasche Zielerfassung ermöglichte.

Scharfschütze der Waffen-SS in Wintertarnbekleidung. Sein Zielfernrohr wurde mittels Halbring-Einhakgesteck montiert.

Rechte Seitenansicht der Waffe mit aufgesetztem Hensoldt-Zielfernrohr *(bmj)*. Am Hinterfuß befindet sich eine Supportschraube zur Berichtigung seitlicher Trefferabweichungen.

Diese Aufnahme belegt, daß das Einhakgesteck mit Halbringen trotz des geringen Abstandes zwischen Zielfernrohrachse und Laufseelenachse ein Zielen über die offene Visierung erlaubte.

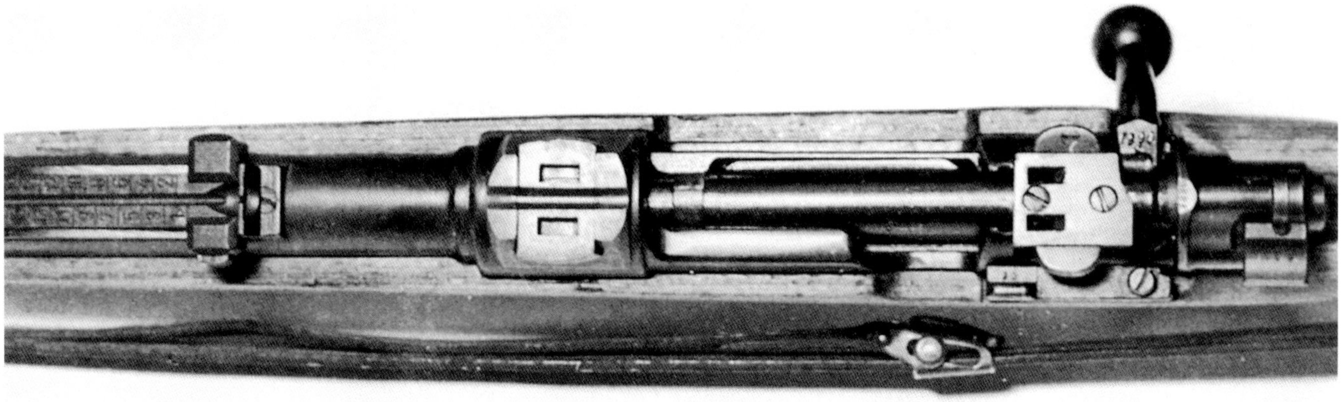

Die vordere Fußplatte auf dem Hülsenkopf und das Schlößchen auf der Hülsenbrücke in der Draufsicht. Gut zu erkennen ist der im Schlößchen federnd gelagerte Schieber, der in die Fußkrallen am Hinterfuß einrastete. ***(Dieses Einhakgesteck wird mit der Bezeichnung »Suhler Einhakmontage« in nahezu identischer Ausführung noch heute zur Montage von Zielfernrohren auf Jagdwaffen verwendet. Bei sorgfältiger Ausführung der sehr aufwendigen Montagearbeiten ist ein Abnehmen und Aufsetzen des Zielfernrohres möglich, ohne daß es dadurch zu einer Verlagerung des Treffpunktes kommt. A.d.Ü.)***

In Erwartung des Feindes. Der Scharfschütze im Vordergrund führt einen ZF-Karabiner 98k, dessen Zielfernrohr mittels Halbring-Einhakgesteck montiert wurde. Die Abschuß-Ringe am Rohr der 7,5 cm sPak 40 auf Selbstfahrlafette – einer bewährten Panzerabwehrwaffe – belegen, daß auch Scharfschützen größerer Kaliber ihr Handwerk verstanden.

Selbstladegewehr G 41

Das ursprüngliche Konzept eines halbautomatischen Gewehrs seitens des Waffenamtes führte schließlich im Jahre 1941 zur Einführung des Selbstladegewehres G 41, dessen Entwicklung die Firmen Walther (Zella-Mehlis) und Mauser (Oberndorf) beeinflußten.
In Übereinstimmung mit der geplanten Verwendung optischer Zieleinrichtungen auf Ordonnanzgewehren, zu der Erfahrungen der Ostfront den Anstoß gegeben hatten, wurden zumindest drei verschiedene Zielfernrohre in Verbindung mit diesen Waffen erprobt oder zum Einsatz gebracht: das *ZF 40,* das *ZF 43(B),* und das *GwZF 4-fach.* Lediglich das Zielfernrohr 40 mit eineinhalbfacher Vergrößerung erwies sich als verwendungsfähig, bei einer bestenfalls äußerst eingeschränkten Fronttauglichkeit.
Vorgesehen für die Verwendung mit dem Selbstladegewehr G 41 wurden die Zielfernrohre mit eineinhalbfacher Vergrößerung mittels unterschiedlicher Vorrichtungen sowohl an das von Mauser gefertigte Gewehr 41(M) als auch an die von Walther (W) gefertigten Varianten adaptiert.
Wie bei der zur Montage des ZF 41 auf den Karabiner 98k verwendeten Schiene bildete die Montageschiene des G 41(M) eine Einheit mit dem Visiersockel und ähnelte äußer-

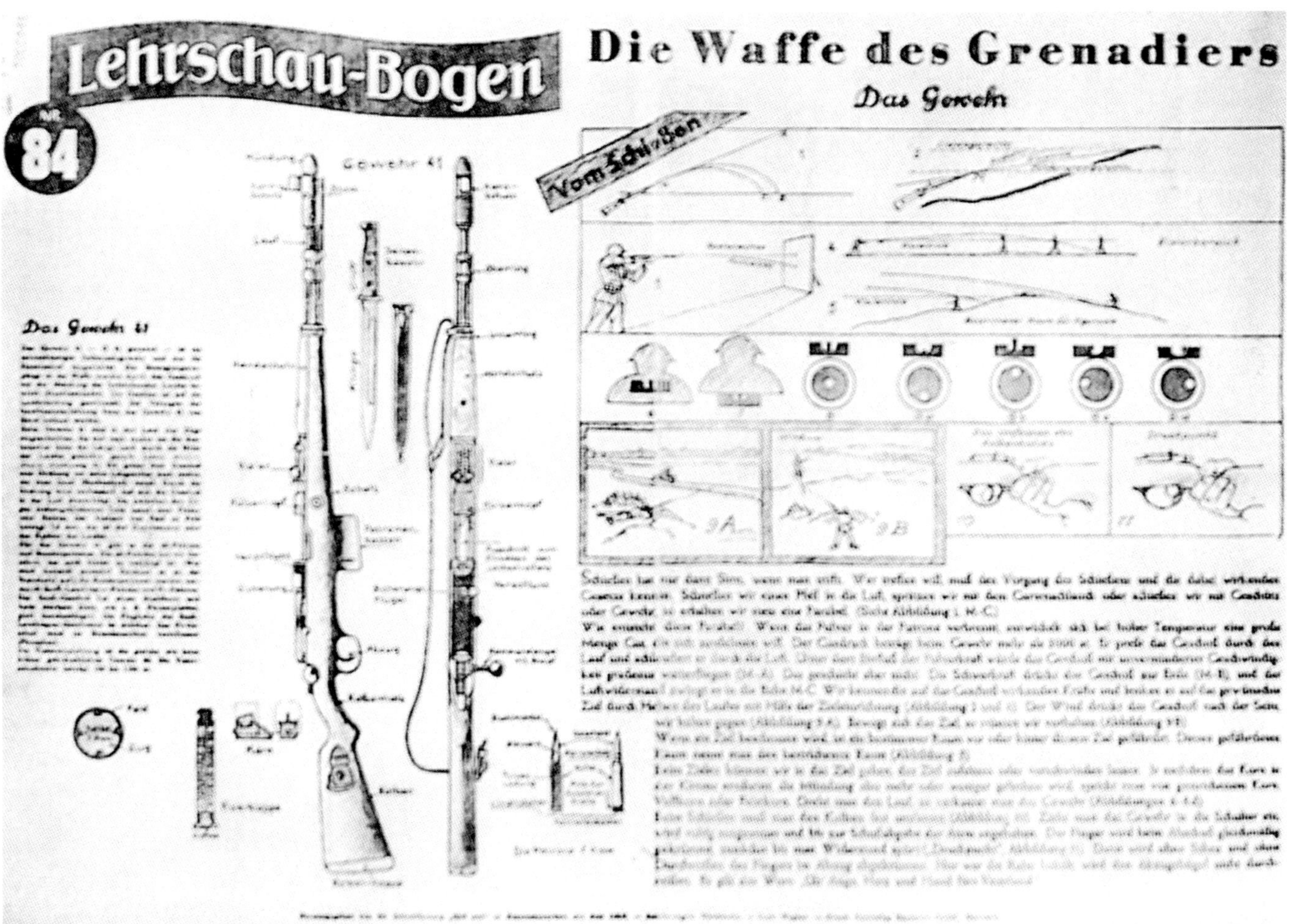

Eine der ersten Beschreibungen des G 41(M).

lich der Montage, die in Verbindung mit dem K 98k/ZF 41 verwendet wurde, obwohl sie sich in Einzelheiten von dieser unterschied. Bei Verwendung dieses Gesteckes lag das Zielfernrohr in Verlängerung der Laufseelenachse unmittelbar über dem Visier. Weil von beiden Waffen das Mauser-Modell den Erwartungen weniger entsprach, wurde seine Produktion 1942 eingestellt. In den Mauser-Werken in Oberndorf am Neckar waren bis dahin etwa 20 000 Waffen gefertigt worden.
Unglücklicherweise finden sich weder in Unterlagen des Waffenamtes noch in Unterlagen der Firma Mauser irgendwelche greifbaren Hinweise bezüglich des Einsatzes des G 41(M) mit Zielfernrohr.
Während das Waffentechnische Handbuch D 191/1 (herausgegeben vom Waffenamt im Februar 1943) – *Gewehr 41, Beschreibung, Handhabung und Behandlung* – eine ausführliche Beschreibung des ZF 40 mit eineinhalbfacher Vergrößerung in Verbindung mit dem Walther-Modell enthielt, werden in einer technischen Beschreibung der von Mauser entwickelten Variante des G 41(M) vom 26. Mai 1941 (1942 veröffentlicht) Zielfernrohre nicht erwähnt.
Zur Befestigung des ZF 40 auf den Walther-Gewehren (Hersteller-Stempel *ac* und *duv)* diente eine ungewöhnliche Montage. Sie wurde in zwei symmetrischen Schienen auf beiden Seiten des Visiers eingesetzt und von hinten aufgeschoben. Dadurch saß das Zielfernrohr unmittelbar über dem Visiersockel.
Im Interesse aller Waffensammler soll an dieser Stelle betont werden, daß – soweit bekannt – keinerlei originale Montagen deutscher Fertigung aus der Zeit des II. Weltkrieges existieren. Ursprünglich war das Zielfernrohr mit eineinhalbfacher Vergrößerung als eine universelle Zielhilfe für alle Gewehre gedacht gewesen, aber Einschränkungen in Verbindung mit dem Gewehr 41 führten zur Entwicklung eines ungewöhnlichen Zielfernrohrs mit entsprechender Montage.
Dieses unverkennbare Zielfernrohr mit vierfacher Vergrößerung – das ZF 43(B) – hatte eine Länge von 190,5 mm bei einem Durchmesser der Okular-Linse von 18 mm und einem Durchmesser der Objektiv-Linse von 22 mm. Das Gesichtsfeld betrug 5 Grad. Die Höhenverstellung erfolgte über eine Rasterscheibe auf der Oberseite des Tubus, die in Abstufungen von 100 bis 800 Meter (1 bis 8) unterteilt war. Die Seitenverstellung wurde über ein Rad an der rechten Seite der Montage vorgenommen.
Die Zielfernrohrhalterung wurde beschrieben als *»Gesenkschmiedeteil, das an den Auflageflächen abgedreht wurde, um eine exakte Führung im Sockel zu gewährleisten«.* Sie verlieh der Waffe bei aufgesetztem Zielfernrohr ein höchst ungewöhnliches Aussehen.
Obwohl das ZF 43(B) Berichten zufolge einem Truppenversuch unterzogen wurde, teilte das recht komplexe Zielfernrohr das Schicksal des Gewehr 41 Denn 1943 führte die Wehrmacht das verbesserte Selbstladegewehr G 43 und in

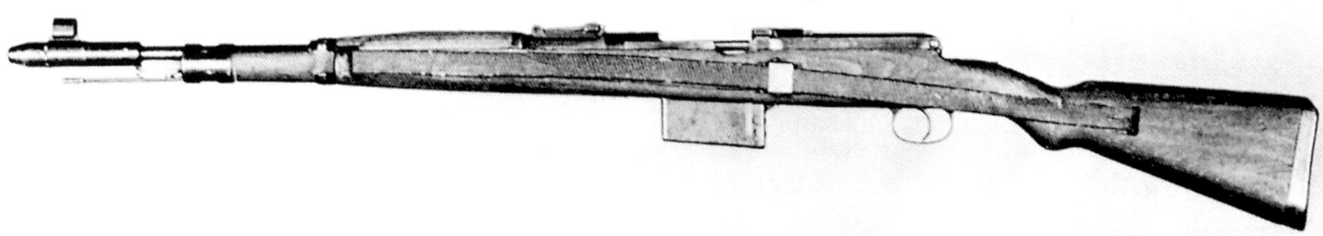

Standardausführung des G 41(M). Das halbautomatische Gewehr war recht kompliziert. Zur Fertigung waren *»aufwendige Fräsarbeiten«* erforderlich.

G 41(W) aus einer Walther-Vorserie. Die Waffe (Nummer 5459) verfügt über keine Vorrichtung zur Befestigung eines Zielfernrohres, ist jedoch wie viele der mit »(W)« gekennzeichneten Waffen mit einem Verschluß-Fangstück ausgestattet.

Das ZF 43(B) mit vierfacher Vergrößerung (Seriennummer 143161). Es wurden zwar Truppenversuche durchgeführt, aber die Forderung nach einem vereinfachten Zielfernrohr für halbautomatische Gewehre, das sich in Massenproduktion fertigen ließ, bedeuteten 1943 das Ende für dieses Modell.

Folge das Zielfernrohr ZF 4 (GwZF 4-fach) ein, das gegen Ende 1943 von der Firma Voigtländer zur Serienreife entwickelt worden war. Das Gewehr G 43 und das GwZF 4-fach waren das unmittelbare Ergebnis konzentrierter Anstrengungen zur Massenfertigung eines vereinfachten Zielfernrohres und eines neuen halbautomatischen Gewehres für eine universelle Verwendung.

Der Vollständigkeit halber soll erwähnt werden, daß Unterlagen aus der Zeit vor der Serienfertigung des GwZF 4-fach Erprobungen eines *Zielfernrohr B* in Verbindung mit dem Gewehr 43 erwähnen. Es ist allerdings nicht bekannt, ob ein Zusammenhang oder eine Verbindung mit dem unglückseligen ZF 43(B) besteht.

Ohne Frage war die am wenigsten bekannte Version des Gewehr 41 jene mit Prismenschiene zur Aufnahme der Zielfernrohrhalterung. Sie entsprach genau derjenigen auf den ersten Exemplaren des G 43 – ohne Ausfräsung zur Arretierung der Zielfernrohrhalterung.

Der offenkundig zur Montage des ZF 4 mit vierfacher Vergrößerung auf das G 41 gedachte Sockel befand sich in etwa an derselben Stelle am Gehäuse wie die an das Gehäuse des G 43 angegossene integrierte Schiene, wobei der Spanngriff des G 41 auf die linke Seite verlegt war, um genügend Platz zu schaffen für die Zielfernrohrmontage.

Waffen dieses Typs, der scheinbar einen ersten Versuch darstellt, aus vorhandenen G 41-Beständen eine brauchbare Scharfschützenversion zu schaffen, sind im Originalzustand äußerst selten.

Das Gewehr 41 mit Zielfernrohr wurde nur in begrenztem Umfang eingesetzt. Daß keine – im Originalzustand – erhaltenen gebliebenen Waffen bekannt sind, mag auch an der Tatsache liegen, daß brauchbare Waffen entweder vernichtet wurden oder den Russen in die Hände fielen. Zum Zeitpunkt der Drucklegung dieses Werkes lagen jedenfalls keine Erkenntnisse hinsichtlich einer Frontverwendung des G 41 als Scharfschützenwaffe vor.

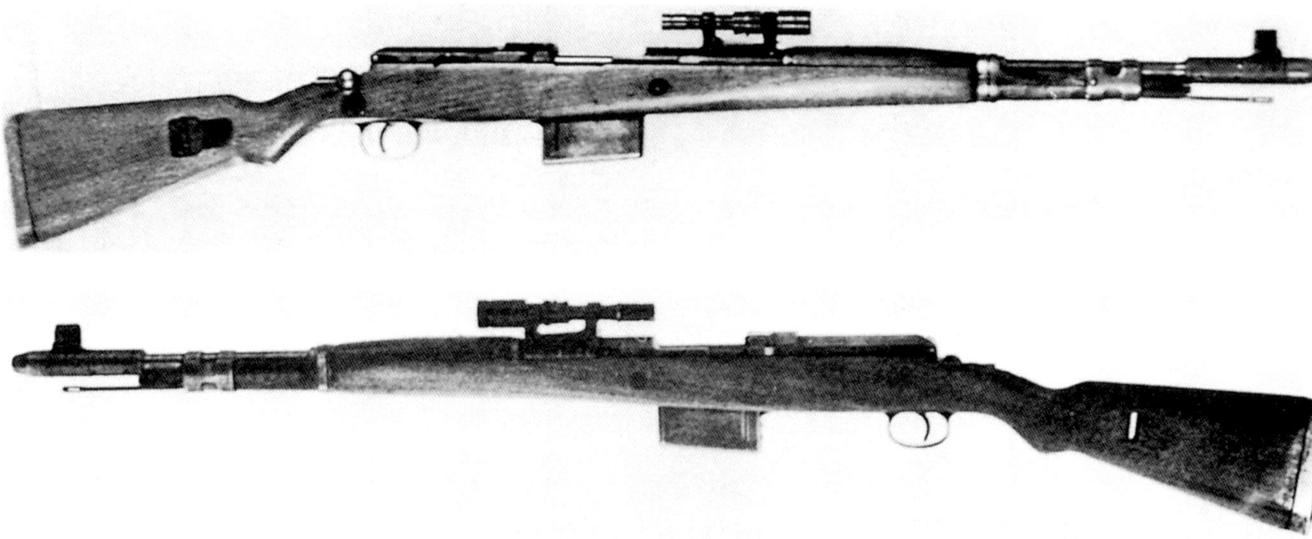

Das von Mauser gefertigte, überaus seltene Selbstladegewehr G 41(M) mit aufgesetztem ZF 40 (eineinhalbfache Vergrößerung).

So wurde das Zielfernrohr auf das Mauser-Versuchsmuster montiert.

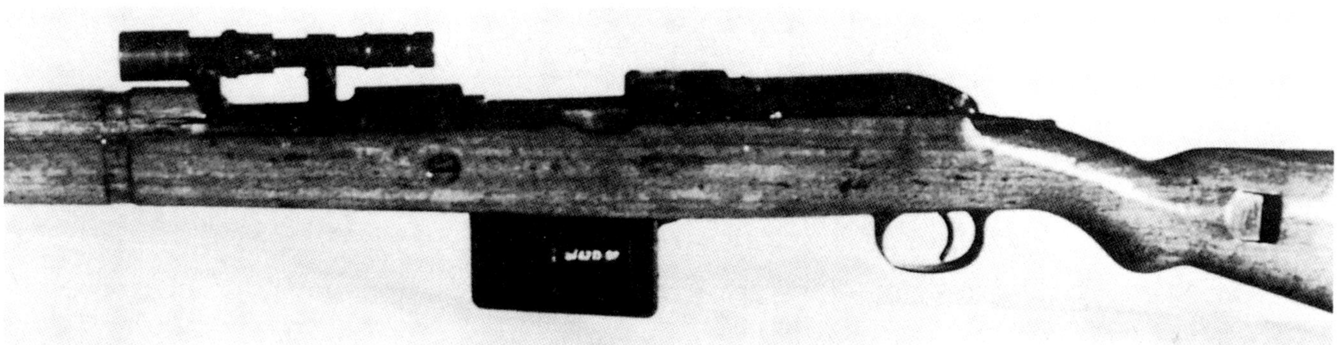

Eines der ersten Mauser-Versuchsmuster mit aufgesetztem Zielfernrohr 40. Der Hülsenkopf und andere Waffenteile – wie das fest eingebaute Zehnschuß-Magazin – tragen die Stempelung *S142 D-03.* Abnahmestempel fehlen völlig.

Visiersockel eines G 41(M) mit der Prismenschiene für die Zielfernrohrhalterung. Diese Schiene diente zur Aufnahme der älteren Zielfernrohrhalterung mit flachen Gleitrollen.

Hülsenkopf eines G 41 (M) mit der charakteristischen Stempelung. Es handelt sich hier um die Standardausführung ohne Vorrichtung zur Zielfernrohrmontage.

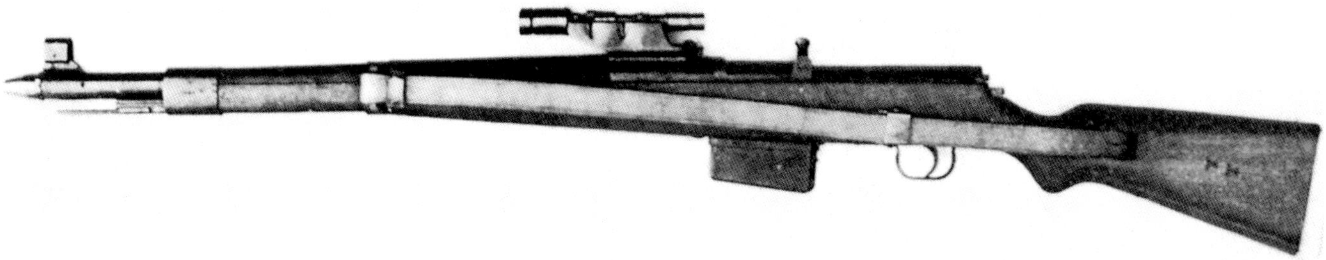

Diese Aufnahme entstammt dem Bericht *RH III/53* des Waffenamtes vom 17. November 1942. Sie zeigt ein Gewehr 41 mit aufgesetztem ZF 40 und eine Montage, die in Verbindung mit den von Walther entwickelten Selbstladegewehren zur Anwendung kam. Es handelt sich um die bisher einzige bekannte Aufnahme einer authentischen doppelseitigen Brückenmontage.

Das nach vorne geklappte Visier eines von Walther gefertigten G 41(W) gibt den Blick frei auf die zu beiden Seiten des Visiersockels angeordneten Schienen zur Aufnahme der Brückenmontage. Viele der bei Walther (Hersteller-Stempel *ac)* und in den Berlin-Lübecker Maschinenfabriken (Hersteller-Stempel *duv)* gefertigten Gewehre zeigen diese Schienen.

G 41-Visier mit den beidseitigen Schienen für die Zielfernrohrhalterung in der Draufsicht. In der rechten Schiene ist die Ausfräsung zur Arretierung der Zielfernrohrhalterung zu erkennen.

Die Stempelung eines G 41(W) mit der Seriennummer 7062 (Hersteller-Stempel *ac*). Ungewöhnlich ist das Fehlen der Ziffer »4« in der Typenbezeichnung dieser Waffe. Unter dem Visier erkennt man die linksseitige Schiene für die Zielfernrohrhalterung. Die Waffe erhielt kein Verschluß-Fangstück.

Die Stempelung eines G 41(W) unterhalb der aus dem Visiersockel herausgearbeiteten Schiene zur Montage des ZF 40.

Verschluß und Visier eines bei Walther *(ac 43)* gefertigten G 41. Die Aufnahme verdeutlicht die Anordnung der Schienen für die Zielfernrohrhalterung.

D 191/1

Die Titelseite der technischen Beschreibung *D19U1* des G 41 vom Februar 1943.

Gewehr 41

Beschreibung, Handhabung und

Behandlung

Vom 16. 2. 43

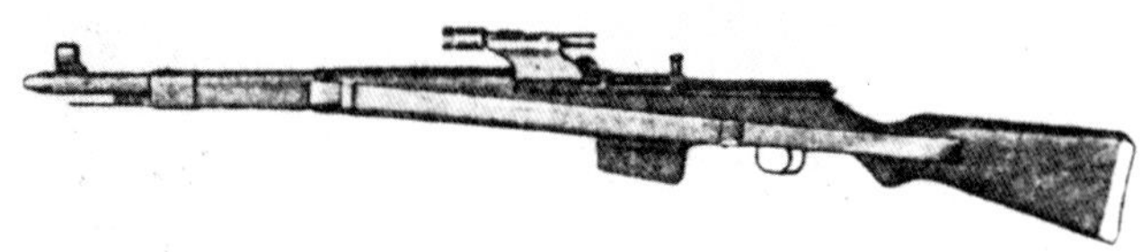

Gewehr 41 mit Zielfernrohr 40, 1,5fach, Ansicht von links

Gewehr 41 mit Zielfernrohr 40, 1,5fach, Ansicht von oben

G 41 mit aufgesetztem Zielfernrohr und Brückenmontage (aus *D191/1*).

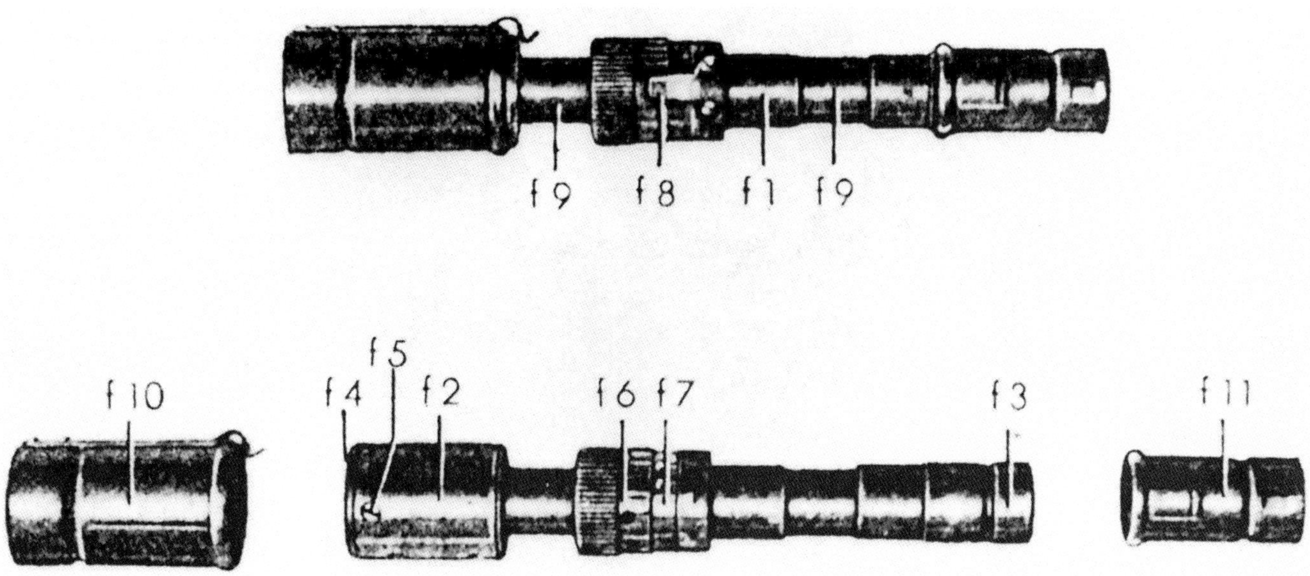

Zielfernrohr 40, 1,5fach

f 1	Hauptrohr	f 7	Teilring
f 2	Ausblick	f 8	Rastfeder
f 3	Einblick	f 9	Lagerstellen
f 4	Vorschraubring	f 10	Regenschutzrohr, vorderes
f 5	Klemmschraube	f 11	Regenschutzrohr, hinteres
f 6	Einstellring		

Die Hauptbestandteile des ZF 40, beschrieben in *D191/1*.

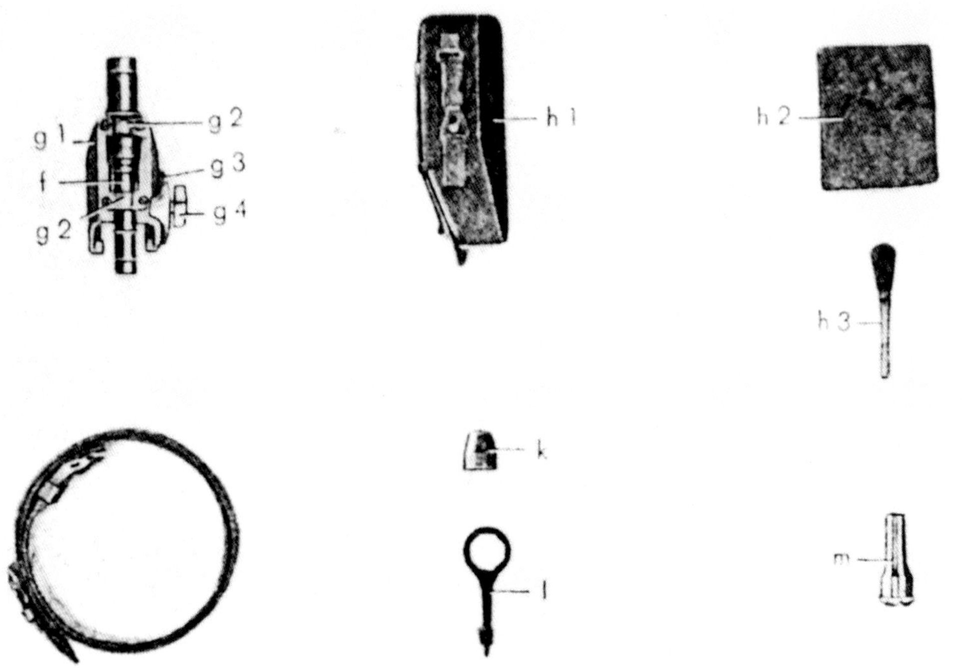

ZF 40, Zubehör und Übungsgerät aus *D191/1*. Bemerkenswert ist der abgebildete ZF-Transportbehälter (hl), den der Verfasser bisher nur von Abbildungen kennt.

Gewehr 41, Zubehör und Übungsgerät

f	Zielfernrohr 40, 1,5fach	h 2	Klarinoltuch
g 1	Halter	h 3	Staubpinsel
g 2	Schellen	i	Gewehrriemen
g 3	Klemmstück	k	Mündungskappe
g 4	Flügelmutter	*l*	Düsenschlüssel
h 1	Behälter	m	Gasdüse P

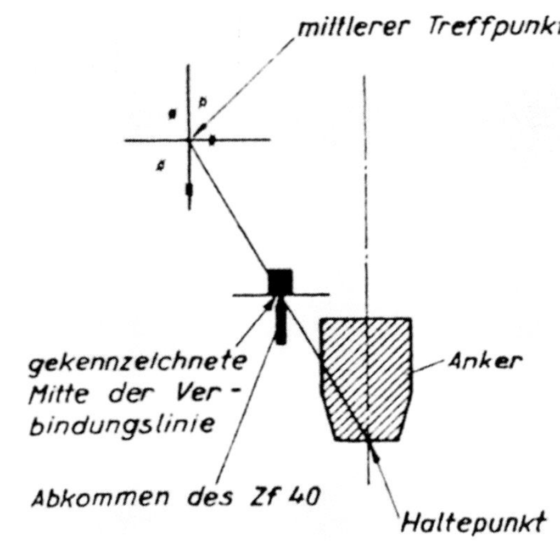

Die Skizze veranschaulicht das Anschießen des G 41 mit ZF 40.

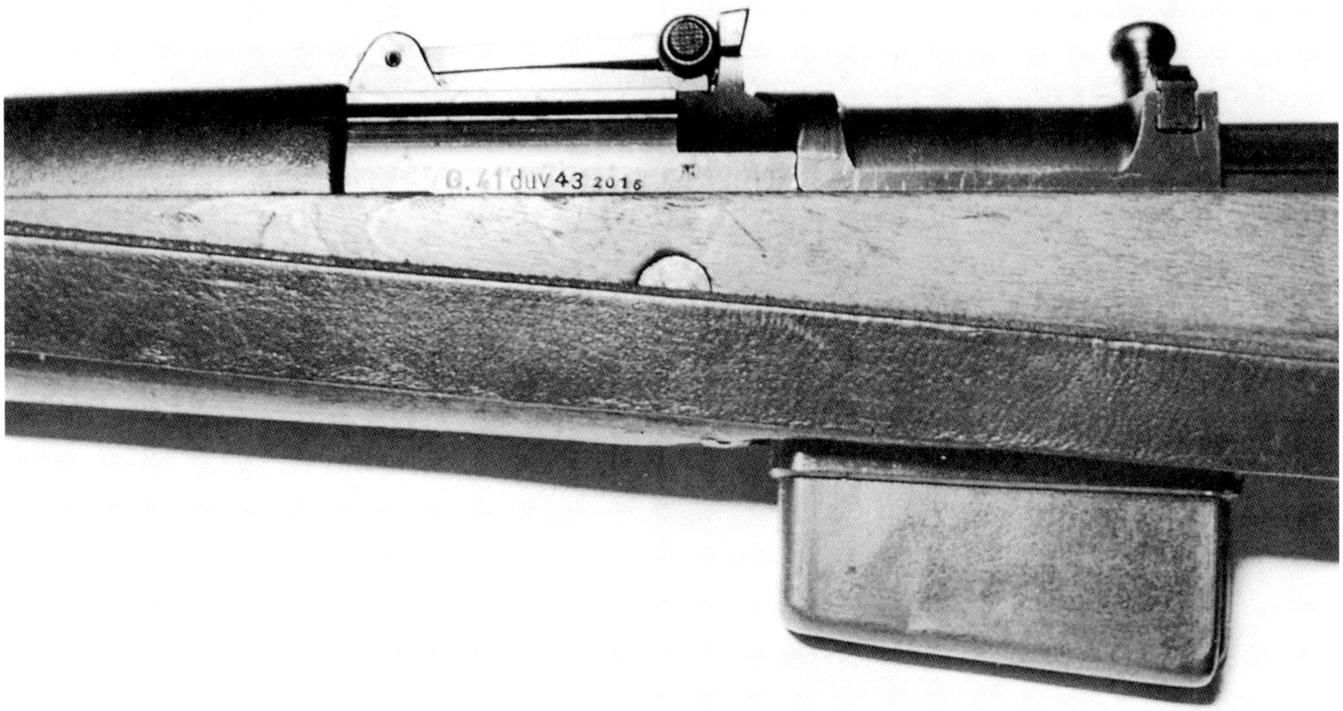

Stempelung eines in den Berlin-Lübecker Maschinenfabriken (Hersteller-Stempel *duv 43)* gefertigten G 41 mit Vorrichtung zur Montage des ZF 40.

Dieses in den Berlin-Lübecker Maschinenfabriken gefertigte Gewehr 41 verfügt über keine Vorrichtung zur ZF-Montage.

Stempelungen eines in den Berlin-Lübecker Maschinenfabriken gefertigten G 41, darunter der Stempel des Waffenamtes (214). Die linke Schiene zur Aufnahme des Zielfernrohrhalters ist deutlich zu erkennen.

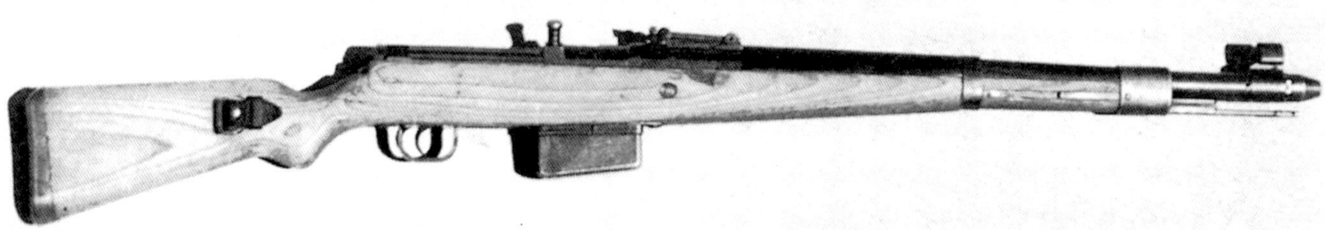

Obwohl viele G 41 mit den Hersteller-Stempeln *ac* und *duv* über Schienen zur Aufnahme einer Zielfernrohrhalterung verfügten, wurden nur wenige dieser Waffen an Scharfschützen ausgegeben. Bei der abgebildeten Waffe handelt es sich um ein Gewehr 41 mit dem Hersteller-Stempel *duv 43.*

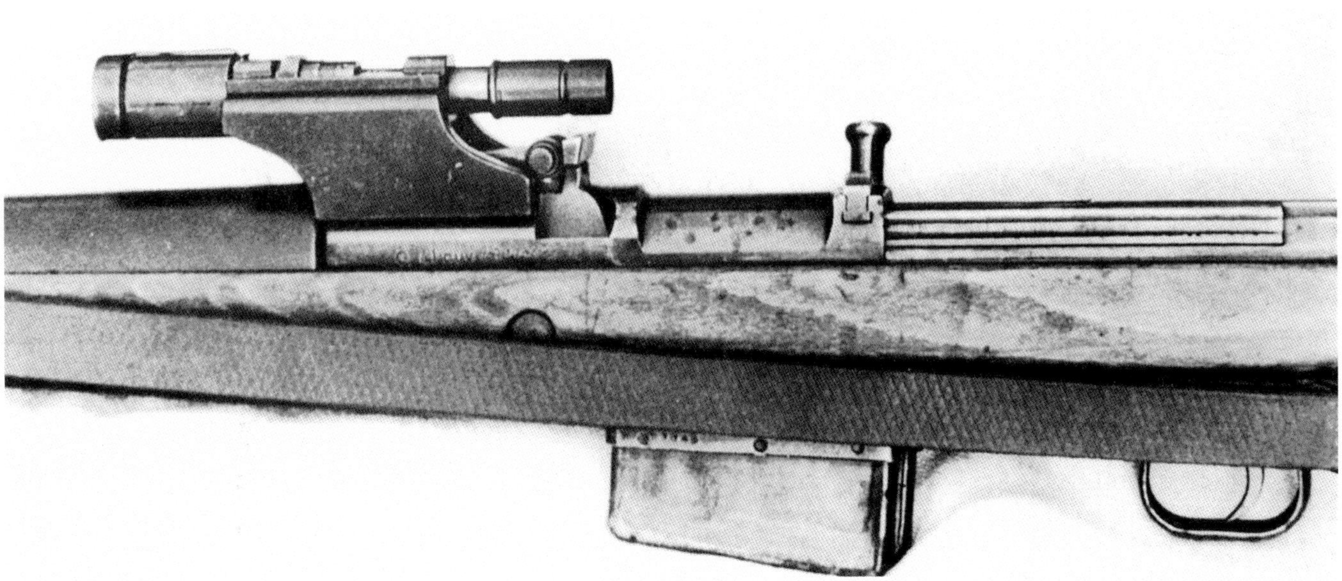

Mittels eines originalgetreuen Nachbaus einer Brückenmontage wurde auf dieses Gewehr 41 *(duv 43)* ein ZF 40 montiert. Soweit bekannt, überdauerte keine einzige originale Zielfernrohrhalterung den Krieg.

Der Nachbau der Brückenmontage 41 in der Draufsicht.

Das Zielfernrohr 43(B) und ein werksseitig mitgelieferter Behälter. Eine spezielle Montage unmittelbar über dem Visier diente zur Befestigung auf der Waffe. Der Abstand zwischen Zielfernrohr und dem Auge des Schützen wurde mit etwa 330 mm angegeben. Bemerkenswert ist das Regenschutzrohr (links) und ein Graufilter, der auf die Objektivglocke aufgesteckt werden konnte. Die ungewöhnlich hohe Seriennummer (143158) läßt vermuten, daß sämtliche bei der Herstellerfirma Emil Busch AG (Hersteller-Stempel *cxn)* gefertigten Zielfernrohre fortlaufend numeriert wurden.

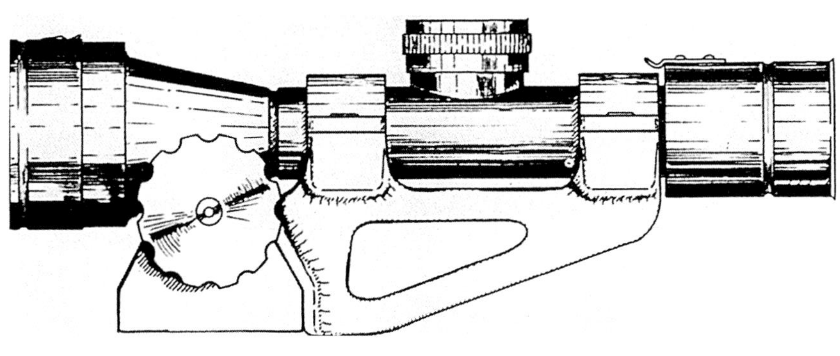

Zeichnung der ungewöhnlichen Zielfernrohrhalterung zur Montage des ZF 43(B). Das seitlich angebrachte Rad diente der Seitenkorrektur. Copyright Niel Broky

Im Zuge der Bemühungen des Waffenamtes, eine brauchbare Montage zu entwickeln, wurden an einzelnen G 41 Prismenschienen angebracht, wie sie am Gewehr 43 zur Montage des ZF 4 (GwZF 4-fach) verwendet wurden. Das abgebildete Gewehr 41 (Hersteller-Stempel *ac 43)* ist mit einer solchen Prismenschiene ausgestattet. Die Schiene weist keine Ausfräsung zur Arretierung des Zielfernrohrhalters auf – ein typisches Merkmal der ersten Ausführungen des Gewehr 43. Um eine Handhabung der Waffe bei aufgesetztem Zielfernrohr zu ermöglichen, wurde der Spanngriff auf die linke Seite des Verschlußträgers verlegt.

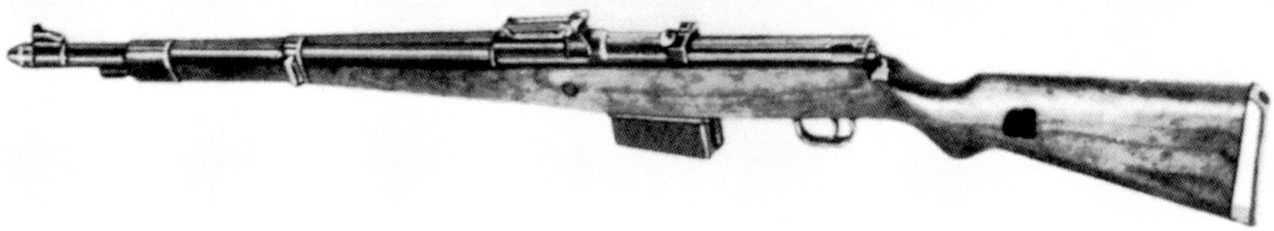

Gewehr 41 mit seitlich am Gehäuse angebrachter Prismenschiene zur Montage des ZF 4. Die Abbildung enstammt einer Veröffentlichung des Waffenamtes.

Ein bei Walther *(ac 43,* Seriennummer 325a) gefertigtes Gewehr 41 mit einer ungewöhnlichen, an der linken Seite des Gehäuses angebrachten Prismenschiene.

Die Prismenschiene mit einer Länge von 88,09 mm war mit Schrauben am Gehäuse befestigt und zusätzlich verlötet. Um das Anbringen der Schiene zu ermöglichen, mußte das Gehäuse im Bereich des Hülsenkopfes abgefräst werden.

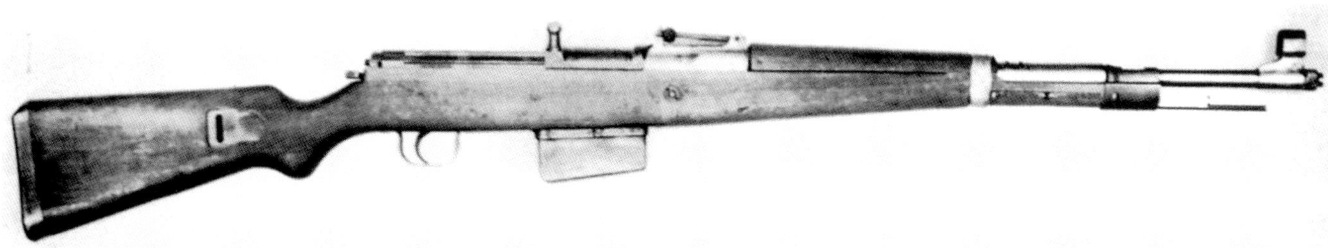

Ein G 41-Versuchsmuster mit der Vorstufe einer Gasdruckeinrichtung mit einer Gasentnahmebohrung im Lauf. Zwar wird diese Waffe gelegentlich als »G 41/43« bezeichnet, es ist jedoch nicht bekannt, ob es sich hierbei um eine offizielle Bezeichnung handelt. Bemerkenswert ist, daß die abgebildete Waffe keinerlei Stempelung aufweist.

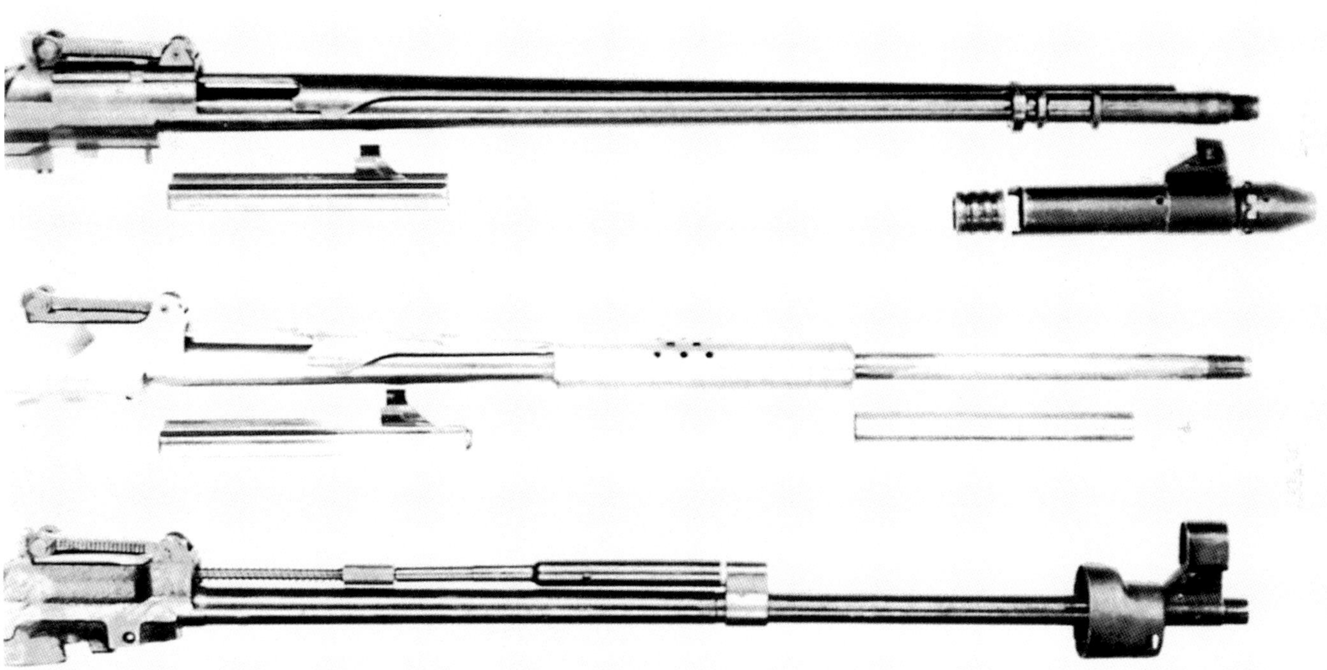

Diese Abbildung zeigt drei unterschiedliche Gasdruckeinrichtungen im Vergleich: Gewehr 41 (oben), Vorstufe mit Gasentnahmebohrung (Mitte) sowie die daraus entwickelte Gasdruckeinrichtung des G 43/K 43 (unten).

Italien, 1944: Zwei kanadische Soldaten testen ein erbeutetes Gewehr 41.

Selbstladegewehr G 43

Das halbautomatische Gewehr 43 war von Anfang an serienmäßig für die Zielfernrohr-Montage ausgelegt.
Dafür sorgte eine angegossene und präzise nachgefräste Prismenschiene an der rechten Seite des Verschlußgehäuses. Dieses Konzept lag bereits der Entwicklung des G 41 zugrunde: Zwei in Großserie gefertigte Komponenten – Zielfernrohr und Waffe – sollten bei Bedarf zu einem fronttauglichen Scharfschützengewehr zusammengesetzt werden können. Doch erst das Gewehr 43 entsprach den Vorstellungen.
In Anbetracht des umständlichen, zeitaufwendigen Verfahrens, Gesteckteile in Handarbeit auf den Karabiner 98k aufzupassen, wurde ein Gewehr, das durch einfaches Aufstecken eines Zielfernrohrs in eine Scharfschützenwaffe verwandelt werden konnte, mit entsprechender Begeisterung aufgenommen.
Nach gesicherten Erkenntnissen stellten drei Firmen das G 43 (und den Karabiner 43) her: Waffenfabrik Carl Walther, Zella Mehlis; Berlin-Lübecker Maschinenfabriken, Werk Lübeck; sowie die Gustloff-Werke, Werk Weimar. Üblicherweise wurden die entsprechenden Hersteller-Stempel »ac«, »duv« und »bcd« in das Verschlußgehäuse eingeschlagen.
Uneinigkeit herrscht noch immer hinsichtlich des Hersteller-Stempels »qve«, der auf verschiedenen, 1945 gefertigten K 43 *(ab 1944 die Bezeichnung für das G 43;A.d.Ü.)* festgestellt und in neueren Veröffentlichungen der Firma Walther zugeordnet wurde.
Folgende Tatsachen lassen den Schluß zu, daß der Hersteller-Stempel »qve« anstelle des Hersteller-Stempels »duv« verwendet wurde:
1. Die Existenz von K 43 mit dem Hersteller-Stempel »ac 45« und dem Abnahmestempel des Waffenamtes (359).
2. Waffen mit dem Hersteller-Stempel »duv 45« sind völlig unbekannt, obwohl die Produktion dieser Firma auf Hochtouren lief.

Gewehr G 43 aus Walther-Fertigung mit aufgesetztem *GwZF 4-fach (ZF 4).*

Die ältere Ausführung des G 43 – wie diese in den Gustloff-Werken (Hersteller-Stempel *bed)* gefertigte Waffe – kam noch ohne Sperrklinke zur Aufnahme des Zielfernrohrhalters zur Auslieferung. Die Prismenschiene zeigt deshalb noch keine entsprechende Nut.

Dieser bei Walther gefertigter Karabiner 43 (Hersteller-Stempel *ac 45)* erhielt wie die meisten G 43 und K 43 eine Prismenschiene mit eingefräster Nut.

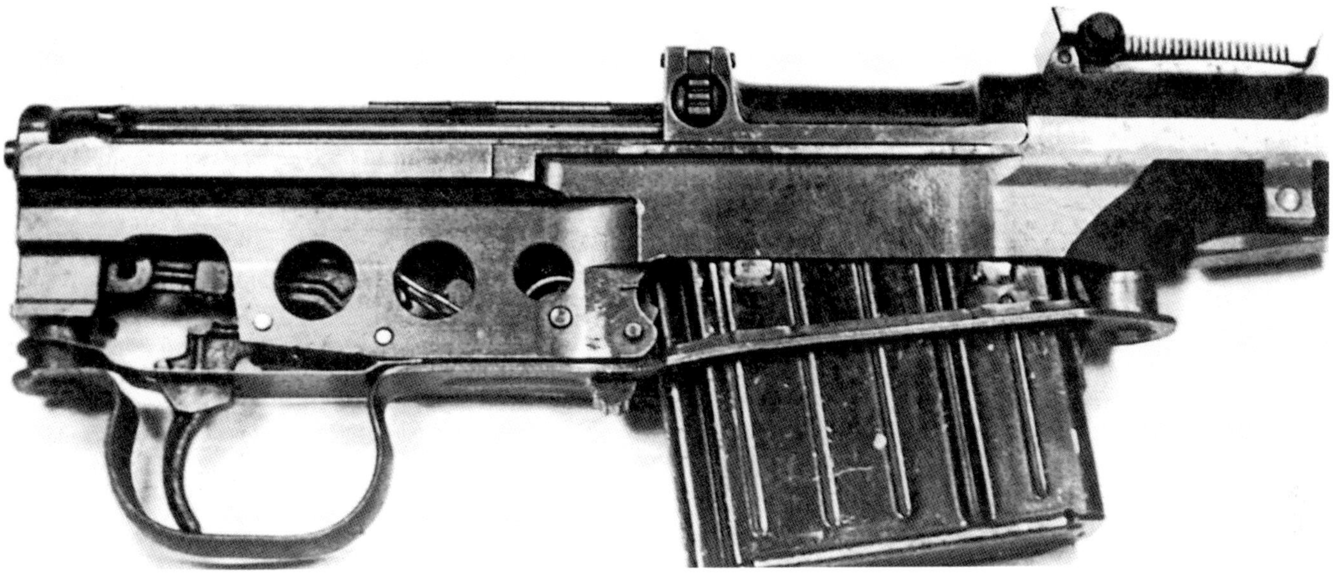

Waffe mit abgefräster Prismenschiene. Gegen Ende des Krieges wurden Gehäuse, die aufgrund fehlerhafter Prismenschienen nicht abgenommen worden waren, wiederverwertet.

3. Der Hersteller-Stempel »qve« und der Abnahmestempel des Waffenamtes (214) finden sich sowohl auf Waffen als auch auf Waffenteilen, die in den Berlin-Lübecker Maschinenfabriken gefertigt wurden.
Die entsprechend gestempelten Waffen wurden also in den Berlin-Lübecker Maschinenfabriken gefertigt, und nicht – wie in anderen Quellen angegeben – bei Walther in Zella-Mehlis.
Selbst als bereits Teile der Wehrmacht kapitulierten, lief die Fertigung bei Walther und den Berlin-Lübecker Maschinenfabriken ungebremst weiter, wobei die Lübecker im April/Mai 1945 noch 15 000 K 43 zusammenbauten.
Zwischen Anfang 1943 und Kriegsende wurde eine Vielzahl bemerkenswerter Versionen gefertigt. Was die Zielfernrohrmontagen anbelangt, so blieben die Montageschienen der G 43- und K 43-Ausführungen während der gesamten Produktion nahezu unverändert. Ausnahmen bilden lediglich die Montageschienen an Vorserien-Waffen und Versuchsmustern des G 43, die über keine Nut zur Arretierung des Zielfernrohrhalters verfügten.
Interessant sind in diesem Zusammenhang Waffen ohne Montageschiene. Vermutlich handelt es sich um Gewehre mit wiederverwerteten Verschlußgehäusen, die aufgrund von Mängeln an den Montageschiene zunächst nicht abgenommen wurden. Nachdem die Versorgung der Front mit Waffen ein kritisches Stadium erreicht hatte, wurden, um Abhilfe zu schaffen, die fehlerhaften Schienen abgefräst. So ließen sich immerhin die Verschlußgehäuse wiederverwerten. Die Zielfernrohrhalterung bestand aus einem robusten Gußteil, wobei nur die Funktionsflächen maschinell bearbeitet wurden: Sie mußten mit der Prismenschiene des Verschlußgehäuses übereinstimmen. Das Aufsetzen der Zielfernrohrhalterung ging höchst simpel vor sich: 1. Feststellhebel nach hinten schwenken. 2. Fuß der Zielfernrohrhalterung auf die Prismenschiene aufsetzen und nach vorne schieben. 3. Feststellhebel nach vorne schwenken (Festklemmen der Halterung) – fertig. Der Feststellhebel (Klemmhebel) war auf eine senkrecht im Fuß des Zielfernrohrhalters gelagerte Welle mit eingefrästen Längsnuten aufgesteckt. Nach Entfernen eines Halteringes konnte der Hebel abgezogen und umgesteckt werden, wodurch sich die Klemmwirkung verstärken oder verringern ließ. Außerdem wurden dadurch unterschiedliche Toleranzen ausgeglichen, die bei der Fertigung der Schiene und der Zielfernrohrhalterung auftraten.
Eine zusätzliche Sicherung verhinderte, daß der Zielfernrohrhalter von der Prismenschiene abglitt, falls der Klemmhebel unbeabsichtigt gelöst wurde: Die Nase einer federnd gelagerten Sperrklinke rastete – unabhängig vom Klemmhebel – in eine Ausfräsung der Prismenschiene ein. Zum Abnehmen des Zielfernrohres mußte deshalb nach Lösen des Klemmhebels zusätzlich die Sperrklinke betätigt werden. Die bei Walther und den Berlin-Lübecker Maschinenfabriken gefertigten Ziel-

Drei GwZF 4-fach. Hersteller dieses Zielfernrohres waren die Firmen Voigtländer (Hersteller-Stempel *ddx),* Opticotechna (Hersteller-Stempel *dow),* und IG Farbenindustrie (Hersteller-Stempel *bzz).*

fernrohrmontagen trugen Abnahmestempel des Waffenamtes mit den Zahlen »359« oder »214« (Kennziffern der zuständigen Abnahmestellen), wobei Walther den Löwenanteil der Produktion übernahm.

Die ersten Zielfernrohrhalterungen mit abgewinkelten Streben kamen ohne Sperrklinken, da die Montageschienen der älteren Ausführung des G 43 noch keine entsprechenden Nuten erhielten. Die später in Serie gefertigten Zielfernrohrhalterungen mit parallel angeordneten Streben wiesen in den Abmessungen geringfügige Abweichungen auf. Am augenfälligsten war hierbei die Form des Fußes, dessen Kanten in einigen Fällen abgerundet waren.

Das GwZF 4-fach wurde mittels zweier Federstahl-Bänder auf dem Zielfernrohrhalter befestigt, die mit Knebeln und Schrauben gespannt wurden. Ein Wulst am vorderen Teil des Zielfernrohrhalters und eine entsprechende umlaufende Nut nahe des Objektivs verhinderten ein Wandern des Zielfernrohres in der Wiege beim Rückstoß.

Die einzelnen Haltebänder in Form einer Endlos-Schleife waren doppelt um das Zielfernrohr gelegt. Hierzu wurden die Bandenden in aller Regel mittels einer Steckverbindung, bei älteren Ausführungen auch durch Schweißpunkte miteinander verbunden.

Vermutlich um die Fertigung weiter zu vereinfachen, wurde im weiteren Verlauf der Produktion der abgebogene Klemmhebel durch einen geraden ersetzt, der die Betätigung mit Handschuhen erleichterte.

Waffennummern, die unter Kontrolle des Waffenamtes in die Zielfernrohrhalterung eingraviert, gelegentlich aber auch eingeschlagen wurden, kennzeichneten die entsprechende Montage als Waffenteil eines bestimmten G 43 oder K 43. Die Tatsache, daß eine erhebliche Anzahl an Zielfernrohrhalterungen nicht numeriert war, läßt vermuten, daß diese nicht zusammen mit einer Scharfschützenwaffe ausgegeben wurden. Denn sämtliche deutschen Scharfschützenwaffen, Zielfernrohre und Montagen, gleichgültig welchen Typs, wurden vor der Ausgabe mit der Nummer des entsprechenden Gegenstückes versehen.

Das Gewehr-Zielfernrohr mit vierfacher Vergrößerung (GwZF 4-fach) für das G 43 erwies sich als völlig ausreichend, wenn es unter sorgfältiger Kontrolle gefertigt wurde. Das leichte und dennoch robuste Zielfernrohr machte eine komplizierte Montage überflüssig. Mittels zweier unterteilter Scheiben ließ sich das Absehen im Mittelrohr nach Höhe und Seite verstellen (doppelte Absehenverstellung).

Verglichen mit anderen Zielfernrohren sah das GwZF 4-fach recht ungewöhnlich aus. Während Einblick- und Ausblicköffnung zylindrisch geformt waren, zeigte das Mittelrohr einen viereckigen Querschnitt. Die Haltebänder lagen um die beiden zylindrischen Teile, die beiden Türmchen mit den Teiltrommeln saßen an den Flachseiten des Mittelrohrs rechts und oben. Wie aus Unterlagen des Waffenamtes hervorgeht, war die Bauweise auf eine rasche Produktion ausgerichtet.

Zielfernrohre von Voigtländer & Sohn (Hersteller-Stempel *ddx),* Opticotechna (Hersteller-Stempel *dow),* und der IG Farbenindustrie (Hersteller-Stempel *bzz)* waren mit dem Zeichen des jeweiligen Herstellers, der Bezeichnung »GwZF 4«, einer fortlaufenden Fertigungsnummer sowie einem weiß, grün, oder blau ausgelegten Dreieck gestempelt. Daran ließ sich erkennen, unter welchen klimatischen Bedingungen eine einwandfreie Funktion gewährleistet war. Abweichend hiervon sind jedoch vereinzelt auch Zielfernrohre mit der Stempelung »G 43«, »K 43«, »ZF K 43«, und »KZF« aufgetaucht.

Die doppelte Absehenverstellung erlaubte Korrekturen der Treffpunktlage nach Höhe und Seite. Dazu diente eine Einstellscheibe (Teiltrommel) im seitlichen Türmchen des Mittelrohrs, unterteilt in Rasten zu je etwa einer halben Gradmi-

Ein GwZF 4-fach mit dem zugehörigen Zielfernrohrhalter. Auf das Zielfernrohr sind eine konische Augenmuschel aus Gummi, die vermutlich mit den älteren Zielfernrohren ausgegeben wurde, sowie das Regenschutzrohr aufgesteckt.

Der Gelbfilter konnte in die Augenmuschel aus Gummi eingesetzt werden, die dann über die Einblicköffnung des Zielfernrohres gestülpt wurde. Neben dem Gelbfilter, mit dem das Sichtvermögen bei leichtem Dunst verbessert wurde, gehörte auch eine Klarsichtscheibe zum Zubehör des ZF 4, die ein Beschlagen der Okularlinse verhindern sollte. Bemerkenswert ist der Stopfen aus Holz, der zum Schutz des Okulars aufgesteckt werden konnte.

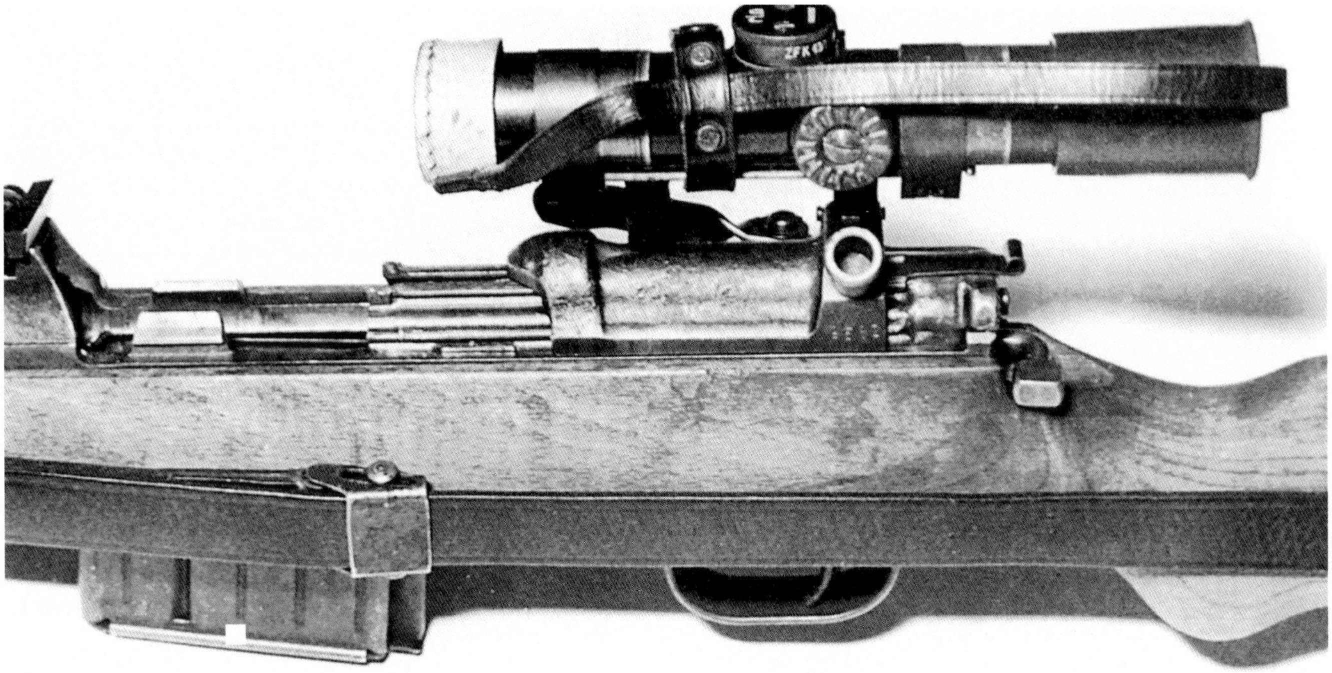

K 43 mit aufgesetztem ZF K 43/1.

nute. So ließen sich in 50 Meter-Abstufungen Schußentfernungen von 100 bis 800 Meter einstellen. Auf der Oberseite des Mittelrohres saß das Türmchen mit der Seitenverstellscheibe, die eine leicht zu entfernende Schraubkappe schützte.

Das Absehen 1 mit einem spitz zulaufenden senkrechten Zielstachel und zwei horizontalen Querbalken war am häufigsten. Einige wenige Zielfernrohre erhielten ein Fadenkreuz (Absehen 6) oder lediglich einen Zielstachel, der entweder spitz zulief oder abgerundet war.

Daneben sind die ungewöhnlichen GwZF 4-fach mit dem Stempel »bu« von Interesse. Ihr Zielbild ähnelte dem Absehen 1, wies jedoch einen ungewöhnlichen Zielstachel auf, der zum Schätzen der Entfernung diente *(beziehungsweise zur Flugbahnkompensation bei Verwendung verschiedenartiger Munition; A.d.Ü.).*

Das GwZF 4-fach kam ab Werk mit einem metallenen Regenschutzrohr für das Objektiv, einer Augenmuschel aus Gummi, ledernen Schutzkappen, einem Reinigungstuch, gelben Dunstfiltern, einer Klarsichtscheibe (die ein Beschlagen des Okulares verhinderte) sowie einem Behälter zum Aufbewahren oder Transport. Es gab mindestens drei Behälter-Ausführungen: aus Holz und faserverstärktem Kunststoff mit Metallbeschlägen, aus Blech sowie – in seltenen Fällen – aus Bakelit mit Metallbeschlägen.

Trotz der immensen Probleme, die bei der Fertigung auftraten, galt das GwZF 4-fach allgemein als praktisch und leistungsfähig. Lediglich die erfolgreichsten deutschen Scharfschützen, die, in begrenztem Umfang mit Zielfernrohren mit sechsfacher Vergrößerung ausgestattet, regelmäßig Treffer auf Entfernungen von bis zu 1000 Metern erzielten, hatten stets auf die Einführung eines Zielfernrohres mit mindestens sechsfacher Vergrößerung gedrängt. Untersuchungen des Waffenamtes hatten jedoch ergeben, daß der Scharfschützeneinsatz auf Entfernungen zwischen 400 und 600 Metern am erfolgversprechendsten war – auf Distanzen also, für die ein Zielfernrohr mit vierfacher Vergrößerung völlig ausreichte. Die Einführung eines Zielfernrohres mit stärkerer Vergrößerung war deshalb nie ernsthaft in Erwägung gezogen worden.

Gegen Ende des Krieges führten Bestrebungen, das GwZF 4-fach zu verbessern und Produktionslücken zu schließen, zur Annahme des Zielfernrohres ZF K 43/1 mit vierfacher Vergrößerung, das die Firma Carl Zeiss in Jena Ende 1944 zur Serienreife entwickelt hatte.

Die optischen Eigenschaften dieses Modells entsprachen jenen des GwZF 4-fach. Allerdings saß die Teiltrommel zur

Höhenverstellung – beziehungsweise zur Einstellung der Entfernung von 100 bis 600 Metern, in Abstufungen von 50 Metern – auf der Oberseite des Mittelrohres. Das Türmchen mit der Scheibe zur seitlichen Absehenverstellung – unterteilt in Werte, die einer Treffpunkt-Verlagerung von 2,5 cm auf 100 Meter entsprachen – befand sich an der rechten Seite.

Bei diesem neuen Zielfernrohr wurde anstelle des Blechprägeverfahrens wieder *»das zur Zielfernrohrfertigung praktischere Dreh- und Fräsverfahren«* angewandt, ein eindeutiger Hinweis auf die Fertigungs-Schwierigkeiten beim Blechgehäuse des GwZF 4-fach.

Das ZF K 43/1 war so ausgelegt, daß es bei einem Augenabstand von etwa 80 mm auf den gebräuchlichen Zielfermohrhalter paßte. An der linken Seite des Mittelrohres befand sich eine gestanzte Rändelscheibe aus Metall zur Einstellung der Bildschärfe. Ein Absehen, dessen Zielstachel und Querbalken in eine Glasscheibe eingeätzt waren, half eine der häufigsten Fehlerquellen des GwZF 4-fach zu beseitigen.

Die Genehmigung zur Produktion des ZF K 43/1 war zwar erteilt worden und die Fertigung zu Beginn des Jahres 1945 bereits angelaufen, eine Entscheidung hinsichtlich der Verwendung von Linsen mit T-Vergütung (T-Schutz) war jedoch noch nicht gefallen (ein Verfahren zur Steigerung der Lichtdurchlässigkeit und des Bildkontrastes. Zur Reflex-Minderung wurde Magnesium-Fluorid auf die Linsen aufgedampft). Man glaubte, die Verwendung vergüteter Linsen würde die Produktion des Zielfernrohres verlangsamen.

Jene vergüteten ZF K 43/1 – die anerkanntermaßen als die leistungsstärksten Zielfernrohre des II. Weltkrieges gelten – erhielten den Hersteller-Stempel »rin«, der Zeiss gegen Ende des Krieges zugewiesen worden war.

Das ZF K 43/1 wurde nur in geringen Stückzahlen gefertigt. Dagegen wurden zwischen Oktober 1943 und April 1945, trotz erheblicher Schwierigkeiten, annähernd 150 000 GwZF 4-fach produziert (nach Schätzungen von Fachleuten). Den Löwenanteil der Fertigung übernahm Voigtländer, gefolgt von Opticotechna und der IG Farbenindustrie, wobei das letztgenannte Unternehmen bestenfalls einige tausend erzeugte.

Das GwZF 4-fach kam neben den Selbstladegewehren auch in Verbindung mit einer ungewöhnlichen, relativ seltenen Version des Zielfernrohrkarabiners 98k zum Einsatz. Die nach hinten abgewinkelte Montage ging zurück auf einen Vorschlag der Heeres-Inspektion 2, der mit Datum vom 22. Juli 1944 dem OKH unterbreitet wurde. Die Vorstellung ging dahin, das in Kürze zur Verfügung stehende Gw ZF 4-fach auch in Verbindung mit dem K 98k zum Einsatz zu bringen. Zunächst erfolgte keine entsprechende Reaktion. Erst im September 1944, als aufgrund der gesteigerten Produktion mehr Zielfernrohre als geeignete Karabiner 43 zur Verfügung standen, wurde *»aufgrund des großen Bedarfs an Zielfernrohrgewehren an der Front«* die Genehmigung zur Verwendung des ZF 4 in Verbindung mit dem Karabiner 98k erteilt. Aus Schriftstücken geht hervor, daß diese Version des Karabiners 98k erst im Februar 1945 frontttauglich war. Danach sollte, je nach Lage der Dinge, entweder das GwZF 4-fach oder das ZF K 43/1 montiert werden.

Die K 98k-Montage ähnelte stark jener des K 43. Der in einem Stück gegossene Zielfernrohrhalter wurde auf eine Prismenschiene an der linken Hülsenseite aufgeschoben. Ein Klemmhebel und eine federnd gelagerte Sperrklinke dienten der Arretierung des Zielfernrohrhalters. Das Lösen und Arretieren ging genau wie bei den Selbstladegewehren vor sich. Die nach hinten abgewinkelten Streben des Zielfernrohrhalters brachten einen günstigen Augenabstand.

Sauer und Mauser fertigten diese ZF-Ausführungen des K 98k. Nachweislich war ihre Stückzahl gering; wie hoch die genaue Produktion der jeweiligen Firmen war und inwieweit diese Karabiner zum Einsatz kamen, ist nicht bekannt.

Erprobung des G 43 mit ZF 4 an der Infanterieschule Döberitz-Elsgrund im Oktober 1943 (Vergleich mit der MP 43/1).

Einsetzen des Magazins gemäß Gebrauchsanleitung. Deutlich zu erkennen ist der Zielfernrohrhalter mit parallelen Streben.

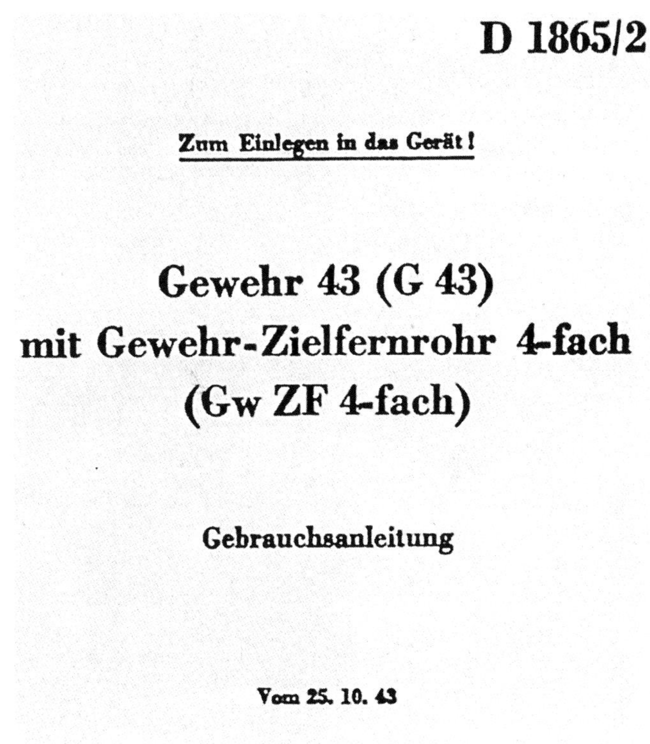

D 1865/2

Zum Einlegen in das Gerät!

Gewehr 43 (G 43)
mit Gewehr-Zielfernrohr 4-fach
(Gw ZF 4-fach)

Gebrauchsanleitung

Vom 25. 10. 43

Gebrauchsanleitung, wie sie mit jedem Gewehr 43 ausgegeben wurde. Das Original hatte die Abmessungen 101,60 mm X 146,05 mm.

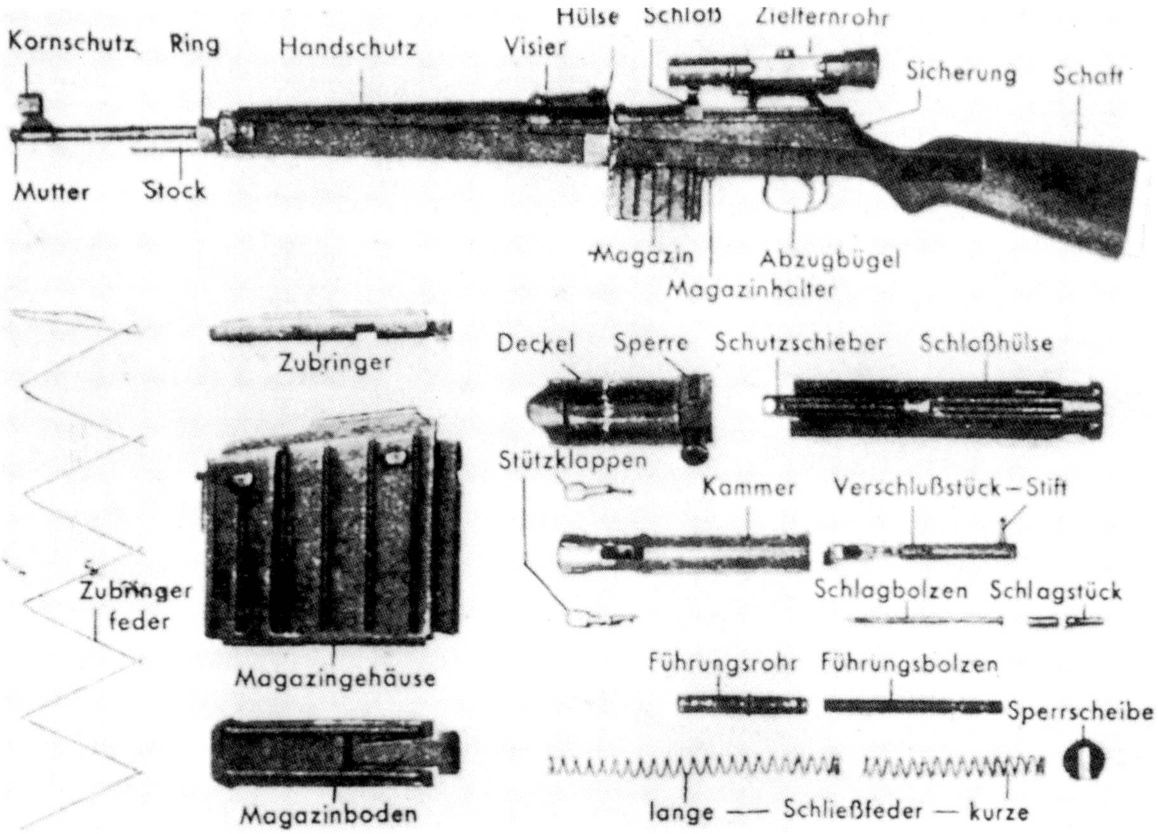

Hauptbestandteile des Gewehr 43 mit aufgesetztem Zielfernrohr (gemäß Gebrauchsanleitung).

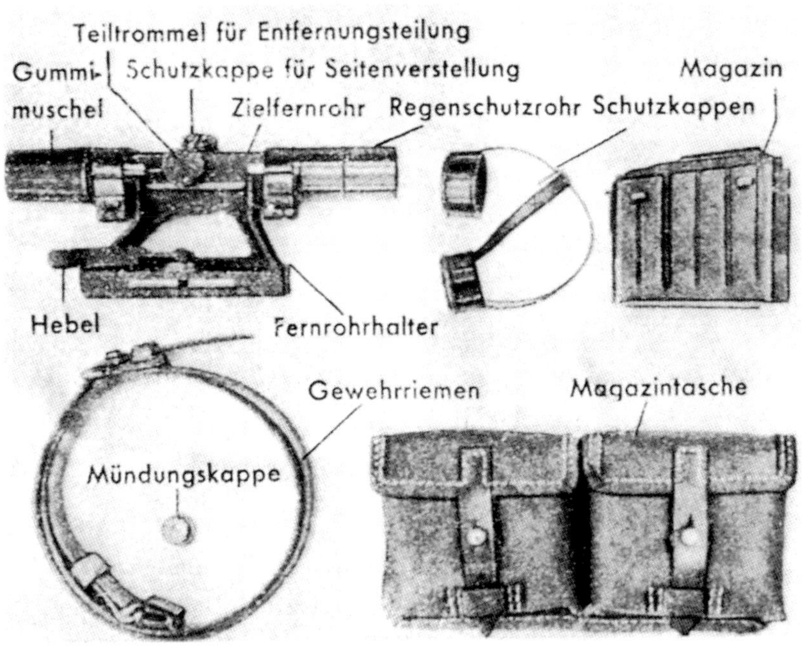

Zubehör. Die Illustration aus der Gebrauchsanleitung zeigt den ursprünglich vorgesehenen Zielfernrohrhalter mit abgewinkelten Streben und ohne Sperrklinke. Wahrscheinlich ging er nie in Serie.

Seitenansicht des ZF 4 (GwZF 4-fach) mit Regenschutzrohr auf dem Objektiv, aufgesetzt auf ein G 43

Typische Stempelung eines Walther-G 43 auf der linken Seite des Visiersockels ***(ac 44).***

Die der Waffe zugewandte Seite eines typischen Zielfernrohrhalters für das GwZF 4-fach. Gut zu erkennen sind die bearbeiteten Funktionsflächen, die Welle der Feststellvorrichtung und die federnd gelagerte Sperrklinke.

Zielfernrohrhalter von Walther (Waffenamt-Stempel »359«). Man beachte den Haltering für den auf die Welle der Feststellvorrichtung aufgesteckten Klemmhebel sowie die Sperrklinke. Zum Abnehmen wurde der Feststellhebel nach hinten geschwenkt und die Sperrklinke eingedrückt.

Zwei Zielfernrohrhalter für das GwZF 4-fach. Unter der älteren Ausführung mit abgebogenem Feststellhebel (oben) befindet sich die weitaus häufigere Version mit geradem Hebel.

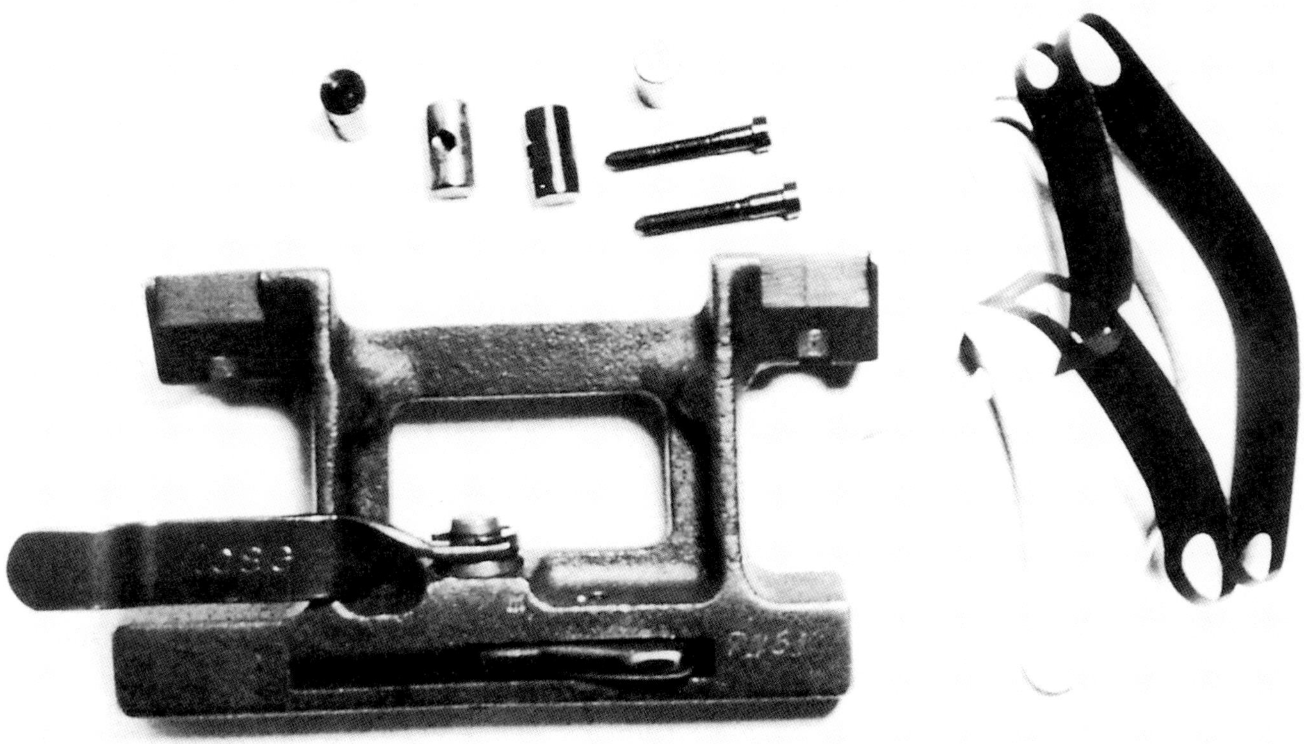

Stahlbänder, Knebel und Schrauben, mit denen das Zielfernrohr auf dem Zielfernrohrhalter befestigt wurde.

So wurde das Zielfernrohr mit Stahlbändern und Knebeln befestigt. Mit Hilfe der Bohrung in der Strebe konnte der Zielfernrohrhalter zur Bearbeitung der Funktionsflächen exakt eingespannt werden.

Zwei Zielfernrohrhalter für das GwZF 4-fach mit unterschiedlich geformten Fußteilen. In beiden Fällen ist der Feststellhebel nach hinten in die Stellung »lose« geschwenkt.

Die Fußteile der beiden Zielfernrohrhalter im Vergleich. Beide tragen den Abnahmestempel des Waffenamtes »359«.

Das Türmchen mit der Scheibe zur seitlichen Absehenverstellung (Oberseite GwZF 4-fach) und zwei Schraubkappen unterschiedlicher Ausführung. Der Gewindegang der einen Schutzkappe hat eine Länge von 12,70 mm, der andere, mit einem etwas steileren Winkel, von 9,52 mm.

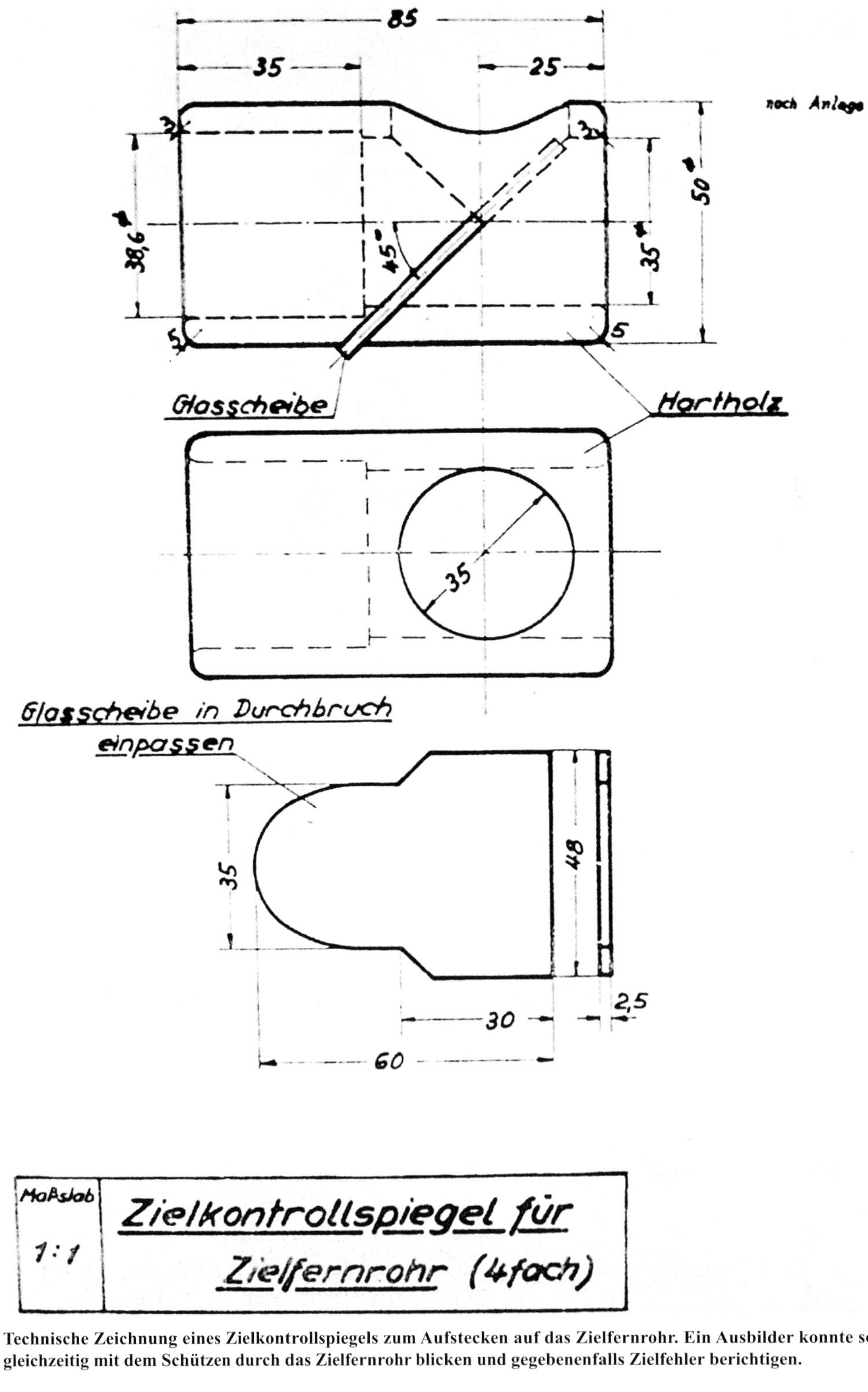

Technische Zeichnung eines Zielkontrollspiegels zum Aufstecken auf das Zielfernrohr. Ein Ausbilder konnte so gleichzeitig mit dem Schützen durch das Zielfernrohr blicken und gegebenenfalls Zielfehler berichtigen.

Gewehr 43 mit aufgesetztem GwZF 4-fach aus einer ungewöhnlichen Perspektive.

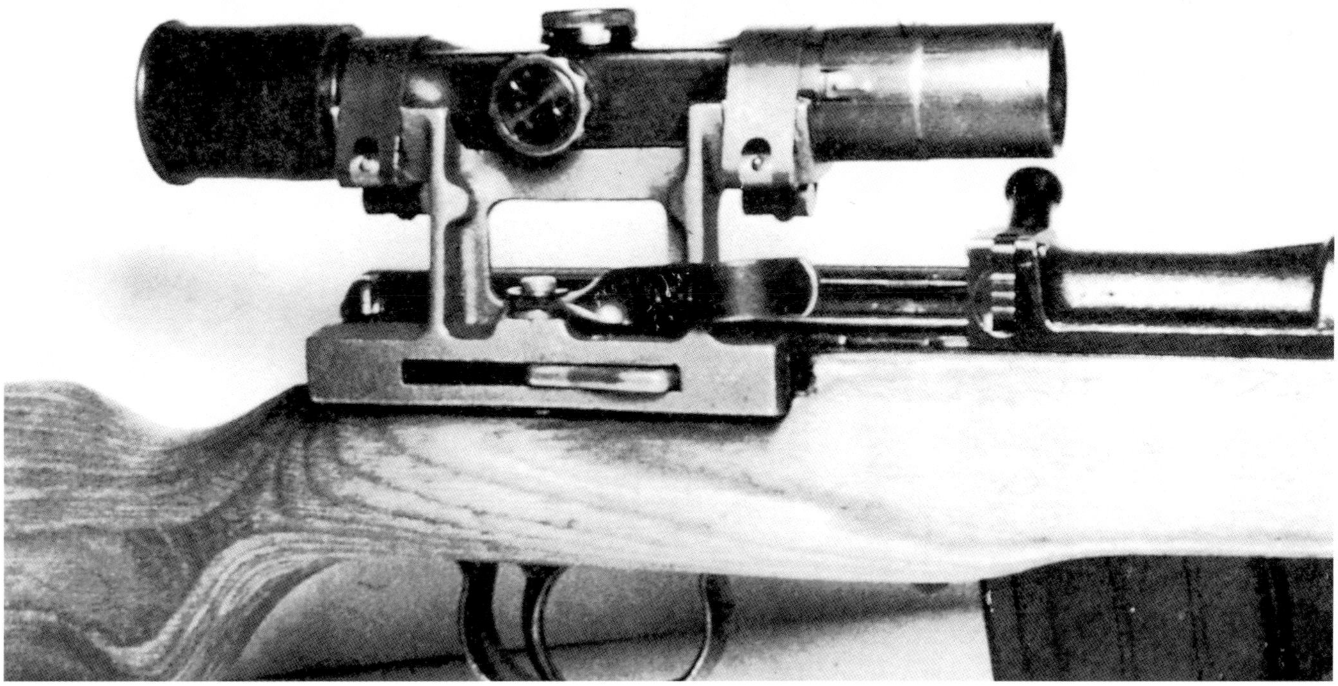

Zielfernrohrhalter und GwZF 4-fach, aufgesetzt auf ein Gewehr 43. Der Feststellhebel ist nach vorne in die Stellung »fest« geschwenkt.

Linke Seitenansicht eines aufgesetzten ZF 4 (GwZF 4-fach). Die auf die Ausblicköffnung gesteckte Metallröhre wurde zwar als Regenschutzrohr bezeichnet, diente aber auch als Steulichtblende und unterdrückte Lichtbrechungen in der Objektivlinse. Die Augenmuschel aus Gummi sollte verhindern, daß sich der Schütze verletzte und außerdem das Zielfernrohr vor Beschädigung schützen, falls es infolge des Rückstoßes gegen den Rand des Stahlhelms schlug.

Nahaufnahme eines in den Berlin-Lübecker Maschinenfabriken (Hersteller-Stempel duv) -gefertigten Zielfernrohrhalters für das ZF 4. Zu erkennen ist der Abnahmestempel mit der Nummer »214«, den sämtliche in den Berlin-Lübecker Maschinenfabriken gefertigten Waffenteile aufweisen. Zielfernrohrhalterungen, die bei Walther (Hersteller-Stempel ac) gefertigt wurden, tragen den Abnahmestempel »359«. Sie sind häufiger.

Ein in den Berlin-Lübecker Maschinenfabriken gefertigter Zielfernrohrhalter zur Montage des ZF 4. Auf dem Fußteil unterhalb des Feststellhebels ist der Abnahmestempel mit der Nummer »214« zu erkennen

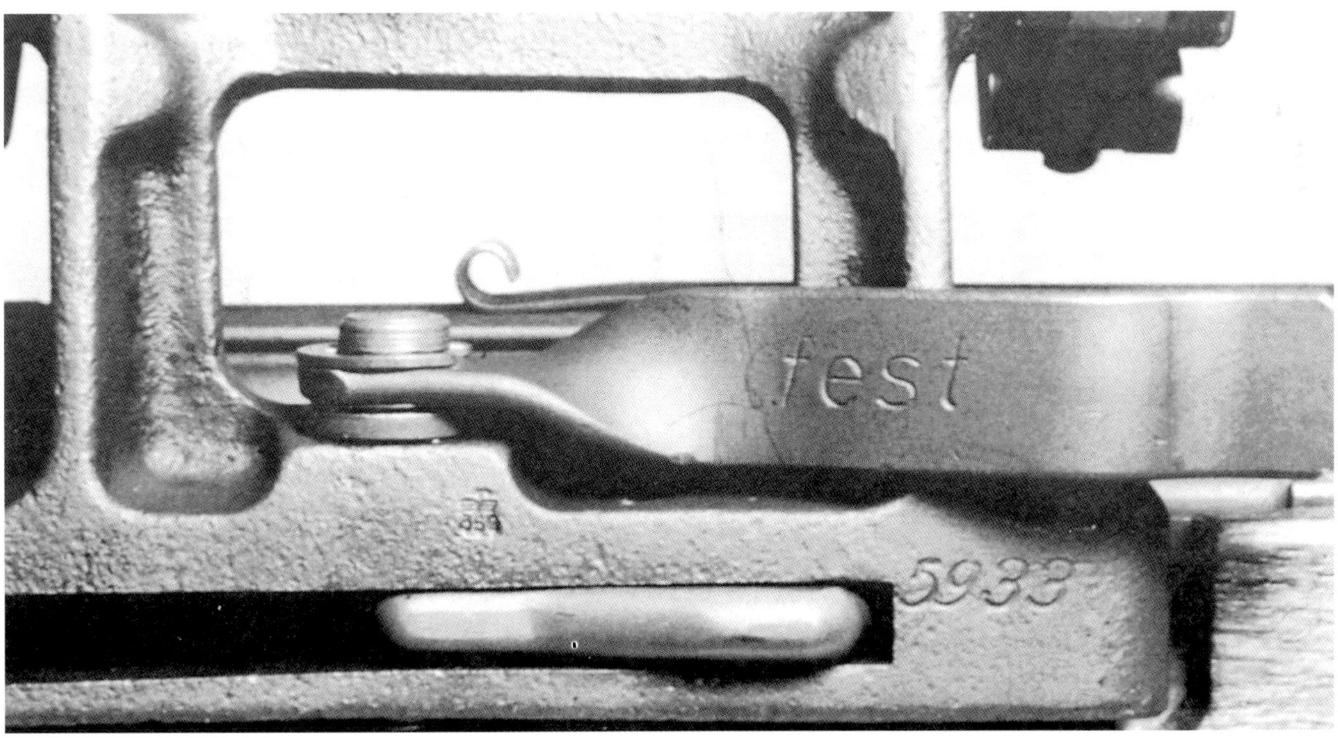

Dieser bei Walther gefertigte Zielfernrohrhalter trägt den Abnahmestempel »214« und die eingravierte Seriennummer (5933) der zugehörigen Scharfschützenwaffe. Auch Zielfernrohre sollen mit der aufgemalten oder eingravierten Nummer der zugehörigen Waffe gekennzeichnet worden sein, was jedoch nicht zweifelsfrei geklärt ist.

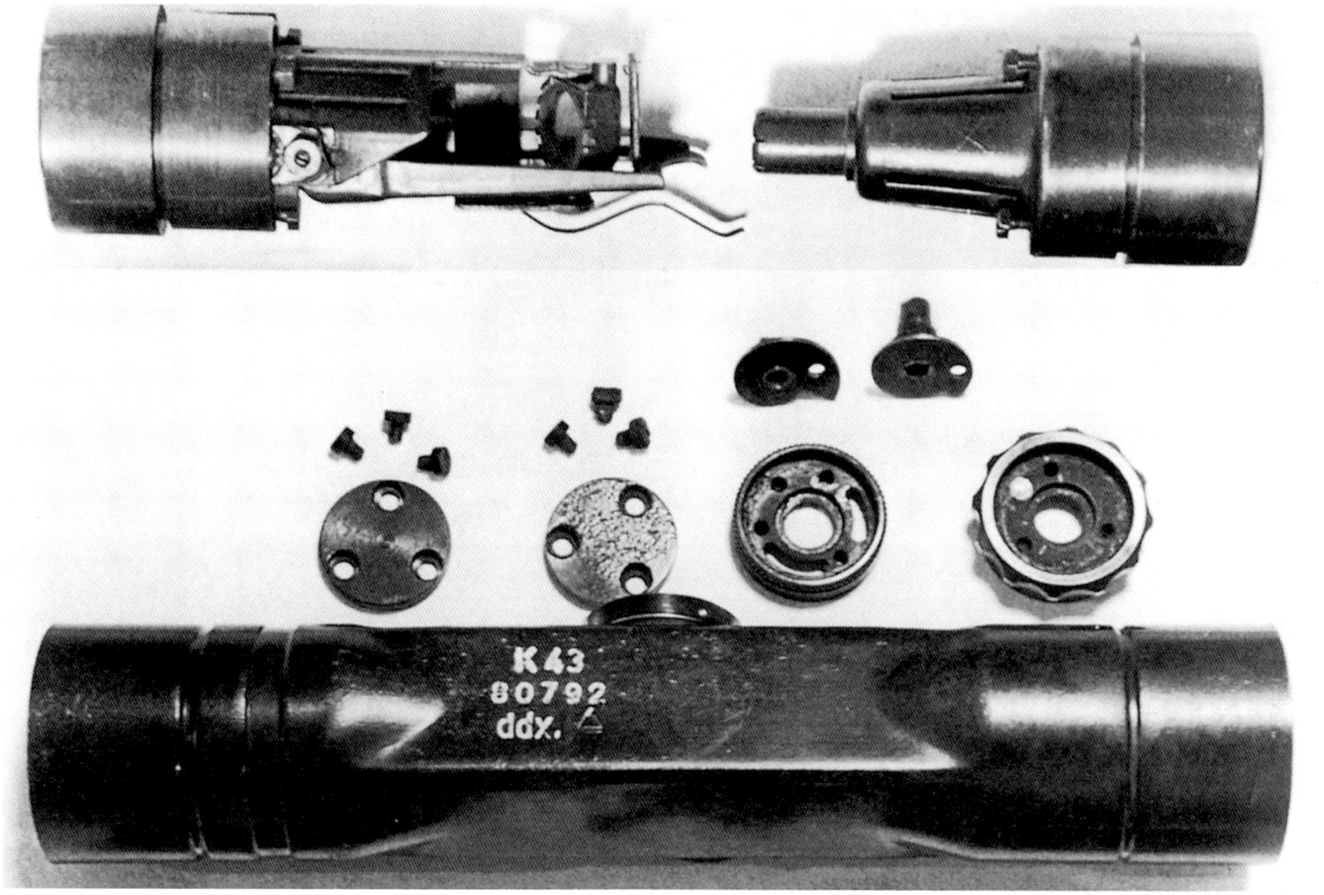

Ein teilweise zerlegtes GwZF 4-fach. Zu erkennen sind Objektiv, Umkehrsystem, Absehen, Okular, Teiltrommel, Verstellscheibe, Exzenter und Deckplatten. Objektiv- und Okularlinse waren in die Fassungen eingepreßt und nicht ohne weiteres zu entfernen.

Das zerlegte GwZF 4-fach aus einem anderen Blickwinkel. Mittels der beiden Vorschraubringe und den zugehörigen Sicherungsschrauben ließen sich Okular und Objektiv im Mittelrohr (Tubus) fixieren.

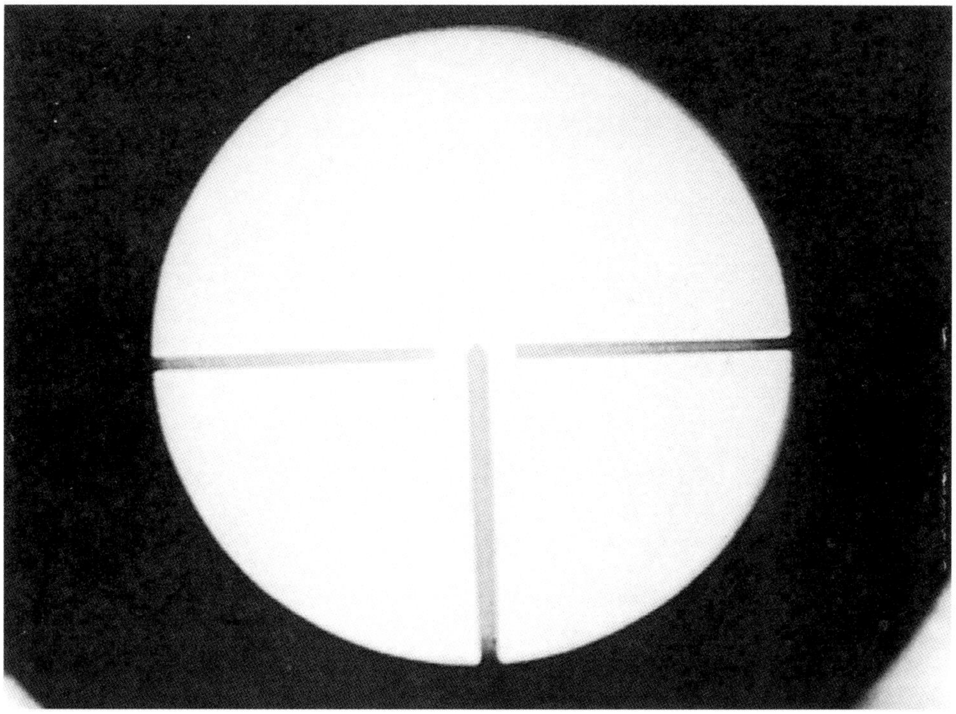

Das Absehen 1, ein senkrechter Zielstachel und zwei horizontale Balken, war das im GwZF 4-fach am häufigsten verwendete Absehen. Daneben kamen das Absehen 6 (Fadenkreuz), das sich als zu empfindlich gegen Erschütterungen erwies, und ein Absehen mit lediglich einem senkrechten Zielstachel zum Einsatz.

Die Anordnung des Absehens führte zu Schwierigkeiten bei der Fertigung, die der Truppe wiederum Grund zu Beanstandungen gaben.

Charakteristische Stempelung *(ddx)* eines bei Voigtländer gefertigten GwZF 4-fach (ZF 4).

Dieses bei Voigtländer gefertigte ZF 4 trägt die zusätzliche Beschriftung »K 43«.

Ein bei Voigtländer gefertigtes GwZF 4-fach mit der Stempelung »K 43«.

Ein ZF 4 von Opticotechna (Hersteller-Stempel *dow).*

Eines der letzten bei Opticotechna gefertigten Zielfernrohre wurde mit »ZF K 43« gestempelt.

Verschiedene Schutzkappen aus Leder für das GwZF 4-fach. Die hölzernen Stopfen wurden in die Augenmuscheln eingesetzt.

Zwei aus Blech geprägte Regenschutzrohre für das ZF 4.

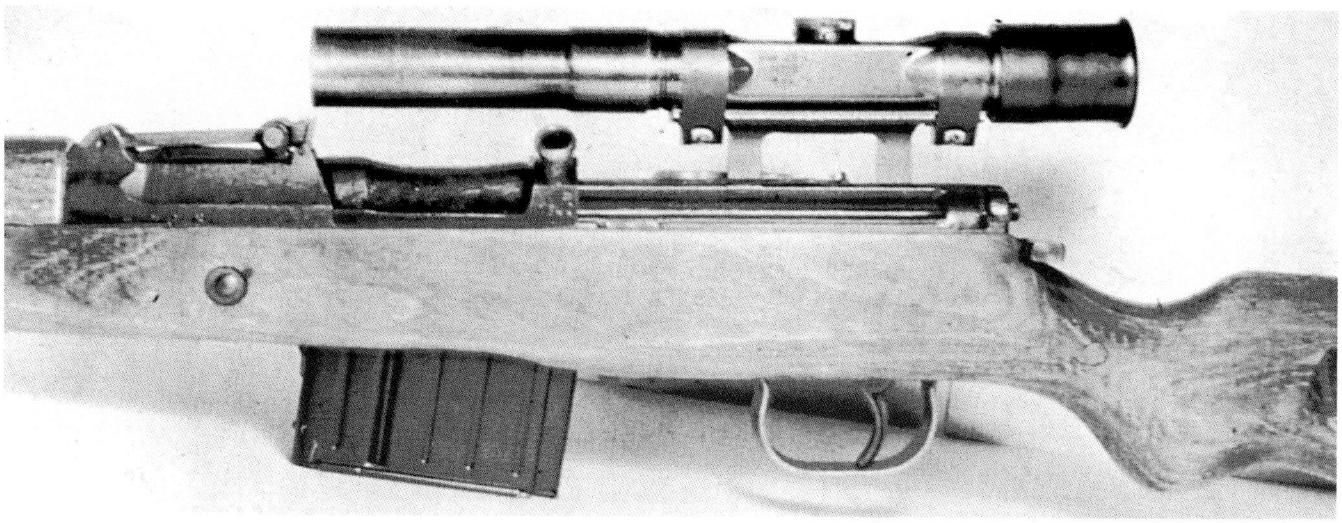

Ein ZF 4 mit einem ungewöhnlichen, nicht abnehmbaren Regenschutzrohr von mehr als doppelter Länge.

Transportbehälter aus Blech für das ZF 4 mit Zielfernrohrhalter. Die Außenseiten sind dunkelgrün gestrichen, während das Innere mit einem rosthemmenden mattroten Anstrich versehen wurde. Zu erkennen sind die Halterungen für das Regenschutzrohr, den Gelbfilter und die Klarsichtscheibe.

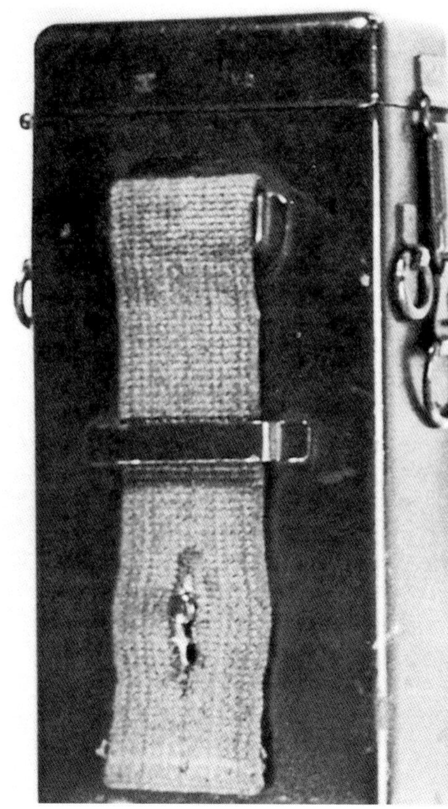

Rückseite des Transportbehälters (Abmessungen 200 mm X 98,42 mm X 46,03 mm) mit einer Koppelschlaufe aus Gurtmaterial. Der Deckel trägt den Hersteller-Stempel der Firma Wessel & Müller, Beschlagfabrik, Luckenwalde *(jvb)*.

Ein aus Holz und Hartfaserplatten hergestellter Transportbehälter mit Fach zur Aufbewahrung des Gelbfilters und der Klarsichtscheibe. Ein hölzerner Riegel hielt das Regenschutzrohr im Deckel.

Die Rückseite mit einer Koppelschlaufe aus Gurtmaterial. Der Behälter hat die Abmessungen 215,90 mm X 127 mm X 50 mm.

Der Transportbehälter mit dem Umhängeriemen aus Leder. Während Transportbehälter sich heute noch vergleichsweise oft finden lassen, sind die zugehörigen Trageriemen sehr selten.

Transportbehälter aus Blech und aus Holz/Hartfaserplatten im Vergleich. Man beachte die Deckel-Verschlüsse und die Ringe für die Umhängeriemen.

Ein bei Voigtländer (Hersteller-Stempel *ddx)* gefertigtes GwZF 4-fach mit der ungewöhnlichen Stempelung »Ku«.

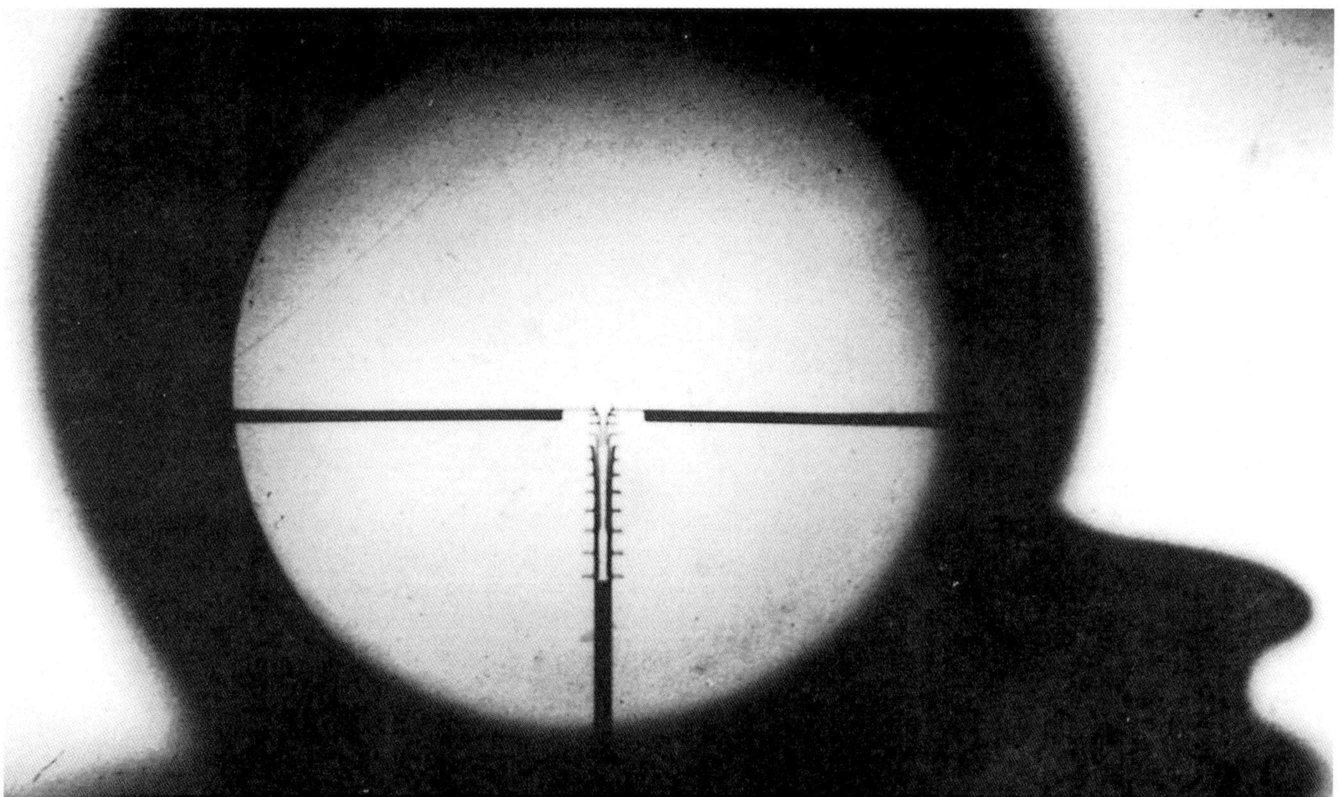

Das Absehen des »Bu«-Zielfernrohres. Der Zielstachel erleichterte das Schätzen der Entfernung und ermöglichte eine Flugbahnkompensation bei Verwendung unterschiedlicher Munition.

Das »Bu«-ZF 4 verfügte über keine Teiltrommel zur Entfernungseinstellung, sondern über identische Höhen- und Seitenverstellscheiben.

Ein ungewöhnliches und außerordentlich seltenes ZF 4 mit einem großen Vorschraubring am Objektiv und einer tiefen umlaufenden Nut zwischen Objektiv und Mittelrohr.

Das Fehlen jeglicher Stempelung oder Beschriftung läßt den Schluß zu, daß es sich bei diesem ungewöhnlichen ZF 4 um ein Versuchsmuster handelt.

Das Objektiv. Der Vorschraubring hat zwar einen größeren Durchmesser als bei einem gewöhnlichen ZF 4, der Durchmesser der Objektivlinse ist jedoch gleich.

Der Zweck dieser luftdicht abschließenden Stopfen an der Unterseite einiger GwZF 4-fach ist nach wie vor nicht schlüssig erklärt. Wahrscheinlich dienten sie dazu, das Zielfernrohr (versuchsweise) mit Stickstoff oder einem anderen unentzündbaren Gas zu füllen, um ein Beschlagen der Linsen zu verhindern. Andererseits wird vermutet, daß sie für Feineinstellungen dienten.

Obwohl das Gewehr 43 und der Karabiner 43 gegen Ende des Krieges in erheblichen Stückzahlen zur kämpfenden Truppe gelangten, sind Photographien, auf denen diese Waffen im Einsatz – insbesondere im Scharfschützeneinsatz – abgebildet sind, recht selten. Diese Aufnahme einiger alter Hasen zeigt einen Obergefreiten mit umgehängtem G 43 oder K 43 (im Vordergrund).

Rechte Seitenansicht eines ZF K 43/1 mit vierfacher Vergrößerung (Seriennummer 908895, Hersteller-Stempel *rin* – Zeiss /Jena). Ende 1944 hatte Zeiss das ZF K 43/1 zur Serienreife entwickelt Es sollte das im Blechprägeverfahren hergestellte GwZF 4-fach nach und nach ablösen. Bei der Fertigung kam man wieder zum altbewährten »Fräsen und Drehen« zurück. Die üblichen G 43-ZF- Halterungen paßten auch für das ZF K 43/1.

ZF K 43/1, linke Seitenansicht. Das Türmchen mit der Teiltrommel auf der Oberseite des Mittelrohres diente zur Entfernungseinstellung; die Rändelmutter zur Regulierung der Bildschärfe. Die Teiltrommel zur seitlichen Absehenverstellung befand sich auf der rechten Seite des aus einem Feingußteil gefrästen und gedrehten Mittelrohres.

In einem kleinen Museum in Deutschland wurde dieses ungewöhnliche Zielfernrohr entdeckt, bei dem es sich vermutlich um ein Versuchsmuster des ZF K 43/1 handelt. Anders als bei dem von Zeiss gefertigten Exemplar befindet sich die Teiltrommel zur seitlichen Absehenverstellung auf der linken, die Rändelmutter zur Bildschärfenregulierung auf der rechten Seite. Auch der Zielfernrohrhalter unterscheidet sich deutlich von den in Verbindung mit dem ZF 4 verwendeten Halterungen.

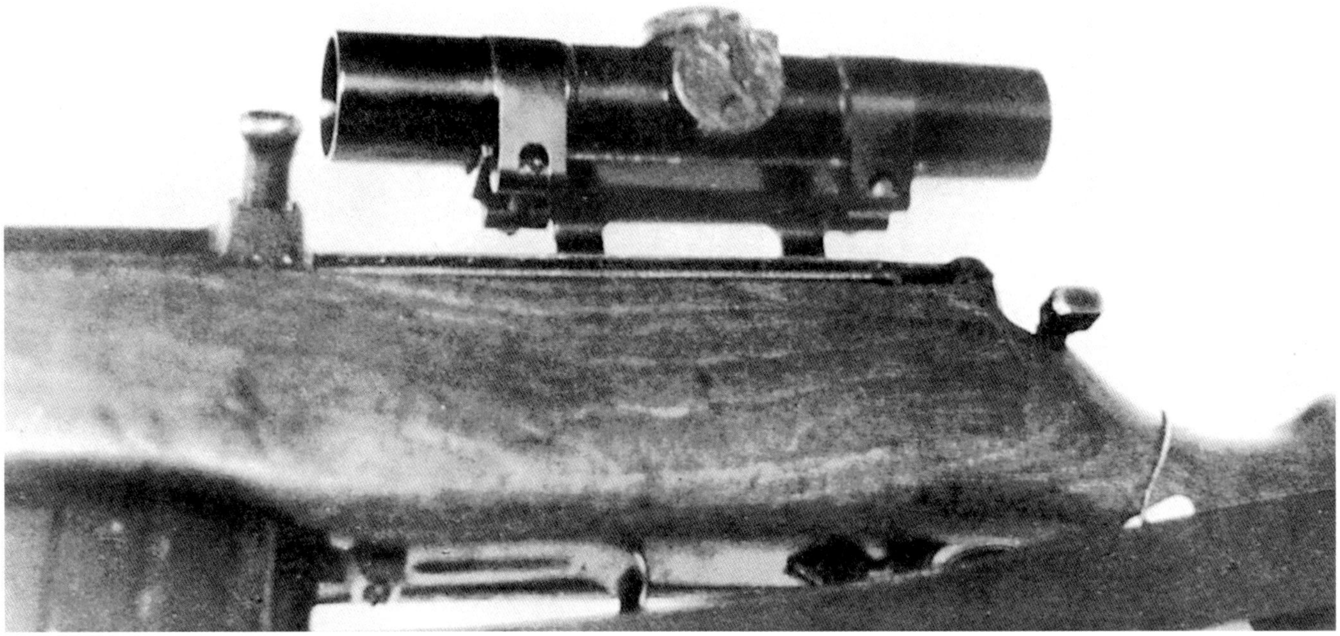

Linke Seitenansicht. Weder Mittelrohr und Teiltrommeln noch die Zielfernrohrhalterung tragen eine Beschriftung oder Stempelung.

Zum Vergleich ein weiteres ZF K 43/1 (Seriennummer 908844). Die umlaufende Nut nahe der Ausblicköffnung diente wie beim ZF 4 zur Fixierung des Mittelrohres auf dem Zielfernrohrhalter.

Ein bei Walther in Zella-Mehlis (Hersteller-Stempel *ac 45)* kurz vor Kriegsende gefertigter K 43. Eine Besonderheit ist die gegen Ende des Krieges eingeführte verbesserte Verschlußführung, die durch eine zweite Führungsrippe erreicht wurde.

Die zweite Führungsrippe, wie sie einige der gegen Ende des Krieges gefertigten Karabiner 43 aufweisen, ist bei der rechten Waffe deutlich zu erkennen.

Ein gegen Ende des Krieges gefertigtes ZF K 43/1 (Seriennummer 908832), aufgesetzt auf einen Karabiner 43 (Walther).

Das letzte Aufgebot – Volk ans Gewehr: Angehörige der Hitlerjugend, bewaffnet mit Sturmgewehren, einem MG 42 und einem K 43 mit aufgesetztem Zielfernrohr.

Versuchsmuster eines vom Heereswaffenamt geplanten Fahrrades. Obwohl das Fahrrad bei der Wehrmacht ein relativ häufiges Transportmittel darstellte, ließ man dieses Projekt 1944 stillschweigend fallen. Bei der abgebildeten Waffe handelt es sich um einen K 43.

Ein bei Walther (Hersteller-Stempel *ac 45)* gefertigter Karabiner 43 mit verkürztem Lauf, auf dessen Mündung ein Feuerdämpfer mit integriertem Korn aufgeschrumpft wurde. Ein Stift sicherte gegen Verdrehen.

Der Lauf des K 43 mit Mündungsfeuerdämpfer im Vergleich zu einem herkömmlichen Karabiner 43. Der Lauf der Waffe mit Feuerdämpfer wurde um 76 mm verkürzt.

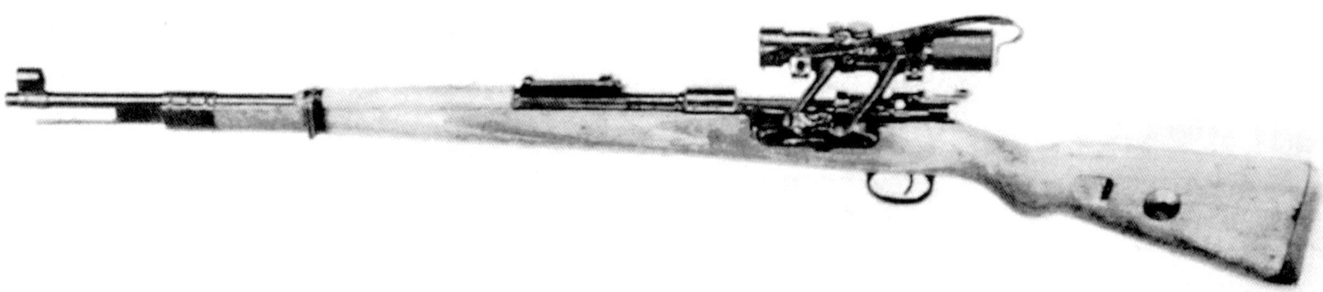

Gegen Ende des Krieges gefertigter Zielfernrohrkarabiner 98k. Der Zielfernrohrhalter mit nach hinten abgewinkelten Streben konnte sowohl das ZF 4 als auch das ZF K 43/1 aufnehmen.

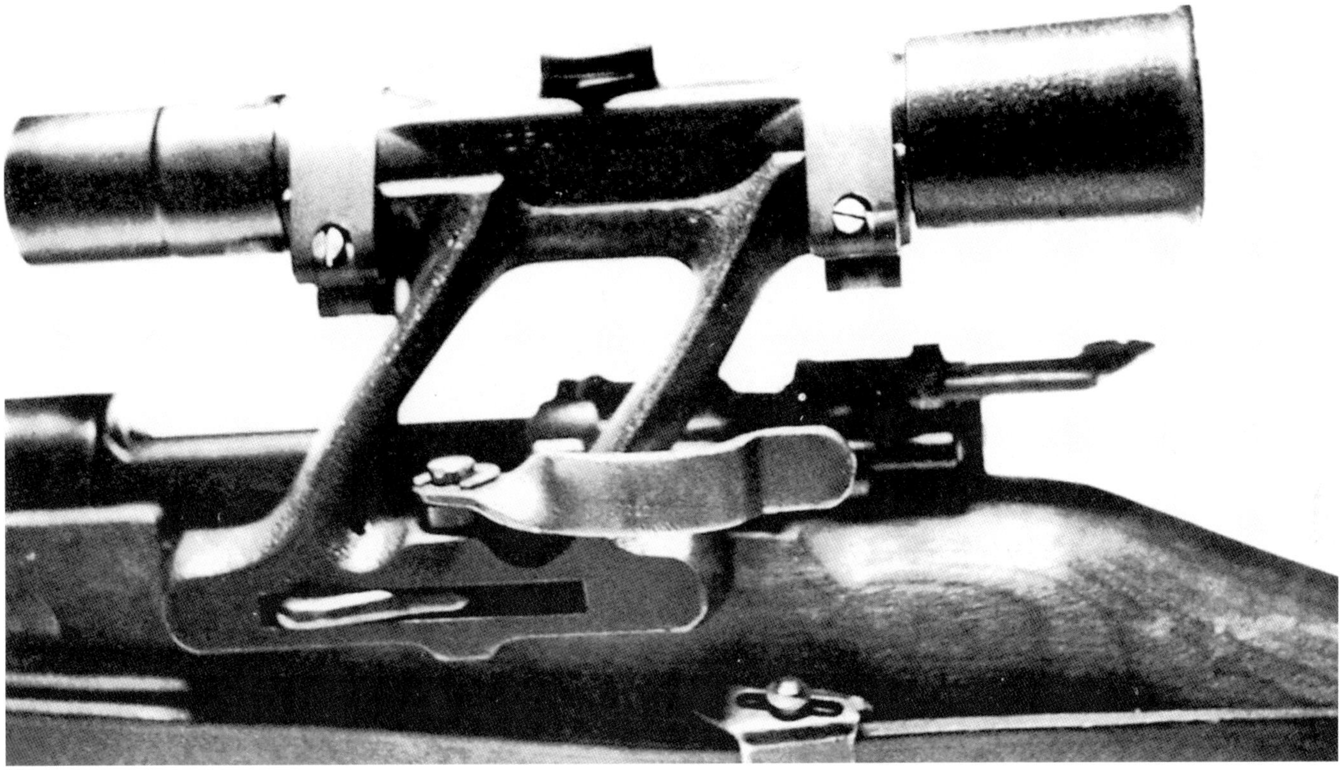

Die Zielfernrohrhalterung mit nach hinten abgewinkelten Streben. Der Feststellhebel des Zielfernrohrhalters befindet sich in der Stellung »lose«. Die Ähnlichkeit mit den bei Selbstladegewehren verwendeten ZF-Haltern ist unverkennbar. Das abgebildete Zielfernrohr trägt die Stempelung »GwZF 4«, es sind aber auch »KZF« gestempelte Zielfernrohre in Verbindung mit dieser Halterung auf Karabinern 98k festgestellt worden. Bemerkenswert ist die Zielfernrohr-Si-

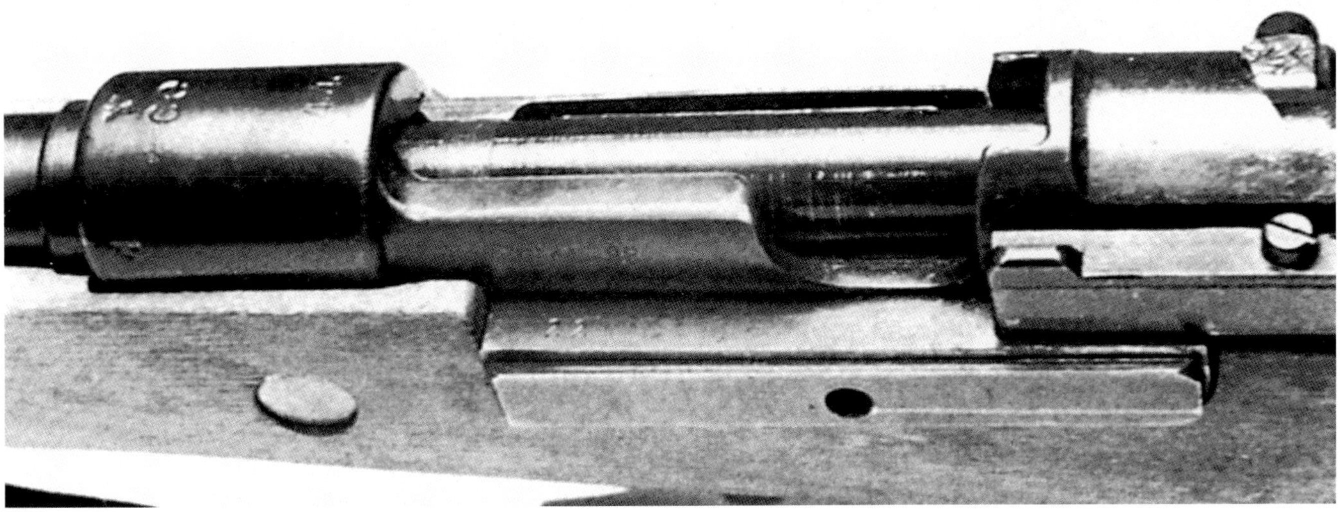

Die Prismenschiene wurde an die linke Seite der Hülse angelötet und von innen verschraubt. Deutlich zu erkennen ist die Bohrung, in welche die Nase der im Fuß des Zielfernrohrhalters federnd gelagerten Sperrklinke einrastete. Auf dem Hülsenkopf ist der Hersteller-Stempel der Firma J. P. Sauer (ce 44) zu erkennen.

Ein weiterer K 98k (Hersteller-Stempel *ce 44)* mit Prismenschiene zur Aufnahme des ZF-Halters mit abgewinkelten Streben. Gut zu erkennen ist, wie der Schaft ausgestochen wurde, um die Anbringung der Prismenschiene zu ermöglichen.

Sturmgewehre mit Zielfernrohr

Niemand kann ernsthaft behaupten, deutsche Scharfschützen hätten Sturmgewehre für Präzisionsschüsse eingesetzt. Die Untersuchung dieser Waffen, die nicht für präzise Schüsse auf große Entfernungen ausgelegt waren, soll vielmehr veranschaulichen, welche Anstrengungen unternommen wurden, geeignete Montagevorrichtungen für Zielfernrohre und schließlich für Infrarot-Zielgeräte zu entwickeln, die sich auf Sturmgewehren einsetzen ließen.

Die derzeit vorliegenden Dokumente hinsichtlich Entwicklung, Fertigung und Einsatz von Sturmgewehren mit optischen Zieleinrichtungen sind unvollständig. Das vorliegende Kapitel muß sich deshalb darauf beschränken, anhand von Fotodokumenten diese interessante deutsche Waffenentwicklung abzuhandeln.

Die Verwendung von Zielfernrohren scheint bei der Entwicklung der Sturmgewehre zunächst nicht in Erwägung gezogen worden zu sein. Allerdings war der Maschinenkarabiner 42, 1942 und 1943 von C. G. Haenel in Suhl *(MKb 42 (H))* und Carl Walther in Zella-Mehlis *(MKb 42 (W))* gefertigt, zur Montage eines Zielfernrohres vorbereitet. Symmetrisch angeordnete, parallel verlaufende Schienen befanden sich an jeder Seite des blechgeprägten Visiersockels. Der zur Aufnahme des ZF 40/ZF 41 (eineinhalbfache Vergrößerung) eingerichtete Zielfernrohrhalter wurde auf die geprägten Schienen aufgeschoben und mittels einer federnd gelagerten Klinke arretiert, die in eine entsprechende Vertiefung in der rechten Schiene eingriff.

Die bei Haenel *(Firmeninhaber war der berühmte Konstrukteur* Hugo Schmeisser; A.d Ü.) entwickelte Waffe wurde dem Walther-Modell vorgezogen. In der Folge erlangte der durch Verwendung von Elementen und Systemteilen der Walther-Konstruktion verbesserte Haenel-Maschinenkarabiner Anfang 1943 die Serienreife und erhielt die Bezeichnung *Maschinenpistole 43 (MP 43)* beziehungsweise *MP 43/1.* Beide Waffen waren im wesentlichen baugleich und unterschieden sich lediglich durch das Gewinde an der Laufmündung voneinander. Die Laufmündung der MP 43/1 war zum Aufschrauben einer Vorrichtung zum Abschuß von Gewehrgranaten eingerichtet (Gewehrgranatgerät 43), während auf den Lauf der MP 43 das Gewehrgranatgerät für den Karabiner 98k *(G Gr Ger K98k)* aufgesteckt werden konnte.

Ein Großteil der Maschinenpistolen MP 43/1 verfügte offensichtlich über die gleiche Vorrichtung zur Aufnahme eines Zielfernrohrhalters wie das Vorläufermodell MKb 42, jedoch fehlt diese Einrichtung bei den Modellen MP 43, MP 44 und StG 44*.

Das Fehlen schriftlicher Unterlagen hinsichtlich des Einsatzes der Zielfernrohre mit eineinhalbfacher Vergrößerung (ZF 40/ZF 41) in Verbindung mit diesen Maschinenwaffen sowie die Tatsache, daß nur sehr wenige Zielfernrohrhalterungen den Krieg überdauert haben, lassen den Schluß zu, daß überhaupt nur sehr wenige ausgegeben wurden.

Während man die Montage eines Zielfernrohres mit eineinhalbfacher Vergrößerung bei den Modellen MKb 42 (H), MKb 42 (W) und MP 43/1 ganz offensichtlich von vornherein in Erwägung gezogen hatte, wurde bei einer begrenzten Stückzahl von Waffen MP 43, MP 43/1, MP 44 und StG 44 nachträglich eine 107,95 mm lange Montageschiene mit V-förmigem Querschnitt hinter dem Hülsenauswurffenster an die rechte Seite des Gehäuses geschweißt. Diese Schiene konnte den Zielfernrohrhalter des ZF 4 (GwZF 4-fach) aufnehmen. Es muß aber betont werden, daß die Nachrüstung mit dieser Montageschiene auf wenige Ausnahmen beschränkt blieb. Da diese gefrästen Stahlschienen nahezu identisch waren mit den gegossenen Montageschienen am Gehäuse des G 43/K 43, war es ohne weiteres möglich, das ZF 4 in Verbindung mit dem zugehörigen Zielfernrohrhalter auf eine entsprechend nachgerüstete Waffe aufzusetzen.

Gleichermaßen von Interesse sind Exemplare des Fallschirmjägergewehres FG 42 der Luftwaffe, die ebenfalls zur Aufnahme des ZF 4 eingerichtet waren. Hierzu wurden eine ganze Reihe verschiedenartiger, speziell entwickelter Zielfernrohrhaltemngen verwendet.

Die Entwicklung des FG 42 erfolgte unter der Maßgabe, eine Waffe zur wahlweisen Abgabe von Einzel- und Dauerfeuer für Angriffslandungen aus der Luft zu schaffen. Eine weitere Forderung war die Verwendung als Scharfschützengewehr mit Zielfernrohr. Das FG 42 erfüllte während der Entwicklung jedoch zu keinem Zeitpunkt die Voraussetzungen für einen wirkungsvollen Einsatz als Scharfschützenwaffe.

---

* (Zu dieser Namensvielfalt sei folgendes gesagt: Nach der Umbenennung des MKb 42 (H) in MP 43 wurde folgerichtig die zugehörige Patrone 7,92mm X 33 als Pistolenpatrone 43 bezeichnet. Ab April 1944 wurden die Gehäuse der Waffen aus nicht mehr zu ermittelnden Gründen mit der Bezeichnung MP 44 gestempelt. Auf Weisung Hitlers wurde dann im Sommer 1944 die Bezeichnung Sturmgewehr 44 eingeführt. Somit ist das Sturmgewehr 44 formgleich mit den Maschinenpistolen MP 43, MP 43/1 und MP 44; A.d.Ü.)

Ein Mkb 42 (H) mit Montageschienen und einem Bajonetthalter. Aufnahme des Heereswaffenamtes vom November 1942.

Linke Seitenansicht des Zielfernrohrhalters für den Mkb 42 (H), der dem Fernrohrhalter für das Zielfernrohr ZF 41 zwar ähnelte, sich aber nicht für eine Montage auf das Selbstladegewehr G 41 eignete.

Auf Drängen des Reichsluftfahrtministeriums war bei der Firma Voigtländer (Hersteller-Stempel *ddx)* bereits vor dem GwZF 4-fach das Zielfernrohr ZFG 42 mit vierfacher Vergrößerung zur Verwendung mit dem Fallschirmjägergewehr 42 zur Serienreife entwickelt worden.

Das ZFG 42 hatte zwar eine starke Ähnlichkeit mit dem ZF 4, im Unterschied zu diesem bestand es jedoch aus einem zylindrischen Tubus. Die Türmchen der doppelten Absehenverstellung befanden sich auf der oberen (Entfernungseinstellung) und der linken (Seitenkorrektur) abgeflachten Seite des Mittelrohres. Abgesehen davon, daß das Mittelrohr des ZF 4 schon äußerlich erkennbar im Blechprägeverfahren hergestellt wurde, befand sich die Teiltrommel zur Entfernungseinstellung an der rechten, die Verstellscheibe zur Seitenkorrektur auf der oberen Seite des Mittelrohres. Es wird angenommen, daß das ursprünglich zur Verwendung mit dem Fallschirmjägergewehr 42 entwickelte ZFG 42 als Grundlage diente für das später ebenfalls bei der Firma Voigtländer ent-

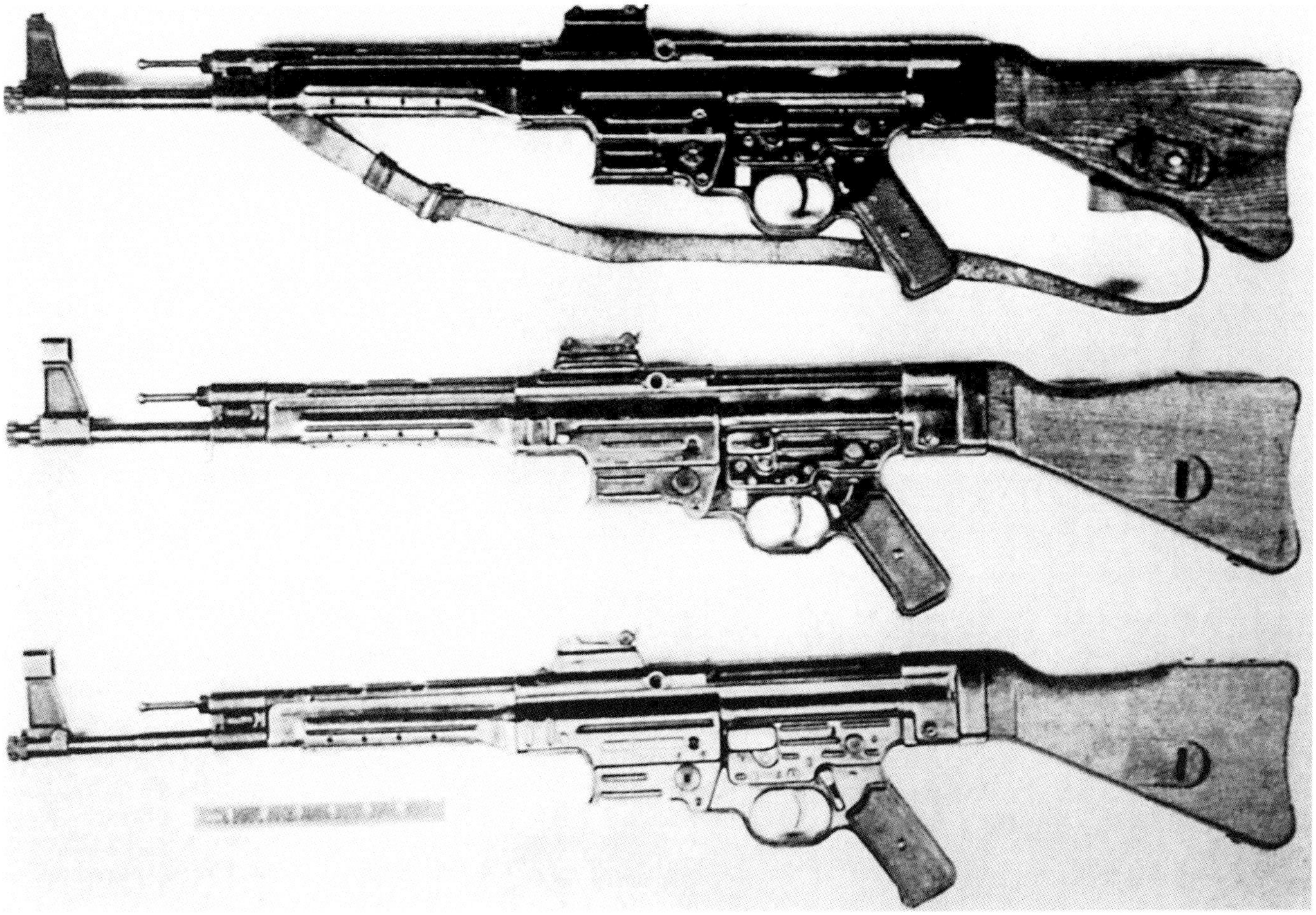

Diese Aufnahme erlaubt einen direkten Vergleich zwischen MP 43, MP 43/1 und MP 44.

wickelte ZF 4. Ein geheimnisumwitterter Bereich deutscher Entwicklungsarbeit auf dem Gebiet optischer Zieleinrichtungen ist die Entwicklung von Infrarot-Nachtsichtgeräten* zur Verwendung mit dem Sturmgewehr 44.

Deutsche Wissenschaftler entwickelten während des II. Weltkrieges Geräte, die das Sehen bei Dunkelheit erlaubten, indem unsichtbare infrarote Strahlen auf elektronischem Wege sichtbar gemacht wurden. Die meisten dieser Geräte arbeiteten mit einer Bildwandlerröhre mit einer infrarotlichtempfindlichen Gitterelektrode; einem Objektiv, das Elektronenstrahlen bündelte; und einem Leuchtschirm, auf dem das vom Objektiv eingefangene Strahlenbild sichtbar gemacht wurde.

Diese Röhre wurde in verschiedenartigen deutschen Infrarot-Geräten verwendet, die in Panzern, Fahrzeugen, Flugzeugen und in Verbindung mit dem Sturmgewehr 44 zum Einsatz kamen.

Das Hauptinteresse konzentrierte sich auf das speziell zur Montage auf das Sturmgewehr 44 entwickelte Infrarot-Zielgerät ZG 1229.

In einer von der waffentechnischen Lehranstalt des amerikanischen Heeres *(U. S. Army Ordnance School)* im Juli 1958 herausgegebenen Druckschrift mit dem Titel »Maschinenpistolen, Band I« *(Submachine Guns, Volume I)* findet sich eine beachtenswerte Beschreibung dieses Geräts:

Zwischen 1943 und 1944 wurde ein Programm zur Entwicklung eines tragbaren Infrarot-Nachtzielgerätes für die Waffen der Baureihe MP 43 eingeleitet. Von der Forschungsanstalt

* Infrarot: die nicht sichtbaren Wärmestrahlen unterhalb des Bereiches der roten Strahlen im Spektrum; lateinisch *infra* = unter, unterhalb; A.d.

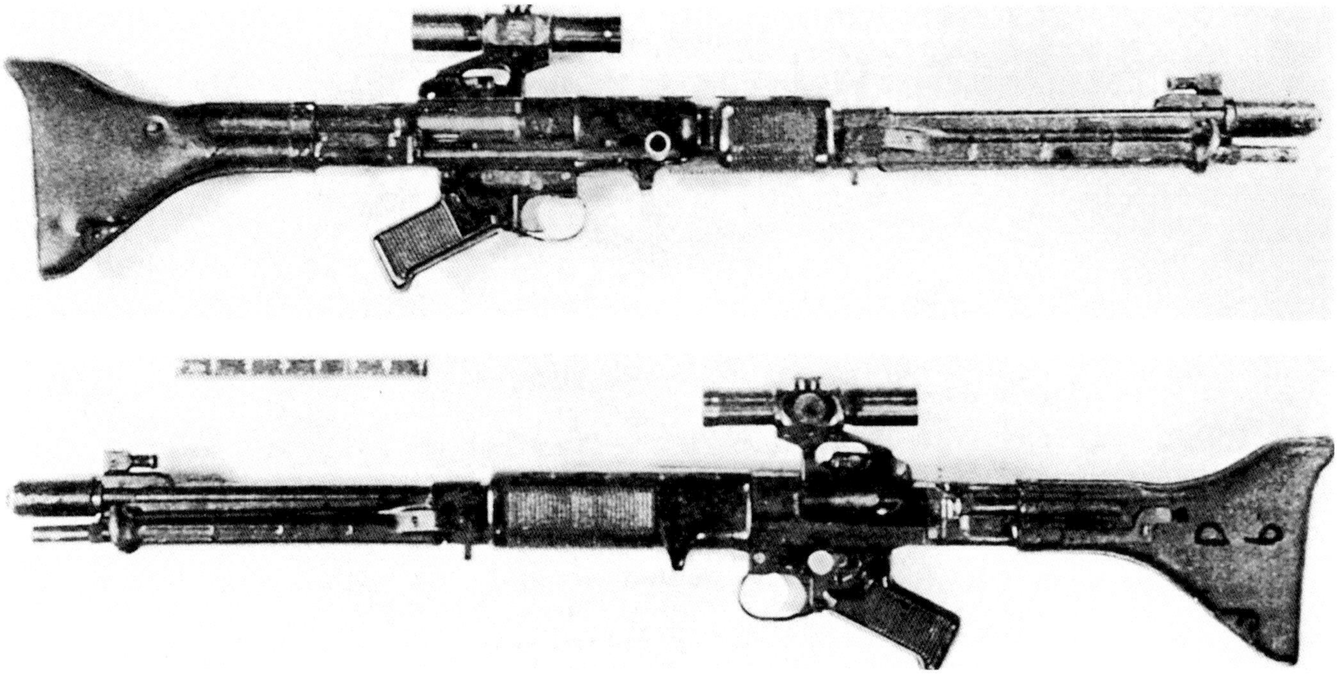

Ein Fallschirmjägergewehr FG 42 mit aufgesetztem Zielfernrohr ZF G 42, das nur in begrenztem Umfang gefertigt wurde. Das Zielfernrohr trägt die Stempelung: *ZFG 42 / FL 152973 / ddx /104049* (übereinander). Bei der zusätzlich zu Modellbezeichnung, Hersteller-Stempel und Fabrikationsnummer angebrachten Zahl *FL 152973* handelt es sich um eine Versorgungsnummer der Luftwaffe.

der Deutschen Reichspost (RFP) in Berlin war eine kleine elektronische Bildröhre (70 mm Durchmesser) entwickelt worden. Die Firma Ernst Leitz, Wetzlar, wurde vertraglich zur Entwicklung der benötigten optischen Bauteile und des Gehäuses für das Zielgerät verpflichtet. Die Produktion wurde vermutlich 1944 aufgenommen. Das Gerät erhielt die Bezeichnung Zielgerät 1229 (ZG 1229) und die Tarnbezeichnung »Vampir«. Leitz vermerkte die Auslieferung von 310 kompletten Geräten. Das Zielgerät bestand aus einem 35 Watt-Strahler mit einem Durchmesser von 250 mm, einem Fernrohr mit der RFP-Röhre mit 70 mm Durchmesser und einem Objektiv f 85 mm/1:1,5 (Brennweite/Öffnungsverhältnis), *sowie einem Energieversorgungsteil. Strahler und Sichtgerät waren in einem Gehäuse zusammengefaßt, das auf die gewöhnliche Zielfernrohrhalterung aufgesetzt werden konnte. Das Gehäuse mit Strahler und Sichtgerät hatte ein Gewicht von 5 Pfund [2,25 kg], das Energieversorgungsteil hatte ein Gewicht von 30 Pfund [13,5 kg] und konnte mittels eines Tragegestells auf dem Rücken getragen werden.*

1944 wurde im Ministerium Speer eine Kommission eingesetzt mit dem Auftrag, die bei Heer, Marine und Luftwaffe laufenden Forschungsprojekte auf dem Infrarot-Sektor zu koordinieren. Bisher hatten die drei Teilstreitkräfte Nachtsichtgeräte entwickelt, die ihren jeweiligen spezifischen Anforderungen entsprachen. Die Kommission unter Vorsitz von Dr. H. Gärtner, dem Leiter der Abteilung Optik (Zielfernrohre usw.) im Heereswaffenamt in Berlin, erhielt den Auftrag, die einzelnen Entwicklungen so aufeinander abzustimmen, daß sie der gesamten Wehrmacht zugute kamen.

Dr. Gärtner, der nach dem Krieg als Berater des Bundesministeriums für Verteidigung tätig war, verfaßte eine Abhandlung über die deutsche Infrarot-Forschung vor und während des II. Weltkrieges, veröffentlicht in *Wehrtechnische Monatshefte*, Ausgaben Dezember 1961 und Mai 1962. Bezüglich des Zielgeräts 1229 schreibt Dr. Gärtner:

Zielfernrohr für das Sturmgewehr 44

Im Oktober 1944 wurde die mil. Forderung gestellt, ein kleines IR-Zielfernrohr für das Sturmgewehr 44 zu entwickeln, um Panzereinheiten gegen nächtliche Angriffe von Panzer-Vernichtungstrupps besser schützen und bei Nacht angreifende Infanterie besser abwehren zu können. An der Entwicklung dieses Gerätes waren die Firma AEG und die Reichspostforschungsanstalt beteiligt. Es würden verschie-

Diese Aufnahme des Heereswaffenamtes zeigt ein Versuchsmuster des (aktiven) Infrarot-Zielgerätes ZG 1229 *(Vampir)*, das unter Beteiligung der Reichspostforschungsanstalt und der Firma AEG für das Sturmgewehr 44 entwickelt worden war. Auf dem Gehäuse des Zielgerätes war der Infrarot- Scheinwerfer befestigt.

dene Entwicklungsmuster vorgestellt, die sich in ihren Reichweiten nur geringfügig unterschieden.
Eines der von der AEG entwickelten Muster hatte folgende technische Daten:
***1.** Vorsatzobjektiv: f = 75 mm, 1:1,5; Gesichtsfeld etwa 8°*
***2.** Lupe: monokular, v = 10fach*
***3.** Bildwandlerröhre: Typ 128 (Diode) der AEG; Betriebsspannung 12 kV*
***4.** Gesamtvergrößerung: v = 1,5*
***5.** IR-Glühlampenscheinwerfer: d = 100 mm; Leistung 36 W*
***6**. Strom- und Hochspannungsversorgung: besonders leichte Ausführung für 12 kV, tragbar auf dem Rücken des Schützen.*
Erfolgreiche Erprobungen dieses IR-Zielgerätes für Handfeuerwaffen fanden bei den Panzergrenadieren in den Monaten Februar und März 1945 statt. Gegen Einzelpersonen ergab sich eine Reichweite von etwa 70 m.
Die mit dem IR-Zielfernrohr ausgerüsteten Panzergrenadiere wurden auf einem Schützenpanzerwagen transportiert, der

Ein britischer Offizier bei der Vorführung eines erbeuteten StG 44 mit dem Infrarot-Zielgerät ZG 1229. Die zum Betrieb des Zielgerätes erforderlichen Batterien waren in einem umgebauten Gasmaskenbehälter untergebracht; die Batterien für den Zielscheinwerfer in einem Holzkasten. Das Zielgerät erwies sich als durchaus brauchbar, Nebel oder Rauch schränkten die Reichweite jedoch auf wenige Meter ein.

StG 44 mit aufgesetztem Infrarot-Zielgerät. Gut zu erkennen ist die Ähnlichkeit von Fußteil und Klemmhebel der Zielgerät-Halterung mit den Fernrohrhaltern, die zur Montage des Gw ZF 4-fach auf das G 43 (bzw. K 43) verwendet wurden.

gleichzeitig mit einem IR-Fahrgerät ausgerüstet war. Zur Bewaffnung gehörte ein MG mit einem Zielfernrohr von der Art des Universalgerätes für den Panther. Der so ausgerüstete Panzerwagen mit dem Namen »Falke« diente als nächtlicher Begleitschutz für die Panther-Einheiten.
IR-Zielgeräte für Handfeuerwaffen sind in der Nachkriegszeit unter dem Namen »Sniperscope« bekannt geworden, da ähnliche Geräte unter diesem Namen von den Streitkräften der USA gegen Japan eingesetzt wurden.

Ausstattung der Panther-Verbände.
– Mit den vorstehend genannten Geräten
– Kommandantengerät für »Panther«
– Beobachtungswagen »Uhu«
– Fahrgeräte für Pkw und Lkw
– Zielfernrohr für Sturmgewehr 44
ist die IR-Ausstattung der Panther-Verbände beschrieben, wie sie gegen Ende 1944 für die deutschen Streitkräfte geplant wurde. Einzelne Geräte, wie das Kommandantengerät für den Panther, waren bei Kriegsende bereits in größeren Stückzahlen vorhanden. Von anderen Geräten, wie die zuletzt genannten Gewehrzielfernrohre, waren erst kleinere Serien fertig gestellt. Alle Geräte waren jedoch für eine Massenproduktion ausreichend erprobt.
In den USA erschien im Juni 1946 im *Electronics Magazine* ein Artikel über die deutschen Nachtsichtgeräte des II. Weltkrieges, der sich auch mit dem Infrarot-Zielgerät für das Sturmgewehr 44 befaßte:
Das Zielgerät arbeitet nach demselben Prinzip wie das Infrarot-Fahrgerät für Panzer. Es ist jedoch so ausgelegt, daß es noch etwa fünfzehn Sekunden nach Unterbrechung der Stromzufuhr in Betrieb ist.
Durch Betätigen eines kleinen Druckschalters an der Unterseite des Stromversorgungsteils wird die Stromzufuhr eingeschaltet und auf dem Leuchtschirm erscheint das Bild.
Sobald das Bild verblaßt, muß der Druckschalter erneut be-

tätigt werden. Der Schütze ist deshalb gezwungen, die Stromzufuhr von Zeit zu Zeit einzuschalten, es bleibt ihm jedoch zwischendurch genügend Zeit, ein Ziel aufzufassen und anzuvisieren. Der Infrarot-Suchscheinwerfer verfügt über eine eigene Stromquelle und war vermutlich ständig in Betrieb. Dabei ist er so angebracht, daß der Lichtkegel in dieselbe Richtung zeigt, wie die Waffe.

Während bestätigt ist, daß die Firma Haenel in Suhl während der letzten Kriegsmonate mit Infrarot-Zielgeräten zur Montage auf das Sturmgewehr 44 beliefert wurde, sind nähere Einzelheiten hinsichtlich deren Einsatz nicht bekannt. Es liegen allerdings Berichte vor, aus denen hervorgeht, daß die »Vampir«-Geräte überaus empfindlich waren und generell als zu unhandlich galten, insbesondere aber, wenn sie im Angriff mitgeführt werden sollten.

Infrarotlicht ist zwar für das bloße Auge unsichtbar, angestrahlte Gegenstände werden jedoch mit Hilfe eines Infrarot-Bildwandlers sichtbar. Der gewichtigste Einwand, der gegen den Einsatz von Infrarot-Zielgeräten erhoben wurde, bestand darin, daß die Infrarot-Lichtquelle von einem Gegner, der über die gleiche Ausrüstung oder über Infrarot-Spürgeräte verfügte, leicht auszumachen war.

In der Annahme, daß die Alliierten über Infrarot-Ausrüstung verfügten, wurde auf deutscher Seite ein einfaches Gerät produziert, mit dem Infrarotlicht sichtbar gemacht werden konnte. Das handliche Gerät bestand aus einer Pappröhre mit einer Linse und einem Infrarot-Filter am einen sowie einer Scheibe am anderen Ende. Diese Scheibe verfügte über eine bemerkenswerte Eigenschaft: wurde sie hellem Sonnenlicht ausgesetzt, wurde sie so sensibilisiert, daß sie über einen langen Zeitraum rot aufleuchtete, sobald sie von unsichtbarem Infrarotlicht angestrahlt wurde. Solange die Sensibilisierung wirksam war, konnte mit diesem Spürgerät jedes Gerät, das Infrarotlicht ausstrahlte, geortet werden. Von diesen Spürgeräten wurden nahezu 10 000 Stück für die Wehrmacht hergestellt.

Die britischen und amerikanischen Streitkräfte brachten während des II. Weltkrieges zwar Infrarot-Scheinwerfer auf dem europäischen Kriegsschauplatz zum Einsatz. Was optische Zielgeräte betraf, war jedoch von vornherein dem Kriegsschauplatz im Pazifik vorrangige Priorität eingeräumt worden, so daß nach der Landung der Alliierten in der Normandie derartige Geräte in Europa überhaupt nicht oder nur in äußerst begrenztem Umfang zum Einsatz kamen.

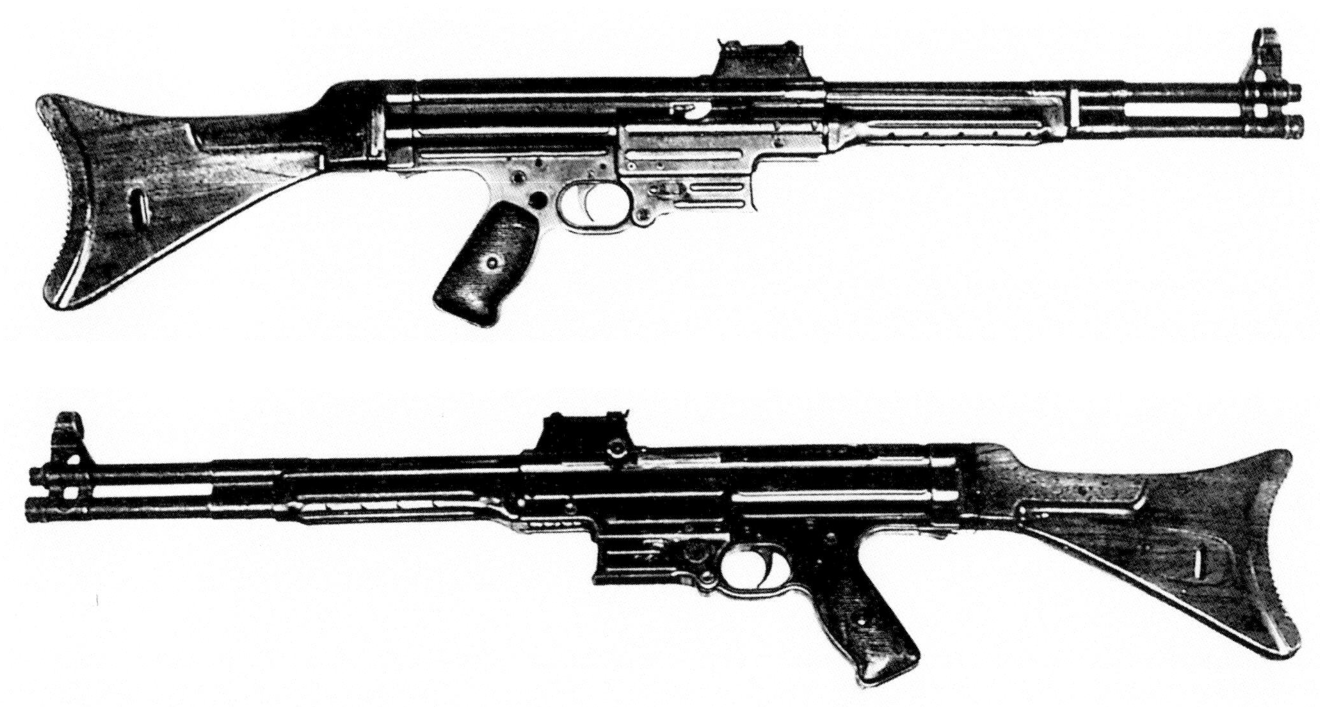

Versuchsmuster des Maschinenkarabiners Mkb 42 (H).

Ein von Haenel gefertigter Maschinenkarabiner Mkb 42 (H) mit aufgesetztem Zielfernrohr ZF 40 mit eineinhalbfacher Vergrößerung. Der verwendete Zielfernrohrhalter ist überaus selten – nur dieses Exemplar ist bekannt.

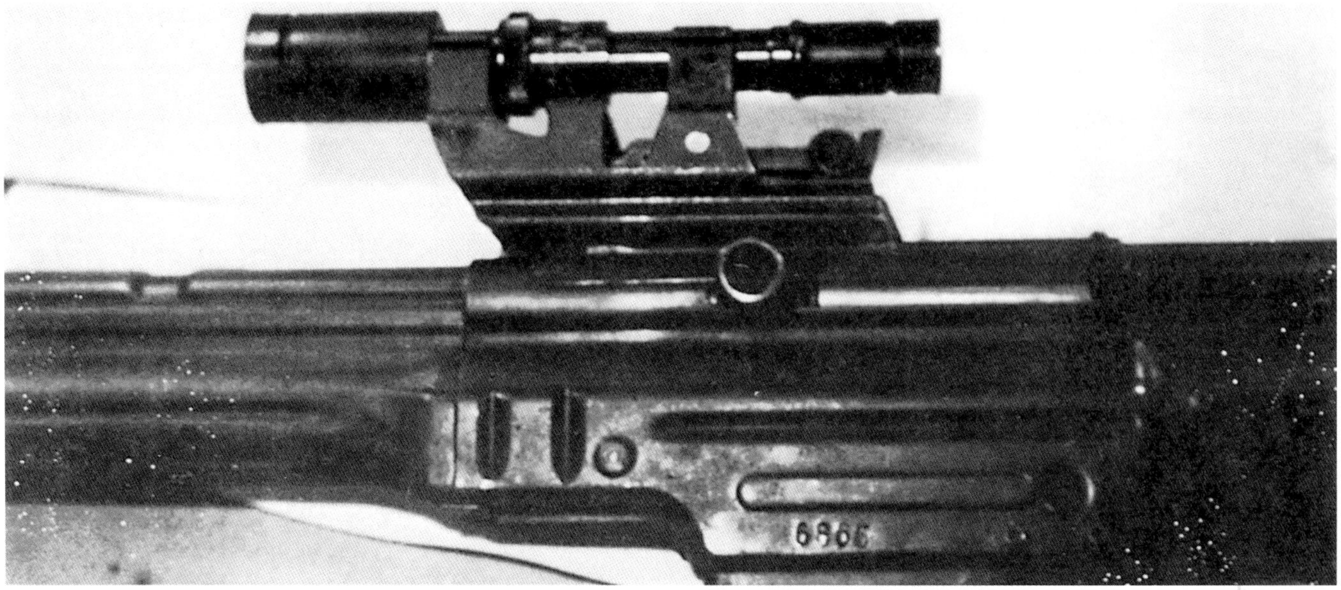

Nahaufnahme des ungewöhnlichen Fernrohrhalters für das ZF 40.

Der in Blechprägetechnik hergestellte Zielfernrohrhalter wurde auf zwei Schienen am Visiersockel des Mkb 42 (H) geschoben und mit einer federnd gelagerten Klinke an der rechten Seite des Fernrohrhalters, die in eine entsprechende Aussparung in der Schiene eingriff, arretiert.

Der Maschinenkarabiner Mkb 42 (H) mit Montageschienen für einen Zielfernrohrhalter am Visiersockel, wie er Anfang 1943 an die Truppe ausgegeben wurde.

Der bei Walther gefertigte Maschinenkarabiner Mkb 42 (W). Montageschienen am Visiersockel fehlen. Aufnahme des Heereswaffenamtes vom November 1942.

Ein Maschinenkarabiner Mkb 42 (W), bei dem zwar die Schienen am Visiersockel zur Aufnahme eines Fernrohrhalters vorhanden sind, die Nut zur Arretierung aber fehlt.

Infanterist mit MP 43 und aufgesetztem ZF 4. Bemerkenswert ist die ungewöhnliche Zielfernrohrmontage. Aufnahme aus einer Serie, die während eines *»Vergleichsschießens zwischen einer MP 43U mit Zielfernrohr und einem Gewehr 43 mit Zielfernrohr«* im Oktober 1943 an der Infanterieschule Döberitz-Elsgrund entstand.

Eine Maschinenpistole MP 43/1 mit Montageschienen am Visiersockel.

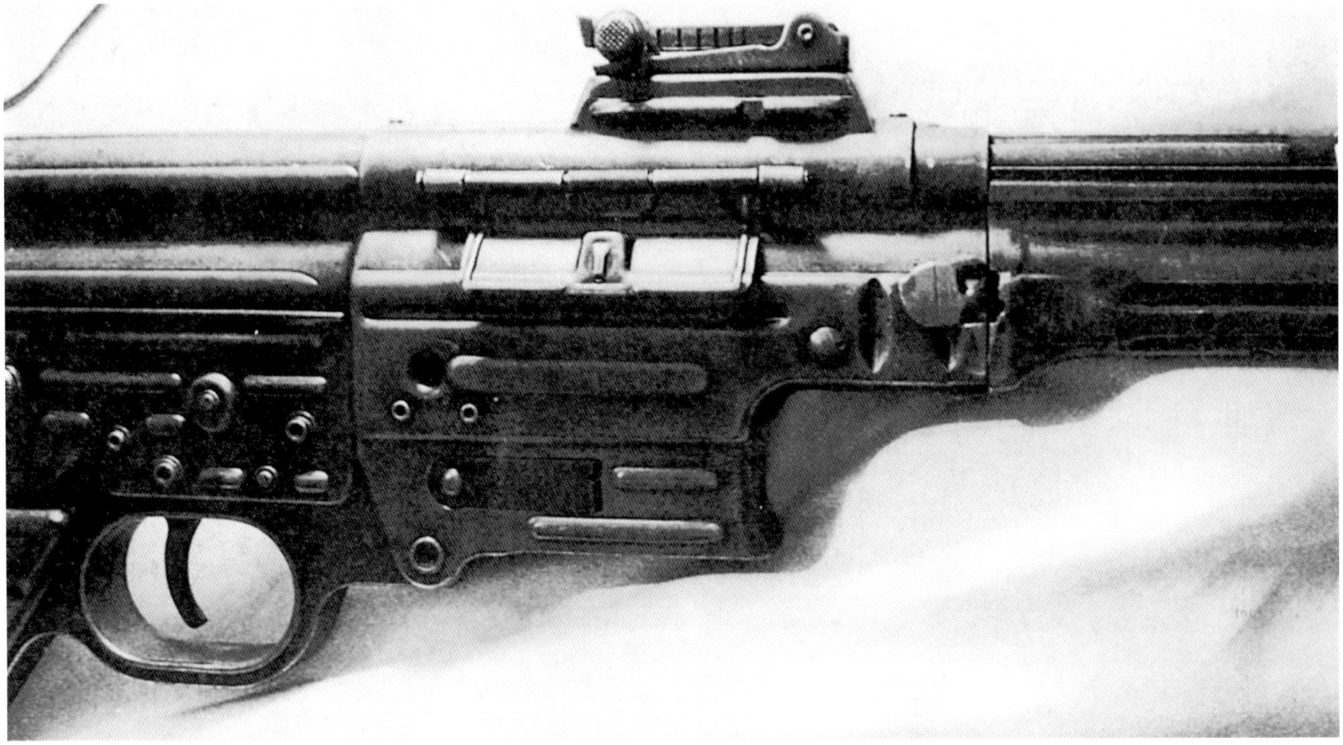

Der Visiersockel und die Montageschienen der MP 43/1 glichen jenen der frühen Maschinenkarabiner Mkb 42.

Ein Schütze im Anschlag mit einer Maschinenpistole MP 43/1 mit aufgesetztem ZF 4, aufgenommen im Oktober 1943 in Döberitz. Das Vergleichsschießen mit dem G 43 ergab, daß die Waffe *»aufgrund der großen Streuung nicht als Scharfschützenwaffe verwendbar«* war. Nach Ansicht der Infanterieschule war die Zielfernrohrmontage für die mangelhafte Schußleistung verantwortlich.

Schütze im Anschlag von vorn. Die Aufnahme verdeutlicht, welche Schwierigkeiten das Magazin für 30 Patronen im Liegendanschlag mit sich brachte.

Nahaufnahme einer MP 44 (StG 44) mit aufgesetztem GwZF 4. Der Fernrohrhalter ist auf eine Prismenschiene aufgesetzt, die hinter dem Hülsenauswurffenster an die rechte Wandung des Gehäuses geschweißt wurde. Berichten zufolge wurden bei Haenel sowohl Zielfernrohre ZF 4 als auch Infrarot-Zielgeräte ZG 1229 auf das Sturmgewehr 44 montiert.

Sturmgewehr StG 44 mit einer an die rechte Wandung des Gehäuses angeschweißten gefrästen Prismenschiene. Diese nicht genormte Schiene eignete sich zum Aufsetzen des ZF 4-Fernrohrhalters und des Infrarot-Zielfernrohres.

Fallschirmjägergewehr FG 42, Baumuster I (= Ausführung E).

Fallschirmjägergewehr FG 42, Baumuster I (= Ausführung E).

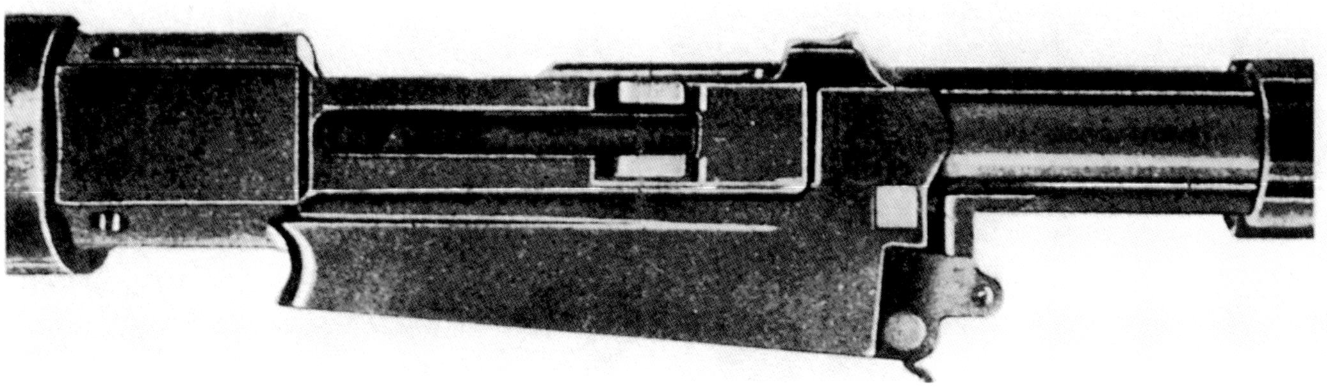

Oberseite eines FG 42-Gehäuses (Baumuster I). Der Sockel mit dem Dioptervisier wurde entfernt. Die Ausfräsung für die Klemmschraube des Fernrohrhalters fehlt.

Das verbesserte Baumuster II (= Ausführung G) des Fallschirmjägergewehres 42 mit aufgeklapptem Nadelbajonett. Wie beim Vorläufermodell befand sich auf der Oberseite des Gehäuses serienmäßig eine flache Prismenschiene zur Aufnahme einer Zielfernrohrhalterung.

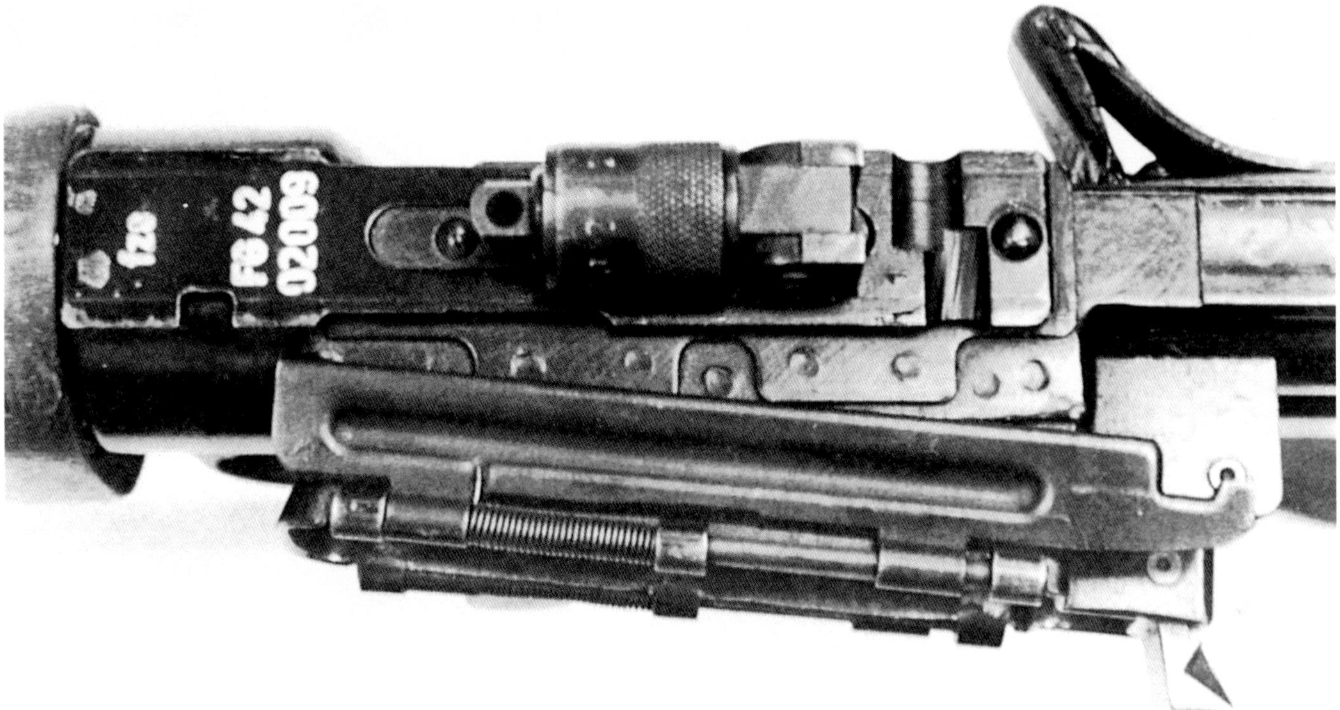

Gehäuse-Oberseite eines bei Krieghoff (Hersteller-Stempel *fzs)* gefertigten FG 42. Der Sockel mit dem Dioptervisier ist nach vorne geklappt. Die abgebildete Waffe verfügt über zwei Ausfräsungen für entsprechende Klemmschrauben an der Zielfernrohrhalterung

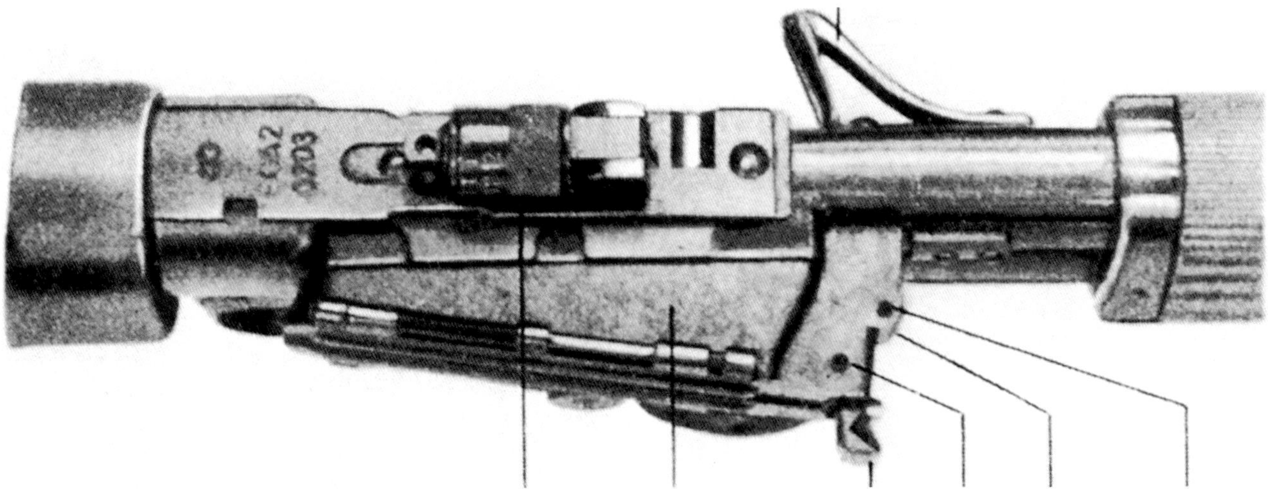

Gehäuse-Oberseite des II. Baumusters (Waffennummer 0203) mit lediglich einer Ausfräsung für die Klemmschraube am Zielfernrohrhalter. Aus einer Schrift des Waffenamtes.

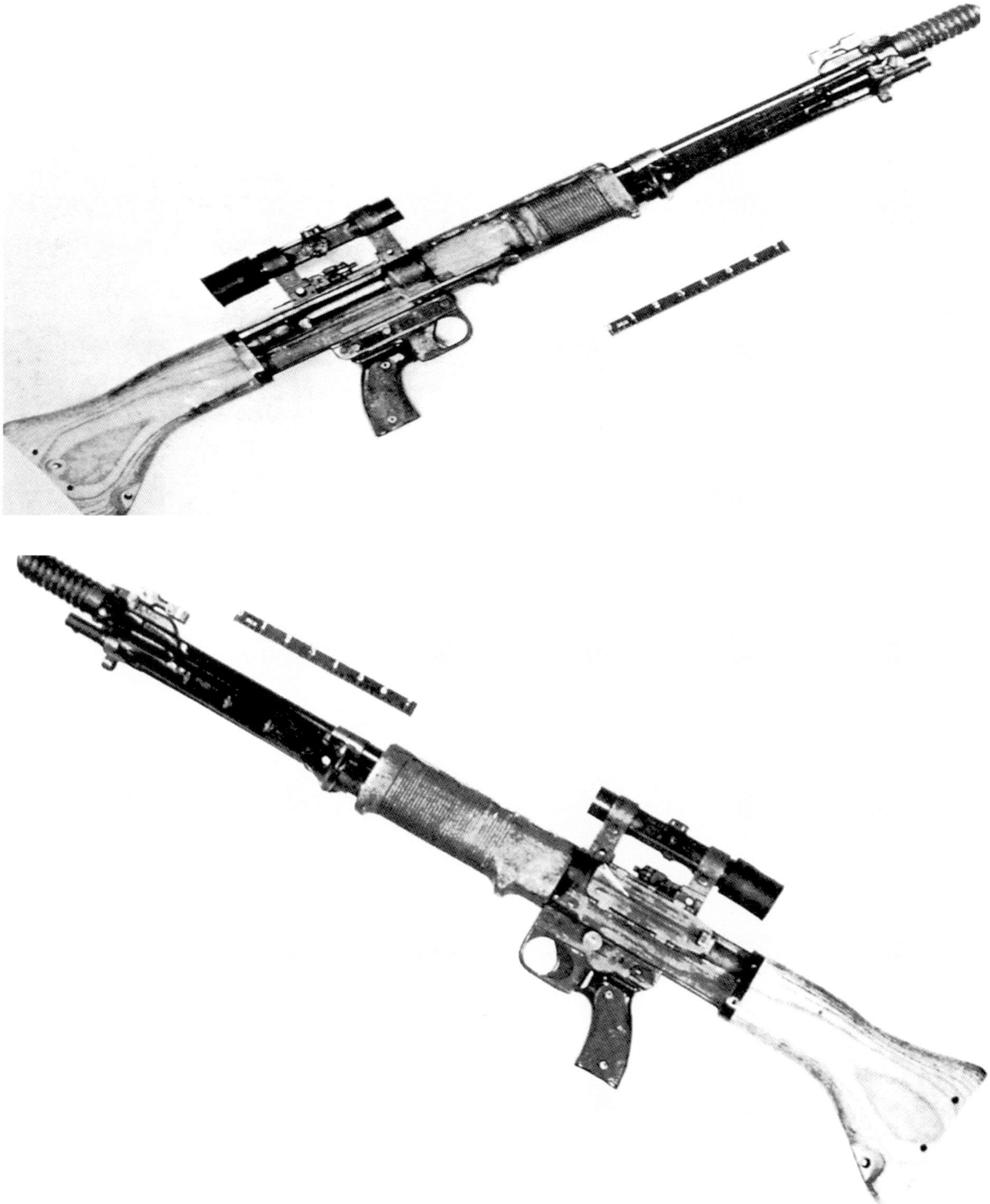

FG 42 (II. Baumuster) mit aufgesetztem Zielfernrohr ZF 4. Die Klemmschrauben am Zielfernrohrhalter fehlen.

Nahaufnahme des FG *42* mit einem Voigtländer ZF 4-fach (Hersteller-Stempel *ddx)*

Fallschirmjägergewehr FG 42 (II. Modell) mit aufgesetztem Zielfernrohr ZF 4. In diesem Fall sind die beiden Klemmschrauben zur Arretierung des Fernrohrhalters vorhanden.

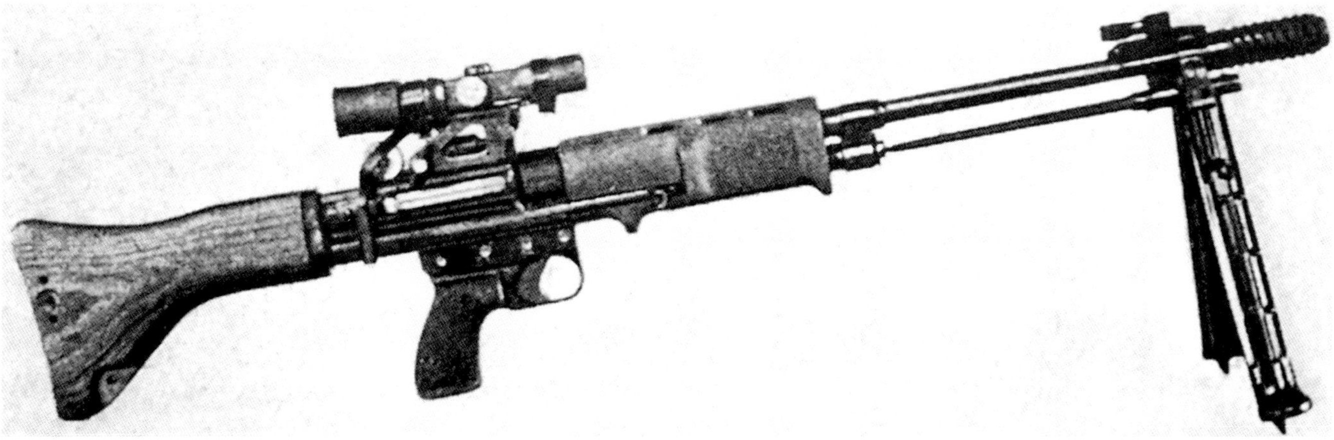

Diese Abbildung, die einem Handbuch der Luftwaffe (1944) entnommen wurde, zeigt ein FG 42 mit aufgesetztem Zielfernrohr ZF 4 und einem Zielfernrohrhalter in abweichender Form.

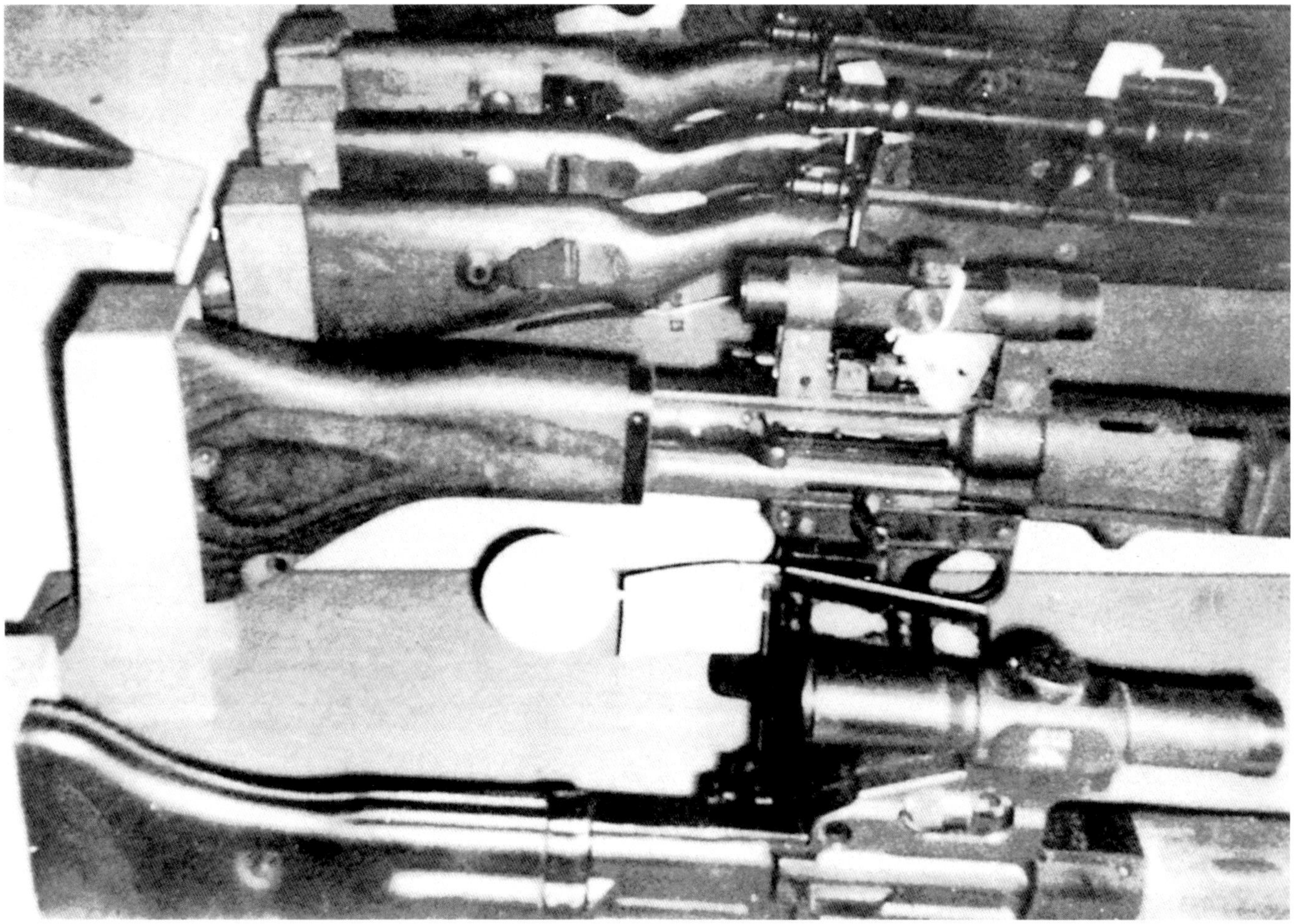

Ein Blick auf einen kleinen Teil der umfangreichen Waffensammlung des amerikanischen Heereswaffenamtes *(Army Ordnance Museum)*. Auf das in der Bildmitte sichtbare Fallschirmjägergewehr FG 42 (II. Modell, Waffennummer 04189) ist ein GwZF 4-fach; auf das nur teilweise sichtbare FG 42 (I. Modell, Waffennummer 1831) im Vordergrund ein ZFG 42 aufgesetzt. Die Klemmschraube am Zielfernrohrhalter der Waffe im Vordergrund fehlt.

Eine weitere Variante des Zielfernrohrhalters für das ZF 4 wurde auf diesem Exemplar des FG 42 mit der Waffennummer 02500 im *Armamentarium* in Delft, Holland, entdeckt.

Linke Seitenansicht des FG 42 (Waffennummer 02500). Das ungewöhnliche ZF 4 weist außer der Beschriftung 4 X 4,5° und einem nicht identifizierbaren Firmenzeichen keine Beschriftung auf. Ähnliche Firmenzeichen kommen auf einigen tschechoslowakischen Zielfernrohren der Nachkriegsfertigung vor.

Die Beschriftung eines ebenfalls nicht bestimmbaren ZF 4, identisch mit der Beschriftung des Zielfernrohres auf dem FG 42 mit der Waffennummer 02500. Das Zielfernrohr wurde nach dem Krieg in der Tschechoslowakei verwendet; die Seriennummer (272635) wurde durchgestrichen.

Die linke Seitenansicht eines Gw ZF 4-fach läßt die Seriennummer und den Hersteller-Stempel »ddx« der Firma Voigtländer erkennen. Der schwach sichtbare Buchstabe »L« zeigt an, daß das Zielfernrohr von der Luftwaffe ausgegeben wurde. Vermutlich waren derartig gekennzeichnete Zielfernrohre zur Montage auf das FG 42 bestimmt. Das kleine, mit Farbe ausgelegte Dreieck, mit dem alle Zielfernrohre ZF 4 gekennzeichnet waren, läßt erkennen, unter welchen klimatischen Bedingungen eine zuverlässige Funktion des Zielfernrohres gewährleistet war. Ein weißes Dreieck verwies auf die zuverlässige Funktion unter mitteleuropäischen Klimaverhältnissen, ein grünes Dreieck bedeutete Tropentauglichkeit. Ein blaues Dreieck zeigte an, daß das Zielfernrohr auch noch bei extremer Kälte funktionierte.

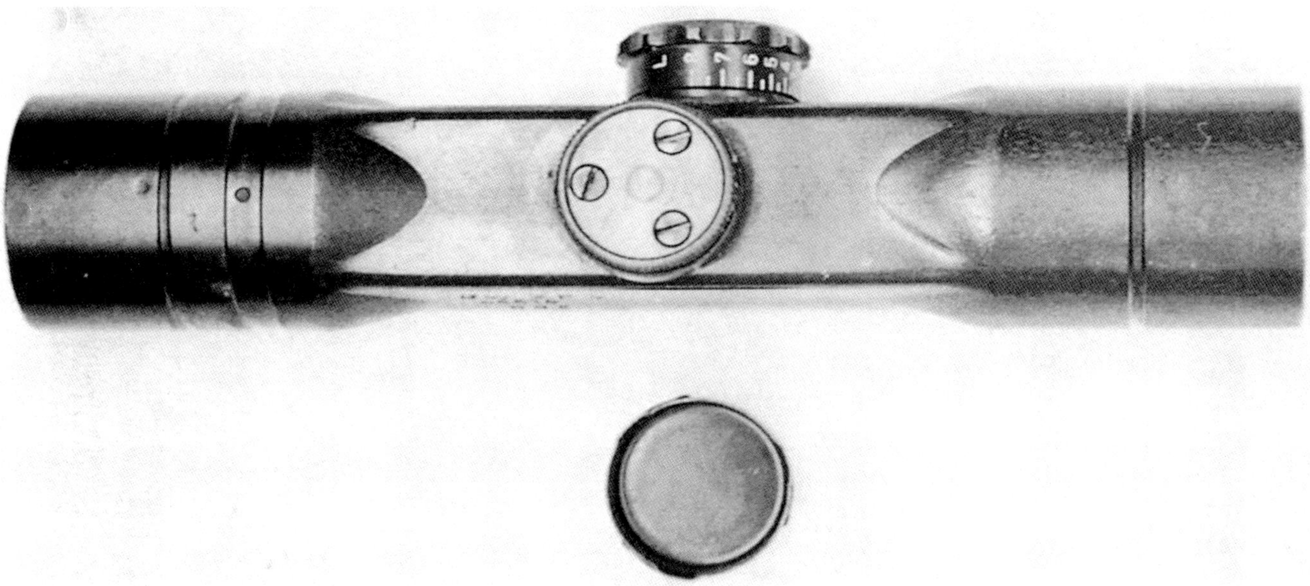

GwZF 4-fach in der Draufsicht. Die Schutzkappe für das Türmchen mit der Seitenverstellscheibe ist abgenommen. Auf der Teiltrommel zur Entfernungseinstellung ist deutlich der Buchstabe »L« zu erkennen.

**Die folgenden Abbildungen entstammen dem Waffen-Handbuch für das FG 42 vom September 1944.
Ein Fallschirmjäger entnimmt das ZF 4 dem Transportbehälter. Der überaus seltene Behälter verfügte über ein Seitenfach für das Regenschutzrohr. Ein weiteres Fach im Deckel diente der Aufbewahrung der Filtervorsätze und des Staubtuches.**

So wurde das ZF 4 auf das Fallschirmjägergewehr aufgesetzt.

Beschreibung des ZF 4 aus dem Waffen-Handbuch (Rückübersetzung): ***»Das Zielfernrohr (M 1) ist mit zwei Schrauben auf dem Fernrohrhalter (M 3) befestigt und wird mittels zweier Keile (M 5) und zweier Sicherungsschrauben festgespannt. Die Schrauben sind mit Sicherungsringen gegen unbeabsichtigtes Lösen gesichert. Die Höhenverstellung (M 6) des Zielfernrohres (M 1) befindet sich an der rechten Seite. Oben in der Mitte befindet sich die Seitenverstellung (M 7). Um Kopfverletzungen vorzubeugen, wird ein Augenschutz (M 8) aus Gummi über die Einblicköffnung (M 1a) geschoben. An der Ausblicköffnung (M 1b) kann ein Regenschutzrohr (M 9) aufgesteckt werden. Zum Schutz von Okular (M 1a) und Objektiv (M 1b) gegen Verschmutzung werden die Schutzdeckel (M 10) aufgesetzt. Der schwalbenschwanzförmige Fußteil des Fernrohrhalters (M 3) wird auf den Visiersockel des F G 42 auf geschoben und am hinteren Teil durch einen halbrunden Bolzen (M12) in einer Vertiefung im Visiersockel arretiert. Zwei Flügelschrauben (M11) dienen der Befestigung des Fernrohrhalters und damit des Zielfernrohres auf der Waffe.«***

Anschlag »stehend angestrichen« mit FG 42 und aufgesetztem Zielfernrohr.

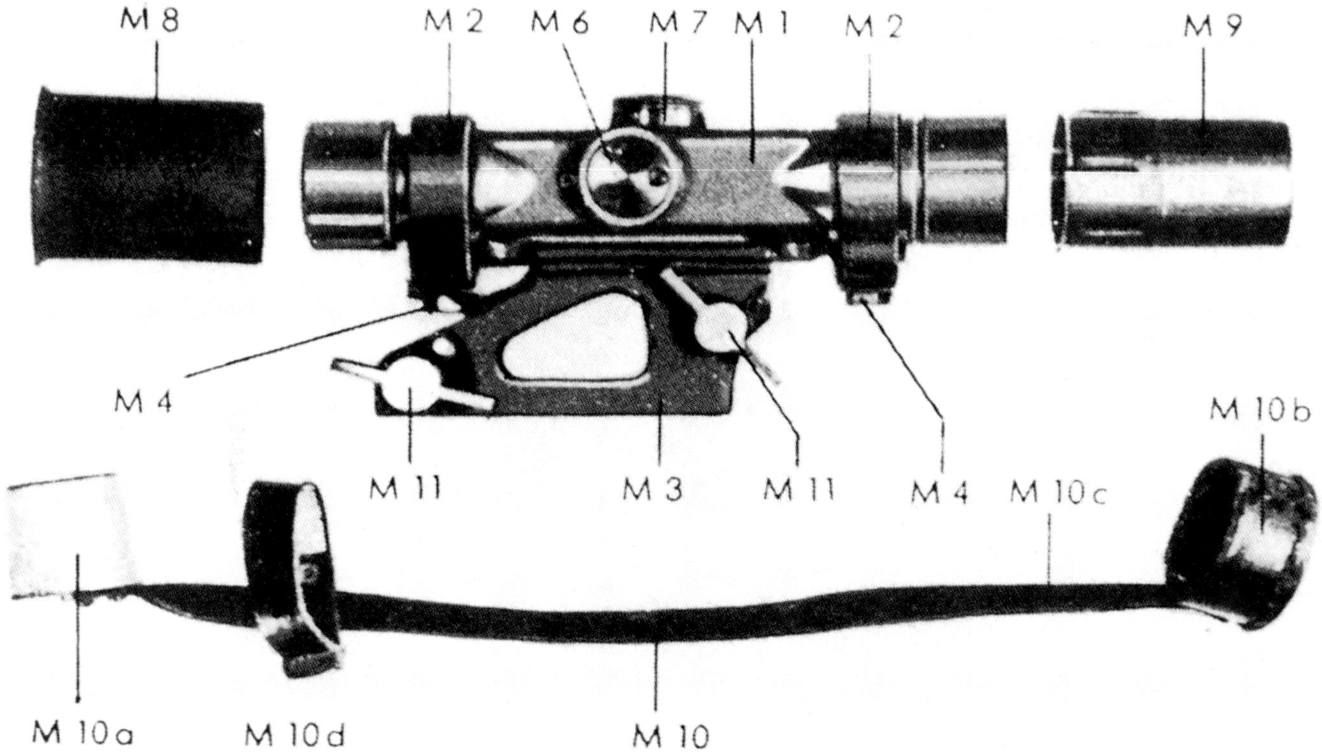

Anweisungen zur Justierung des ZF 4 aus dem Waffen-Handbuch (Rückübersetzung): ***»Die Flügelschrauben (M11) müssen von Hand ungezogen sein. Danach ist die Schutzkappe der Seitenverstellung abzunehmen. Die Befestigungsschrauben (M 6b und M 7b) der Deckplatten für die Seitenverstelleinrichtung (M 7a) und die Höhenverstelleinrichtung (M 6a) sind zu entfernen. Nach Entfernung der Deckplatten sind die Justierschrauben (M 6c und M 7c) sichtbar. Durch Verdrehen dieser Schrauben nach links oder nach rechts kann das Zielfernrohr justiert werden.«***

Fallschirmjäger im Liegendanschlag mit abgeklapptem Zweibein.

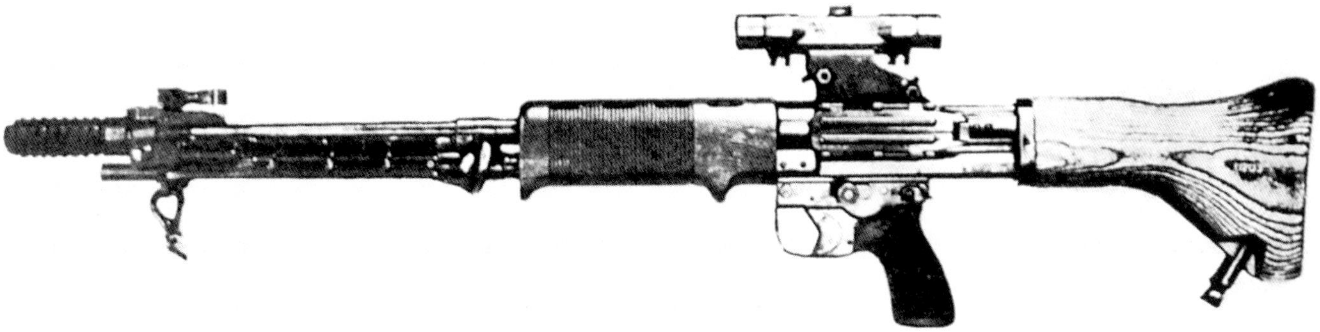

Linke Seitenansicht eines FG 42 mit aufgesetztem Zielfernrohr ZF 4. Der Fernrohrhalter ist nur einer von mehreren Typen, die mit dem Fallschirmjägergewehr verwendet wurden.

Fallschirmjäger im Kniendanschlag.

Diverse Scharfschützenwaffen und Zubehörteile

Die Abbildungen des folgenden Kapitels umfassen lediglich einen kleinen Teil des reichhaltigen Zubehörs deutscher Scharfschützenwaffen und es ist einzig und allein glücklichen Umständen zu verdanken, daß diese Zubehörteile bis zum heutigen Tage erhalten geblieben sind.
Gewehre und Karabiner der ehemaligen Wehrmacht wurden nach dem II. Weltkrieg massenweise zu Jagdwaffen umgebaut, darunter unglücklicherweise auch eine Vielzahl wertvoller Scharfschützenversionen. Daß derartige Waffen so überaus selten sind und von Sammlern auf der ganzen Welt gesucht werden, ist hierfür der beste Beweis.
Bei einer Vielzahl angeblicher deutscher Scharfschützenwaffen, die im Laufe der Jahre aufgetaucht sind, handelt es sich in Wahrheit eindeutig um Stücke, die für den Sammlermarkt »hergerichtet« wurden – und das lange nachdem ein Soldat der Wehrmacht den letzten Schuß abgegeben hat. Ein narrensicheres Verfahren, diese »krummen Dinger« auf Anhieb zu erkennen, gibt es nicht. Ernsthaften Sammlern bleibt nichts anderes übrig, als im Rahmen ihrer Möglichkeiten soviel sachbezogenes authentisches Material als möglich zusammenzutragen. In vielen Bereichen werden heutzutage Falsifikate produziert und zu exorbitanten Preisen verkauft. Wie sich gezeigt hat, bildet der Sammlerwaffen-Markt hierbei keine Ausnahme.
Eine weitverbreitete Methode, eine Waffe »aufzuwerten«, besteht darin, die Seriennummer der Waffe in Teile eines Montagegesteckes einzuschlagen oder einzugravieren, um einen höheren Sammlerwert vorzutäuschen. Darüberhinaus wird eine Vielzahl an Karabinern 98k unter Verwendung von originalen Gesteckteilen oder zu beiden Seiten des Atlantiks angefertigten Neuteilen zu Scharfschützenwaffen umgebaut. Diese Neuteile sind mit den »vorschriftsmäßigen« – selbstverständlich unechten – Stempeln des Waffenamtes versehen. Wenn man bedenkt, daß für die meisten deutschen Scharfschützenwaffen vierstellige (Dollar-) Summen bezahlt werden, wird klar, warum zu solchen Methoden gegriffen wird. Ohne Zweifel werden die bei der Fertigung unechter Scharfschützenwaffen derzeit angewandten Techniken künftig weiterentwickelt werden und irgendwann ein hohes Maß an technischer Perfektion erreicht haben. Zum gegenwärtigen Zeitpunkt allerdings ist es bei sorgfältiger Prüfung und mit dem nötigen Fachwissen immer noch möglich, ein unechtes Scharfschützengewehr von einem echten zu unterscheiden.
Neben den nach Waffenamts-Normen gefertigten deutschen Scharfschützenwaffen, die bestens bekannt sind, wurden schon vor Beginn aber auch während des Krieges Waffen mit Zielfernrohr an die Wehrmacht ausgegeben, bei denen selbst versierte Sammler vor einem Rätsel stehen. Zwar konnten zwischenzeitlich viele dieser ungewöhnlichen Waffen guten Gewissens als Originalstücke eingestuft werden, es empfiehlt sich jedoch, bei derartigen Waffen ein gehöriges Maß an Mißtrauen walten zu lassen.

Im Interesse einer möglichst vollständigen Darstellung deutscher Scharfschützenbewaffnung und -ausrüstung sind in den Bildteil des vorliegenden Kapitels auch einige der vor Beginn des II. Weltkrieges für einen nicht bekannten Verwendungszweck ausgegebenen, sowie einige der während des II. Weltkrieges militärisch eingesetzten Zivilwaffen aufgenommen worden.

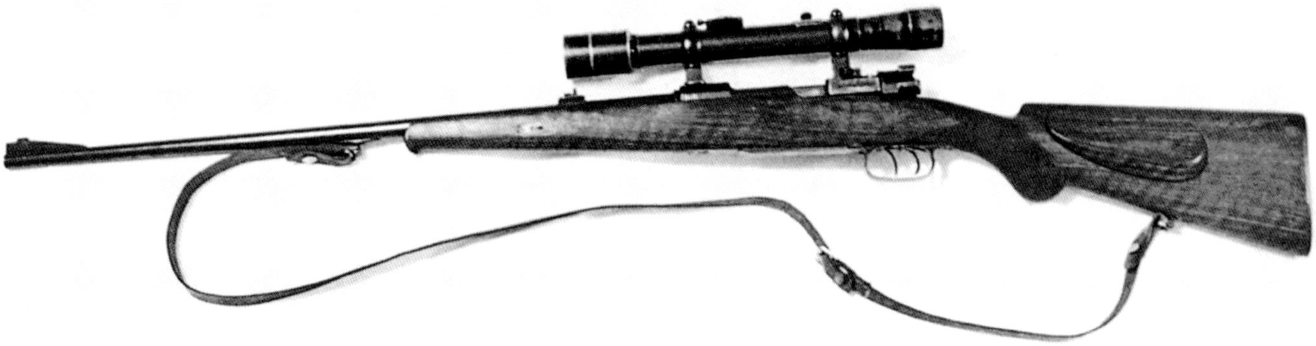

Ein für den zivilen Markt gefertigter Jagdrepetierer – ein typisches Beispiel für eine requirierte Waffe. Gelegentlich wurden derartige Waffen nachträglich mit einer Bajonett-Aufpflanz-Vorrichtung versehen. Einzelne Stücke erhielten militärische Abnahmestempel.

Ein recht seltenes Zubehörteil: der Segeltuch-Überzug des Karabiners 98k zum Schutz des Systems gegen Witterungseinflüsse und Verschmutzung. Es handelt sich zwar nicht um das spezifische Zubehörteil einer Scharfschützenwaffe, der Überzug paßte jedoch bei abgenommenem Zielfernrohr für Karabiner, die zur Aufnahme des ZF 41 eingerichtet waren.

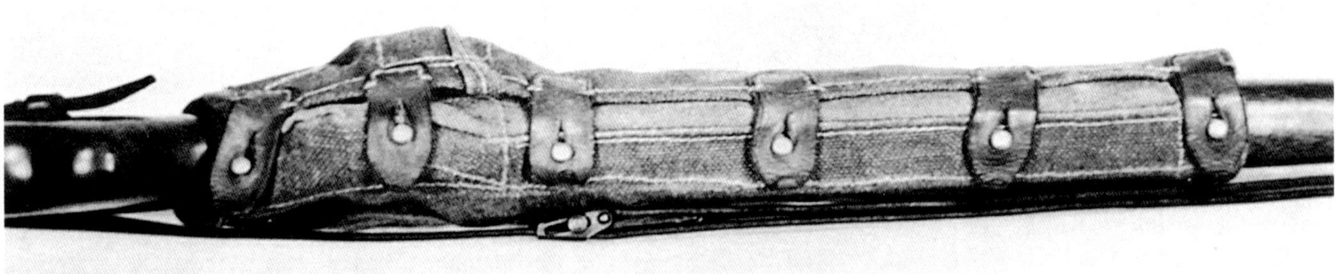

Unterseite eines Karabiners 98k mit Segeltuch-Überzug.

Ein ungewöhnlicher Jagdrepetierer, geschäftet wie der Karabiner 98k, jedoch mit einem für den zivilen Markt gefertigten Zeiss-Zielfernrohr mit vierfacher Vergrößerung (Zielvier), das mit einem handelsüblichen Gesteck auf die Waffe montiert ist. Die vor dem II. Weltkrieg gefertigte Waffe trägt den Schriftzug *MAUSER-WERKE AG OBERNDORF a. N.* und ist eingerichtet zum Verschießen der Patrone Kaliber 5,6 mm X 61 SE (Super Express), die von E. A. vom Hofe für die Jagd auf Hochwild entwickelt wurde und 1937 auf den Markt kam.

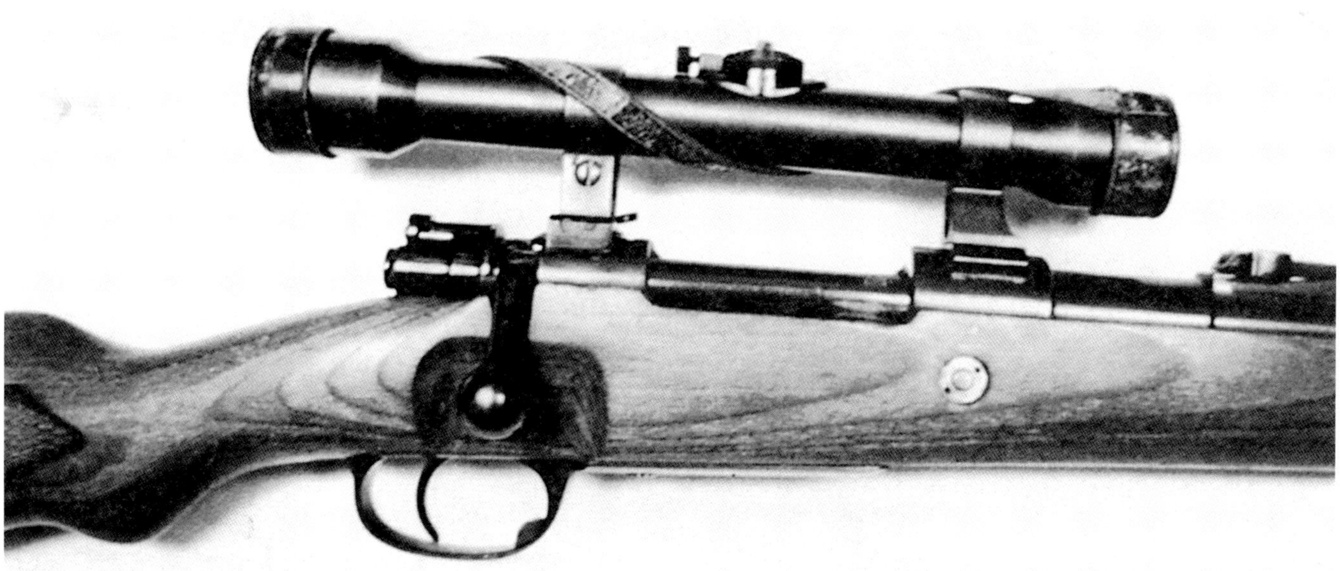

Die Nahaufnahme zeigt das Zeiss-Zielfernrohr und das zur Montage verwendete Gesteck. Bemerkenswert ist die in den Zielfernrohr-Tubus eingravierte militärische Kennummer, wie sie oftmals vor dem Krieg angebracht wurde.

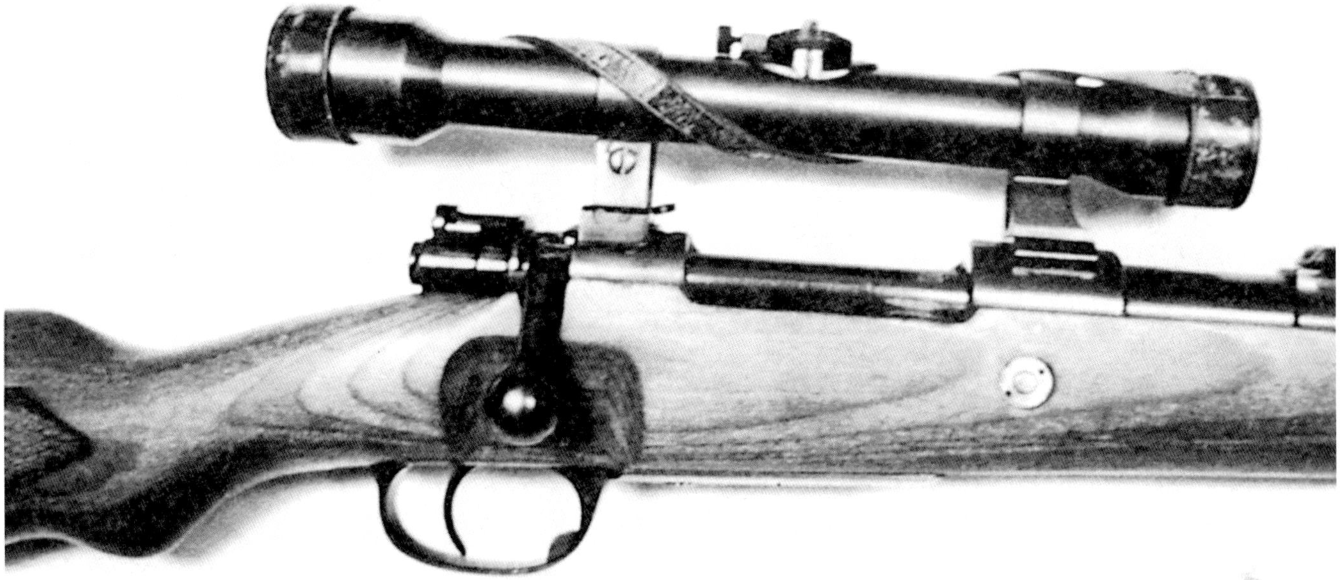

Rechte Seitenansicht. Neben den üblichen Beschußzeichen aus der Vorkriegszeit tragen mehrere Teile dieser Waffe den Abnahmestempel des Waffenamtes mit der Nummer »655«. Entgegen der Auffassung, bei dieser Waffe handele es sich um das Versuchsmuster eines Scharfschützenkarabiners, wurde diese Waffe zweifellos zu Beginn des Krieges für den militärischen Einsatz requiriert.

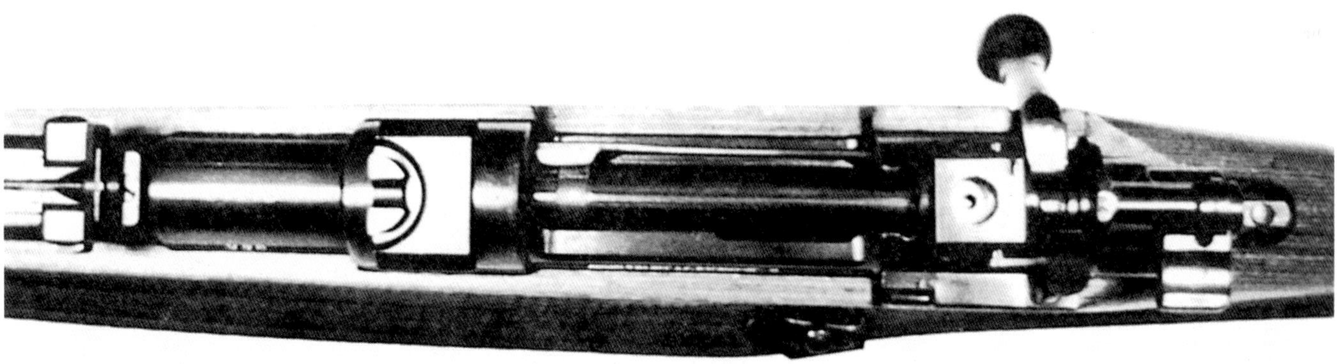

Das System des Mauser-Jagdkarabiners in der Draufsicht. Gut zu erkennen ist das Fehlen des Daumenloches in der linken Seitenwand der Hülse und der entsprechende symmetrische Schaftabschluß des Schichtholz-Schaftes.

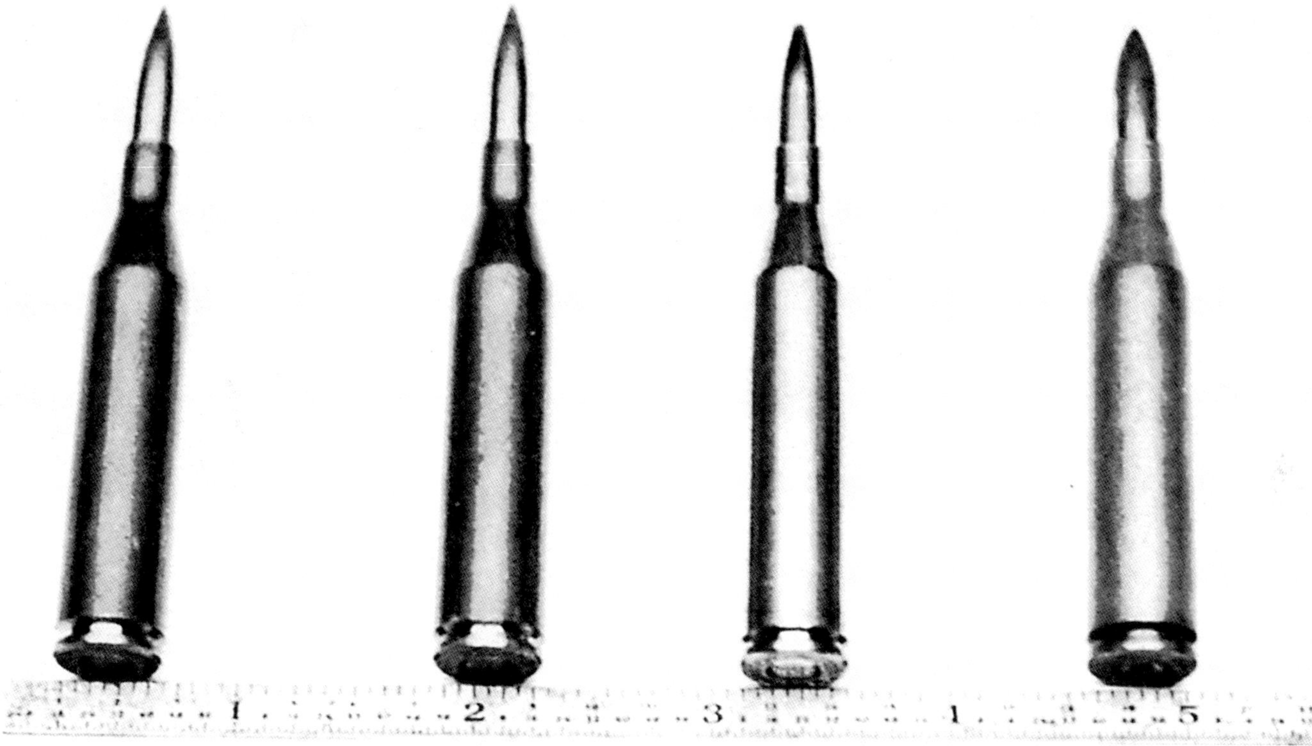

Die Patrone 5,6 X *61* SE vom Hofe, die noch heute zur Jagd verwendet wird, erbrachte bei einem Geschoßgewicht von 5,0 Gramm eine Anfangsgeschwindigkeit etwa 1100 Meter/Sekunde, was eine Mündungsenergie von etwa 3180 Joule ergab.

Diese Nahaufnahme zeigt die Fußplatten eines Montagegesteckes, das jenem des abgebildeten Mauser-Jagdkarabiners entspricht. Der nicht einzuordnende Karabiner 98k mit der Seriennummer 48, gefertigt in den Berlin-Suhler Waffen- und Fahrzeugwerken (Hersteller-Stempel *BSW1938),* trägt den Abnahmestempel des Waffenamtes mit der Nummer »4«, den üblicherweise die älteren der bei BSW gefertigten Karabiner 98k tragen. Der Arretierhebel an der hinteren Fußplatte fehlt.

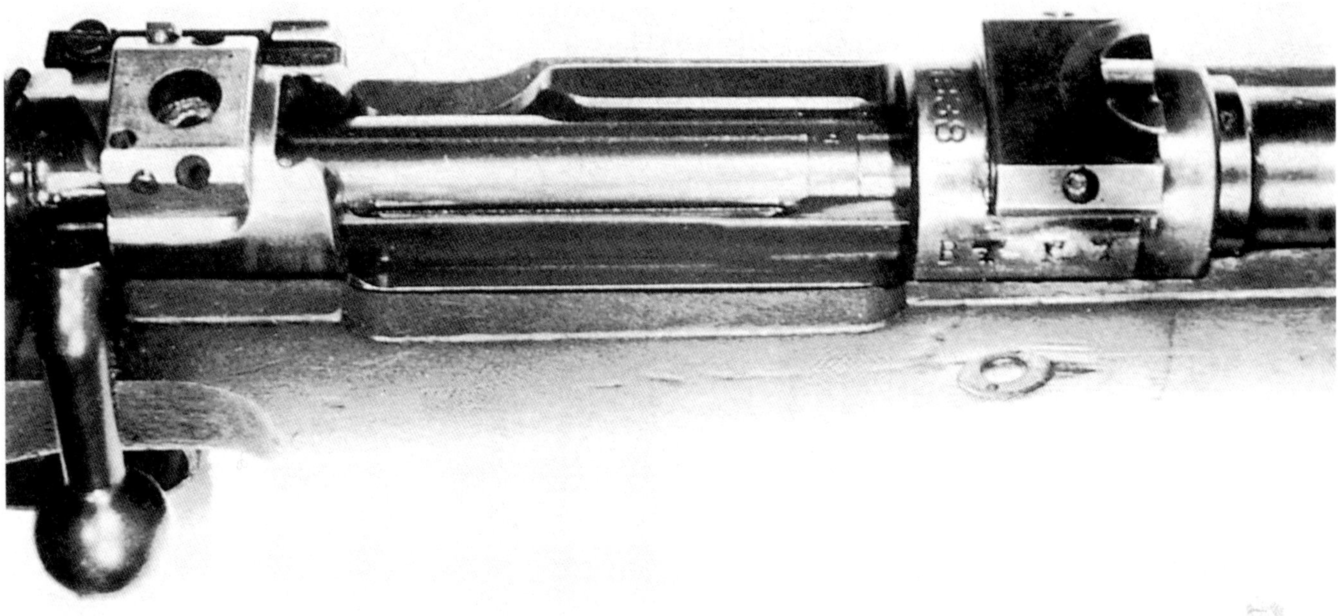

Rechte Seitenansicht der Fußplatten auf Hülsenkopf und Hülsenbrücke des bei BSW gefertigten K 98k.

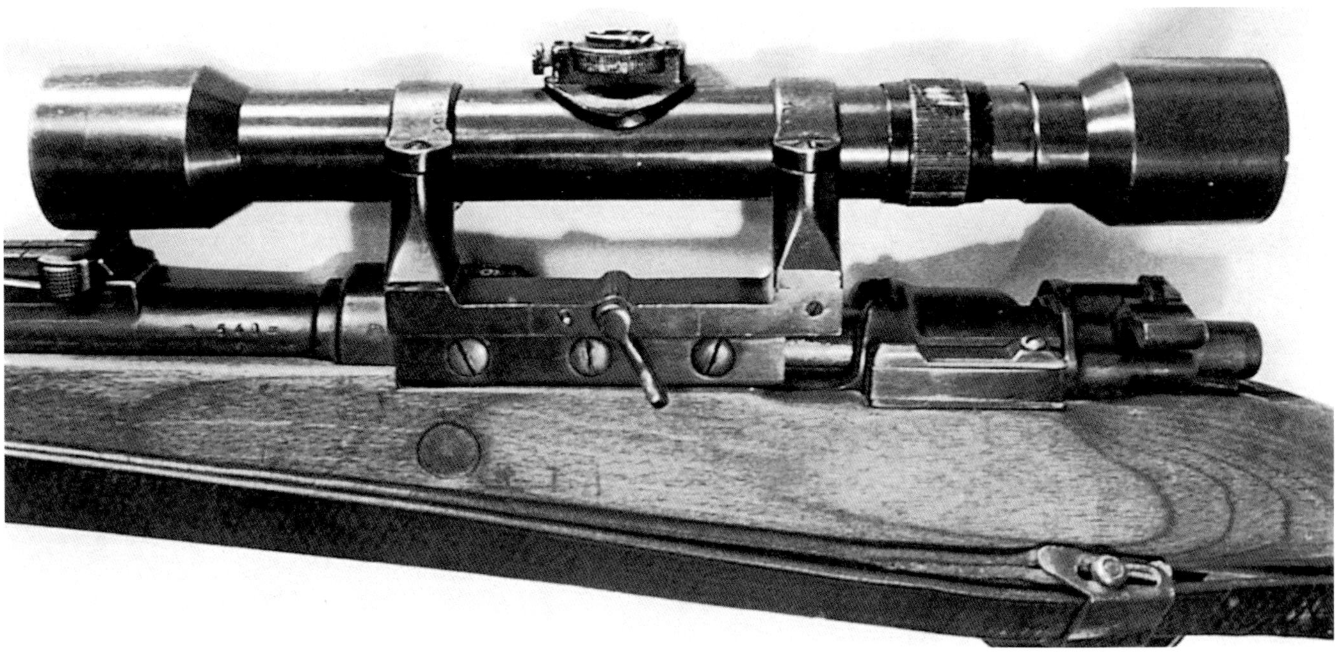

Ein Karabiner 98k aus Vorkriegsfertigung, hergestellt im Werk Borsigwalde der Mauser-Werke AG (Hersteller-Stempel *S/243 1938*), mit einer ungewöhnlichen Aufschubmontage mit seitlicher Prismenschiene und aufgesetztem Hensoldt (Dialytan) Zielfernrohr mit vierfacher Vergrößerung. Gut zu erkennen sind die Köpfe der drei Schrauben zur Befestigung der Prismenschiene an der Hülse. Bemerkenswert ist der zerbrechlich anmutende Arretierhebel.

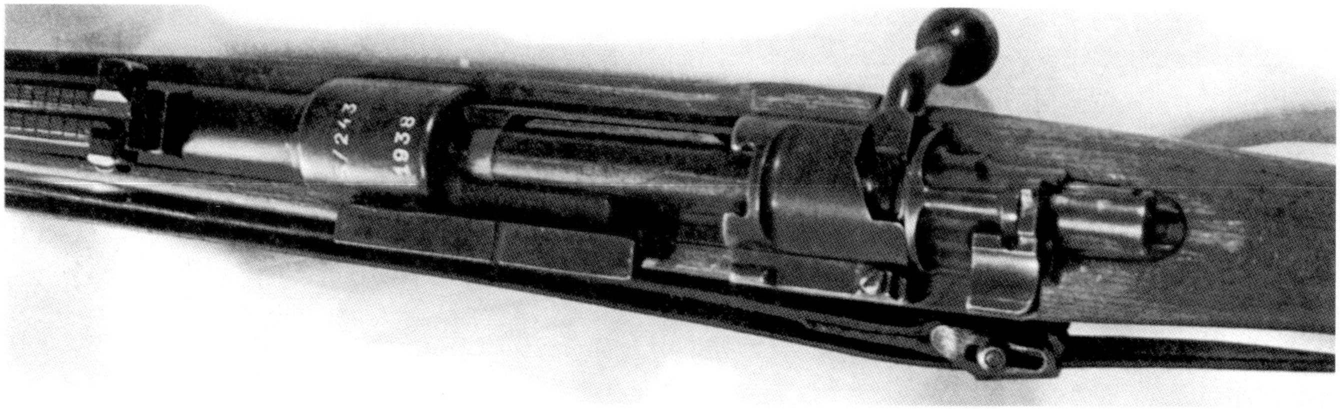

Das System des Karabiners (S/243) in der Draufsicht. Bei abgenommenem Zielfernrohr ist in der Prismenschiene die halbrunde Ausfräsung zu erkennen, in die der drehbar im Fernrohrhalter gelagerte Arretierhebel eingriff.

Rechte Seitenansicht des Karabiners mit Hensoldt-Zielfernrohr mit vierfacher Vergrößerung aus Vorkriegsfertigung. Der zwischen Okularglocke und hinterem Montagefuß sichtbare gerändelte Ring diente zum Einstellen der Bildschärfe (Fokussierring).

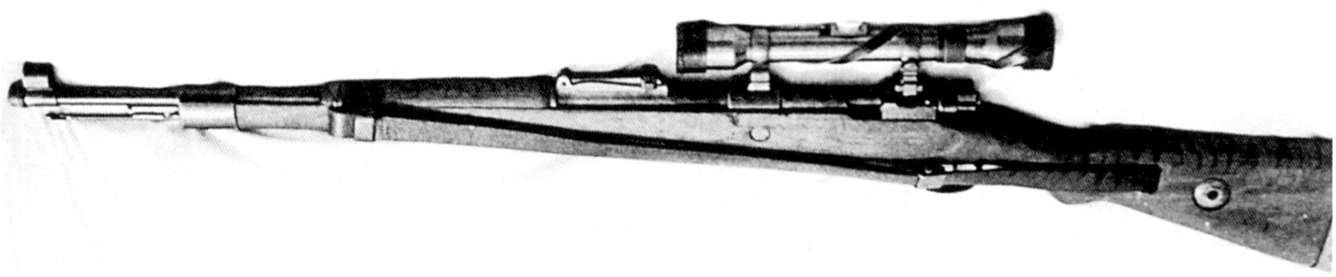

Ein Karabiner 98k, gefertigt bei Steyr (Hersteller-Stempel *bnz 43)*, der gegen Ende des Krieges unter Verwendung handelsüblicher Teile im Feld unter Einsatzbedingungen zur Scharfschützenwaffe umgebaut wurde. Es ist zwar schwierig, die Echtheit derartiger Waffen zu verifizieren, in diesem Fall handelt es sich jedoch eindeutig um eine authentische deutsche Scharfschützenwaffe.

Das Zielfernrohr und das Einhakgesteck der oben abgebildeten Waffe (bnz 43).

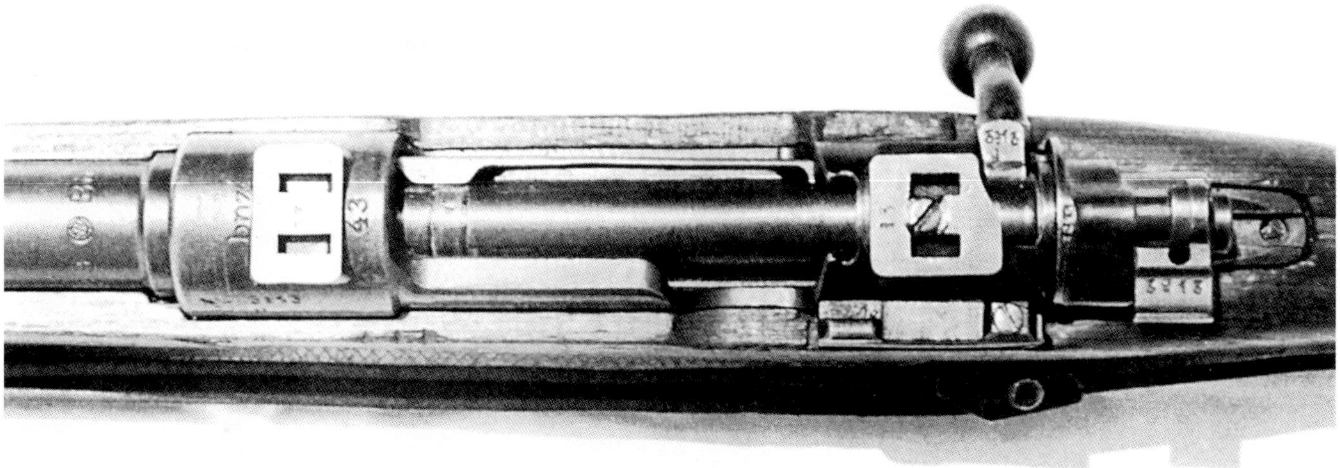

Die Fußplatten des Einhakgesteckes auf Hülsenkopf und Hülsenbrücke in der Draufsicht. Die hintere Fußplatte, die gewöhnlich nur aufgelötet wurde, ist in diesem Fall zusätzlich durch eine Schraube gesichert.

Trotz einer gewissen Ähnlichkeit unterscheiden sich die Ringe und die Fußplatten des abgebildeten Einhakgesteckes deutlich von den Gestecken der von der Waffen-SS eingesetzten Scharfschützenwaffen. Bei dem abgebildeten Zielfernrohr mit vierfacher Vergrößerung handelt es sich um einen von drei bekannten Typen, die von der Firma K. Krahling in Wetzlar für den zivilen Markt hergestellt wurden. Vor der Okularglocke des hochglanzbrünierten Zielfernrohres mit eingebautem Absehen 1 (Normalabsehen) befindet sich ein gerändelter Fokussierring aus Aluminium.

Handelsüblicher Zielfernrohrköcher aus Leder, wie er zusammen mit jagdlichen Repetierbüchsen für den Kriegseinsatz requiriert wurde.

Als dieser Weltkrieg-II-Zielfernrohrköcher nach 1945 in die USA gelangte, enthielt er ein Zielfernrohr mit Ringen und Füßen eines Schwenkmontagegesteckes.

Während eines kurzen Zeitraumes wurden zwar Zielfernrohrköcher aus Leder produziert, die an Scharfschützen ausgegeben wurden. Lederköcher, die militärische Abnahmestempel tragen, sind aber recht selten.

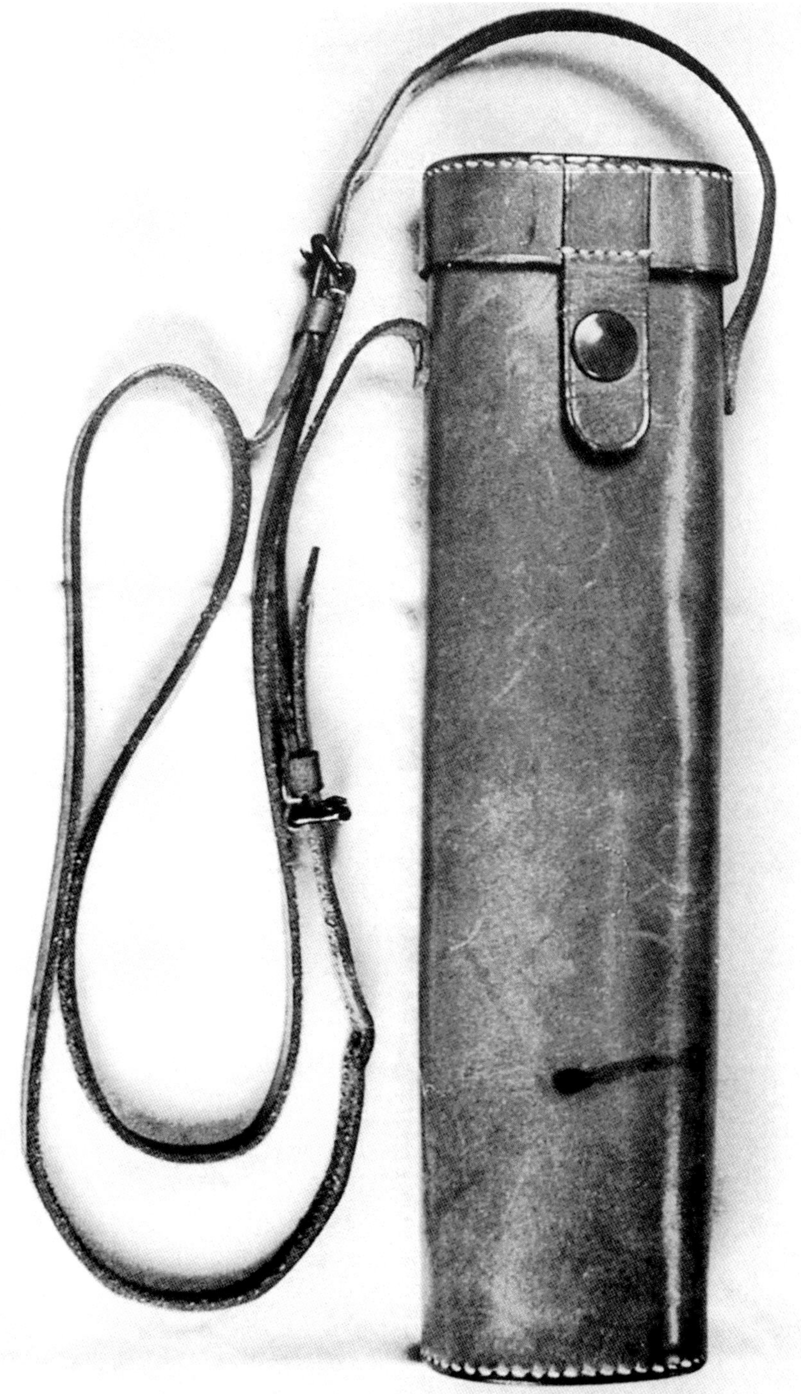

Ein während des Krieges bei der Firma Carl Weiss, Lederwarenfabrik (Hersteller-Stempel *cww 43),* hergestellter Zielfernrohrköcher aus Leder.

Ein lederner Zielfernrohrköcher mit Umhängeriemen. Derartige handelsübliche Köcher aus braunem oder schwarz gefärbtem Leder konnten ohne weiteres zur Aufbewahrung dienstlich gelieferter Zielfernrohre verwendet werden, in diesem Fall eines Ajack-Zielfernrohrs mit vierfacher Vergrößerung (mit Halterung der seitlichen Aufschubmontage mit kurzer Schiene). Bemerkenswert ist die in den Deckel des Köchers eingeprägte Waffennummer.

Ein Zeiss Zielfernrohr (Zielklein) mit 2 1/4-facher Vergrößerung *»für Sport- und Kleinkalibergewehre«* in einem Transportbehälter aus Holz. Dieses Zielfernrohr wurde lediglich zu Ausbildungszwecken verwendet.

Zwei typische Ferngläser, wie sie von der Wehrmacht während des II. Weltkrieges ausgegeben wurden. Das Doppelfernrohr DF 6 X 30 (oben) wurde bei der Firma Hensoldt in Herborn (Hersteller-Stempel *bek),* das DF 10 X 50 bei der Firma Carl Zeiss in Jena (Hersteller-Stempel *rin)* hergestellt. Einige der zahlreichen Firmen, die Ferngläser herstellten, fertigten auch Zielfernrohre für Scharfschützenwaffen. Bei den deutschen Scharfschützen war sowohl das DF 6 X 30 als auch das DF 10 X 50 in Gebrauch, wobei das DF 6 X 30 zur Grundausstattung gehörte.

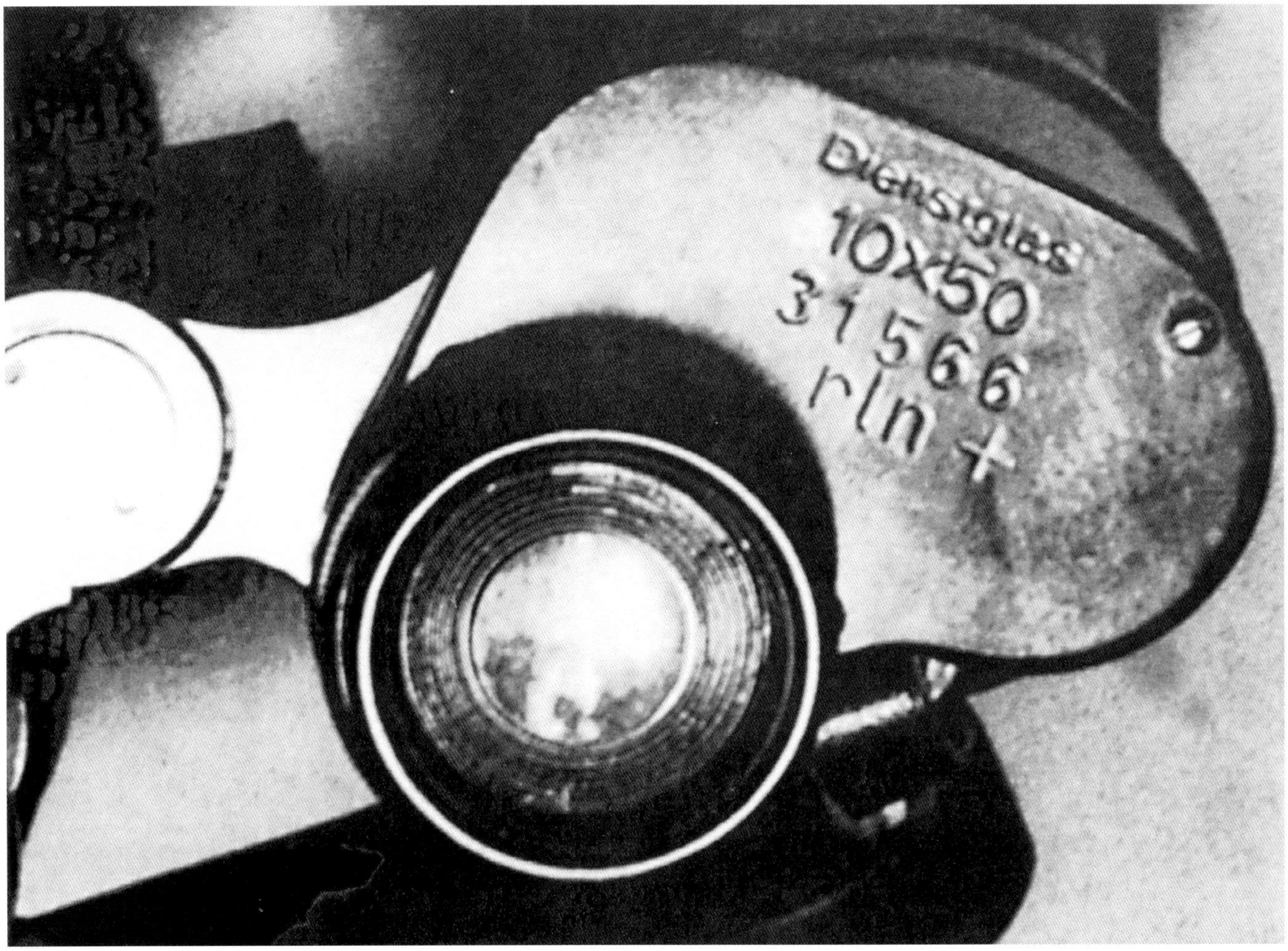

Ein gegen Ende des Krieges gefertigtes Doppelfernrohr DF 10 X 50 mit dem ungewöhnlichen Hersteller-Stempel *rin* der Firma Zeiss. Dieser Hersteller-Stempel wird zwar hin und wieder Hensoldt zugeordnet, nach Aussage der Firma (die jetzt zur Zeiss-Gruppe gehört) hat sie diesen Code während des II. Weltkrieges jedoch nicht verwendet.

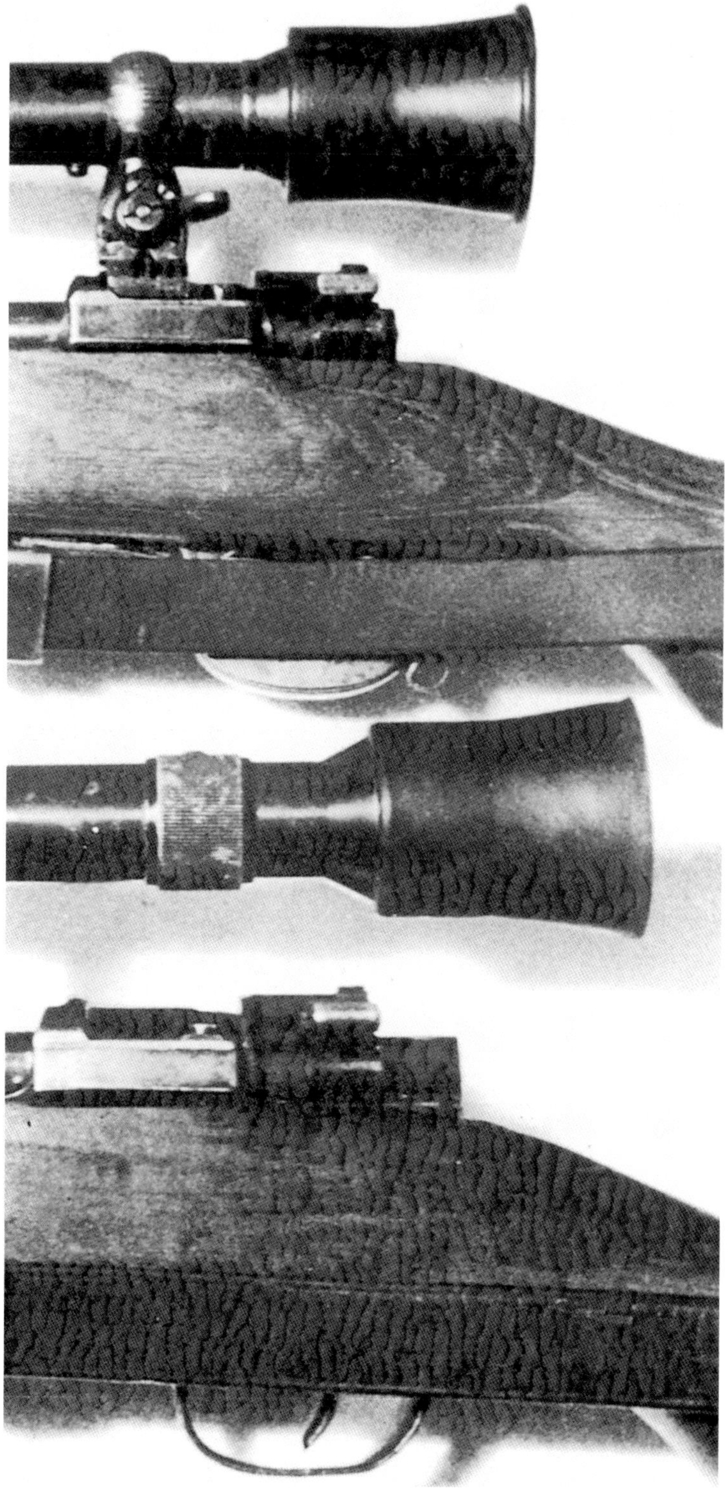

Zwei unterschiedliche Streulichtblenden aus Gummi, wie sie anfänglich als Zubehör für Scharfschützenwaffen ausgegeben wurden. Nur wenige dieser Blenden blieben erhalten.

Die abgebildete Lichtschutzblende, die für den Einsatz in arktischen Regionen gedacht war, reduzierte den Einfall grellen Winterlichtes um etwa die Hälfte. Das in Blechprägetechnik hergestellte Teil konnte auf die Objektivglocke des Zielfernrohres aufgesteckt und mittels eines Bajonettverschlusses befestigt werden.

Diese mit Leuchtfarbe versehene Zielhilfe wurde hinter dem Kornsattel auf dem Lauf befestigt und sollte das Zielen über die offene Visierung unter ungünstigen Lichtverhältnissen ermöglichen. Außer für den Karabiner 98k wurden diese seltenen Vorrichtungen gegen Ende des Krieges für den halbautomatischen Karabiner 43 und die Waffen der Baureihe MP 44 hergestellt.

Ein Karabiner 98b (Seriennummer 6685e) mit höchst ungewöhnlichen Sockeln eines Montagegesteckes. Es handelt sich um das einzige bekannte Stück.

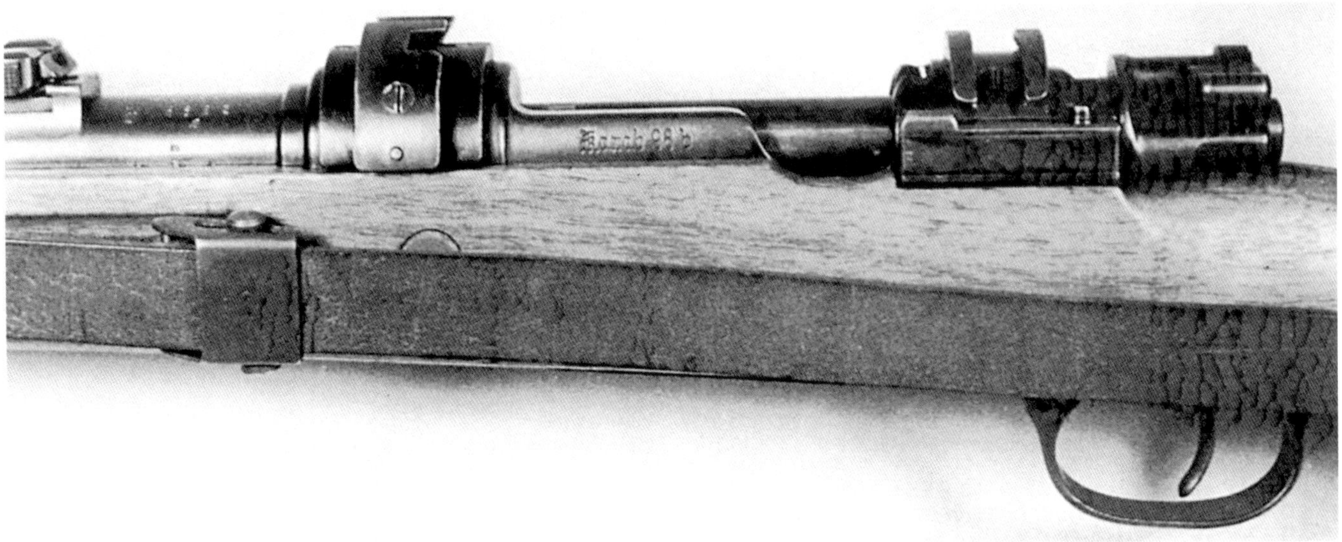

Linke Seitenansicht des Karabiners 98b. Die beiden Sockelteile wurden in aufwendiger Maschinenarbeit (Drehen und Fräsen) hergestellt. Der vordere Sockel ist mit drei Schrauben auf dem Hülsenkopf, der hintere Sockel mit zwei Schrauben auf der Hülsenbrücke befestigt.

Diese Aufnahme läßt erkennen, daß ein Zielen über die offene Visierung bei aufgesetztem Zielfernrohr möglich war. Hersteller oder Herkunft dieses Montagegesteckes sind nicht bekannt. Obwohl von den Scharfschützen der Wehrmacht anfänglich Karabiner 98b mit Zielfernrohr eingesetzt wurden, sind Originalstücke, die als solche verifiziert sind, recht selten.

Ein Zielfernrohrhalter für das ZF4, wie er in jüngster Zeit für den Sammlerwaffen-Markt produziert wurde. Zwischenzeitlich ist die Beschriftung des Klemmhebels dem Original entsprechend abgeändert worden.

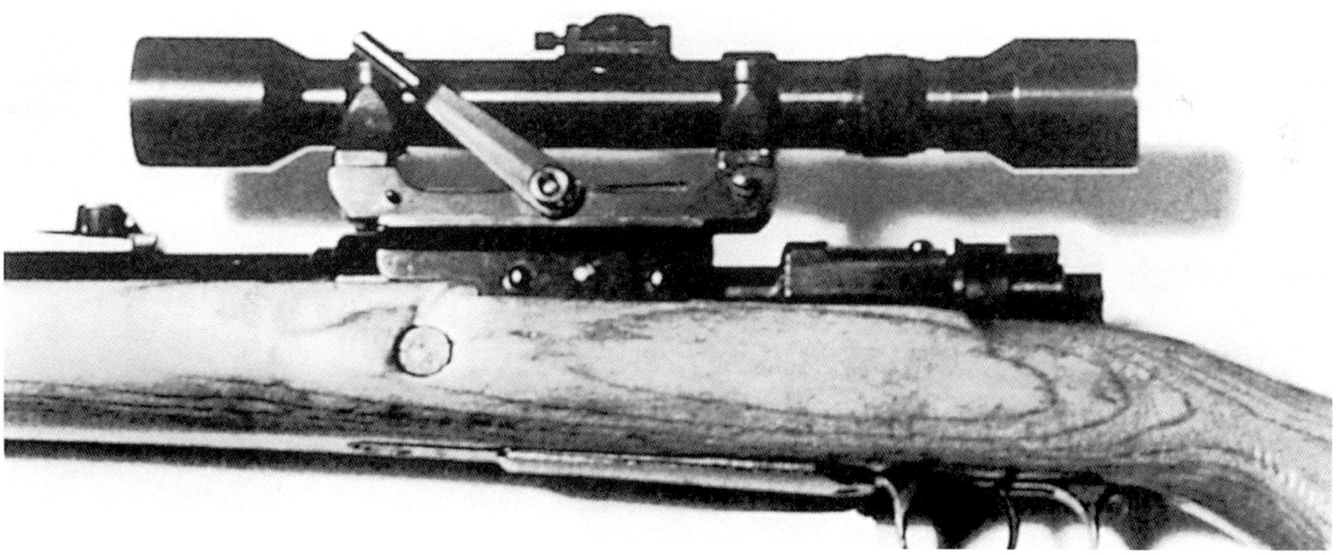

Karabiner 98k mit einer ungewöhnlichen seitlichen Aufschubmontage mit langer Schiene zur Montage eines Ajack-Zielfernrohrs mit Fokussierring. Zur Befestigung der Schiene an der Hülse wurden lediglich eine Schraube und zwei Sicherungsstifte verwendet.

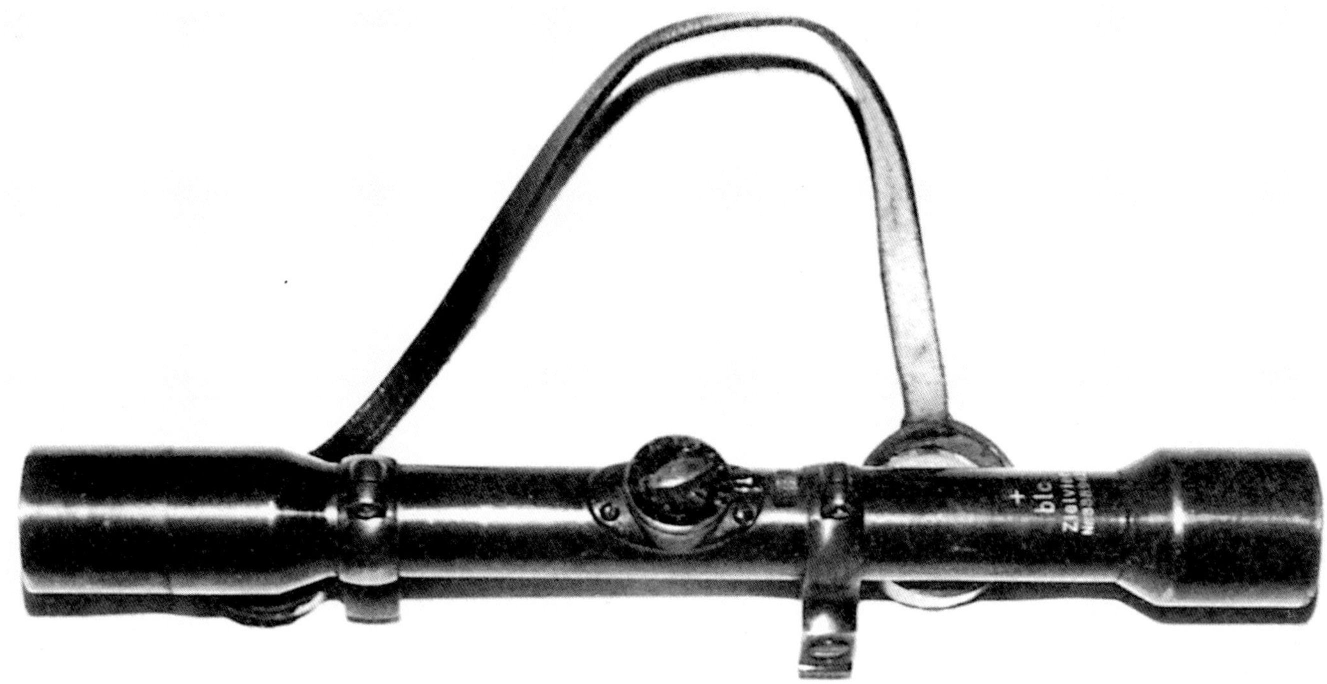

Ein seltenes Zeiss-Zielfernrohr (Zielvier) mit dem Hersteller-Stempel *blc.* Anders als die Mehrzahl der von Zeiss für den zivilen Markt gefertigten Zielfernrohre, die für den Einsatz an der Front requiriert wurden, war dieses Zielfernrohr eigens für eine Scharfschützenwaffe hergestellt worden.

Vorgefertigte Gesteckteile eines Einhakgesteckes, die nach dem Krieg in Deutschland angeboten wurden. Leider Gottes werden solche Teile oftmals dazu verwendet, unechte Scharfschützenwaffen für den Sammlerwaffen-Markt zu produzieren.

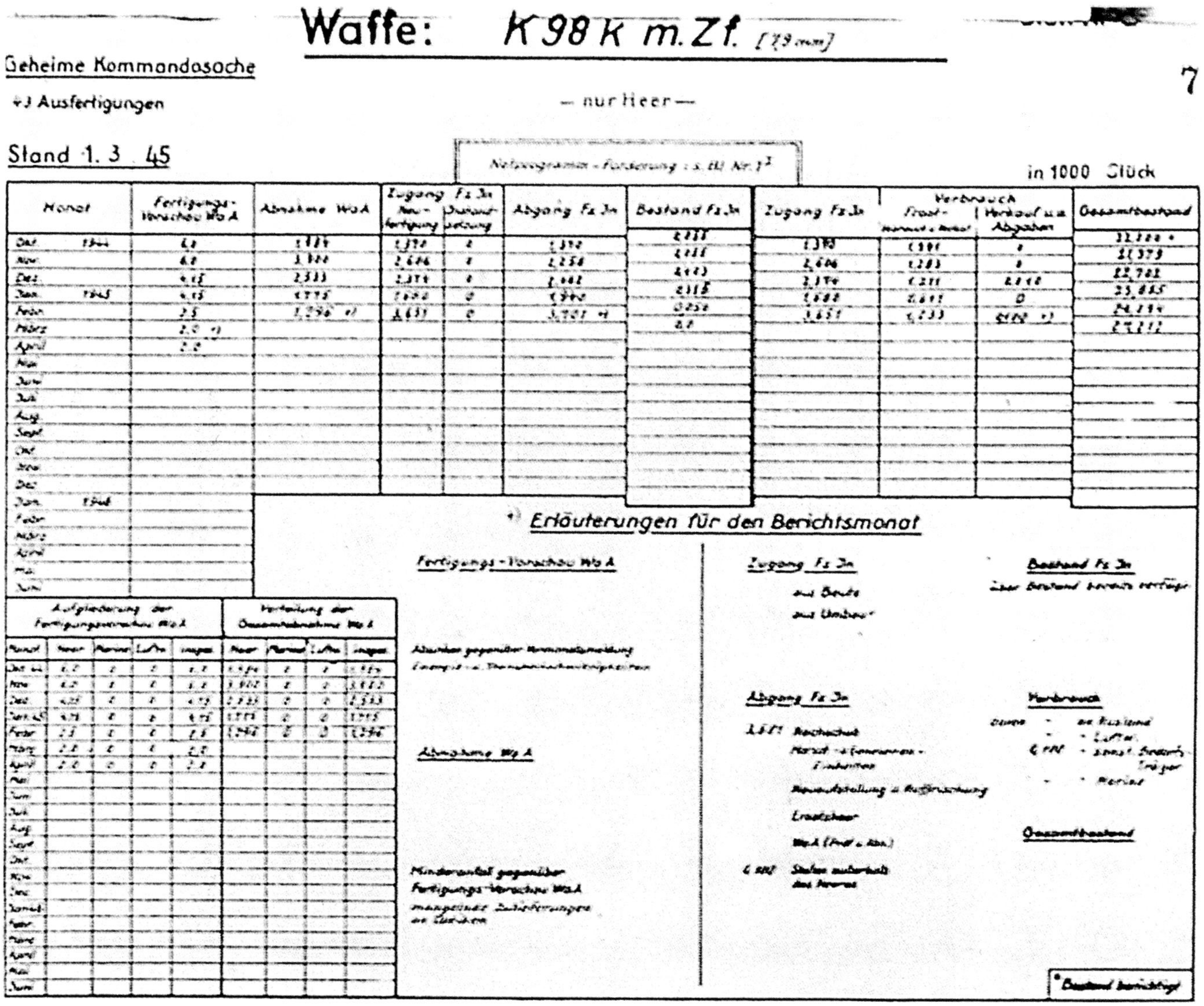

Produktionsübersicht des Waffenamtes vom 1. März 1945 für ZF-Karabiner 98k. Die Zahlen stimmen mit Unterlagen ähnlichen Inhalts nicht überein und sollten mit gewissem Vorbehalt betrachtet werden (siehe auch K 43, Folgeseite).

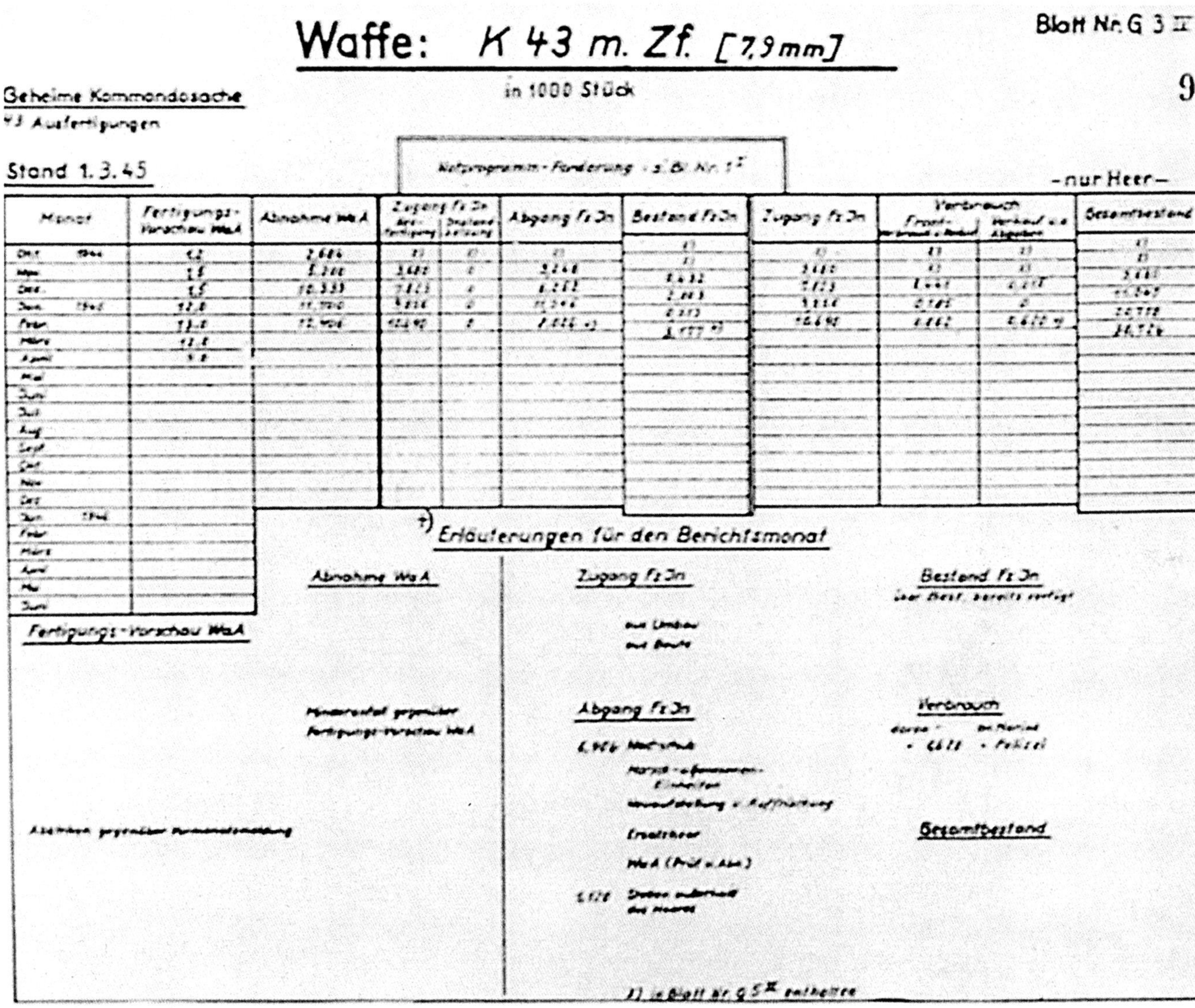

Waffe: K 43 m. Zf. [7,9 mm]

Blatt Nr. G 3 II

9

Geheime Kommandosache

in 1000 Stück

Stand 1. 3. 45

-nur Heer-

Monat	Fertigungs-Vorschau WaA	Abnahme WaA	Zugang Fz Jn		Abgang Fz Jn	Bestand Fz Jn	Zugang Fz Jn	Verbrauch		Gesamtbestand
								Front-		
Okt. 1944	[illegible]	[illegible]	[illegible]	[illegible]	[illegible]	[illegible]	[illegible]	[illegible]	[illegible]	[illegible]
Nov.	[illegible]	[illegible]	[illegible]	[illegible]	[illegible]	[illegible]	[illegible]	[illegible]	[illegible]	[illegible]
Dez.	[illegible]	[illegible]	[illegible]	[illegible]	[illegible]	[illegible]	[illegible]	[illegible]	[illegible]	[illegible]
Jan. 1945	[illegible]	[illegible]	[illegible]	[illegible]	[illegible]	[illegible]	[illegible]	[illegible]	[illegible]	[illegible]
Febr.	[illegible]	[illegible]	[illegible]	[illegible]	[illegible]	[illegible]	[illegible]	[illegible]	[illegible]	[illegible]
März	[illegible]									
April	[illegible]									
Mai										
Juni										
Juli										
Aug.										
Sept.										
Okt.										
Nov.										
Dez.										
Jan. 1946										
Febr.										
März										
April										
Mai										
Juni										

+) Erläuterungen für den Berichtsmonat

Fertigungs-Vorschau WaA

Abnahme WaA

Zugang Fz Jn

Bestand Fz Jn

Abgang Fz Jn

Verbrauch

Gesamtbestand

Produktionsübersicht für Karabiner K 43 mit Zielfernrohr vom 1. März 1945.

Magazin für das Gewehr 43 (K 43) mit einem Fassungsvermögen von 5 Patronen. Die Herkunft dieses Magazins, das keinerlei Stempelungen aufweist, ist nicht bekannt. Nach Meinung einiger Fachleute sollte dieses Magazin der Waffe ein unauffälliges Aussehen verleihen, wofür sich jedoch keine Bestätigung fand.

Magazin für das Dreyse-Maschinengewehr MG 13 mit einem Fassungsvermögen von 25 Patronen, abgeändert zur Verwendung in einem Versuchsmuster des G 43 zur wahlweisen Abgabe von Einzel- und Dauerfeuer. Zwar wurde im weiteren Verlauf ein gerades Kastenmagazin mit einem Fassungsvermögen von 20 Patronen in geringen Stückzahlen hergestellt, doch war dies kein reguläres Zubehörteil des G 43 oder des K 43.

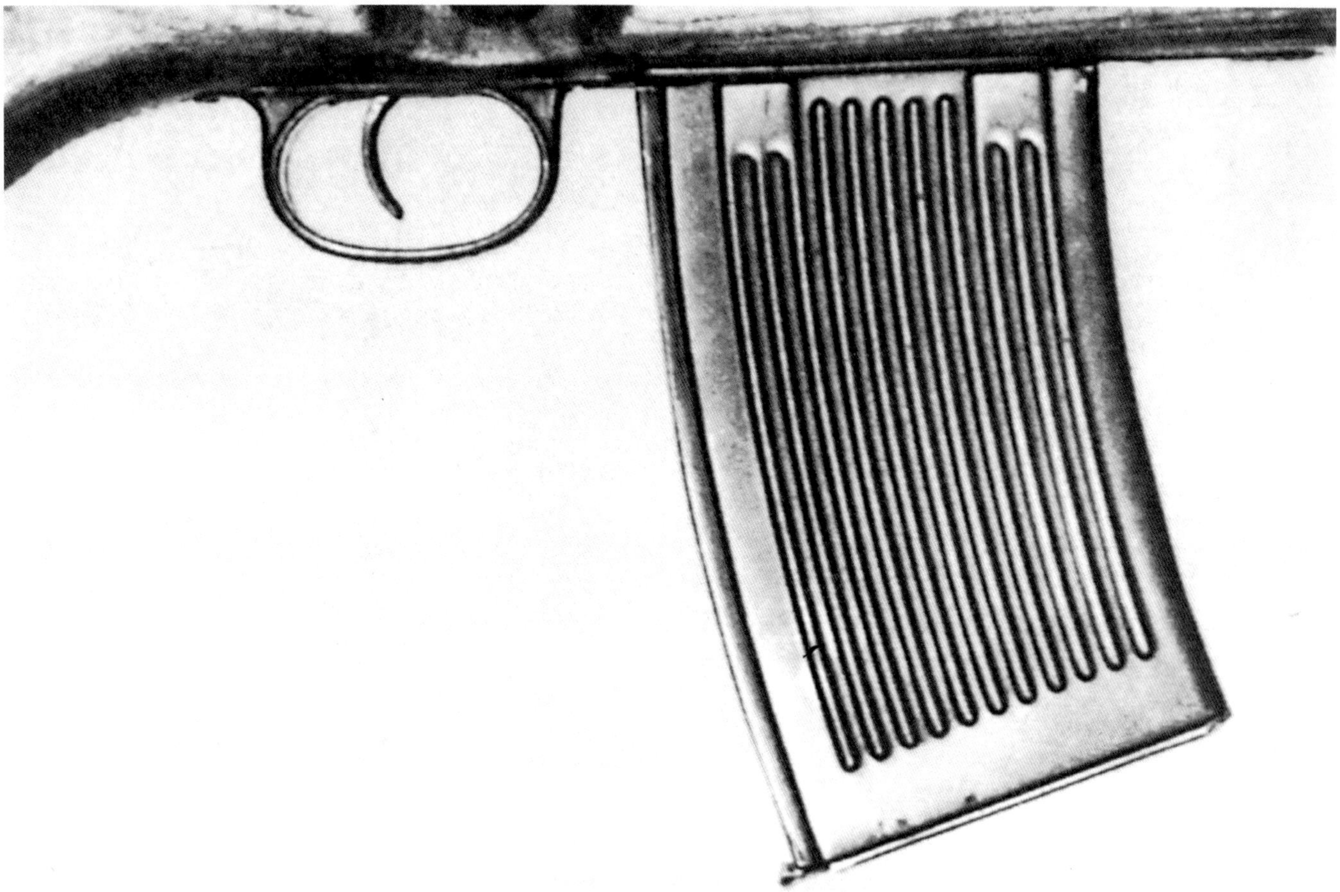

Verlängerte Magazine wurden sowohl mit der Standard- als auch der Scharfschützenversion des Karabiners 98k erprobt. Ein speziell für den Scharfschützen-98k hergestelltes Magazin mit einem Fassungsvermögen von zehn Patronen wurde erst im Dezember 1944 erprobt und abgelehnt. Das abgebildete Magazin des Dreyse- Maschinengewehrs (MG 13) mit einer Kapazität von 25 Patronen wurde mit dem Systemkasten der Waffe verschweißt.

Der Zielfernrohrhalter (links) ist ein von Walther entwickeltes, nicht numeriertes Versuchsmuster. Seine Form läßt den Schluß zu, daß er für den Karabiner 98k gedacht war. Obwohl Klemmhebel und Sperrklinke fehlen, ist dieÄhnlichkeit mit einem gewöhnlichen Zielfernrohrhalter für das ZF4 (rechts) eindeutig. Der Zielfernrohrhalter eignet sich aber nicht zur Montage eines ZF4 und kann nur an der linken Waffenseite angebracht werden. Seine Form läßt darauf schließen, daß er zur Montage von Zielfernrohren mit vierfacher Vergrößerung auf den Karabiner 98k gedacht war. Die schwalbenschwanzförmige Ausfräsung im Fußteil des Fernrohrhalters entspricht der Prismenschiene am Gehäuse des Gewehr 43.

Karabiner K 43 (Hersteller-Stempel *qve;* vermutlich Carl Walther, Zella-Mehlis) mit einer Sonderausführung des Zielfernrohrhalters für das ZF 4 aus Aluminium, eingesetzt von der *CIA (Central Intelligence Agency* – einer der Nachrichtendienste der USA) nach 1945 im Rahmen verdeckter Operationen. Dieser Zielfernrohrhalter, der in den USA in geringen Stückzahlen hergestellt wurde, war eine vereinfachte Ausführung des deutschen Fernrohrhalters.

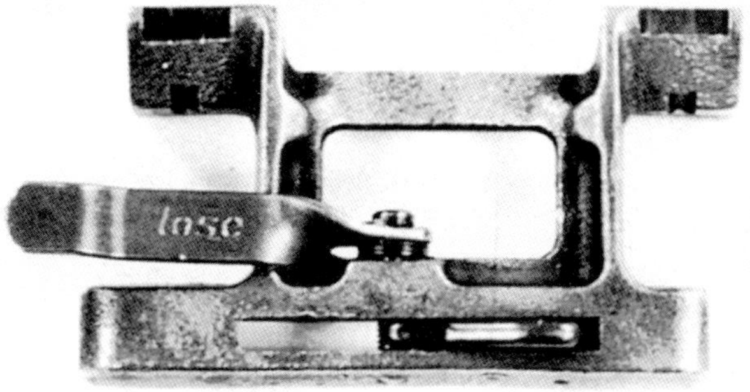

Der deutsche Fernrohrhalter für das ZF 4 (oben) und die CIA-Aluminium-Ausführung im Vergleich. Der Zielfernrohrhalter wurde auf der Waffe befestigt, indem ein Stift in die Bohrung des zylinderförmigen Schraubenkopfes eingesetzt und die Schraube damit angezogen wurde. Die Sperrklinke fehlt. Der Aluminium-Fernrohrhalter ist in einem *Katalog für Sonderwaffen* der CIA aus dieser Zeit abgebildet.

Verzeichnis der Hersteller-Stempel

Die folgende Liste führt Stempel und Kodierungen (Codes) von Herstellern auf, deren Waffen und Zubehör im vorliegenden Band abgehandelt wurden.

Zielfernrohre

bek Hensoldt Werk für Optik und Mechanik, Herborn

bmj Hensoldt & Söhne, M., Optisches Werk AG, Wetzlar

bzz IG Farbenindustrie AG, Camerawerk, München

cad Kahles, Karl, Optiker, Wien

cag Swarowski, D., Glasfabrik und Tyrolit-Schleifmittelwerk, Wattens/Tirol

clb Wohler, Dr. F. A., Optische Fabrik, Kassel

cxn Busch AG, Emil, Optische Industrie, Rathenow

ddv Oculus, Spezialfabrik ophtalmologischer Instrumente, Berlin

ddx Voigtländer & Sohn AG, Braunschweig

dkl Schneider & Co., Josef, Optische Werke, Kreuznach

dow Opticotechna GmbH, Prerau, Nordmähren

dym Runge & Kaulfuss, Fabrik für Feinmechanik und Optik, Rathenow

eso Optische Werke **G.** Rodenstock, München

fvs pindler & Hoyer, mechanische und optische Werkstätte KG, Göttingen

fzg Feinmechanik eGmbH, Kassel

gkp Ruf & Co., Nachfolger der optischen Werke, Kassel

hap Kohl AG, Max, Physikalische Apparate/ Laboratoriumseinrichtungen, Chemnitz

jve Optisches Werk Emst Ludwig, Weixdorf

kay Ford-Werke AG, Werk Berlin Bernard et Turenne, Paris Brous & Co., Berg/Elster

rin Zeiss, Carl, Militärabteilung Handfeuerwaffen, Jena

Handfeuerwaffen

ac Walther, Carl, Waffenfabrik, Zella-Mehlis

ar Mauser Werke AG, Werk Borsigwalde

bed Gustloff Werke, Werk Weimar

bnz Steyr-Daimler-Puch AG, Werk Steyr

byf Mauser Werk AG, Obemdorf/Neckar

ce Sauer & Sohn, J. P, Gewehrfabrik, Suhl

dot Waffenwerke Brünn AG, Werk Brünn, Brünn, Tschechoslowakei

duv Berlin-Lübecker Maschinenfabriken, Werk Lübeck

fzs Krieghoff, Heinrich, Waffenfabrik, Suhl

qve unbekannt

Handfeuerwaffen (ältere Fertigung)

S/27 oder **27** ERMA, B. Geipel GmbH, Erfurt

S/42 oder **42** Mauser Werke AG, Obemdorf/Neckar

S/237 oder **237** Berlin-Lübecker Maschinenfabriken, Werk Lübeck

S/243 Mauser Werke AG, Werk Borsigwalde, Berlin-Borsigwalde, Eichbomdamm

Zubehör

cww Weiss, Carl, Lederwarenfabrik, Braunschweig

gnn Pyro-Werk GmbH, Spezialfabrik für Pyrometerbau, Hannover

jvb Wessel & Müller, Beschlagfabrik, Luckenwalde

ofh Metall- und Kunstharzwerk GmbH, Komotau

zs unbekannt

blc Zeiss, Carl, Militärabteilung, Jena (ein älterer Code, der hauptsächlich auf optischen Geräten des Militärs zu finden ist und nur selten auf dienstlich gelieferten Zielfernrohren).

kxv Jackenroll, A., Optische Anstalt GmbH, Berlin (dieser Code war der Firma Jackenroll zwar zugewiesen worden, ihre für das Militär hergestellten Zielfernrohre »Ajack« waren jedoch nicht entsprechend gekennzeichnet).